高等学校教材·材料科学与工程

模具 CAD/CAM

（第 2 版）

李淼泉　主　编

西北工業大學出版社

【内容简介】 本书首先论述了模具CAD/CAM技术原理、方法和关键技术，具体内容包括基本概念与系统、计算机辅助设计数据处理方法、计算机辅助图形处理方法和计算机辅助几何造型方法与技术，然后介绍了冲压模具CAD、锻造模具CAD、注塑模具CAD和铸造模具CAD相关知识和NX设计案例，以及模具CAM。

本书既可以作为高等学校材料成型与控制工程及相关专业的教材，也可以作为从事模具CAD/CAM研究人员与工程技术人员的参考书。

图书在版编目(CIP)数据

模具CAD/CAM / 李淼泉主编. — 2版. — 西安：西北工业大学出版社，2023.11
ISBN 978-7-5612-9032-3

Ⅰ. ①模… Ⅱ. ①李… Ⅲ. ①模具-计算机辅助设计②模具-计算机辅助制造 Ⅳ. ①TG76-39

中国国家版本馆CIP数据核字(2023)第201991号

MUJU CAD/CAM
模具CAD/CAM
李淼泉 主编

责任编辑：胡莉巾　**策划编辑：**胡莉巾
责任校对：王玉玲　**装帧设计：**李　飞
出版发行：西北工业大学出版社
通信地址：西安市友谊西路127号　邮编：710072
电　　话：(029)88491757，88493844
网　　址：www.nwpup.com
印 刷 者：陕西向阳印务有限公司
开　　本：787 mm×1 092 mm　1/16
印　　张：21.25
字　　数：530千字
版　　次：2012年5月第1版　2023年11月第2版　2023年11月第1次印刷
书　　号：ISBN 978-7-5612-9032-3
定　　价：68.00元

第2版前言

模具是先进制造业的重要工艺装备，对所生产零件的使用性能、质量和经济性有重要影响。因此，模具工业水平决定了工业产品的技术水平，模具设计与制造水平代表了一个国家的产品开发能力和先进制造技术水平。

模具CAD/CAM技术的应用给人类社会和生产带来了巨大变革，是模具工业技术进步的体现与重要发展方向。随着科学技术的迅速发展，计算机科学与技术在材料加工领域得到了日益广泛的应用，从简单的材料加工工艺计算与工艺装备绘图、材料加工模具的数控加工，发展到材料加工的计算机辅助模具设计与制造(CAD/CAM)、计算机辅助工程(CAE)、计算机辅助工艺过程设计(CAPP)和计算机辅助模具设计与制造/计算机辅助工艺过程设计/计算机辅助工程(CAD/CAM/CAPP/CAE)一体化技术，对提高模具设计和制造质量、缩短产品研制周期、降低产品制造成本发挥了重要作用。目前，通用计算机辅助软件系统不能满足材料加工设计的需要，专用模具计算机辅助设计软件系统又不多，并且处于进一步完善过程中，模具CAD/CAM技术的应用受到限制。因此，了解和掌握模具CAD/CAM技术已经成为高等学校材料成型与控制工程专业的重要基础。

本书自第1版出版以来，得到了广大读者的认可，先后被多所高等学校选作教材使用。本次修订重点规范了模具CAD/CAM技术的总体框架，新增了NX软件及技术特性、拉深模具NX设计案例、连杆锻造模具NX设计案例、注塑成型工艺及模具、注塑模具NX设计和注塑模具NX设计案例、模具数控加工基础、NX加工模块和模具NX加工。

全书分为9章，涉及模具CAD/CAM技术的概念、系统、方法和案例，相关内容如下：

第1章为基本概念和系统，阐述了模具CAD/CAE/CAM基本概念，系统构成及关键技术，建立过程和方法，硬件和软件，应用与发展趋势，以及NX软件与技术特性。

第2章为计算机辅助设计数据处理方法，介绍了设计数表和图线的程序处理，文件管理系统的应用，以及数据库技术和应用。

第3章为计算机辅助图形处理方法，首先介绍了计算机辅助图形处理方法的窗口和视区，以及相互变换，然后介绍了二维图形变换和三维图形变换。

第4章为计算机辅助几何造型方法和技术，介绍了几何造型方法，形体表示模式和数据结构，以及NX实体建模，并详细介绍了叶片几何造型技术。

第5章为冲压模具CAD，介绍了冲压模具CAD/CAM系统结构、板料排样优化设计、冲压工艺方案设计、冲压模具零件设计、精密冲裁模具 CAD,其中详细介绍了板料排样优化中的多边形法、高度函数法及冲压模具顶杆布置,精密冲裁件板料排样优化实例,以及连续模具冲裁工步优化实例,并给出了拉深模具 NX 设计案例。

第 6 章为锻造模具 CAD,介绍了锻造模具 CAD/CAM 系统、轴对称锻件模具 CAD、长杆形锻件模具 CAD、锻件形状复杂性系数计算、锻造模具毛边槽设计,并详细阐述了精密锻造叶片锻造模具 CAD 方法和过程,以及连杆锻造模具 NX 设计案例。

第 7 章为注塑模具 CAD,介绍了注塑模具 CAD/CAM 系统,详细介绍了注塑成型过程和注塑冷却过程 CAE,注塑成型工艺及模具,注塑模具 NX 设计和注塑模具 NX 设计案例。

第 8 章为铸造模具 CAD,介绍了铸造模具 CAD/CAM 系统,并详细介绍了铸造模样和芯盒 CAD/CAM 系统、铸型 CAD/CAM 系统,最后简要介绍了铸造过程 CAE。

第 9 章为模具 CAM,介绍了模具 NC 加工基础,NX 加工模块和模具 NX 加工。

本书由李淼泉任主编,李淼泉规划修订了本书的整体框架和内容,并进行了修改和定稿。孙前江修订了第 1 和 7 章,李莲编写与修订了第 2、3 和 9 章,李庆华修订了第 4 章,李淼泉编写与修订了第 5 和 6 章,李淼泉、王猛修订了第 8 章。

本书在编写过程中吸收了本领域学者反映在学术期刊、会议和网络等媒介中的研究成果,在此深表谢意。在此还要特别感谢南昌航空大学王高潮教授在本书修订过程中给予的大力支持!

由于模具 CAD/CAM 技术处于快速发展中,加之笔者水平有限,书中不足之处在所难免,恳请读者指正。

编　者

2023 年 1 月

第1版前言

模具作为现代制造业中的重要工艺装备，对所生产的相应零部件、产品的质量和经济性起着决定性的作用。模具工业的水平决定了工业产品的技术水平，因此模具的设计与制造水平标志着一个国家的产品开发能力和工业水平。

CAD/CAM技术的应用和发展给人类社会和生产带来了巨大变革，模具CAD/CAM是模具工业技术进步的体现和发展方向。随着计算机技术的不断发展，CAD/CAM技术得到了广泛的应用，并给材料加工领域带来了深刻的技术革命。计算机在材料成型中的应用，从最初简单地进行一些计算和绘图工作，以及模具的数控加工，发展到计算机辅助设计模具、模拟材料成型加工过程和CAD/CAM/CAPP/CAE等一体化技术。这些技术的应用对于提高模具设计和制造水平、缩短产品研制开发周期、降低成本等发挥了重要作用。目前，通用的CAD软件不能满足模具设计的需要，模具设计专用软件系统不多，且还处于开发和完善过程中，这使得模具CAD/CAM的应用受到限制。因此，了解和掌握模具CAD/CAM技术已成为材料成型与控制专业方向的重要基础。为了系统地介绍模具CAD/CAM技术的基本知识，本书论述了模具CAD/CAM的原理、方法和技术，介绍了各类模具CAD/CAM系统，并结合国防特色列举了模具CAD/CAM在精密冲裁件和精密锻造叶片生产中的应用。

全书共9章，分为两篇，第一篇为基本原理，包括第1～5章，相关内容如下。

第1章为概论。该章阐述了CAD/CAM的基本概念及它们之间的关系、模具CAD/CAM技术的应用、建立CAD/CAM系统的方法，以及模具CAD/CAM技术的发展趋势。

第2章为模具CAD/CAM的系统构成。该章介绍了模具CAD/CAM系统的硬件和软件，对软件中的系统软件、支撑软件和应用软件进行了详细阐述。

第3章为设计数据的处理方法。该章详细介绍了数表的程序化、数表的公式化、线图的程序化、应用文件管理系统管理数据、应用数据库管理数据等。

第4章为计算机辅助图形处理。该章首先介绍了计算机辅助图形处理技术中的窗口和视区，以及它们之间的变换；其次介绍了基本的二维图形变换和三维图形变换，并分别以二维图形变换和三维图形变换为例推导了变换矩阵。

第5章为几何造型。该章介绍了几何造型方法的发展历史、几何造型中的基本概念、几何造型的功能、几何造型中的形体表示模式和数据结构，并以UG NX软件为例详细介绍了航空发动机叶片的几何造型技术。

第二篇为应用，包括第6～9章，相关内容如下。

第 6 章为冲裁模具 CAD/CAM。该章介绍了冲裁模具 CAD/CAM 系统结构、工艺设计、毛坯排样优化设计、冲裁工艺方案设计、冲裁模具零部件设计、精密冲裁 CAD,讨论了毛坯排样优化的多边形法和高度函数法、冲裁模具顶杆布置等,给出了精密冲裁件的毛坯排样优化设计实例、某步进电机定子和转子套冲连续模冲裁工步优化设计实例。

第 7 章为锻造模具 CAD/CAM。该章介绍了成组技术及其在锻件生产中的应用、轴对称锻件锻模 CAD、长轴类锻件锻模 CAD、锻件形状复杂性计算、锻模毛边槽设计等,并详细阐述了精密锻造叶片锻模 CAD 的方法和过程。

第 8 章为注塑模具 CAD/CAM。该章首先概述了注塑模具 CAD/CAM 系统,其次介绍了注塑模具 CAD/CAM 系统结构,最后详细讨论了注塑成型过程和注塑冷却过程的数值模拟。

第 9 章为铸造模具 CAD/CAM。该章首先阐述了铸造模具 CAD/CAM 系统的特点和主要内容,其次详细介绍了铸造模样及芯盒 CAD/CAM 系统、铸型 CAD/CAM 系统,最后简要介绍了铸造 CAE 系统。

本书由李淼泉、李庆华任主编。李淼泉规划了本书的内容结构框架,李淼泉、李庆华对全书进行了修改和定稿。李庆华编写了第 3,4,6,7 章,王猛编写了第 9 章,孙前江编写了第 1,2,5,8 章。

在本书编写过程中吸收了本领域学者反映在学术期刊、会议和网络等媒介中的研究成果,限于篇幅,书中未全部列出。同时,模具 CAD/CAM 技术仍然在快速发展中,加之笔者水平有限,书中不足之处在所难免,恳请读者批评指正。

编　者

2011 年 1 月

目　录

第1章　基本概念和系统

1.1　CAD/CAE/CAM基本概念

CAD/CAE/CAM技术是随着计算机技术的发展而形成的一门新的综合性计算机应用技术，CAD/CAM技术是20世纪最杰出的工程成就之一，其应用和发展带来了社会和生产的巨大变革，其应用水平已经成为衡量一个国家科技发展水平及工业现代化水平的重要标志。

计算机辅助设计（Computer Aided Design，CAD）指运用计算机系统辅助工程技术人员对产品或者工程进行设计的方法与技术，包括设计、绘图、工程分析与技术文档编制等设计活动。CAD技术是一门多学科综合应用的新技术。从方法学角度看，CAD技术是运用计算机完成设计的全过程，包括概念设计、总体设计和详细设计。计算机的优势是存储量大、计算速度快，而人的优势是具有创造性思维和综合分析能力。CAD技术将二者有机地结合应用于设计过程，充分发挥各自的特长。从技术角度看，CAD技术是将产品的物理模型转化为存储在计算机中的数字模型，为工艺制定、产品制造和管理等环节提供共享的信息资源。

CAD技术经过几十年的发展，不再局限于二维图形的绘制和三维建模，而是成为一种广义、综合性的设计新技术，其主要内容包括图形处理、工程分析和数据交换等技术。

1. 图形处理技术

计算机辅助设计以数字化图形表达设计方案，因此，图形处理和表达是CAD技术的基础和关键。二维图形技术问题已经解决，三维图形技术（例如实体造型、参数化设计、变量化设计等）方面正在进一步完善。

2. 工程分析技术

工程设计中，需要开展一些分析工作，例如，材料加工过程中应力和应变的计算、载荷预测以及传热分析等。这些工程分析可以在专用或者通用商品化分析软件上进行，但是不符合并行工程（Concurrent Engineering，CE）的技术要求。目前，先进的CAD软件系统不仅仅着眼于纯粹的设计，而是将很多分析软件集成在一起，例如UG，Pro/E等三维CAD软件系统都具有一定的有限元分析功能。这样，工程师在设计的同时可以进行充分的工程分析，优化设计方案。

计算机辅助工程技术（Computer Aided Engineering，CAE）是指采用科学的方法（包括优化、数值模拟和仿真等）以计算机软件的形式，为工程界提供一种有效的辅助工具，帮助工程技术人员对产品的设计质量、性能及加工工艺与制造过程等进行评价分析，反复修改和优化设计直至获得最佳结果。

3. 数据交换技术

数据交换包括不同 CAD 系统之间,CAD 与其他异构系统(例如 CAM、CAPP、CAE 等)之间的信息交换与资源共享。畅通无阻的信息交换基础是通用、科学的信息交换准则,即数据交换标准,例如 DXF、STL、IGES、STEP 等。这些标准的出现为资源共享起到了重要的作用,同时也推动了 CAD 技术的发展和应用。目前,高效、准确的 CAD 数据交换标准仍然是一个重要的研究方向。

计算机辅助制造(Computer Aided Manufacturing,CAM)是指运用计算机对产品制造过程进行设计、管理和控制,包括工艺准备、生产作业计划、物料作业计划的运行控制、生产控制和质量控制等。狭义的 CAM 一般仅指数控程序的编制,包括刀具路径的规划、刀位文件的生成和刀具轨迹仿真,以及 NC 代码的生成等。

计算机辅助设计与计算机辅助制造技术关系密切。这两项技术发展之初,计算机辅助几何设计和数控加工自动编程是两个独立发展的分支,它们之间不能实现信息的自动传递与交换,严重影响工程设计效率和可靠性。但是随着该技术发展和应用的不断深化,两者之间的相互依存关系越来越明显。设计系统只有配合数控加工,才能充分显示其巨大的优越性,同时,数控技术只有依靠设计系统才能发挥其效率。因此,在实际应用中两者紧密结合,形成了计算机辅助设计与制造集成系统,也就是通常所说的 CAD/CAM 系统。在 CAD/CAM 系统中,设计和制造的各个阶段可以采用系统中的公共数据库,以期达到提高设计效率和加工质量,缩短生产周期的目的。

1.2 模具 CAD/CAM 系统和关键技术

1.2.1 模具 CAD/CAM 系统特点

1)模具 CAD/CAM 系统必须具有产品构型(也称产品建模)的功能。这是因为模具设计与一般产品设计过程不同。一般产品设计来源于市场的需求,而这种需求只是功能的要求,设计人员根据这种要求,确定产品性能,建立产品总体设计方案,然后进行具体结构的设计。模具设计时则是根据产品零件图的几何形状、材料特性、精度要求等进行工艺设计与模具设计。

采用计算机辅助设计或者加工模具时,首先必须输入产品零件的几何图形及相关信息(例如材料性能、尺寸精度、表面粗糙度等),而计算机图形的生成必须先建立图形的数学模型和存储数据结构,再通过有关计算,才能把图形存储在计算机中或显示在计算机屏幕上,这就是产品建模(构型)。因此,模具 CAD/CAM 系统应当具有产品构型(建模)功能。产品构型有 4 种方法,即线框模型、表面模型、实体模型、特征建模等。由于前 3 种方法属于几何形状建模,这些几何模型仅能描述零件的几何形状数据,难以在模型中表达特征及公差、精度、表面粗糙度和材料特征等信息,也不能表达设计意图。模具设计中的成形工艺与模具结构设计,不仅需要产品零件的几何形状数据,还需要其他信息。因此,与前 3 种构型方法相比较，特征建模方法更适合于建立模具 CAD/CAM 集成系统。

2)模具 CAD/CAM 系统中的工艺与模具结构设计，必须具有修改及再设计的功能。目前的成形工艺及模具结构设计主要凭借人们的经验，对于复杂形状零件，需要经过反复试模才能生产出合格产品，所以试验后需要对工艺及模具结构进行修改，而且只需要修改局部形状及相关尺寸。因此，模具 CAD/CAM 系统中只有采用参数化及变量化装配设计方法才能达到上述要求。

3)模具 CAD/CAM 系统必须具有能够存放大量模具标准图形及数据，以及设计准则与经验数据图表的功能。模具结构的复杂性(特别是多工位级进模、汽车覆盖件模具，以及复杂形状的注射模等)，导致模具的设计与制造周期很长。为了缩短其设计与制造周期，国内外均制定了不少模具标准(包括模具标准结构、标准组件及标准零件)。同时，由于工艺设计与模具设计主要靠人的经验，因此，总结出了不少设计准则与经验数据，它们均以图表形式存在。在建立模具 CAD/CAM 系统时，均需要将这些标准与经验数据存入计算机中，以便在进行工艺与模具结构设计时调用，目前一般商用数据库系统(例如 Oracle、Sybase、Infomix 等)并不适合存放这些图形与图表数据，因而需要采用工程数据库系统。

1.2.2　CAD 关键技术

开发模具 CAD/CAM 系统时，必须应用下列关键技术。

1. 特征建模(构型)

有关特征的概念至今没有统一、完整的定义，但是一般认为，特征是具有属性及工程语义的几何实体或者信息的集合，也可以将特征理解为形状与功能的结合。常用特征信息主要包括形状特征、精度特征、技术特征、材料特征、装配特征等。特征建模方法可以归纳为交互式特征定义、特征识别和基于特征的设计 3 个方面。从用户操作和图形显示上，往往感觉不到特征模型与实体模型的不同，但是在内部数据表示上有所不同。特征模型能够完整、全面地描述产品的信息，使得后续的成形工艺设计与模具结构设计可以直接从产品模型中抽取所需的信息。

2. 参数化设计与变量化设计

传统的实体造型技术属于无约束自由造型，采用固定的尺寸值定义几何元素，输入的每一几何元素都有确定的位置，要想修改图形只有删除原有元素后重新绘制。目前，CAD 技术的基础理论主要是以 PTC 公司开发的 Pro/ENGINEER 为代表的参数化造型理论和以 SDRC 公司开发的 I-DEAS 为代表的变量化造型理论，这两种造型方法均属于基于约束的实体造型技术。

模具设计中不可避免地需要反复修改，进行模具零件形状和尺寸的综合协调，甚至是安装位置的改变。如果采用传统的实体造型方法，每次修改必定导致图形的重画，这样设计效率很低，也达不到实用化的要求。因此，在模具 CAD/CAM 系统中，必须要采用参数化设计技术或者变量化设计技术。参数化设计是采用几何约束、工程方程与关系定义产品模型的形状特征,也就是对零件上各种特征施加各种约束形式,从而达到设计一组在形状或者功能上具有相似性的设计方案。目前能够处理的几何约束类型基本上是组成产品形体的几何实体公称尺寸关系和尺寸之间的工程关系,故参数化技术又称为尺寸驱动几何技术。

(1)参数化造型技术的主要特点

参数化造型技术是指采用一组参数(代数方程)定义几何图形间的关系,提供给设计人员在几何造型中使用,其主要特点如下:

1)基于特征。将某些具有代表性的平面几何形状定义为特征,并将其所有尺寸存为可调参数,进而形成实体,以此为基础进行更为复杂的几何形体的造型。

2)全尺寸约束。约束包括尺寸约束和几何约束,图形形状的大小、位置坐标、角度等均属于尺寸约束,几何约束则包括平行、对称、垂直、相切、水平、铅直等这些非数值的几何关系的限制。全尺寸约束是指将图形的形状和尺寸相联系,通过尺寸约束实现对几何形状的控制。造型时必须施加完整的尺寸参数(全约束),不能漏注尺寸(欠约束),也不能多注尺寸(过约束)。

3)尺寸驱动。对初始图形给予一定的约束,通过尺寸的修改,系统自动找出与该尺寸相关的方程组进行重新求解,驱动几何图形形状的改变,最终生成新的模型。目前,基于约束的尺寸驱动方法是比较成熟的一种参数化造型方法。

4)全数据相关。尺寸参数的修改导致其他相关模块中的相关尺寸得以全盘更新,它彻底克服了自由建模的无约束状态,几何形状均以尺寸的形式被牢牢地控制住,需要改变零件的形状,只需要修改尺寸数值。

(2)变量化造型技术的主要特点

由于参数化造型设计是一种"全尺寸约束",即在设计初期及全过程中,必须将形状和尺寸相联系,并且通过尺寸约束控制形状,通过尺寸改变驱动形状的改变,一切以尺寸(即"参数")为出发点。一旦所设计的零件形状过于复杂,容易造成系统数据混乱。为此,出现了一种比参数化造型技术更为先进的实体造型技术,即变量化造型技术。

变量化造型技术是通过求解一组约束方程组确定产品的尺寸和形状。约束方程驱动可以是几何关系,也可以是工程计算条件。约束结果的修改受到约束方程驱动。变量化造型技术既保留了参数化造型技术基于特征、尺寸驱动、全数据相关的优点,又对参数化造型技术的全尺寸约束的缺点做了根本性的改变,其成功应用为 CAD 技术的发展提供了更大的空间与机遇。其主要特点如下:

1)几何约束。在新产品开发的概念设计阶段,首先考虑的是设计思想,并将这些设计思想在产品的几何形状中予以体现,至于各几何形状准确的几何尺寸和各形状间的位置关系在概念设计阶段还很难完全确定。在设计初期,系统允许不需标注这些尺寸(即欠尺寸约束),这样才能充分发挥设计人员的想象力和创造力。因此,变量化造型技术中,将参数化造型技术中所需定义的尺寸参数进一步区分为形状约束和尺寸约束,而不是像参数化造型技术中只用尺寸约束全部几何图形。

2)工程关系。在实际应用中(例如新产品开发),除需确定几何形状外,常常还涉及一些工程问题(例如载荷、可靠性),在确定几何形状的同时考虑这些关系十分重要。变量化造型技术除了考虑几何约束外,工程关系也要作为约束条件直接与几何方程联立求解。

3)VGX技术。超变量几何(Variation Geometryee eXtended,VGX)技术是变量化造型技术发展的一个里程碑。VGX技术充分利用了形状约束和尺寸约束分开处理和无需全约束的灵活性,让设计人员可以针对零件上的任意特征直接以拖动方式非常直观、实时地进行图示化编辑。VGX技术具有许多优点,例如:不要求全尺寸约束,在全约束及欠约束情况下均可顺利完成造型;模型修改可以基于造型历史树也可以超越造型历史树,可以根据不同"树干"上的特征直接建立约束关系;可以直接编辑3D实体特征,无须回到生成该特征的2D线框状态;可以用拖动式修改3D实体模型,而不是只有尺寸驱动一种方式;采用拖动式修改实体模型时,尺寸也随之自动更改;拖动时显示任意多种设计方案,不同于尺寸驱动方式一次尺寸修改只得到一种方案;以拖动式修改3D实体模型时,可以直观预测所修改的特征与其他特征的关系,控制模型形状也只要按需要的方向即可,而尺寸驱动方式修改实体模型时很难预测尺寸修改后的结果;模型修改允许形状及拓扑关系发生变化,并非仅限于尺寸数值的变化。

4)动态导航技术。动态导航(Dynamic Navigator,DN)技术于1991年由SDRC公司在I-DEAS第6版中首先提出。动态导航是指当光标处于某一特征位置时,系统自动显示有关信息(例如特征的类型、空间位置),自动增加有利约束,理解设计人员的设计意图并预计下一步要做的工作。因此,动态导航技术是一个智能化的设计参谋。

5)主模型技术。SDRC公司在I-DEAS MS软件中采用了主模型技术,它是以变量化造型技术为基础,完整表达产品的信息,包括几何信息、形状特征、变量化尺寸、拓扑关系、几何约束、装配顺序、装配、设计历史树、工程方程、性能描述、尺寸及形位公差、表面粗糙度、应用知识、绘图、加工参数、运动关系、设计规则、仿真结果、数控加工、工艺信息描述等。主模型技术彻底突破了以往CAD技术的局限,将曲面和实体表达方式融合为一体,给产品设计制造的不同阶段提供了统一的产品模型,为协同设计和并行工程提供了基础。

(3)两种造型技术的主要区别

1)对约束的处理方式不同。这是系两种造型技术最基本的区别。参数化造型技术在设计全过程中,将形状约束和尺寸约束相联系,通过尺寸约束实现对几何形状的控制;而变量化造型技术是将尺寸约束和形状约束分开处理。参数化造型技术在非全约束时,造型系统不允许执行后续操作;变量化造型技术允许欠约束和过约束状态,尺寸是否标注完整不会影响后续操作。参数化造型技术中,工程关系不直接参与约束管理,而是另由单独的处理器外置处理;变量化造型技术中,工程关系可以作为约束直接与几何方程耦合,再通过约束解算器直接解算。参数化造型技术解决的是特殊情况(全约束)下的几何图形问题,表现形式是尺寸驱动几何形状的改变;变量化造型技术解决的是任意约束情况下的产品设计问题,不仅可以做到尺寸驱动,也可以实现约束驱动,即由工程关系驱动几何形状的改变。

2)应用领域不同。参数化造型技术适用于技术比较成熟、产品相对固定的零配件行业,其零件形状基本固定,标准化程度比较高,在进行产品开发或者根据图纸进行设计时,只需要修改一些关键尺寸或者按照符合全约束条件的图纸进行设计。变量化造型技术的造型过程类似于设计人员的设计过程,把能够满足设计要求的几何形状放在第一位,然后逐步确定尺寸。因此,参数化造型技术常用于常规设计或者革新设计,而变量化造型技术比较适用于创新式设计。

3)特征管理方式不同。参数化造型技术在整个造型过程中,将构造形体所用的全部特征按照先后顺序进行串联式排列,这种顺序关系在模型树中得到明显的体现。每个特征与前面的一个或者若干个特征存在明确的父子关系,当设计中需要修改或者删除某一特征时,该特征的子特征便可能失去了存在的基础,很容易造成数据的混乱,甚至造成操作的中断或失败。变量化造型技术则克服了这种缺点,除了将构造形体所用的全部特征与前面特征关联外,同时又都与全局坐标系建立了联系。用户对前面的特征进行修改时,后面的特征会自动进行更新;当删除某一特征时,与它保持联系的特征则会自动解除与它的联系,系统对这些特征在全局坐标系中重新定位,因此,对特征的修改或者删除都不会造成数据的混乱。

3. 变量装配设计技术

装配设计建模的方法主要有自底向上、概念设计、自顶向下等 3 种。自底向上的方法是先设计出详细零件,再拼装成产品。自顶向下是先有产品的整个外形和功能设想,再在整个外形里一级一级划分此产品的部件、子部件,一直到底层的零件。在模具中,由于有些模具结构很复杂(例如多工位级进模、汽车覆盖件模具等),零件数有时达数百个。如果对一个个零件设计再装配,不仅设计速度很慢,而且在形状上与位置上很多零件相互间(例如级进模中的凸模与凹模型腔间、凹模或者卸料板上的让位孔槽与凸模及条料间)都有约束关系,这些约束关系是无法脱离装配图进行设计。因此,模具设计时,只能采用自顶向下的设计方法。变量装配设计支持自顶向下的设计。

变量装配设计也是实现动态装配设计的关键,所谓动态装配设计是指在设计变量、设计变量约束、装配约束驱动下的一种可变的装配设计。其中,设计变量是定义产品功能要求和设计者意图的产品整体或者其零部件的最基本的功能参数和形状参数。设计变量约束即设计约束或者变量约束,设计变量和设计变量约束控制装配体中的零部件的形状。装配约束是通过三维几何约束自动确定装配体内各个零部件的配合关系,它确定了零部件的位置。这些设计变量、设计变量约束、几何约束都可变化和控制,具有动态特性。修改装配设计产生的某些设计变量和约束,原装配设计将在所有约束的驱动下自动更新和维护,从而得到一个原设计没有概念变化的新的装配设计。动态设计过程是正向设计与反向设计相互结合的过程,正向设计是从概念设计到详细设计的自顶向下的设计过程,而反向设计是指对产品设计方案中一些不满意的地方提出要求或者限制条件,通过约束求解对原方案进行设计修改的过程。

变量装配设计把概念设计产生的设计变量和设计变量约束进行记录、表达、传播并解决冲突,以满足设计要求,使各阶段设计(主要是零件设计)在产品功能和设计意图的基础上进行,所有的工作都是在产品约束功能约束下进行和完成。

4. 工程数据库

工程数据库是指能够满足工程活动中对数据处理要求的数据库。工程数据库是随着 CAD/CAM/CAE/CAPP 集成化软件的发展而发展的,这种集成化系统中所有功能模块的信息都是在一个统一的工程数据库下进行管理。

工程数据库系统与传统的数据库系统有很大差别,主要表现在支持复杂数据类型与复杂数据结构方面，具有丰富的语义关联、数据模式动态定义与修改、版本管理能力及完善的用户接口等。它不但能够处理常规的表格数据、曲线数据等，还必须能够处理图形数据。

工程数据库管理系统一般应当满足以下几方面的要求：

1)动态处理模式变化的功能。由于设计过程和工艺规划过程中产生的数据在不断变化，要求工程数据库管理系统能支持动态描述数据库中数据的能力，使得用户既能够修改数据库的值，又能够修改数据结构的模式。

2)能描述和处理复杂的数据类型。由于工程数据结构复杂，语义关系十分丰富，因此，工程数据管理系统不仅要求支持用户定义复杂的类型，而且还要求支持多对多关系、递归关系等复杂数据结构的描述。

3)支持工程事务处理和恢复。工程事务一般具有长期性，工程数据中有一批数据的使用时间很长。由于一个工程事务不可能成为处理和恢复的最小单位，必须分层次、分类别、分期保存中间结构，以进行比较短事务的处理。因此，从使用安全性考虑，工程数据库应当具备适合工程应用背景的数据库恢复功能，以实现对长事务的回退处理。

4)支持多库操作和多版本管理。由于工程设计用到的信息多种多样，需要在各设计模块间传送数据，所以需要提供多库操作和通信能力。由于工程事务的复杂性和反复试验的实践性，要求工程数据库系统具有良好的多版本管理和存储功能，以正确地反映工程设计过程和最终状态，不仅为工程的实施服务，而且为今后的管理和维护服务，同时也为研究和设计类似工程提供可借鉴的数据。

5)支持工程数据的长记录存取和文件兼容处理。工程数据中，有些数据不适合在数据库中直接存储，以文件系统为基础设计其存储方式，更为方便，能够提高存取效率，例如工程图本身。

6)支持分布环境。CAD/CAM 系统中，数据管理往往分布于工程活动的全过程，应用系统的地理位置也可能是分散的，且各地的数据库有的是面向全局的，有的是面向局部的。在这种分散环境下，分布数据处理自然是工程数据库管理系统的一个重要功能。

7)权限控制。工程设计是一个众多设计共同参与的设计环境，同时每一个设计子任务，由于专业方面的原因，在某种程度上具有相对独立性。由于不同人员都可以使用数据库，为了安全起见，对设计方案、数据库资源及各类设计人员给予一定的权限范围，可以控制一些非法用户访问或者修改数据库。

8)用户管理。数据库管理系统对于数据库操作语言(DML)应当提供与工程设计常用算法语言的接口，并提供适用工程环境要求的用户界面。

1.3　模具 CAD/CAM 系统建立过程和方法

随着 CAD/CAM 技术的发展，软件系统的规模越来越大，复杂程度越来越高，如果在建立 CAD/CAM 系统的过程中不遵循科学的方法，软件的质量难以保证。20 世纪 70 年代以来，软件开发的个体作业方式已逐步工程化，形成了一门新的技术科学——软件工程学。

根据软件工程学的方法，CAD/CAM 系统的生命期可以分为系统分析、系统设计、程序设计、系统测试和系统维护 5 个阶段,前 4 个阶段称为开发期,最后一个阶段称为维护期。CAD/CAM 系统生命期的划分为工程化研制 CAD/CAM 系统提供了一个框架,但是,实际的系统研制过程是一个反复的过程,需要从后面的阶段返回到前面的阶段,进行再分析或者再设计。

1. 系统分析

系统分析阶段的主要任务是对现行的工作流程进行调查、收集并分析有关资料,了解用户的需求。在此基础上,确定系统的总目标、功能、性能和接口,建立系统的总体逻辑模型。

数据流程图(Data Flow Diagram,DFD)是系统分析的主要工具,它不仅可以表达数据在系统内部的逻辑流向,而且可以表达系统的逻辑功能和数据的逻辑转换。数据流程图既能表达现行的设计制造系统的数据流程和逻辑处理功能,也能够表达 CAD/CAM 系统的数据流程和逻辑处理功能。

图 1.1 所示为数据流程图的基本符号。数据流程图中有 4 种基本符号,即外部项、数据流、处理逻辑和数据存储。

外部项不受系统控制,是指系统以外的人或者事物,表达系统数据的外部来源或者去处。外部项可以是其他 CAD/CAM 系统或者信息处理系统,它向系统提供数据或者接收系统输出的数据。外部项在数据流程图 1.1 中用方框表示。

数据流在数据流程图 1.1 中用箭头表示,指出数据的流动方向。数据流可以由某一个外部项产生,也可以由某一个处理逻辑产生,或者来自某一数据存储。一般来说,对每一个数据流都要加以简单描述,并将这种描述写在数据流箭头旁。

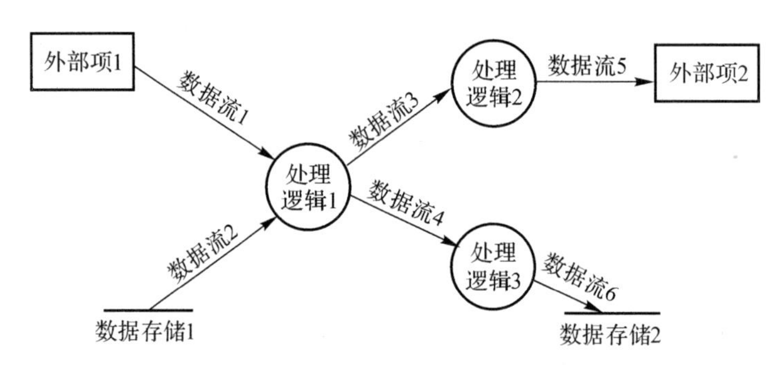

图 1.1　数据流程图的基本符号

处理逻辑是表达对数据的逻辑处理功能,即对数据的变换功能。处理逻辑对数据的变换方式有两种:第一种是变换数据的结构,例如,将输入数据的格式重新排列;第二种是在原有数据内容的基础上产生新的数据内容,例如,在刀位文件的基础上编制数控程序。处理逻辑在数据流程图 1.1 中用圆表示,处理逻辑的功能描述一般由一个动词和名词组成,例如,计算压力中心、设计凹模等。通常在数据流程图完成后,需要对每一个处理逻辑加以编号。

数据存储在数据流程图 1.1 中用直线段表示,它是指出数据的保存位置。这里所指的数据保存的位置不是指数据的物理地点,也不是文件、磁带或者磁盘,而是指对数据存储的逻辑描述，例如工艺方案、排样参数等。一个处理逻辑可以从数据存储中读取某些数据，也可以将一些数据存入某个数据存储中，甚至可以修改数据存储中的某些数据内容。

系统分析阶段的文档包括以下内容：

1)系统目标。说明系统的目标，所需硬件、软件以及其他方面的限制。

2)信息描述。描述系统的输入和输出信息，系统其他部分(硬件、其他软件、用户)之间的接口。

3)功能描述。描述系统的功能细节、功能之间以及功能与数据之间的关系。

4)质量评审要求。规定软件功能和性能的正式确认需求和测试限值。

2. 系统设计

传统的系统设计方法是采用系统流程图作为工具。系统流程图表达了系统的执行过程、输入操作、输出操作和有关的处理，也表达了数据在系统中的流向。但是，系统流程图无法表达系统的结构和模块的功能，因而无法评价系统是否符合用户的逻辑要求，也不可能知道系统的大小，以及是否便于维护和修改。

20 世纪 70 年代中期，结构化系统设计思想得到了发展。结构化系统设计是指采用一组标准的工具和准则进行设计，其中，结构图是一个主要工具，用于表达系统内各部分的组织结构和相互关系。它解决了传统方法所不能解决的问题。

当采用结构化方法设计复杂的 CAD/CAM 系统时，设计过程分为概要设计和详细设计两个阶段。概要设计是在系统分析的基础上，确定软件系统的总体结构和模块之间的关系，定义各模块之间的接口，设计全局数据结构，确定系统与其他软件及用户之间界面的详细内容。详细设计主要是描述概要设计产生的功能模块，设计功能模块的内部细节，包括算法和数据结构。

结构化系统设计强调“自顶向下”的分解，即将系统逐级向下分解成模块和子模块。在划分模块过程中，尽可能降低模块之间的耦合程度，增加每一模块的内聚性。模块之间的耦合程度低，说明相互之间的依赖程度低，模块的独立性好。模块之间的耦合程度低，相互影响就越小，当修改一个模块时，可以使修改范围控制在最小限度内；当维护一个模块时，不必担心其他模块是否会受到影响。模块的内聚性是指其内部各个部分的组合程度，一个模块的内聚性决定了它和其他模块之间的耦合程度。降低模块之间的耦合程度和提高模块的内聚性是两个相辅相成的设计原则。

图 1.2 所示为一结构示意图，结构图指出了系统由哪些模块组成，以及模块之间的调用关系。模块用一个方框表示，模块的名称写在方框内。连接模块之间的箭头表示了模块之间的调用关系。

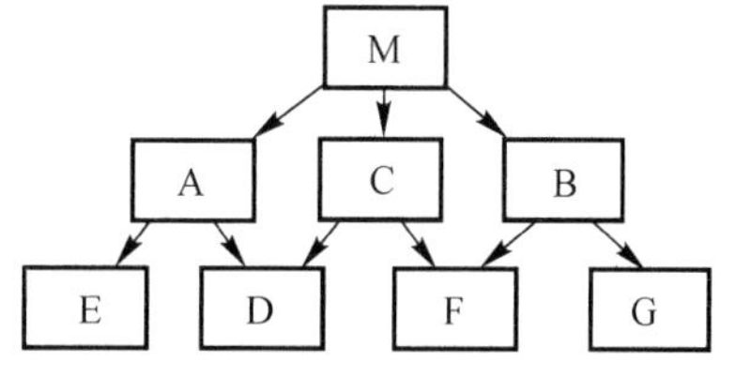

图 1.2　结构示意图

系统设计完成后形成的文档资料是系统设计说明书。

3. 程序设计

程序设计阶段的主要任务是将系统设计方案加以具体实施,根据系统设计说明书进行程序设计,将功能模块采用某种语言实现。系统结构图中各个模块都有模块说明,其内容包括模块名称、输入数据、输出数据和转换过程等,程序设计人员根据模块说明的要求进行程序设计。

在系统开发的全过程中始终贯穿着结构化技术。结构化程序设计是程序设计阶段的基本技术,其目的在于编写出结构清晰、容易理解和便于测试的程序。结构化程序设计是指"采用一组标准的规则和工具从事程序设计",这些准则和工具包括一组基本控制结构、自顶向下的扩展原则、模块化和逐步求精的方法。

结构化程序设计理论认为,任何一个程序都可以采用 3 种基本逻辑结构编制。这 3 种结构是顺序处理结构、判断结构和循环结构,如图 1.3 所示。这 3 种基本结构又促使人们采用模块化思想编制程序。一个系统可以分成若干个功能模块,采用作业控制语句或者程序内部的过程调用语句将这些模块联结。

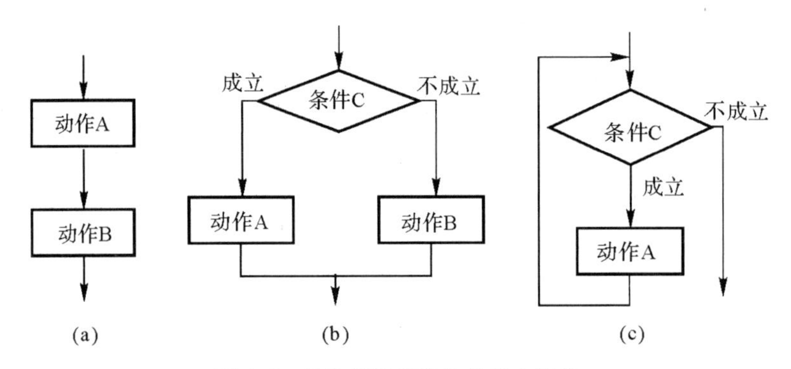

图 1.3 结构化程序设计的基本结构

(a)顺序结构;(b) 判断结构;(c) 循环结构

自顶向下的程序设计是先把一个程序高度抽象,看做一个功能结构。为了完成这个功能,需要进一步分解成若干低一层的模块,实现部分功能。如此逐步扩展,直到最低一层的每一个模块都非常简单,功能最小,能够很容易用程序语句实现为止。

逐步求精是指将一个模块的功能一步一步地分解成一组子功能,而这一组子功能可以通过执行若干个程序步完成。自顶向下的程序设计过程只表达了各个功能之间的关系,却不能表达模块的内部逻辑。采用逐步求精的方法分解的内部逻辑,即程序设计步骤,能够完成预期的程序功能。

结构化程序设计方法可以大大促进程序的优化,提高编程的效率,而且增强了程序的可读性和可修改性。结构化程序设计方法便于发现错误和纠正错误,当修改程序的某一部分时,对其他部分影响不大。

4. 系统测试

开发 CAD/CAM 系统时,难免会出现错误。系统测试是对系统分析、系统设计和程序设计的最后审查，是保证软件质量的关键。为了保证系统的可靠性，必须对系统进行尽可能完全的测试。因此，某些系统开发中，测试的工作量占到整个开发工作量的 40%。软件测试和纠错是密切相关的两个问题，通常所说的调试，实际上包括测试和纠错两方面的工作。

系统测试按照以下原则进行：

1）当设计测试例题时，应当给出测试的预期结果，方便做到有的放矢。

2）为了保证测试的质量，开发小组和测试小组分立。

3）设计非法输入的测试用题是为了保证程序能够拒绝接受非法输入，并给出提示信息。

4）程序修改之后，应当进行回归测试，避免由于修改程序而引入新的错误。

5）深入测试时，应当集中测试容易出错的部分。

测试所用的方法有两种：一种是黑盒法，另一种为白盒法。

黑盒法着眼于程序的外部特性，而不考虑程序的内部逻辑结构。测试人员将程序视为黑盒子，不关心其内部的结构与特点，只检查程序是否符合它的功能说明。

当采用白盒法测试时，测试人员需要了解程序的内部结构，对程序的所有逻辑进行测试，在不同点检查程序的状态。

按照软件工程的方法，测试过程可以分为单元测试、整体测试和有效性测试。单元测试也称为模块测试，即对每个模块进行测试，对模块的接口、数据结构、执行路径等方面进行考查。整体测试是将模块逐个装配在一起进行测试，其目的在于考查经过单元测试的模块，是否能够组装成一个符合设计要求的系统。有效性测试的目的是验证软件的功能与用户要求是否一致。有效性测试一般采用黑盒法。

5. 系统维护

CAD/CAM 系统生命期的最后一个阶段是维护阶段。系统的维护需要消耗大量的精力和费用。系统维护的内容十分广泛，但是最主要的是改正性维护、适应性维护和完善性维护。

软件测试往往不可能找出一个大型系统中潜伏的所有错误，因此，在系统使用期间仍有可能发现错误，诊断和改正这类错误的过程称为改正性维护。

由于计算机技术日新月异的发展，计算机硬件及其操作系统不断更新换代。为了适应计算机更新换代的需要，要对 CAD/CAM 系统进行修改，这类维护称为适应性维护。

在系统投入使用后，用户有时会提出增加新功能、修改已有功能或者其他改进要求。为满足或者部分满足这类要求，要进行完善性维护，这类维护占系统维护工作的大部分。

如果仅有源程序，而缺乏文档资料，会因为软件结构、数据结构、系统接口和性能要求等方面不清楚，使得维护工作十分困难。为了减少维护工作量，提高维护质量，必须在系统开发过程中遵循软件工程方法，保证文档齐全、格式规范。

1.4 模具 CAD/CAM 系统硬件

模具 CAD/CAM 系统硬件基本构成如图 1.4 所示。硬件主要由五部分组成:计算机主机、外存储器、图形输入设备、图形输出设备和网络设备。

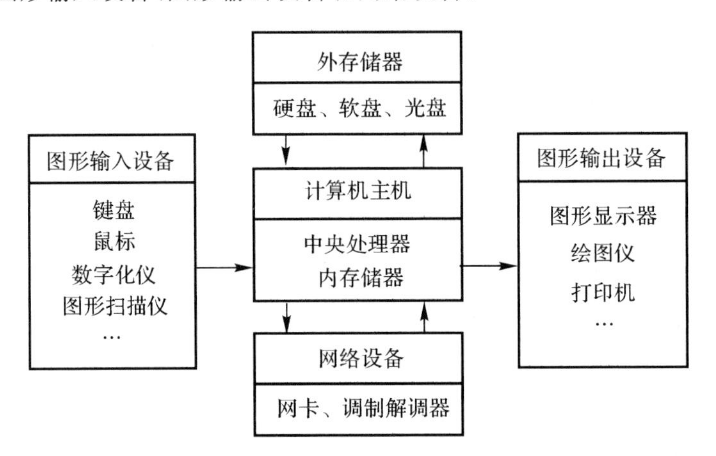

图 1.4 模具 CAD/CAM 系统的硬件组成

1.4.1 计算机及常用外设

1. 计算机

根据计算机的性能,计算机可分为大中型机、小型机、工作站、微机 4 种类型。

1)大中型计算机。该类计算机的优点是功能强大、计算处理能力强,支持多用户同时工作,可以进行大型复杂的设计运算和仿真分析,可以支持大型数据库的集中管理。其缺点是投资大,不易随着技术发展进行系统更新,系统响应时间随着用户增多而变慢,性价比不高。

2)小型机。该类计算机曾在 20 世纪 80 年代占据了主要的 CAD 市场,其投资规模适中,能满足一般工程和产品设计的需要,在大中型企业设计部门广泛应用。20 世纪 80 年代中期以后,小型机逐渐被工作站所替代。

3)工作站。工作站的概念萌生于 20 世纪 70 年代,它不完全指计算机本身,而是指具有比较强的科学计算、图形处理、网络通信功能的交互式计算机。常用的工作站有 HP,SUN,SGI 等公司的产品,多数采用 UNIX 或者类似 UNIX 的操作系统。随着微机性能的提高,工作站与微机之间的界限已变得模糊。目前就计算机本身而言,可以认为工作站是以个人计算环境与网络计算环境相结合的高性价比的计算机,在使用方式上,有个人使用的台式计算机或者网络中的服务器。

4)微机。由于微电子技术的飞速发展,微机已成为模具 CAD/CAM 系统的主流计算机,可以作为客户机,也可以作为服务器,高档微机的性能已达到工作站的水平。

2. 常用外设

常用外部设备(简称"外设")有外存储器、图形输入设备、图形输出设备、网络设备等。

1)外存储器。外存储器设置在计算机主机之外,与内存相比,其容量大。由于 CAD/CAM 系统的数据和信息量大,仅有内存远远不够,因此,需要设置外存储器存放暂时不用的数据或者程序,既可以作为对内存容量不足的补充,又可以起到永久存储的作用。外存储器可以分为硬盘类、软盘类、光盘类等。

2)图形输入设备。图形输入设备的功能主要是将外部信息输入计算机中,供计算机运算和处理。常用的图形输入设备有键盘、鼠标、数字化仪、图形输入板、图形扫描仪等。

3)图形输出设备。图形输出设备的主要功能是将计算机产生的图形或者数据以不同的方式予以输出,例如打印到图纸上或者显示在屏幕上,供实际需要。常用的图形输出设备有图形显示器、绘图仪和打印机。

4)网络设备。网络设备是组成计算机网络的必要设备,可以将多个不同硬件,甚至不同区域的硬件系统联系在一起,实现资源共享以及异地网络化设计。常用的网络设备包括网卡、调制解调器等。

1.4.2　硬件系统配置

模具 CAD/CAM 系统的硬件配置比较灵活,根据用途和经济状况,可以自由选配。具体的配置有如下要求。

1. 比较高的图形输入与输出设备性能

由于模具 CAD/CAM 系统是以数据化的图形表达设计方案,因此,对图形输入与输出设备的传输速度、精度、色彩等性能要求比较高。例如,设备性能要求有分辨率比较高、真彩色、大尺寸的图形显示器,要求有加快图形处理速度的图形加速卡以及高分辨率、大幅面的彩色绘图仪等。

2. 比较高的运行速度

随着技术的进步,模具 CAD/CAM 系统软件功能日趋强大,由于其内部有大量复杂的数学计算分析,例如,复杂三维模型的各种变换、装配、干涉检查等,因此,与之配套的计算机硬件的运行速度要高。

3. 足够的外部存储空间

由于在设计和制造过程中产生大量的图形、图像、技术文件,加上各种图形库、数据库和配套的应用软件,这些将占据非常大的外部存储空间。

4. 比较好的网络性能

由于复杂的设计工作需要团队协作完成,不同的人、部门可能在不同的地方同时为某一项设计任务而工作,因此,高性能的网络系统是协同设计的基本要求。它包括网络速度、稳定性、安全性等。

模具 CAD/CAM 硬件系统的基本配置:CPU 为 Intel Pentium Ⅳ处理器(主频 2 GHz),内存为 512 MB 或者更大,硬盘为 80 GB,显存为 256 MB,显示器为 17 in(1 in=2.54 cm)纯平。

1.5 模具 CAD/CAM 系统软件

软件在模具 CAD/CAM 系统中占有重要地位,通过软件可以很好地发挥硬件的功能,实现整个系统的作业过程。根据在系统中的作用,软件分为系统软件、支撑软件、应用软件三类。

1.5.1 系统软件

系统软件指操作系统软件及语言等。它不是用户的应用程序,而是着眼于计算机资源的有效管理,用户任务的有效完成,以及操作的方便程度,目的是构成一个良好的软件工作环境,供应用程序的开发使用。

1. 操作系统(Operation System,OS)

操作系统应具有五方面的管理功能,即中央处理器 CPU 的管理、内存分配管理、文件管理、外部设备管理、网络通信管理。目前常用的操作系统是 UNIX 和 Windows 系列,工作站和微机均可以使用。

2. 计算机语言

计算机语言一般分为汇编语言和高级语言。

汇编语言是一种与计算机硬件相关的符号指令,属于低级语言,执行速度快,可以充分发挥硬件的功能,常用于编制最底层的绘图功能(例如点、线等的绘制),也用于编制硬件驱动程序。

高级语言与自然语言比较接近,编制的程序与具体计算机无关,经编译与有关库链接后即可执行。目前比较流行的高级语言有 C++,Visual C++,Basic,Visual Basic,Fortran 等。

1.5.2 支撑软件

模具 CAD/CAM 系统支撑软件从功能上可以分为三类:第一类解决图形设计问题;第二类解决工程分析与计算问题;第三类解决文档写作与生成问题。

1. 计算机图形资源软件

计算机图形是借助计算机,通过程序和算法在图形显示和绘图设备上生成图形,并按照用户给定的指令以改变其内容的数据处理方式。基本的图形资源软件主要是根据各种图形标准或者规范实现的软件包，大多为供应用程序调用的图形子程序包或者函数库，与计算机硬件无关，有优良的可移植性。用户在深入研究开发时，应当重视对这部分图形资源的运用。

比较常用的图形资源有面向设备驱动的计算机图形接口 CGI、面向应用程序的图形程序包 GKS 及 PHIGS，还有某些特有的程序包，如 OpenGL 等。

2. 工程分析及计算软件

有限元建模与分析技术被广泛应用到产品和零件结构分析，以及产品性能的模拟仿真分析方面。目前，有限元分析技术比较成熟，已达到实用程度，比较流行的模具 CAE 软件有 Deform，Superform，Dynaform，Moldflow 等。另外一些大型的三维 CAD 系统自身也集成了有限元分析模块，例如 UG NX 6.0 集成了 Ansys，Abaqus，Ls－Dyna，MSC Nastran 等有限元分析模块。对于一些中低档的 CAD 系统，一般可以采用其进行建模，然后利用数据交换文件通过商品化有限元软件的接口读入有限元软件中进行处理。

对于机构运动分析软件而言，主要是确定整个机构的位置、运动轨迹、速度，计算节点力及弹簧力，检验干涉，显示机构静态、动态图及各种分析结果的曲线等。

3. 工程数据管理软件

模具 CAD/CAM 系统在工作过程中，产生大量的图形、装配、材料性能、工艺数据、分析与优化结果等数据信息，并且在设计过程中，还需要存储许多手册和资料中的数表、线图数据等，例如标准模架库、标准件库等。因此，有效地管理、使用这些数据是模具 CAD/CAM 系统的一项关键任务。

目前，主要是应用数据库管理软件管理各种数据信息，与传统数据库不同的是，该类工程数据库要适应模具 CAD/CAM 系统特有的数据量大、形式多样、结构烦琐、关系复杂、动态性强等特点。随着 CAD、CAM 技术的发展，数据库及其管理系统已成为现代化设计系统的一个极为重要的组成部分。

4. 二次开发工具

图形软件一般着眼于共性、通用的问题，而某一个企业、某一类产品或者某一个工程都有自身的特点。为了更有效、方便地服务于这些特定目的，必须在通用图形软件平台上进行二次开发，研制相应的应用软件，例如 UG 软件的级进模设计模块（Processive Die Wizard，PDW）和注塑模具设计模块（Mold Wizard，MW）。因此，支撑软件应该为应用软件提供二次开发工具，使用户可方便、迅速地进行二次开发。例如 AutoCAD 软件提供了 AutoLISP，ARX，VisualLISP 等开发工具；UG 软件提供了 Open Grip，Open API，UI Styler 等开发工具。

1.5.3 应用软件

模具 CAD/CAM 系统应用软件主要是面向用户,在对主机的要求、外围设备的种类、用户界面、软件设计方法和软件规模等方面都有自身的特点。

目前,商品化 CAD/CAM 软件系统种类繁多,主要有美国 AutoDesk 公司的 AutoCAD 及 Inventor,美国参数技术公司(PTC)的 Pro/Engineer,法国达索公司(Dassault System)的 CATIA 及 Solid Works,Siemens 公司的 UG NX 系列以及 Solid Edge 等。国内的二维 CAD 软件比较多,例如 CAXA、大恒 CAD、开目 CAD 等,但是在大型三维 CAD 软件方面与国外的差距比较大。

1.6 模具 CAD/CAM 系统应用

模具是工业产品生产的重要工艺装备和工具,在冲压、锻造、铸造和注塑等工艺中,其作用是控制和限制材料流动,将材料成型为满足使用性能要求的形体。采用模具生产零件,具有生产效率高、产品质量好、材料利用率高、成本低等一系列优点,已经成为现代制造业的重要技术手段和主要发展方向。

模具工业是最早采用 CAD/CAM 技术的行业。为适应产品呈现多样化、复杂化、精密化和更新换代快的特点,欧美等工业发达国家对模具 CAD/CAM 技术的开发和应用非常重视。早在 20 世纪 60 年代初期,一些飞机和汽车制造公司(例如美国 Lockheed Martin,LM 等)就开展了模具 CAD/CAM 技术的研究工作,并投入了大量的人力和物力。随后,各大公司都相继开发了多种的模具 CAD/CAM 系统,并于 20 世纪 80 年代初期开始工业化应用,广泛应用于冲压模具、锻造模具、挤压模具、注塑模具和压铸模具的设计与制造。目前,模具 CAD/CAM 技术在工业发达国家的应用已经相当普遍。

由于我国计算机技术发展比较晚,因此,模具 CAD/CAM 技术研究也受到了比较大的制约。国内很多高校和研究所于 20 世纪 80 年代初才开始进行模具 CAD/CAM 系统的研究与开发,但是发展速度比较快,与发达工业化国家相比,差距比较大,具有实用价值的模具 CAD/CAM 系统不多。为了改变模具工业落后的现象,我国于 20 世纪 90 年代大力推广 CAD/CAM 技术在模具工业中的应用,从国外引进了大量的 CAD/CAM 系统,例如 AutoCAD,Pro/E,UG,CATIA 等,并在这些软件平台上开发了相应的模具设计模块。例如,华中科技大学在 AutoCAD 软件基础上开发了基于特征设计的级进模 CAD/CAM 系统(HMJC 系统);西北工业大学在 UGⅡ 软件基础上开发了叶片锻造模具 CAD 系统。总之,我国模具 CAD/CAM 技术已取得长足的进步,其在模具工业中的应用比较普遍。

1.7 模具 CAD/CAM 系统发展趋势

随着计算机技术、互联网及相关技术的飞速发展,模具 CAD/CAM 系统呈现出集成化、智能化、标准化和网络化的发展趋势。

1. 集成化

最初，CAD/CAM 系统各单元技术独立发展，随着技术发展到一定水平，各单元技术单独发展的缺点逐渐显现并愈加明显，例如数据与信息交换的问题。为了充分发挥 CAD 技术和 CAM 技术的最大潜力，人们将两者融合在一起，集成了 CAD/CAM 系统，实现设计制造过程的自动化和最优化。为了提高系统集成水平，CAD/CAM 技术必须在以下几个方面提高水平：

1）数字化产品建模。工程技术人员必须提供针对产品全生命周期的统一的产品模型。该模型应该符合某种规范或者标准，其内容应包括产品的结构形状、设计过程及相关设计知识；在建模技术上，应能提供性能优良的特征建模、参数化设计及变量化设计等方法。

2）产品数据交换。除提供目前已有的数据交换规范及标准（例如 IGES，STEP，DXF 文件）外，还需要发展新的交换规范及标准（例如 VRML，XML 文件等）。

3）产品数据管理。继续提高 PDM 软件性能，有效管理与产品相关的所有数据及所有过程。

2. 智能化

产品设计是一个复杂的创造性活动，设计过程中需要大量的知识、经验和技巧。设计过程不仅有基于算法的数值计算，也会有基于知识的推理型问题，例如方案的设计、选择、优化和决策等，这些都需要通过思考、推理、判断来解决。传统 CAD/CAM 系统比较重视软件数值计算和几何建模功能的开发，而忽视了非数据等信息处理功能的开发，这在一定程度上影响了 CAD/CAM 系统的实际效用。

随着人工智能技术的发展，知识工程和专家系统技术日趋成熟，将人工智能技术、知识工程和专家系统技术引入 CAD/CAM 技术领域，形成智能 CAD/CAM 系统。专家系统实质上是一种“知识＋推理”的程序，是将专家的知识和经验相结合，使它具有逻辑推理和决策判断能力。专家系统的开发和应用是模具 CAD/CAM 系统发展的必然趋势。

3. 标准化

随着模具 CAD/CAM 技术的发展，标准化问题日益显示出它的重要性。CAD/CAM 标准体系是开发应用 CAD/CAM 软件的基础，也是促进 CAD/CAM 技术普及应用的约束手段。

图形标准是一组由基本图素与图形属性构成的通用标准图形系统。按照功能区分，图形标准大致可分为三类。

1）面向用户的图形标准，例如图形核心系统（Graphical Kernel System，GKS）、程序员交互式图形标准（Programmer's Hierarchical Interactive Graphics System，PHIGS）和基本图形系统 Core。

2）面向不同 CAD 系统的数据交换标准，例如初始图形交换规范（Initial Graphics Exchange Specification，IGES）、产品数据交换规范（Product Data Exchange Specification，PDES）和产品模型数据交换标准（Standard for the Exchange of Product Model Data，SEPMD）等。

3）面向图形设备的图形标准，例如虚拟设备接口标准（Virtual Device Interface，VDI）

和计算机图形设备接口(Computer Graphics Interface,CGI)等。

随着技术的不断进步,图形标准推陈出新,并且指明了模具 CAD/CAM 技术的发展路径。例如 STEP 技术既是标准又是方法,由此构成了 STEP 技术,其深刻影响着产品建模、数据管理及接口技术等。

4. 网络化

互联网及 Web 技术的发展,迅速将设计与制造工作引向网络协同的模式。因此,模具 CAD/CAM 技术必须在以下两个方面提高水平:

1)能够提供基于互联网的完善的协同设计环境。该环境具有电子会议、协同编辑、共享电子图板、图形和文字的浏览与批注、异构 CAD 和 PDM 软件的数据集成功能,使用户能够进行协同设计。

2)提供网上多种 CAD/CAM 应用服务,例如设计任务规划、设计冲突检测、网上虚拟装配等工具。

1.8 NX 软件与技术特性

1.8.1 UG 与 NX 软件简介

UG 是 Unigraphics 软件的缩写,UG 软件是高端的 CAD/CAM/CAE 一体化集成的大型工程应用软件。从 2002 年开始 UG 软件更名为 NX 软件。目前,运作该软件的公司是德国西门子(Siemens)公司旗下的 UGS 公司(Unigraphics Solutions Inc.)。

UG 软件起源于 20 世纪 60 年代末。1969 年,United Computer 公司在美国加利福尼亚州托兰斯市成立。1973 年,United Computing 公司从 MGS 公司购买了 ADAM (Automated Drafting And Machining) 方面的软件代码,开始研发软件产品 UNIGRAPHICS,1975 年正式将其命名为 Unigraphics。1976 年 United Computer 公司被麦道飞机公司(McDonnell Douglas Co.)收购,成为其下属的一个团队 Unigraphics Group,他们进行了 UG 软件系列的开发,并将其应用于飞机的设计与制造过程之中。此后的数十年中,UG 一直处于研发过程之中。1983 年 Unigraphics 进入市场,之后该软件以 UG-Ⅱ闻名于世。随后,UG-Ⅱ吸取了领先的三维实体建模核心 Parasolid。1987 年,通用公司(GM)将 UG 作为其 C4(CAD/CAM/CAE/CIM)项目的战略性核心系统,进一步推动了 UG 的发展。1990 年,UG-Ⅱ成为美国麦道公司(后被波音公司兼购)的机械 CAD/CAE/CAM 的标准。1991 年 UG 软件开始了从 CADAM 大型机版本到工作站版本的移植。同年,由于 GM 对 UG 的需要,Unigraphics Group 并入世界上最大的软件公司——EDS 公司,UG 软件以 EDS UG 运作。1993 年 UG 软件引入复合建模的概念,将实体建模、曲面建模、线框建模、半参数化及参数化建模融为一体。1996 年发布了能够自动进行干涉检查的高级装配功能模块、最先进的 CAM 模块以及具有 A 类曲面功能的工业造型模块,它在全球迅猛发展,占领了巨大的市场份额,成为高端、中端及商业 CAD/CAM/CAE 应用开发的常用软件。

1998 年,EDS UG 并购 Intergraph 公司的机械软件部,成立 Unigraphics Solutions

Inc，即UGS为EDS的子公司。2000年发布新版本UG V17，它使UGS成为工业界第一个可以装载包含深层嵌入“基于工程知识(KBE)”语言的世界级MCAD软件产品的主要供应商。UG V17可以通过一个叫做“Knowledge Driven Automation”(KDA)的处理技术获取专业知识。2001年发布UG V18，该版本对旧版本中的对话框做了大量的调整，功能更强大，设计更便捷，这也是UG软件的最高版本。2001年9月，EDS公司收购SDRC公司，同时回购UGS公司股权，将SDRC与UGS合并组成Unigraphics PLM Solutions事业部。SDRC公司以其研发的高端的CAD/CAM/CAE一体化集成的大型工程应用软件Ⅰ-DEAS而闻名于世。

2002年，EDS公司发布了Unigraphics和Ⅱ-DEAS两个高端软件合并整合而诞生的下一代集CAD/CAE/ CAM于一体的数字化产品开发解决方案新软件，NX的第一个版本——NX 1.0。它采用了全新的用户交互模式(易用)、基于知识的结构体系(智能化)以及最开放的协同设计(开放性)。它是NX向数字化产品开发解决方案愿景迈出的关键一步。从此UG软件更名为NX软件，UG软件被NX软件取代。换句话说，NX软件是UG软件的升级版。

2002年，EDS公司发布了NX软件的升级版NX 2.0。它象征着世界两大领先产品统一进程的第二步。该版本是朝着数字化决策的NX前景迈出的具有重大意义的一步，NX 2.0在建模、制造和数字化仿真工具的广度和可用性上有了很大改进。另外，其增强知识驱动自动化能力，扩展NX的关键功能并集成到Teamcenter产品生命周期管理(PLM)软件环境中。

2003年3月，Unigraphics PLM Solutions事业部被3家公司以现金支付方式从EDS公司收购，成为独立的UGS公司。2004年发布NX 3.0版本，NX 3.0基本完成了Unigraphics和Ⅱ-DEAS的合并整合目标。它在工作界面、交互式窗口上做了脱胎换骨的调整，具有Windows的风格，更具亲和力；更多地采用智能推断，动态操作功能得到增强，减少了复杂的操作→选项→输入的动作过程，操作更具便捷性，可大幅度提高设计效率。

2005年，UGS发布NX的第四个版本——NX 4.0。该版本主要增强了数字化仿真功能、知识捕捉能力，同时强调操作的易用性。它还引入全新的概念设计方法——2D Layout，这一方法把早期的概念规划引入到集成设计过程，提高了创新速度。

2007年，UGS公司发布了NX最新版本——NX 5.0。NX 5.0在NX 4.0版本的基础上做了全面、系统的突破性创新。新版本增强了无约束设计(灵活性)、主动数字样机技术(协调性)；全新开发的界面及“由你做主”(Your Way)的自定义功能，大大提高了设计效率。此外，NX 5.0还提供了更为强大的数字化仿真能力。同年5月，西门子(Siemens)公司收购UGS公司。UGS公司从此更名为“UGS PLM软件公司”(UGS PLM Software)，并作为西门子自动化与驱动集团(Siemens A&D)的一个全球分支机构展开运作。

2008年6月，Siemens UGS PLM Software发布NX 6.0版本。它是具有里程碑意义的高性能数字化产品开发解决方案软件。它在保留原有参数化建模技术的同时，推出了领先于行业的同步建模(无参数化)技术，将两个领域最好的技术完美地结合在一起，大大提高了创新的能力和速度。NX 6.0比以前任何版本更强调数据的可重用性，以帮助企业提高生产力。

2009 年 10 月,西门子工业自动化业务部旗下机构,全球领先的产品生命周期管理(PLM)软件与服务提供商 Siemens PLM Software 宣布推出其旗舰数字化产品开发解决方案 NX 7.0。NX 7.0 引入了“HD 3D”(三维精确描述)功能,即一个开放、直观的可视化环境,有助于全球产品开发团队充分发挥 PLM 信息的价值,显著提升其制定卓有成效的产品决策能力。此外,NX 7.0 还新增了同步建模技术的增强功能。

2010 年 5 月 20 日上海世界博览会上,UGS PLM Software 推出重建产品生命周期决策体系的技术框架(HD-PLM)技术,同步发布最新数字化产品开发软件 NX 7.5,该版本利用 HD-PLM 框架技术与 Teamcenter 进行密切配合。为满足中国用户对 NX 特殊需求推出的本地化软件工具包 NX GC 工具箱作为一个应用模块,与功能增强的 NX 7.0 版本 NX 7.5 一起同步发布。

2011 年 9 月推出了 Siemens NX 8.0(简称 NX8.0),其在功能上又有了很大改进。NX 8.0 系统无缝集成的应用程序能快速传递产品和工艺信息的变更,从概念设计到产品的制造加工,可使用一套统一的方案把产品开发流程中涉及的学科融合到一起。同时,NX8.0 在 UGS 先进的 PLM Teamcenter 的环境管理下,在开发过程中可以随时与系统进行数据交流。

2012 年 10 月,Siemens PLM Software 发布 NX 8.5 版本。在 NX 8.0 的版本基础上增加了一些新功能和许多客户驱动的增强功能。这些改进有助于缩短创建、分析、交换和标注数据所需的时间。

2013 年 10 月,Siemens PLM Software 发布 NX 9.0 版本。该版本集成了诸如二维同步技术 ST2D,4GD 及 NX 创意塑型(Realize Shape)等诸多创新功能,为客户提供前所未有的设计灵活性,同时大幅度提升了产品开发效率。

2014 年 10 月,Siemens PLM Software 发布 NX 10.0 版本。该版本可提高整个产品开发的速率和效率。通过引入新的多物理分析环境和 LMS Samcef 结构解算器,极大地扩展了可以从 NX CAE 解算的解决方案类型。NX 10.0 可提高机床性能,优化表面精加工,缩短编程时间。NX 10.0 的界面默认采用功能区样式,也可以通过界面设置,选择传统的工具样式。NX 10.0 支持中文路径,零部件名称可以直接用中文表示。

2016 年秋季,Siemens PLM Software 发布 NX 11.0 版本。该版本在建模、验证、制图、仿真/CAE、工装设计和加工制造等方面新增强了很多实用功能,以进一步提高整个产品开发过程中的生产效率。

2017 年 11 月,Siemens PLM Software 发布 NX 12.0 版本。该版本 NX 提供了强大的小平面体建模增强功能,以及大飞机受力静态分析和工业机器人加工过程等新功能,并在 NC 加工提速、大型汽车模具、注塑模具分模和五轴联动加工等方面的功能大大加强。

NX 是大型的集 CAD /CAE/ CAM 于一体的,当今世界最先进的计算机辅助设计、分析和制造软件之一。该软件为制造业提供了全面的产品生命周期解决方案,广泛应用于航空、航天、汽车、造船、日用消费品、通用机械和电子等工业领域。

本书以 NX 10.0 为蓝本,系统介绍 NX CAD/CAM 基础,以及模具设计制造方法。

1.8.2　NX10.0软件

从NX 10.0版本起，NX不再支持32位系统，不再支持Windows XP系统，只能安装于64位Windows 7及以上的系统。NX 10.0最大的改变是，全面支持中文名和中文路径；同时新增航空设计选项、偏置3D曲线和绘制“截面线”命令，并将修剪与延伸命令分割成两个命令，且加入了生产线设计(Line Design，LD)模块等，能够带给用户非凡的设计新体验。

1. NX 10.0软件特点

1）NX 10.0支持中文名和中文路径。

2）【插入】→【曲线】,【优化2D曲线】和【Geodesic Sketch】都是新功能。

(3）NX 10.0新增航空设计选项，钣金功能增强。它分为：①航空设计弯边；②航空设计筋板；③航空设计阶梯；④航空设计支架。

4)捕捉点时，新增了一项“极点”捕捉，采用一些命令的时候可以对曲面和曲面的极点进行捕捉。

5）创意塑型是从NX 9.0开始有的功能，NX 10.0增加了很多功能，而且比NX 9.0更强大，快速建模是重点发展方向。NX 10.0新增功能有：①放样框架；②扫掠框架；③管道框架；④复制框架；⑤框架多段线；⑥抽取框架多段线。

6）插入菜单新增2D组件。

7）NX 10.0资源条管理更加方便，侧边栏的工具条上增加了“资源条选项”按钮，可以直接对资源条进行管理。

8)采用鼠标操作视图放大、缩小时，与以前的版本相反，例如鼠标左键+中键，方向往下是缩小，鼠标左键+中键，方向往上是放大。

9）修剪与延伸命令分割成两个命令。延伸偏置值可以采用负数，也就是说现在可能缩短片体。

10）制图新增了绘制“截面线”命令，可以对视图草绘截面线。

11）删除面功能新增“圆角”命令。

12）新增偏置3D曲线。

13）注塑模工具里的【创建方块】(即创建箱体)功能新增两个功能：支持柱体和长方体功能。

2. NX软件技术特点

Siemens PLM Software的产品开发解决方案NX™提供了用户所需要的高性能和领先的技术，使得用户可以控制产品复杂性并参与全球竞争。NX 10.0支持产品开发中从概念设计到工程和制造的各个方面，为用户提供了一套集成的工具集，用于协调不同学科、保持数据完整性和设计意图以及简化整个流程。借助应用领域最广泛、功能最强大的最佳集成式应用程序套件，NX 10.0可以大幅提升生产效率，帮助用户制定明智的决策，更快、更高效地提供更好的产品。除了用于计算机辅助设计、工程和制造（CAD/CAM/CAE）的工具集以外，NX 10.0 还支持在设计师、工程师和更广泛的组织之间进行协同，为此，它提供了集成式数据管理、流程自动化、决策支持以及其他有助于优化开发流程的工具。

全球众多企业都在努力实现 NX 10.0 产品开发解决方案的独特优势。用户可以采用 NX 10.0 的解决方案取得短期和长期的业务成果，因为这些解决方案能够帮助用户实现以下目标：

1)产品开发过程转型。用户的工作更加明智，从而提高工作效率，提高创新速度并充分利用市场商机。

2)更快制定明智的决策。NX 10.0 提供的最新产品信息和分析功能能够更好地解决工程、设计和制造问题。

3)“第一时间”开发产品。NX 10.0 使用虚拟模型和仿真精确评估产品性能和可制造性，并持续验证设计是否符合行业、企业和客户要求。

4)与合作伙伴和供应商有效协同。在整个价值链中采用各种技术共享、沟通和保护产品与制造流程信息。

5)支持从概念到制造的整个开发流程。借助全面的集成式工具集简化整个流程，在设计师、产品和制造工程师之间无缝共享数据，实现更强的创新。

NX 10.0 的优势在于借助面向设计、仿真和制造的高级解决方案提供了统一的产品开发平台，能够提供更全面、更强大的产品开发工具集。NX 10.0 能够提供：

1)面向概念设计、三维建模和文档的高级解决方案。

2)面向结构、运动、热学、流体、多物理场和优化等应用领域的多学科仿真。

3)面向工装、加工和质量检测的完整零件制造解决方案完全集成的产品开发，NX 10.0 将面向各种开发任务的工具集成到一个统一解决方案中。所有技术领域均可同步使用相同的产品模型数据。借助无缝集成，用户可以在所有开发部门之间快速传播信息和变更流程。

4)NX 10.0 采用 Teamcenter© 软件[Siemens PLM Software 推出的一款协同产品开发管理（CPDM）解决方案]建立单一的产品和流程知识源，以协调开发工作的各个阶段，实现流程标准化，加快决策过程。

习　题　1

1.1　什么是 CAD/CAE/CAM?

1.2　模具 CAD/CAM 系统有何特点?

1.3　模具 CAD/CAM 系统具有哪些优越性?

1.4　建立 CAD/CAM 系统分为哪几个阶段？简述各个阶段的主要任务。

1.5　简述模具 CAD/CAM 系统的发展趋势。

1.6　模具 CAD 系统由哪些软件组成？简述它们各自的作用。

1.7　模具 CAD/CAM 系统支撑软件从功能上可以分为哪几类？简述其主要功能。

第2章　计算机辅助设计数据处理方法

2.1　设计数表和图线的程序处理

2.1.1　数表程序化

传统的模具设计和制造工艺设计过程中，设计人员需要通过设计手册、设计规范等查找相关设计数据，只有少量的设计准则和规范采用公式表达，大量的设计准则和规范则以数表和图线的形式给出。模具 CAD/CAM 系统中，必须将这些数表和图线以计算机能够处理的方式进行表达，对这些资料以程序、文件或者数据库的形式加以管理，然后通过程序调用或者计算机检索的方式获取。

工程中的数表有两类：一类是记载设计所需的各种数表，例如各种材料的力学性能、物理性能等数据，这些数据彼此之间没有明显的关系；另一类是列表函数，用于表达工程中某些复杂问题的参数之间的关系。对于工程中的复杂问题，通常难以用理论公式准确表示，而是通过实验测试或者采用简化公式计算后，再根据经验加以修正，因此是一些离散的数据，可以表示为

$$y_i = f(x_i),\quad i = 1,2,3,\cdots,n \tag{2.1}$$

式中　x_i—— 自变量；

y_i—— 因变量。

x_i 和 y_i 的对应关系可以组成一张表，称为列表函数。

数表的程序化是指将数表中的数据直接编入程序。这种方法处理的数表在本质上与设计手册中的数据没有区别，只是方便程序的检索或者调用。

数表或者列表函数已经属于结构化的数据，一维数表、二维数表或者多维数表分别与计算机程序语言中的一维数组、二维数组或者多维数组相对应，容易通过程序进行赋值和调用。下面以一维数组和二维数组存放数表为例说明这种方法。

1. 一维数表

一维数表是最简单的一种数表，其数据可以存放在一维数组中。表 2.1 所示的数表为几种常用材料的弹性模量。程序化过程中，可以采用一个一维数组存放此数表。

表 2.1　材料的弹性模量

材料	弹性模量 E/GPa
结构钢	205.8
铝合金	70.5
镁合金	44.1
钛合金	110.7
超高强度钢	205.8

程序运行过程中,只要给定相关材料的存储单元代码,就可以从数组中查到相应的弹性模量值。

2. 二维数表

图2.1所示为几种常用的冲裁凹模工作部分的形式。表2.2所列是冲裁不同板料厚度时凹模孔口工作部分的尺寸。程序化过程中,可以采用一个二维数组存放这张表。表2.2列出的是不同材料厚度范围内所对应的模具尺寸参数(h,α,β)的值,即根据材料的厚度范围确定相应的模具参数值。因此,当程序执行查表操作时,首先判断材料的厚度属于哪一范围,然后查找对应的模具尺寸参数值。

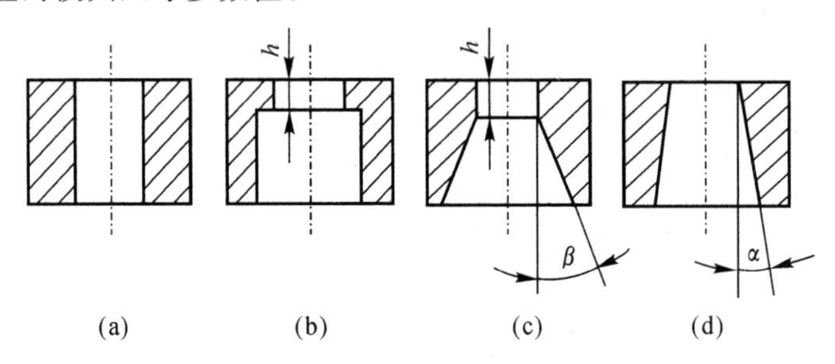

图2.1 凹模工作部分的形式

表2.2 冲裁凹模孔口工作部分的尺寸

材料厚度/mm	h/mm	α/(′)	β/(°)
<0.5	5	13	2
0.5~1.0	6	15	2
1.0~2.5	7	15	2
2.5~6.0	8	30	3
≥6.0	10	30	3

设计手册中的大部分数表在程序中都可以采用一个二维数组存储,上述方法在处理数表时比较常用。同样,也可以采用多维数组存放数表。

2.1.2 数表公式化

通常工程应用中会遇到现有数表中的数据不能满足设计要求,这时需要设计者根据数表的数据范围与趋势找到合适的数据。由于数表中的数据是离散的点,当需要在相邻两个数值点之间取值时,只能选取相近节点的数据代替,这样的处理必定给计算结果带来误差。因此,对于数据间有某种联系或者函数关系的数表,可以进行公式化处理,以方便程序的应用。常用的方法有两种:函数插值和数据拟合。

1. 函数插值

函数插值是在插值点附近选取几个合适的节点,构造一个函数多项式 $y=p(x)$ 作为数表函数的近似表达式，然后计算 $p(x)$ 的值以得到任意点 $f(x)$ 的值。最常用的近似函数类型为代数多项式。代数插值的数学含义表述为，设 $y=f(x)$ 是区间$[a,b]$上的连续函数，已知它在$[a,b]$上的 n 个互不相同的点 $x_1,x_2,x_3,\cdots,x_n$ 上的函数值为 $y_1,y_2,y_3,\cdots,y_n$，如果代数多项式 $p(x)$ 满足 $p(x_i)=y_i(i=1,2,\cdots,n)$，则称 $p(x)$ 为函数 $y=f(x)$ 的插值多项式，$x_1,x_2,x_3,\cdots,x_n$ 为插值节点，区间$[a,b]$为插值区间，$y=f(x)$ 称为被插值函数。

插值函数的几何意义是通过给定的 n 个互不相同的点$(x_1,y_1),(x_2,y_2),(x_3,y_3),\cdots,(x_n,y_n)$作一条$(n-1)$次的代数曲线 $y=p_{n-1}(x)$，近似地表示曲线 $y=f(x)$。因此，当数表中的变量之间存在一定的函数关系时，采用函数插值的方法求出它们的近似关系。

最简单的插值为两点插值，即用一次多项式 $y=p_1(x)$ 作为插值多项式，使已知插值点 p 的相邻两点(x_1,y_1) 和(x_2,y_2) 满足此式。它的几何意义是求通过两点(x_1,y_1)，(x_2,y_2)的直线。由图 2.2 可得，通过两点的直线方程为

$$y=y_1+\frac{y_2-y_1}{x_2-x_1}(x-x_1)=p_1(x) \tag{2.2}$$

式(2.2) 整理后，写为

$$p_1(x)=\frac{x-x_2}{x_1-x_2}y_1+\frac{x-x_1}{x_2-x_1}y_2 \tag{2.3}$$

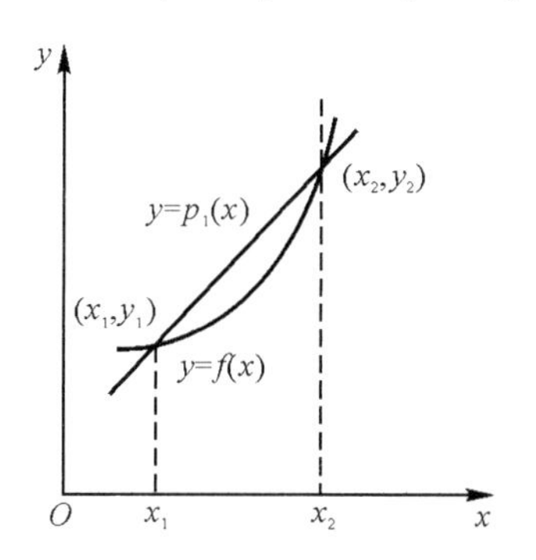

图 2.2　两点插值的几何意义

两点插值又称为一次插值或者线性插值，用于求两个数据点之间的 x 的函数值。例如，当需要计算表 2.3 中温度 $T(T_i<T<T_{i+1})$、TC4 合金的流动应力 σ 时，可以采用线性插值公式求得，即

$$\sigma=\frac{T-T_{i+1}}{T_i-T_{i+1}}\sigma_i+\frac{T-T_i}{T_{i+1}-T_i}\sigma_{i+1} \tag{2.4}$$

表 2.3　TC4 合金高温变形时的流动应力(变形速度为 0.01 s^{-1})

变形温度 T/℃	流动应力 σ/MPa
800	125.4
850	93.2
900	59.1
950	25.4
1 000	15.7
1 050	14.5

线性插值只用两个数据点的信息,计算简单,但是求得的插值函数 $y=f(x)$ 误差比较大。如果多用一些数据点求 $y=f(x)$ 的近似值,精度会提高。设已知 $y=f(x)$ 在 x_1,x_2,x_3 上的函数值为 y_1,y_2,y_3,可以求得一个二次多项式 $y=p_2(x)$,使 $p_2(x_i)=y_i(i=1,2,3)$。它的几何意义是通过三点作一条曲线的近似曲线 $y=f(x)$。如果三个点不在一条直线上,生成的曲线是抛物线。

由于点(x_1,y_1) 和(x_2,y_2) 满足方程 $y=p_2(x)$,可设

$$p_2(x)=p_1(x)+a(x-x_1)(x-x_2) \tag{2.5}$$

式中 a—— 待定系数。

整理可得

$$p_2(x)=y_1+\frac{y_2-y_1}{x_2-x_1}(x-x_1)+a(x-x_1)(x-x_2) \tag{2.6}$$

由式(2.6) 可以看出:$p_2(x_1)=y_1,p_2(x_2)=y_2$ 的条件显然满足。只要再采用条件 $p_2(x_3)=y_3$ 可以确定系数 a。将 $x=x_3$ 代入式(2.6) 中,可得

$$p_2(x_3)=y_1+\frac{y_2-y_1}{x_2-x_1}(x_3-x_1)+a(x_3-x_1)(x_3-x_2)=y_3 \tag{2.7}$$

从式(2.7) 求得 a,然后代入式(2.6),整理后可得

$$p_2(x)=\frac{(x-x_2)(x-x_3)}{(x_1-x_2)(x_1-x_3)}y_1+\frac{(x-x_1)(x-x_3)}{(x_2-x_1)(x_2-x_3)}y_2+\frac{(x-x_1)(x-x_2)}{(x_3-x_2)(x_3-x_1)}y_3 \tag{2.8}$$

$p_2(x)$ 叫做二次插值多项式。这种插值称为二次插值或者抛物线插值。一般来说,二次插值的近似程度比线性插值好。

2. 拉格朗日插值公式

将线性插值和二次插值的方法推而广之,可以求得 n 个节点的$(n-1)$ 次插值多项式为

$$p_{n-1}(x)=\sum_{K=1}^{n}\frac{(x-x_1)(x-x_2)\cdots(x-x_{K-1})(x-x_{K+1})\cdots(x-x_n)}{(x_K-x_1)(x_K-x_2)\cdots(x_K-x_{K-1})(x_K-x_{K+1})\cdots(x_K-x_n)}y_K=\sum_{K=1}^{n}\left(\prod_{\substack{j=1\\ j\neq K}}^{n}\frac{x-x_j}{x_K-x_j}\right)y_K \tag{2.9}$$

式中 $\prod$—— 累乘,$\prod\limits_{\substack{j=1\\ j\neq K}}^{n}$ 表示乘积遍取 j 从 1 到 n 除 $j=K$ 以外的全部整数值。

式(2.9) 即为拉格朗日插值公式。

适当提高插值公式的阶数可以改善插值精度,但是阶数太高的插值公式效果并不一定好。当实际插值时,通常采用分段插值方法,将插值范围划定为若干段,在每一分段上采用低阶插值计算。

3. 数据拟合

工程和科学试验中测得的试验数据不可避免地存在误差,个别数据的误差还比较大。处理这些数据时,如果采用插值的方法进行公式化,由于插值公式必须严格通过各个节点

(如图 2.3 所示的曲线 1),因此,插值后的曲线保留了所有的误差,这是差值公式的主要缺点之一。另外,高阶插值公式求解困难,而分段插值难以保证各曲线段在连接点处的光滑过渡。

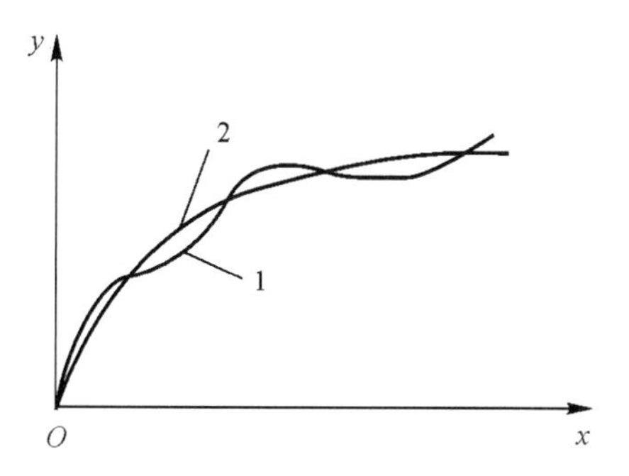

图 2.3　数据的曲线拟合

因此,工程上采用数据的曲线拟合方法。对数据进行曲线拟合时不要求严格通过所有节点,而是尽可能反映数据的趋势,如图 2.3 所示的曲线 2。这种利用所给数据建立拟合或者近似曲线经验公式的过程称为曲线拟合。常用的拟合方法是最小二乘法,另外可以将节点数据采用图示方法表示,剔除其中有明显误差的数据点,以提高拟合精度。

$$p_m(x)=a_0+a_1x+a_2x^2+\cdots+a_mx^m=\sum_{j=0}^{m}a_jx^j \tag{2.10}$$

对于一组数据$(x_i,y_i)(i=1,2,\cdots,n)$,可以采用一个$m(m<n)$次多项式拟合,即该多项式的第 i 个节点的函数值与相应数据点之间的偏差为 D_i,即

$$D_i=p_m(x_i)-y_i \tag{2.11}$$

拟合的基本要求是使各个节点偏差 D_i 的总和最小。由于偏差有负值,不能简单进行求和,最小二乘法要求各个节点偏差 D_i 的二次方和最小。假设偏差 D_i 的二次方和为 φ,即

$$\varphi=\sum_{i=1}^{n}D_i^2=\sum_{i=1}^{n}[p_m(x_i)-y_i]^2 \tag{2.12}$$

由于节点数据(x_i,y_i)已知,将 $p_m(x)$ 的值代入式(2.12),便成为多项式系数 $a_i(i=1,2,\cdots,n)$ 的函数,即

$$\varphi=\sum_{i=1}^{n}\left(\sum_{j=1}^{m}a_ix_i^j-y_i\right)^2=\varphi(a_0,a_1,a_2,\cdots,a_m) \tag{2.13}$$

使式(2.13)的偏导数$\frac{\partial\varphi}{\partial a_i}$等于零,求出 φ 为极小值时的$a_0,a_1,a_2,\cdots,a_m$ 值,可得多项式 $p_m(x)$,即为偏差二次方和极小值时的拟合曲线方程式。通常取 $m<n$,如果 $m=n$,所得的多项式为拉格朗日插值多项式。

2.1.3　线图程序化

设计手册中,有些参数之间的函数关系采用线图表示,即直线、折线和各种曲线图。线图的特点是直观,变化趋势显而易见。但是,线图本身不能直接存储在计算机中,因此,当进行计算机辅助设计时,必须将线图转化成相应的数据进行存储,供设计检索调用。处理线图时,可以将其转换为数表,然后采用前面介绍的数表程序化方法将其程序化;也可以将图线程序化,在设计程序中直接调用。

无论采用哪种方法处理线图,都必须首先将线图离散化。图 2.4 所示为实心钢件正挤压时单位面积挤压力(p)与变形程度(ψ)的关系图。可以通过在曲线上取一些节点,将曲线转化成一张一维数表。

节点的选取随着曲线的形状而异,曲线变化舒缓的部位节点可以取得少些,曲线变化剧

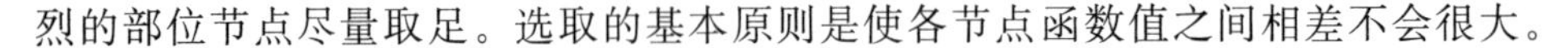

烈的部位节点尽量取足。选取的基本原则是使各节点函数值之间相差不会很大。

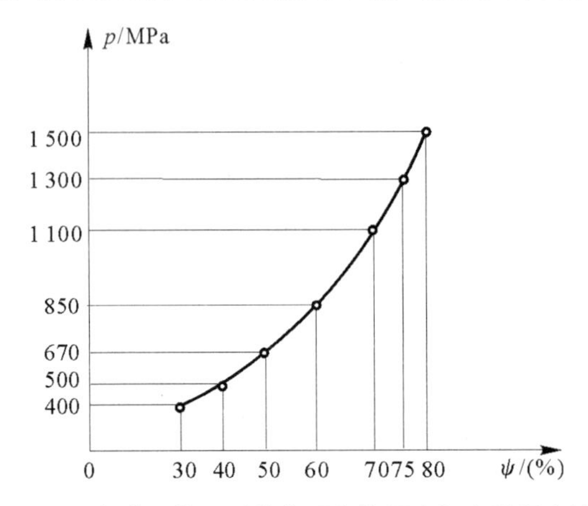

图 2.4 实心钢件正挤压时单位面积挤压力与变形程度的关系

2.2 文件管理系统的应用

数据的程序化处理方法简便易行,但是也存在明显的缺点。由于数据与程序是一体的,修改数据意味着修改程序,如果其他程序也需要使用同样的数据,则会重复出现在程序中,造成程序语句的冗余,增加了程序编制工作量,因此,这种方法一般只适用于一些数表比较少、数据不多且数据变更少的情况。实际上设计手册中的数表很多,并且应用中需要频繁修改,或者设计系统中的各应用程序之间必须共享数据,因此,CAD/CAM 系统中常常采用文件管理和交换数据。

文件管理数据的方法是建立数据文件,将数据和程序分开,当程序需要使用有关的数据时,可以使用文件操作命令访问数据,对数据进行相应处理。由于数据文件独立于应用程序,需要时只对数据文件中的数据进行修改,而不必修改应用程序,方便了应用系统的开发。只要各应用程序与数据文件的格式相匹配,可以方便使用其中的数据。

2.2.1 数据文件构建

数据文件是数据的集合,不同的编译语言有其固定的存取格式。计算机辅助设计系统中常存储的有诸如工艺参数、材料性能参数、标准零件尺寸等,为了便于应用程序调用,通常采用计算机语言中的文件管理功能实现数据文件的建立和数据的存取、编辑等。

数据文件建立过程中,需要注意以下几个方面问题。

1. 合理组织数据

由于大部分数据并不是简单的数表形式,可能含有组合项等,而数据文件不支持这些复杂的格式,需要求建立数据文件时,要对数据进行合理的分解与组织,将复杂的数表拆分成若干个简单的数表,做好建立数据文件的准备。

2. 文件组织方法

根据需要存储数据的使用情况、数量大小，选择建立顺序、索引或者直接存取文件。

3. 数据正确

确保数据的正确是系统获得正确结果的前提。由于大量数据的录入工作非常单调乏味，因此，一定要仔细、认真核对，确保数据正确。

4. 数据文件安全

数据文件的安全主要是数据文件的及时保存与备份。

2.2.2 模具 CAD/CAM 系统模块间的数据传递

模具 CAD/CAM 系统通常由成千上万个子程序组成，如此庞大的系统通常采用模块化结构，即由很多具有不同功能、结构上相对独立的若干部分组成。例如，冲裁模 CAD/CAM 系统由图形输入、工艺性判断、毛坯排样、凸模设计、凹模设计和 NC 编程等模块组成，每一个模块完成特定的功能。

系统工作时，每个模块必须得到所需的数据才能运行。这些数据有的是标准数据，有的是其他模块的运行结果。系统划分为若干模块后，产生了模块间的联系问题，即模块间数据传递问题。因此，各个模块都有将运行结果传递给其他模块，或者输出结果的功能。

图 2.5 所示为采用文件系统进行数据管理与传递的模具 CAD/CAM 系统的示意图。系统由 n 个模块组成，文件系统中有 m 个数据文件。有些数据文件保存着标准数据，例如标准零件、标准模架尺寸等；有些数据文件保存着有些模块的运行结果。一个模块在运行中，可以从标准数据文件中检索数据，或者从其他模块输出的数据文件中取得数据。

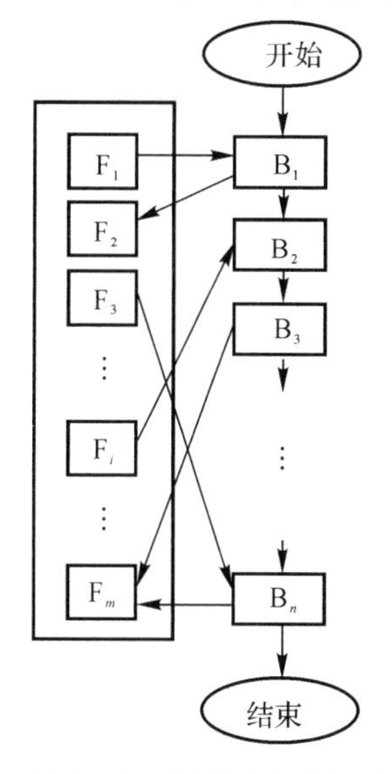

图 2.5　采用文件系统进行数据管理与传递

2.3 数据库技术和应用

目前,文件系统还在一些模具 CAD/CAM 系统中采用。这是由于采用文件系统管理数据简单易行,可以直接利用计算机程序语言的文件管理功能,不需要额外的软件,软件开发比较容易,也不会因为数据管理软件占用过多的内存。但是,采用文件系统管理数据存在以下问题。

1)因为数据文件是根据应用程序的需要而建立,不同的应用程序需要与其对应的文件,数据不能共享,因此,造成数据冗余,并由此导致数据的修改比较困难,很容易造成数据的不一致,从而降低了数据的正确性。

2)数据的逻辑结构需要根据应用程序组织,使得数据和应用程序相互依赖,想对现有的数据进行新的应用会受到很大的限制。一旦对数据结构进行改动,应用程序也必须进行相应的修改,反之亦然。数据缺乏相对于程序的独立性。

3)文件系统缺乏对数据进行统一控制的方法,由此导致应用程序的编制相当烦琐。另外,这种方法缺乏对数据正确性、保密性等方面的统一有效的控制手段。

4)由于数据不能共享,因此无法适应多用户环境。CAD/CAM 的目的不仅需要实现设计过程和制造过程的自动化,而且还在于实现设计和制造过程中的数据传递与共享,达到信息集成的目的。由于文件系统的上述不足,妨碍了 CAD 和 CAM 的集成,很难实现信息的共享。

数据库技术的发展为 CAD/CAM 的信息集成提供了很好的技术支撑。实践表明,以数据库为中心的 CAD/CAM 系统是实现 CAD/CAM 集成的最佳方案。

2.3.1 数据库系统

数据库技术是在文件系统管理的基础上迅速发展起来的数据管理技术,与文件系统相比,数据库系统具有以下一些特点。

1. 数据独立性

应用程序与数据结构之间相互独立,应用程序的改变不会影响数据结构,数据结构的改变也不会影响应用程序。

2. 数据冗余度小

数据库中的数据可以被应用程序中的不同模块调用,实现了数据的共享,大大减少了数据的冗余。

3. 数据统一管理

由数据库管理系统对数据进行定义、删除、检查和更新等编辑,由此保证了数据的安全性、完整性、保密性和并发性,使得数据的应用更加有效、可靠。

4. 数据完整性

数据的完整性是指数据的正确性、有效性和相容性。数据库系统的功能保证了数据在输入、修改时始终符合原来的定义和规定。

数据库系统是一个通用的、综合性的、数据独立性高的、冗余度小的，并且相互联系的数据文件的集合，它按照信息的自然联系构造数据，采用各种编辑方法对数据进行操作，以满足实际应用。

以数据库为中心的模具CAD/CAM集成系统如图2.6所示。由图2.6可见，公共数据库保存着零件几何模型、模具设计结果、物料清单及设计和制造所需的其他数据。数据库中的数据被各个子系统或者模块共享，从而实现系统的集成。

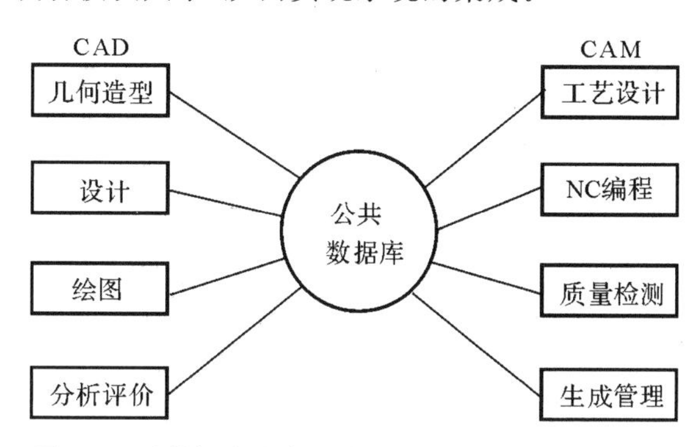

图2.6 以数据库为中心的模具CAD/CAM集成系统

2.3.2 数据库管理系统

数据库系统包括数据库和数据库管理系统两部分。数据库指的是所存储的实际数据的集合，例如数据库中保存的模具的标准件和工艺数据等。数据库管理系统(Data Base Management System，DBMS)是管理数据库的软件。用户通过数据库管理系统对数据库中的数据进行处理，而不必了解数据库的物理结构。

数据库是数据库系统的内容，数据库管理系统是物理数据库本身(即实际存储的数据)和系统用户之间的界面，是数据库系统的核心，对数据库系统的功能和性能起决定性作用。数据库管理系统对数据进行定义、建立、查询和修改等操作，对数据的安全性、完整性、保密性和并发性进行统一控制。数据库管理系统起着应用程序和数据库之间的桥梁作用，应用程序必须通过数据库管理系统才能对数据库中的数据进行处理。

2.3.3 数据库的数据模型

数据模型是指数据库内部数据的组织方式，描述了数据之间的联系、数据的操作以及语义约束规则，是对客观事物及其联系的数据描述。数据库系统的核心是如何处理信息和管理数据。数据库中的信息按照一定的数据模型存储。目前常用的数据模型有关系模型、层次模型和网状模型。

1. 关系模型

关系模型是采用二维表结构表示数据元素之间联系的模型,它是由数据本身自然建立起它们之间的关系。一个二维表就称为一个关系,如表 2.1 所示。它把一些复杂的数据关系变成一个二维表格,具有直观、使用方便等优点。描述一种关系的二维表必须满足以下条件:

1)表中的每一列必须是基本数据项;

2)表中的每一列必须具有相同的数据类型和长度;

3)表中的每一列有一个唯一的名字;

4)行的顺序与列的顺序不影响表格中所表示信息的含义。

由于关系模型的数据结构简单,因此应用广泛。基于关系模型建立的数据库系统称为关系模型数据库系统。目前,常用的关系模型数据库系统有 Foxbase,Foxpro,Oracle 等。

2. 层次模型

层次模型是数据元素之间以树型的组织结构表示,体现了一对多的关系。模具与部件、零件之间的关系可以采用层次模型表示,如图 2.7 所示。

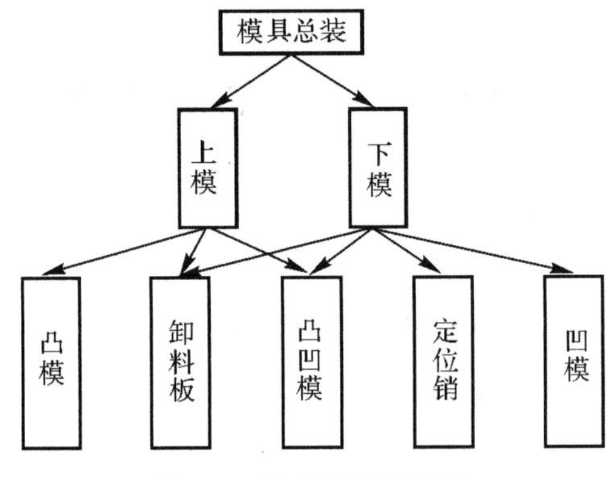

图 2.7 冲裁模具的结构

层次模型必须满足两个条件:

1)有一个根节点;

2)除根节点以外的其他节点有且仅有一个父节点。

按照层次模型建立的数据库系统称为层次模型数据库系统。

3. 网状模型

网状模型是数据元素之间的关系为网络的组织结构,体现了多对多的关系。显然,取消层次模型的两个条件便形成了网状模型,层次模型是网状模型的特殊形式。网状模型可以比较好地描述图形数据结构。如图 2.8 所示,四面体由四个边界面封闭而成,各个面由三条棱线围成,每条棱线可通过两个端点定义。按照网状模型建立的数据库系统称为网状模型数据库系统。

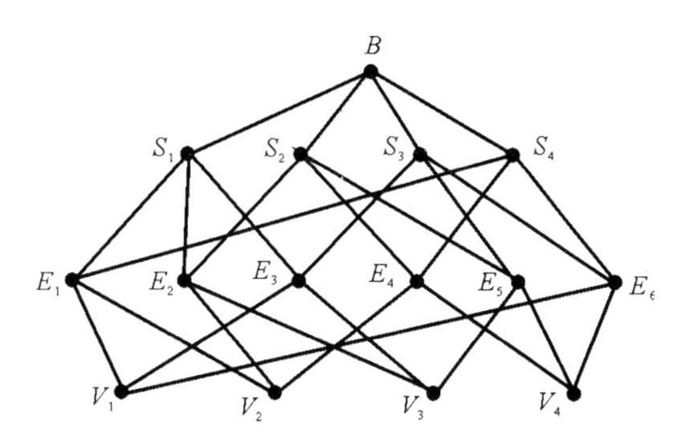

图 2.8　四面体的数据结构

2.3.4　工程数据库系统

工程数据主要包括产品设计数据、产品模型数据、绘图数据、材料数据、测试数据和各种手册、标准等，内容极为广泛。其表现形式除了数据文字信息外，还包括大量的几何图形信息。与事务型管理领域中的文字性相对单一、呈静态的数据类型相比，其特点是数据量大、种类多、结构复杂、动态并支持整个生产过程。

工程数据库系统是为工程设计与制造、生产管理和企业运营等全部数据处理服务的数据库系统。工程数据库中存储的信息，既有结构化信息，也有非结构化信息，例如，零件图形信息(二维工程图、三维模型和装配图)、产品的文字信息(零件的材质、公差和技术要求等)、设计分析数据信息(资源数据、设备数据和分析所需数据)、工艺数据信息(工艺规程、加工设备和数控加工代码等数据)等。

目前应用的商用数据库管理系统已经很成熟，能够满足人们对事务型数据信息的日常处理。随着 CAD/CAM 技术的发展，流行的商用数据库系统被引入其中，并与数据库管理系统的结合越来越紧密。但是商用数据库管理系统并不能够完全适应 CAD/CAM 系统中工程数据管理系统的要求，这是由于它们之间有很多差别。

工程数据库系统有许多适应工程应用的特点。

1)数据形态多样：有静态的标准数据，以及设计过程中产生的动态数据等。

2)数据类型多种：有表格数据、图形数据、管理数据等。

3)数据关系复杂：有关系型数据、层次型数据和网络型数据，而且它们之间相互交织。

4)数据变动频繁：应用中的数据时常被编辑、修改。

商用数据库系统在 CAD/CAM 系统中应用时出现了很多不足。例如，层次模型无法实现同层次之间的相互调用和低层次对高层次的调用；网络模型数据可以较好地记录图形数据信息，但是应用复杂；关系模型简单明了，但是无法实现图形数据的灵活完整描述。

CAD/CAM 系统对工程数据库的主要要求如下：

1)必须能管理多种数据类型，包括图形和非图形数据、结构化和非结构化数据。

2)设计过程中的信息不断变化，数据库模式具有动态变化的能力。

3)能够存储和管理多种设计方案和工艺方案的能力。

当前,开发工程数据库管理系统常用如下 3 种方法。

1. 商用数据库管理系统与图形文件的集成

采用商用数据库管理系统的优点增加图形处理功能,集成为工程数据库管理系统。在此系统中,非图形的数据由商用数据库系统管理,而图形数据则采用图形文件系统管理。

2. 现有数据库管理系统的扩展

在已有的商用数据库管理系统的基础上,采用数据语言嵌入技术,根据工程应用的要求扩展成工程数据库管理系统,以适应 CAD/CAM 系统的工程环境。这是目前研制工程数据库管理系统的常用方法。由于采用了商用数据库管理系统中的成熟技术,避免了很多重复设计的工作,降低了开发的难度,比较容易实现。

3. 新型工程数据库的开发

根据具体的工程需求有针对性地解决工程数据管理问题,开发全新的工程数据库管理系统,采用统一的方式管理图形和非图形、结构化和非结构化的数据,但是需要投入大量的人力、时间和费用。

习　题　2

2.1　如何处理模具 CAD/CAM 系统中数表?

2.2　模具 CAD/CAM 系统中线图有哪些处理方法?

2.3　采用文件系统管理数据有何优缺点?

2.4　采用数据库系统管理数据有何特点?

2.5　为何在模具 CAD/CAM 系统中要采用数据库系统管理数据?

2.6　商用数据库系统和工程数据库系统有何区别?

2.7　模具 CAD/CAM 系统对数据库管理系统有何要求?

2.8　目前开发工程数据库管理系统有哪些方法?

第3章　计算机辅助图形处理方法

3.1　窗口与视区变换

计算机辅助图形处理是运用计算机存储、生成、处理和显示图形，并且在计算机控制下，将绘图工作由绘图仪等图形输出设备完成。计算机辅助图形处理是CAD/CAM技术的重要组成部分，它的发展为CAD/CAM技术提供了高效的工具和手段。通常，用户所要处理的图形，在大小、规模及复杂程度上一般是不确定的，而图形输出设备的有效绘图区域总是固定有限的，这样不可避免地会出现一些矛盾。特别是当图形规模比较大、比较复杂时，图形在显示区上显得很拥挤。事实上，在多数情况下，用户并不需要输出整个图形，而是希望把其中感兴趣的一部分图形显示出来，以使其更加清楚。这就涉及窗口与视区的概念。

3.1.1　窗口

采用计算机绘图时，用户在不同时刻、针对不同情况，只关心整幅图形的不同部位，此时，希望关心的这部分图形能够清晰地显示出来。于是，大多数的图形软件都提供了这样一个功能，即用户可以在输入的图形上选定一个观察区域，这个观察区域称为窗口(window)。窗口是在用户坐标系中定义的确定显示内容的一个矩形区域，经过图形软件系统的运算处理，只有在这个区域内的图形才能在设备坐标系下输出，而窗口外的部分则被裁剪掉。

在二维平面上，通常定义窗口为一矩形区域，它的大小和位置用矩形的左下角点的坐标(W_{xl}，W_{yl})和右上角点的坐标(W_{xr}，W_{yr})表示，如图3.1所示。

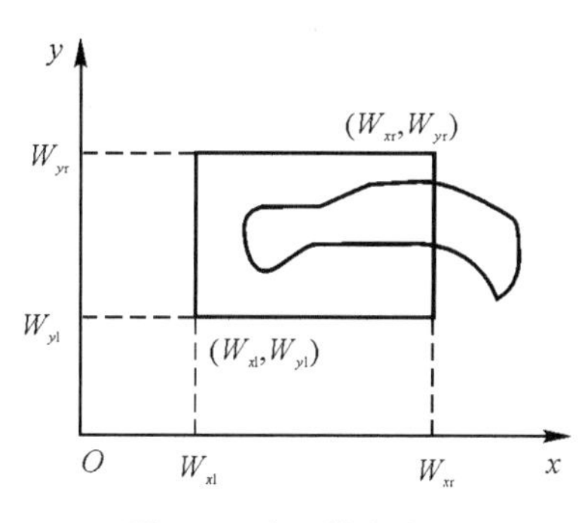

图3.1　窗口的定义

矩形内的形体，系统认为可见；矩形外的形体，系统则认为不可见。图3.1所示窗口中曲线为可见部分，窗口外的曲线为不可见部分。窗口可以嵌套，即在第一层窗口中可以再定义第二层窗口，在第i层窗口中再定义第$i+1$层窗口等。如果需要，可以定义多边形窗口和异形窗口。

通过改变窗口的大小和位置，可以控制图形的大小，方便观察所要处理的局部图形。

3.1.2　视区

当显示窗口内图形时，可能占用整个屏幕，也可能只占用屏幕的部分显示区域，为此引入了视区的概念。视区(View Port，VP)是在设备坐标系(通常是屏幕)中定义的一个矩形区域,用于输出窗口中的图形。视区决定了窗口中的图形要显示于屏幕上的位置和大小。

视区是一个有限的整数域,它小于或者等于屏幕区域。定义小于屏幕的视区非常有用,这样可以在同一屏幕上定义多个视区,分别作不同的应用或者分别显示不同角度、不同对象的图形。如图 3.2 所示,可以在同一屏幕上定义 4 个视区,同时输出一个零件的三视图和轴测图。视区也可以嵌套。

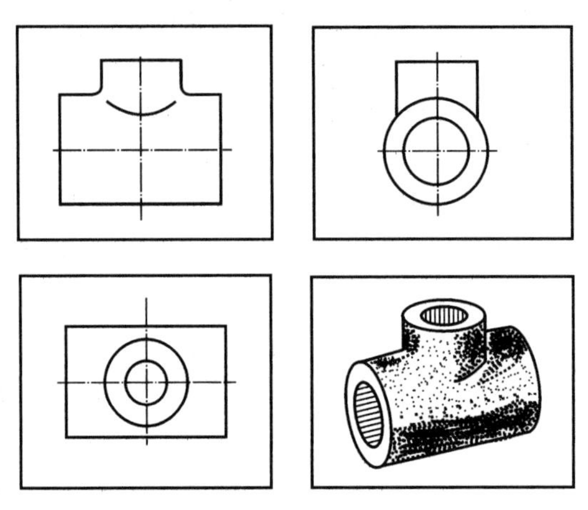

图 3.2 视区的定义

3.1.3 窗口与视区的变换

大多数情况下,窗口与视区的大小或者单位都不相同,为了把选定的窗口内容在希望的视区内表现出来,即将窗口内某一点(x_W,y_W)画在视区(x_V,y_V)中时,必须进行坐标变换。如图 3.3 所示,按照比例关系可以推导出

$$x_V=\frac{(x_W-W_{xl})(V_{xr}-V_{xl})}{W_{xr}-W_{xl}}+V_{xl} \tag{3.1}$$

$$y_V=\frac{(y_W-W_{yl})(V_{yr}-V_{yl})}{W_{yr}-W_{yl}}+V_{yl} \tag{3.2}$$

式中 W_{xl},W_{yl}—— 窗口左下角点的 x 轴和 y 轴坐标值;

W_{xr},W_{yr}—— 窗口右上角点的 x 轴和 y 轴坐标值;

V_{xl},V_{yl}—— 视区左下角点的 x 轴和 y 轴坐标值;

V_{xr},V_{yr}—— 视区右上角点的 x 轴和 y 轴坐标值。

由式(3.1)和式(3.2)可以得出:

1) 当视区不变,窗口缩小或者放大时,显示的图形会相应放大或者缩小;

2) 当窗口不变,视区缩小或者放大时,显示的图形会相应放大或者缩小;

3) 当视区纵横比不等于窗口纵横比时,显示的图形会有伸缩变化;

4) 当窗口与视区大小相同、坐标原点也相同时,显示的图形不变。

可见,采用窗口技术可以选取整体图中的部分图形进行处理,但是要将窗口内的图形正确无误地从整体图中分离，还需要应用图形的“裁剪”技术，即对落在窗口边框上的图形进行裁剪，仅保留窗口内的部分。

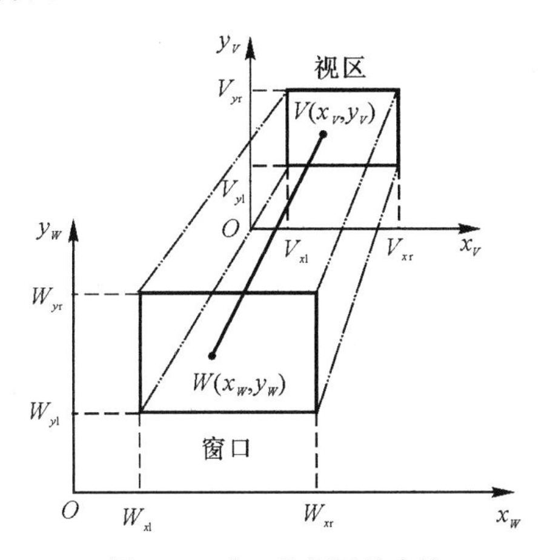

图 3.3　窗口和视区的变换

3.2　二维图形变换

图形变换是计算机图形学的重要基础，也是 CAD/CAM 的基础。在 CAD 中显示和输出基本图素和图素的属性，以及获得各种图像和图形是系统的主要功能之一。图形变换包括二维图形变换和三维图形变换两部分。CAD 中几何造型、图形绘制，都要用到图形变换。通过图形变换可以采用二维图形来表示三维图形，实现实体模型自动投影生成任一视向的二维图形和剖视图。

对于一个绘图系统来说，不仅能用基本图形元素的集合构成复杂的二维静态图形，而且还可以通过对图形的变换处理，利于从最有利的角度观察和修改它等。软件的这些功能是基于图形变换的原理实现，图形变换是计算机绘图的基础内容之一。

3.2.1　变换原理

1. 平移变换

以 xOy 平面上的点 $P(x,y)$ 为例，在其两个坐标方向上分别增加平移量 T_x 和 T_y，变换至新位置 $P'(x',y')$，这种变换称为平移变换。平移变换的关系式为

$$x'=x+T_x,\quad y'=y+T_y \tag{3.3}$$

平移使图形相对于原坐标系的相对位置发生了变化，而图形本身不发生变化。

2. 比例变换

将点 $P(x,y)$ 的 x,y 坐标分别乘以 S_x 和 S_y，可以得到新的点 $P'(x',y')$，这种变换称

为比例变换,S_x 和 S_y 为两坐标方向上的比例系数。比例变换的关系式为

$$x' = S_x x, \quad y' = S_y y \tag{3.4}$$

比例变换有多种用途,当 $S_x = S_y$ 时,图形将被放大或者缩小;当 $S_x \neq S_y$ 时,图形将沿平行于坐标轴的方向拉长或者压缩,使图形产生变形;当 S_x 或者 S_y 为负值时,变换后的图形与变换前的图形对称于 x 轴或者 y 轴,即通常所说的图形的镜像。

3. 旋转变换

图形绕坐标原点旋转某一角度生成变换后的图形,这种变换称为旋转变换。

将点 $P(x,y)$ 绕原点 O 顺时针方向旋转 θ 角后到达 $P'(x',y')$,则

$$x' = x\cos\theta + y\sin\theta, \quad y' = -x\sin\theta + y\cos\theta \tag{3.5}$$

3.2.2 变换矩阵表示方法

1. 齐次坐标

对于点向量 $[x \quad y]$ 和 $[x' \quad y']$ 引入第三分量,使得它们成为 $[x \quad y \quad 1]$ 和 $[x' \quad y' \quad 1]$。位置向量 $[x \quad y \quad 1]$ 和 $[x' \quad y' \quad 1]$ 中的第三元素 1,可以看做一个附加坐标方向,即平面上的一个点(二维向量)用 3 个坐标方向(三维向量)表示。这种用三维向量表示二维向量,或者用 $n+1$ 维向量表示 n 维向量的方法称为齐次坐标表示法。齐次坐标表示法中,n 维向量的变换是在 $n+1$ 维空间内实现的。在 $n+1$ 维齐次空间中的一个向量可以看做一个 n 维空间中的向量多了一个比例因子 H。通常笛卡儿坐标系中的二维点 $[x \quad y]$ 的齐次表达式是 $[H_x \quad H_y \quad H]$,其中,$H \neq 0$。于是,给出点的齐次表达式 $[X \quad Y \quad H]$,可以求得其二维笛卡儿坐标值,即

$$[X \quad Y \quad H] \rightarrow \begin{bmatrix} \frac{X}{H} & \frac{Y}{H} & \frac{H}{H} \end{bmatrix} = [x \quad y \quad 1] \tag{3.6}$$

这个过程称为正常化处理。

用齐次坐标时不存在位置向量的唯一表示,如齐次坐标 $[4 \quad 12 \quad 2]$,$[8 \quad 48 \quad 4]$ 和 $[2 \quad 6 \quad 1]$ 都表示笛卡儿坐标 $[2 \quad 6]$。在二维变换中,为简单起见,令 $H=1$。此时,二维点 (x,y) 的齐次坐标表示为 $[x \quad y \quad 1]$,其中,x,y 坐标值没有变化,只增加了 $H=1$ 的一个附加坐标。其几何意义,即相当于发生在三维空间的变换限制在 $H=1$ 平面内。

2. 变换矩阵

如果点的位置向量用齐次坐标表示,那么平移变换矩阵、比例变换矩阵和旋转变换矩阵分别采取如下形式。

平移变换矩阵:

$$\boldsymbol{T} = \begin{bmatrix} 1 & 0 & 0 \\ 0 & 1 & 0 \\ T_x & T_y & 1 \end{bmatrix} \tag{3.7}$$

式中　T_x, T_y—— 在 x, y 坐标方向上的平移量。

比例变换矩阵：

$$\boldsymbol{S} = \begin{bmatrix} S_x & 0 & 0 \\ 0 & S_y & 0 \\ 0 & 0 & 1 \end{bmatrix} \tag{3.8}$$

式中　S_x, S_y—— 在 x, y 坐标方向上的比例系数。

旋转变换矩阵：

$$\boldsymbol{R} = \begin{bmatrix} \cos\theta & -\sin\theta & 0 \\ \sin\theta & \cos\theta & 0 \\ 0 & 0 & 1 \end{bmatrix} \tag{3.9}$$

式中　θ—— 绕坐标系原点顺时针方向旋转的角度。

若对点$[x \quad y \quad 1]$进行平移变换，则有

$$[x \quad y \quad 1]\begin{bmatrix} 1 & 0 & 0 \\ 0 & 1 & 0 \\ T_x & T_y & 1 \end{bmatrix} = [x + T_x \quad y + T_y \quad 1] = [x' \quad y' \quad 1] \tag{3.10}$$

对点$[x \quad y \quad 1]$进行比例变换，则有

$$[x \quad y \quad 1]\begin{bmatrix} 1 & 0 & 0 \\ 0 & 1 & 0 \\ 0 & 0 & S \end{bmatrix} = [x \quad y \quad S] = [x' \quad y' \quad 1] \tag{3.11}$$

对点$[x \quad y \quad 1]$进行旋转变换，则有

$$[x \quad y \quad 1]\begin{bmatrix} \cos\theta & -\sin\theta & 0 \\ \sin\theta & \cos\theta & 0 \\ 0 & 0 & 1 \end{bmatrix} = [x\cos\theta + y\sin\theta \quad -x\sin\theta + y\cos\theta \quad 1] = [x' \quad y' \quad 1] \tag{3.12}$$

以上 3 种变换都具有可逆性，即

$$[x \quad y \quad 1] = [x' \quad y' \quad 1]\boldsymbol{T}^{-1} \tag{3.13}$$

$$[x \quad y \quad 1] = [x' \quad y' \quad 1]\boldsymbol{S}^{-1} \tag{3.14}$$

$$[x \quad y \quad 1] = [x' \quad y' \quad 1]\boldsymbol{R}^{-1} \tag{3.15}$$

3. 变换的级联

图形除了需要进行以上简单变换外，通常还需要进行更复杂的变换。例如，图形绕任意点旋转，可以通过 3 个简单变换来实现，即平移 → 旋转 → 平移。一系列的简单变换（变换序列）可以通过级联组合成为一个变换。

当对变换序列进行级联时,顺序问题十分重要。例如,将图 3.4(a) 所示图形旋转 90°,然后平移 $T_x=-20$,$T_y=0$,变换后的情况如图3.4(b) 所示。如果将变换次序颠倒,得到的图形则如图 3.4(c) 所示。

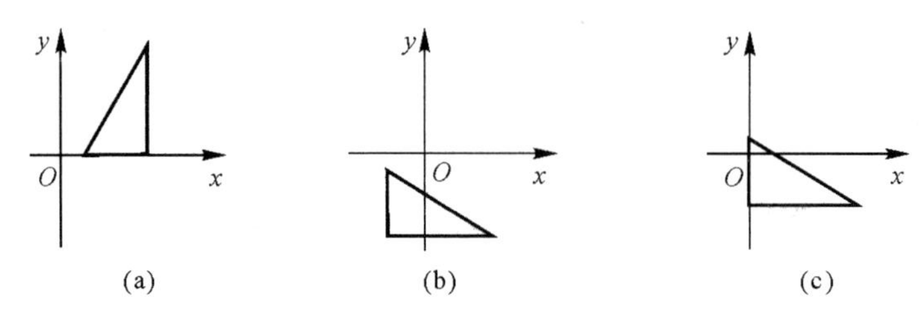

图 3.4　变换顺序不同的结果

(a) 初始状态;(b) 旋转-平移;(c) 平移-旋转

级联的目的是将一个变换序列表示成一个变换。假设点 P 经过 n 次变换 $\boldsymbol{T}_1$,$\boldsymbol{T}_2$,$\boldsymbol{T}_3$,…,$\boldsymbol{T}_n$,则总的变换结果为

$$P'=P\,\boldsymbol{T}_1\boldsymbol{T}_2\cdots\boldsymbol{T}_{n-1}\boldsymbol{T}_n=P\boldsymbol{T} \tag{3.16}$$

因此,总的变换矩阵

$$\boldsymbol{T}=\boldsymbol{T}_1\boldsymbol{T}_2\cdots\boldsymbol{T}_{n-1}\boldsymbol{T}_n \tag{3.17}$$

例如,求绕平面上任意点旋转的变换矩阵(见图 3.5)。

绕平面上任意点 $C(x_C,y_C)$ 的旋转是一个组合变换。可以通过以下步骤实现:首先将旋转中心平移到坐标原点,然后进行旋转,最后再平移变换,恢复原坐标系。通过以上 3 种变换的有序级联,可以求得其组合结果,即总的变换矩阵为

$$\boldsymbol{T}=\begin{bmatrix}1 & 0 & 0\\ 0 & 1 & 0\\ -x_C & -y_C & 1\end{bmatrix}\begin{bmatrix}\cos\theta & -\sin\theta & 0\\ \sin\theta & \cos\theta & 0\\ 0 & 0 & 1\end{bmatrix}\begin{bmatrix}1 & 0 & 0\\ 0 & 1 & 0\\ x_C & y_C & 1\end{bmatrix}=$$

$$\begin{bmatrix}\cos\theta & \sin\theta & 0\\ -\sin\theta & \cos\theta & 0\\ -x_C\cos\theta+y_C\sin\theta+x_C & -x_C\sin\theta-y_C\cos\theta+y_C & 1\end{bmatrix}$$

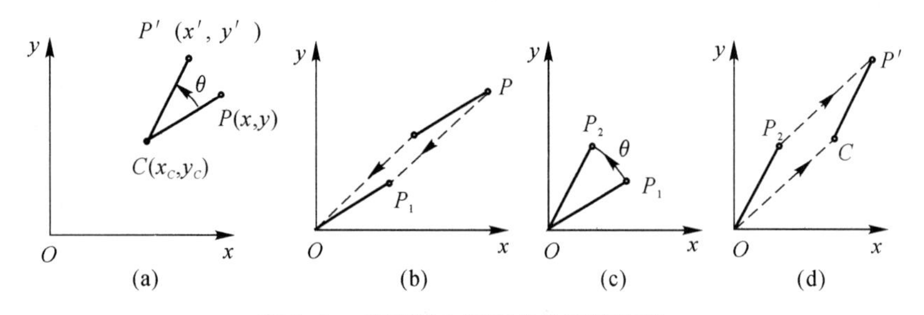

图 3.5　绕平面上任意点的旋转变换

(a) 绕 C 点旋转 θ 角;(b) 平移;(c) 旋转;(d) 平移

3.3　三维图形变换

当二维变换扩展到三维变换时，三维点的位置向量齐次坐标表示为$[x \quad y \quad z \quad 1]$，齐次变换矩阵为 4×4 矩阵，即

$$\boldsymbol{T}=\begin{bmatrix} a & b & c & d \\ e & f & g & h \\ i & j & k & l \\ m & n & o & p \end{bmatrix} \tag{3.18}$$

因此，三维空间点的变换可以写为

$$[X \quad Y \quad Z \quad H]=[x \quad y \quad z \quad 1]\boldsymbol{T} \tag{3.19}$$

正常化处理后的坐标为

$$[X' \quad Y' \quad Z' \quad H]=\begin{bmatrix}\frac{X}{H} & \frac{Y}{H} & \frac{Z}{H} & 1\end{bmatrix}\boldsymbol{T} \tag{3.20}$$

基本的三维变换如下。

1. 平移变换

点(x,y,z)平移到新点(X,Y,Z)的变换为

$$[X \quad Y \quad Z \quad H]=[x \quad y \quad z \quad 1]\begin{bmatrix} 1 & 0 & 0 & 0 \\ 0 & 1 & 0 & 0 \\ 0 & 0 & 1 & 0 \\ T_x & T_y & T_z & 1 \end{bmatrix} \tag{3.21}$$

式中　T_x,T_y,T_z——在 x,y,z 坐标方向上的平移量。

2. 比例变换

比例变换可以分别调整每个坐标方向上的大小。有

$$[X \quad Y \quad Z \quad H]=[x \quad y \quad z \quad 1]\begin{bmatrix} S_x & 0 & 0 & 0 \\ 0 & S_y & 0 & 0 \\ 0 & 0 & S_z & 0 \\ 0 & 0 & 0 & 1 \end{bmatrix} \tag{3.22}$$

式中　S_x,S_y,S_z——在 x,y,z 坐标方向上的比例系数。

均匀缩放图形的变换为

$$[X \quad Y \quad Z \quad H]=[x \quad y \quad z \quad 1]\begin{bmatrix} 1 & 0 & 0 & 0 \\ 0 & 1 & 0 & 0 \\ 0 & 0 & 1 & 0 \\ 0 & 0 & 0 & S \end{bmatrix}=[x \quad y \quad z \quad S] \tag{3.23}$$

正常化处理为

$$[X \quad Y \quad Z \quad H]\rightarrow\begin{bmatrix}\frac{X}{H} & \frac{Y}{H} & \frac{Z}{H} & \frac{H}{H}\end{bmatrix}=\begin{bmatrix}\frac{x}{S} & \frac{y}{S} & \frac{z}{S} & 1\end{bmatrix} \tag{3.24}$$

如果 $S>1$，则图形缩小；如果 $S<1$，则图形放大。

3. 旋转变换

绕不同的坐标轴旋转,其变换矩阵不同。

1) 绕 z 轴旋转 θ_z 角,变换矩阵为

$$\boldsymbol{R}_z=\begin{bmatrix}\cos\theta_z & -\sin\theta_z & 0 & 0\\ \sin\theta_z & \cos\theta_z & 0 & 0\\ 0 & 0 & 1 & 0\\ 0 & 0 & 0 & 1\end{bmatrix} \tag{3.25}$$

2) 绕 y 轴旋转 θ_y 角,变换矩阵为

$$\boldsymbol{R}_y=\begin{bmatrix}\cos\theta_y & 0 & \sin\theta_y & 0\\ 0 & 1 & 0 & 0\\ -\sin\theta_y & 0 & \cos\theta_y & 0\\ 0 & 0 & 0 & 1\end{bmatrix} \tag{3.26}$$

3) 绕 x 轴旋转 θ_x 角,变换矩阵为

$$\boldsymbol{R}_x=\begin{bmatrix}1 & 0 & 0 & 0\\ 0 & \cos\theta_x & -\sin\theta_x & 0\\ 0 & \sin\theta_x & \cos\theta_x & 0\\ 0 & 0 & 0 & 1\end{bmatrix} \tag{3.27}$$

4. 绕空间任意轴的旋转变换

图形绕空间任意轴(不通过原点)的旋转,可以采用组合变换实现。首先把坐标原点移到旋转轴上;然后绕 x 轴和 y 轴旋转,使旋转轴与 z 轴重合,这样图形绕任意轴旋转 θ 角就转化为绕 z 轴旋转 θ 角;最后绕 y 轴和 x 轴作相反方向的旋转和平移,恢复原坐标系(见图 3.6)。

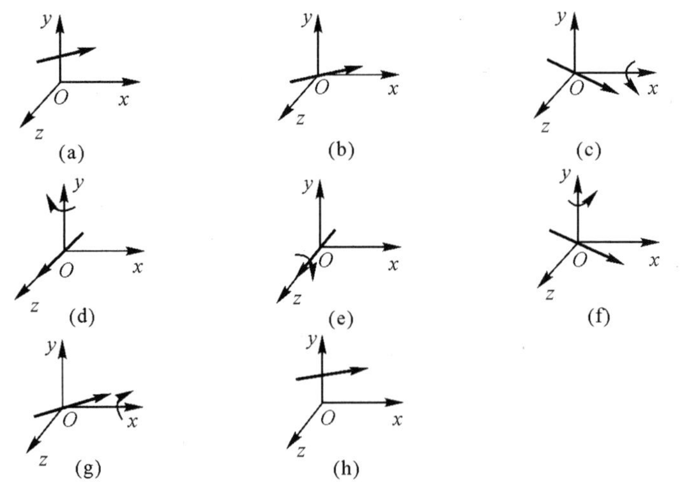

图 3.6 绕空间任意轴的旋转变换

(a) 初始;(b) 平移至原点;(c) 绕 x 轴旋转至 xOz 平面;(d) 绕 y 轴旋转至 yOz 平面;(e) 绕 z 轴旋转;(f) 绕 x 轴旋转返回;(g) 绕 y 轴旋转返回;(h) 平移返回

采用直线上的一点和该直线的方向定义空间任意轴，这样，点的位置向量可以提供平移量，而直线的方向可以提供使它旋转到与 z 轴重合的角度。假设直线上的一点为(x_1, y_1, z_1)，直线的方向向量为$[\boldsymbol{A} \quad \boldsymbol{B} \quad \boldsymbol{C}]$，则给定直线的参数方程为

$$x = \boldsymbol{A}u + x_1 \tag{3.28}$$

$$y = \boldsymbol{B}u + y_1 \tag{3.29}$$

$$z = \boldsymbol{C}u + z_1 \tag{3.30}$$

式中　$\boldsymbol{A}$——空间任意轴的 x 方向向量；

$\boldsymbol{B}$——空间任意轴的 y 方向向量；

$\boldsymbol{C}$——空间任意轴的 z 方向向量。

其变换序列如下：

1）原点到旋转轴上已知点的平移变换矩阵为

$$\boldsymbol{T} = \begin{bmatrix} 1 & 0 & 0 & 0 \\ 0 & 1 & 0 & 0 \\ 0 & 0 & 1 & 0 \\ -x_1 & -y_1 & -z_1 & 1 \end{bmatrix}$$

2）绕 x 轴旋转直到旋转轴位于 xOy 平面内。为了确定旋转角度，把直线的方向向量置于新坐标系的原点上（见图3.7），分析它在 yOz 平面上的投影。因为平移的结果使原点(0，0，0)处于坐标轴上，所以在(0，0，0)和(A, B, C)之间的线段 L 必在旋转轴上，L 为六面体的体对角线长度。L 在 yOz 平面上的投影线段为 l'。

假如绕 x 轴旋转直到旋转轴位于 xOy 平面内，则 l' 将与 z 轴重合。使得 l' 与 z 轴重合，必须逆时针旋转 I 角。由图3.7所示几何关系可得

$$l' = (|\boldsymbol{B}|^2 + |\boldsymbol{C}|^2)^{1/2} \tag{3.31}$$

$$\sin I = |\boldsymbol{B}| / l' \tag{3.32}$$

$$\cos I = |\boldsymbol{C}| / l' \tag{3.33}$$

式中　l'——向量 $\boldsymbol{B}$ 和 $\boldsymbol{C}$ 在 yOz 平面上构成矩形的对角线长度；

I——向量 $\boldsymbol{B}$ 和 $\boldsymbol{C}$ 在 yOz 平面上构成矩形的对角线与向量 $\boldsymbol{C}$ 的夹角。

因此，绕 x 轴旋转变换矩阵为

$$\boldsymbol{R}_x = \begin{bmatrix} 1 & 0 & 0 & 0 \\ 0 & \cos I & \sin I & 0 \\ 0 & -\sin I & \cos I & 0 \\ 0 & 0 & 0 & 1 \end{bmatrix} = \begin{bmatrix} 1 & 0 & 0 & 0 \\ 0 & |\boldsymbol{C}|/l' & |\boldsymbol{B}|/l' & 0 \\ 0 & -|\boldsymbol{B}|/l' & |\boldsymbol{C}|/l' & 0 \\ 0 & 0 & 0 & 1 \end{bmatrix}$$

因此，当绕 x 轴旋转时，x 坐标不变；线段 L 为六面体的体对角线，则 $L = (|\boldsymbol{A}|^2 + |\boldsymbol{B}|^2 + |\boldsymbol{C}|^2)^{1/2}$；$z$ 坐标为

$$(L^2 - |\boldsymbol{A}|^2)^{1/2} = (|\boldsymbol{B}|^2 + |\boldsymbol{C}|^2)^{1/2} = l'$$

所以,经 $\boldsymbol{R}_x$ 变换后,可以画出位于 xOz 坐标面内的旋转轴(见图 3.8)。

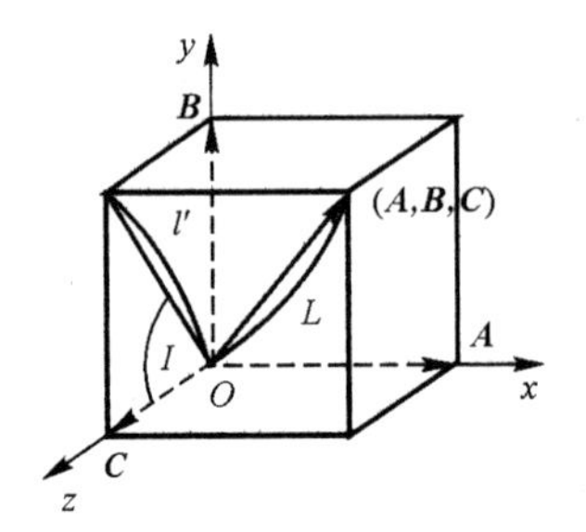

图 3.7　绕 x 轴转角的确定

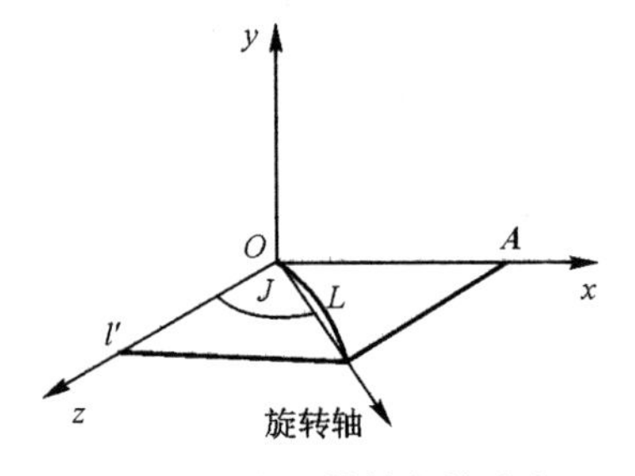

图 3.8　绕 y 轴转角的确定

3) 当绕 y 轴顺时针旋转 J 角度时,使旋转轴与 z 轴重合,由图 3.8 所示几何关系可得

$$\sin J = |\boldsymbol{A}|/L$$

$$\cos J = l'/L$$

式中　L——空间任意轴 x,y,z 方向向量构成的六面体体对角线长度;

J——空间任意轴经变换后落在 xOz 坐标面内与 z 轴的夹角。

所以,绕 y 轴旋转变换矩阵为

$$\boldsymbol{R}_y = \begin{bmatrix} \cos J & 0 & \sin J & 0 \\ 0 & 1 & 0 & 0 \\ -\sin J & 0 & \cos J & 0 \\ 0 & 0 & 0 & 1 \end{bmatrix} = \begin{bmatrix} l'/L & 0 & |\boldsymbol{A}|/L & 0 \\ 0 & 1 & 0 & 0 \\ -|\boldsymbol{A}|/L & 0 & l'/L & 0 \\ 0 & 0 & 0 & 1 \end{bmatrix}$$

4) 当绕 z 轴旋转 θ 角度时,变换矩阵为

$$\boldsymbol{R}_z = \begin{bmatrix} \cos\theta & -\sin\theta & 0 & 0 \\ \sin\theta & \cos\theta & 0 & 0 \\ 0 & 0 & 1 & 0 \\ 0 & 0 & 0 & 1 \end{bmatrix}$$

然后进行恢复原坐标系的变换。

5) 当绕 y 轴逆时针旋转 J 角时,变换矩阵为

$$\boldsymbol{R}_y^{-1} = \begin{bmatrix} -l'/L & 0 & -|\boldsymbol{A}|/L & 0 \\ 0 & 1 & 0 & 0 \\ |\boldsymbol{A}|/L & 0 & l'/L & 0 \\ 0 & 0 & 0 & 1 \end{bmatrix}$$

6) 当绕 x 轴顺时针旋转 I 角时,变换矩阵为

$$\boldsymbol{R}_x^{-1} = \begin{bmatrix} 1 & 0 & 0 & 0 \\ 0 & |\boldsymbol{C}|/l' & -|\boldsymbol{B}|/l' & 0 \\ 0 & |\boldsymbol{B}|/l' & |\boldsymbol{C}|/l' & 0 \\ 0 & 0 & 0 & 1 \end{bmatrix}$$

7) 平移使坐标原点返回到它原来的位置,变换矩阵为

$$T = \begin{bmatrix} 1 & 0 & 0 & 0 \\ 0 & 1 & 0 & 0 \\ 0 & 0 & 1 & 0 \\ x_1 & y_1 & z_1 & 1 \end{bmatrix}$$

绕任意轴旋转 θ 角的变换矩阵是以上给出的变换矩阵的乘积，即

$$\boldsymbol{R}_\theta = \boldsymbol{T}\boldsymbol{R}_x\boldsymbol{R}_y\boldsymbol{R}_z\boldsymbol{R}_y^{-1}\boldsymbol{R}_x^{-1}\boldsymbol{T}^{-1}$$

习　题　3

3.1　什么是计算机辅助图形处理技术中的窗口？

3.2　什么是计算机辅助图形处理技术中的视区？

3.3　窗口和视区间如何进行变换？

3.4　图形变换的作用是什么？

3.5　编写实现二维平移、旋转和比例变换的子程序。

3.6　编写实现三维平移、旋转和比例变换的子程序。

3.7　为何要采用矩阵运算实现图形变换？

3.8　给出图形绕空间任意轴(不通过坐标原点)的变换矩阵。

第4章　计算机辅助几何造型方法和技术

4.1　几何造型的基本概念

4.1.1　几何造型方法概述

几何造型是CAD技术的核心与基础，是运用计算机和图形处理技术构造物体几何形状，模拟物体静态和动态处理过程的技术。几何造型方法包括线框模型、曲面模型和实体模型。

20世纪60年代末，人们开始研究用直线、圆弧、自由曲线等基本线素构成立体框架图描述三维实体，这种模型称为线框模型，如图4.1所示。由于有了物体的三维数据，可以生成任意视图，视图间能够保持正确的投影关系，为生成多视图的工程图提供方便。但是，初期的线框模型造型系统只能表达基本的几何信息，当形状复杂时，棱线过多，图形会引发模糊理解。同时，由于在数据结构中缺少边与面、面与体之间的关系信息，不能有效表达几何数据间的拓扑关系。

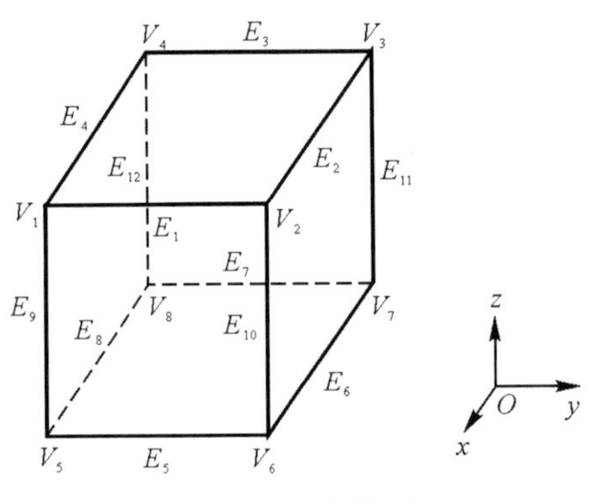

图4.1　线框模型

20世纪70年代，由于飞机和汽车工业制造中遇到了大量的自由曲面问题，而当时只能采用多截面视图、特征纬线方式近似表达所设计的自由曲面，因此，在设计完成后，制作的样品常常与设计者所想象的有很大差异，甚至有完全不同的情况。为了满足实际的使用要求，几何造型技术开始向曲面造型方向发展。曲面造型主要研究曲线和曲面表示、曲面求交及显示等问题，采用Coons曲面、Bezier曲面、B样条曲面以及非均匀B样条曲面(NURBS)等表示形式。这种模型称为表面模型，如图4.2所示。

表面模型可以实现图形消隐、着色、表面积计算、曲面求交、数控刀具轨迹生成、有限元网格划分等功能，此外可以构造例如模具、汽车、飞机等复杂曲面物体。表面模型基本可以解决 CAE/CAM 问题，但是由于表面模型技术只能表达形体的表面信息，难以准确表达产品的其他特性，例如质量、重心、惯性矩等，因此其应用也受到一定限制。为了能够精确表达产品的全部属性，几何造型技术开始向实体模型方向发展。

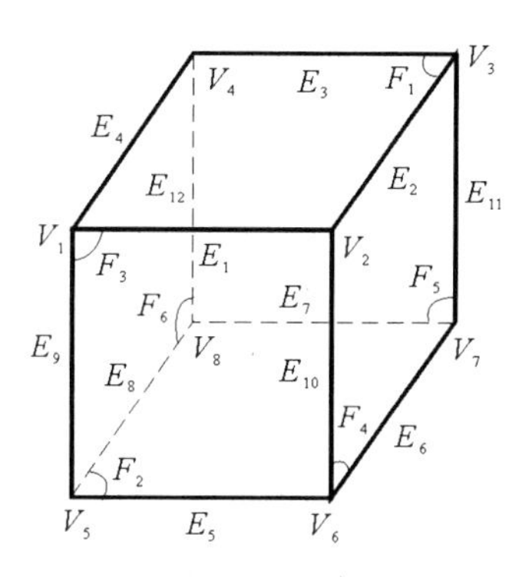

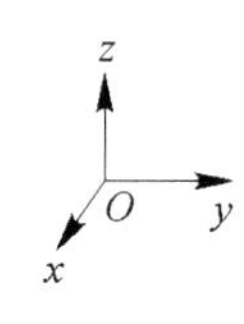

图 4.2　表面模型

实体模型造型技术是通过长方体、圆柱体、圆锥体、球体等简单体素的布尔运算构造复杂形体。这种模型称为实体模型，如图 4.3 所示。1972 年，日本北海道大学冲野教郎等开发了 TIPS－1 系统；1973 年，英国剑桥大学 Braid 等开发了 BUILD 系统；1976 年，美国 Rochester 大学 Voelcker 等开发了 PADL－1 系统。20 世纪 90 年代，出现了数以百计的商品化实体模型造型系统，技术日趋完善，功能也逐渐强大。

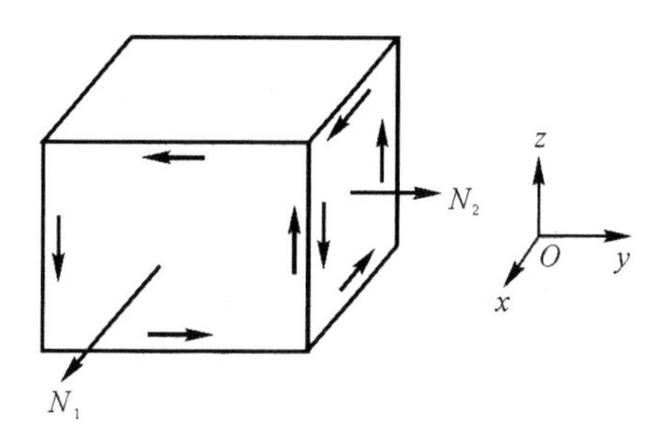

图 4.3　实体模型

4.1.2　几何造型的基本概念

几何造型中常用到形体定义、布尔运算等概念。

1. 形体的信息结构

几何元素之间有两种重要的信息表示：一是几何信息，表示几何元素的性质和度量关系，例如位置、大小、方向等；二是拓扑信息，表示几何元素间的连接关系。形体在计算机内由几何信息和拓扑信息定义，通常用六层信息结构来定义，如图 4.4 所示。

1)点。点是几何造型中最基本的几何元素，任何几何形体都可以用有序的点的集合来表示。点分为端点、交点、切点、孤立点等，在形体定义中，一般不允许存在孤立点。在自由曲线和曲面的描述中常用到 3 种类型的点，即控制点、型值点和插入点。

2)边。边指两个相邻面或者多个相邻面之间的交界。对于正则形体，一条边只能有两个相邻面;而对于非正则形体,一条边则可以有多个相邻面。

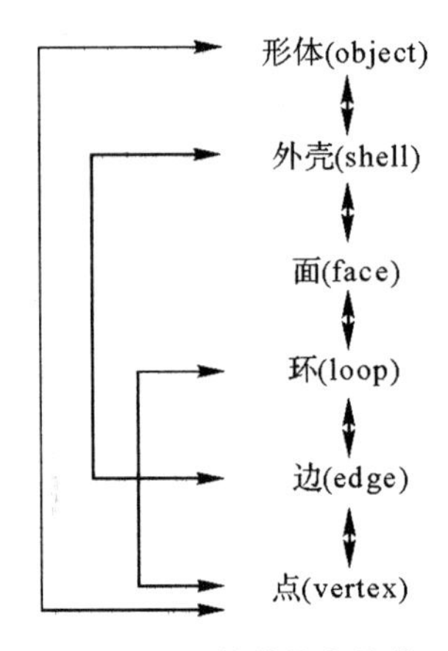

图 4.4　形体的信息结构

边由两个端点定界,即由边的起点和终点界定。直线边或者曲线边都是由其端点定界的,但是曲线边通常由一系列型值点或者控制点定义,或者采用显式或者隐式方程表示。边具有方向性,其方向为由起点沿边指向其终点。

3)面。面是形体表面的一部分,由一个外环和若干个内环界定其范围。面可以没有内环,但是必须有并且只能有一个外环。外环决定了该面的最大外部边界,若干个内环确定了该面内部所覆盖的所有内部边界,如图 4.5 所示。

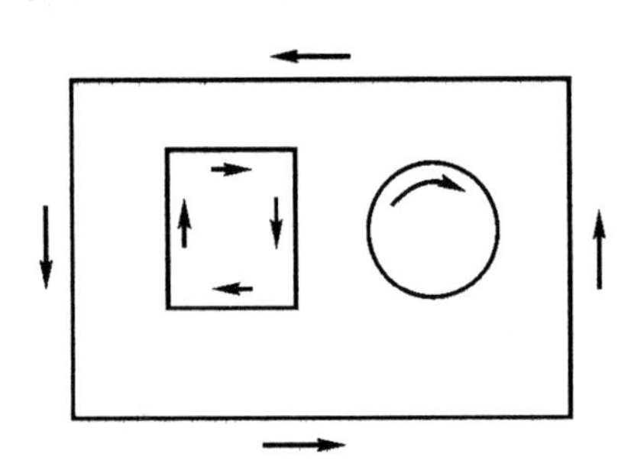

图 4.5　面的外环与内环

面具有方向性,一般采用面的外法矢方向作为该面的正方向,该外法矢方向通常由组成面的外环的有向棱边按右手法则定义。

几何造型系统中,面通常分为平面、柱面、球面、抛物面等二次解析曲面,以及 Bezier 曲面、B 样条曲面等自由型曲面形式。

4)环。环是有序、有向边组成的面的封闭边界。

环中各条边顺序相连,不能自交,相邻两条边共享一个端点。环有内、外之分,确定面的最大外边界的环称为外环,确定面中内孔或者凸台边界的环称为内环。环同样具有方向性,外环各边按照逆时针方向排列,内环各边按照顺时针方向排列,因此,在面上任一个环的左侧总在面内,而右侧总在面外。

5)体。体是由封闭表面构成的有效空间。一个形体是欧式三维空间中非空、有界的封闭子集,其边界是有限个面的并集。体分为正则形体和非正则形体,如图 4.6 所示。通常把具有维数一致的边界所定义的形体称为正则形体(又称为流形形体),非正则形体(非流形形体)在几何造型系统中检查形体合法性时被删除。

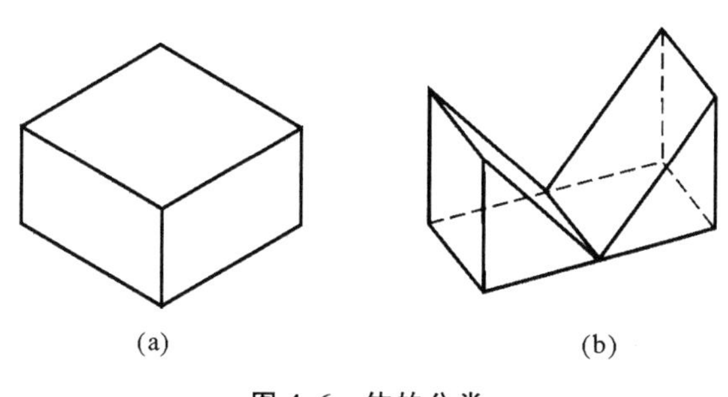

图 4.6 体的分类

(a)正则形体;(b)非正则形体

6)外壳。外壳指在观察方向上所能看到的形体的最大外轮廓线。

7)体素。体素指能用有限个尺寸参数定位和定形的体,通常指一些常见的可以用以组合成复杂形体的简单实体,例如长方体、圆柱体、圆锥体、球体、棱柱体、圆环体等,也可以是某一轮廓线沿某条空间参数曲线作平移扫描或者回转扫描运动所产生的形体。

2. 布尔运算

布尔运算是几何造型技术的基础,它是布尔代数的一种集合运算。布尔运算可以将两个物体的模型组合起来,构成一个新的物体。因此,采用布尔运算可以方便地构造复杂的几何实体。

布尔运算包括并、交、差三种运算方式,如图 4.7 所示。并集运算是将两个或者两个以上的实体组合成一个新的实体;交集运算是截取两个实体公共部分构成新的实体;差集运算是从一个实体中减去另一个实体的体积,即将第一个实体中与第二个实体相交的部分去掉,而生成一个新的实体。

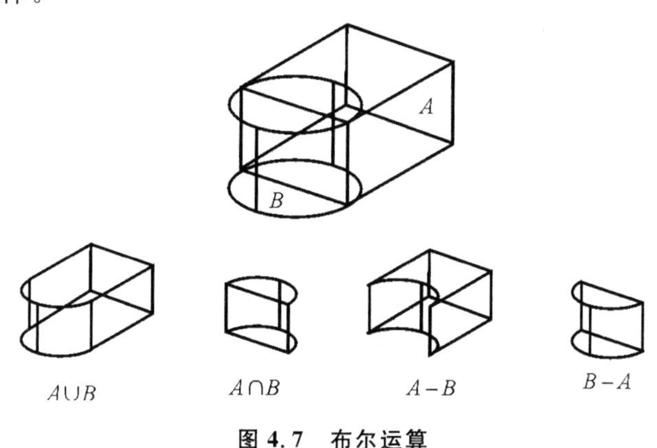

图 4.7 布尔运算

3. 欧拉公式

欧拉公式用于检验几何造型中所产生形体拓扑的合法性,以保证形体有意义。对于多面体,欧拉公式为

$$V - E + F = 2B - 2G + L \tag{4.1}$$

式中 V—— 顶点数;
E—— 边数;
F—— 面数;
B—— 独立、不连接的多面体数;
G—— 多面体的通孔个数;
L—— 所有面上未连通的内环数。

4.1.3 几何造型系统的功能

一个完整的几何造型系统一般应当具有以下功能。

1)形体定义。通过计算机的输入设备,将形体的几何信息输入计算机,常用的输入方式有人机交互方式和文本方式两种。

2)变化处理。由于形体的空间位置和空间形状可能存在变化,因此,应当提供形体变化处理功能,使得系统对形体的处理更加方便。

3)数据存储、处理与管理。输入的形体信息在计算机内部进行处理后,将以适当的数据结构表示,对这些数据应当有相应的处理与管理。

4)显示和输出。形体设计的好坏和正确与否通常需要经过视觉判断,当交互定义形体时,输入的信息是否正确,应当能够实时反馈给用户。显示处理包括增加视觉效果的消隐显示、浓度图显示和透视等功能。几何造型系统还应当能够将造型结果以一定格式输出,供其他应用程序使用。

5)编辑处理。编辑处理主要用于对已定义的形体进行局部或者整体的修改,例如移动、旋转、镜像、比例缩放等。

6)查询功能。用户设计时,查询功能可以方便地查看已设计形体的相关信息,例如形状参数、表面积、体积等。

4.2 形体表示模式和数据结构

4.2.1 形体表示模式

常用的形体表示模式有体素调用、单元分解、空间点列、扫描变换、构造体素(CSG)和边界表示模式(B - rep)等六种,其中使用最普遍的是 CSG 法和 B - rep 法。

1. 体素调用表示模式

体素调用表示模式采用规范化的几何形状及其形状参数描述形体。对这些规范化的几何形体作比例变换或者定义不同的参数值,将产生不同的形体,如图 4.8 所示。

这种表示模式最初用于成组加工技术,以便按照零件的形状和性质分类,然后采用相应的制造工艺。由于受到初始形状的限制,体素调用通常不能产生复杂的形体,因此很少作为独立的形体表示模式使用,主要在几何造型中用于定义体素。

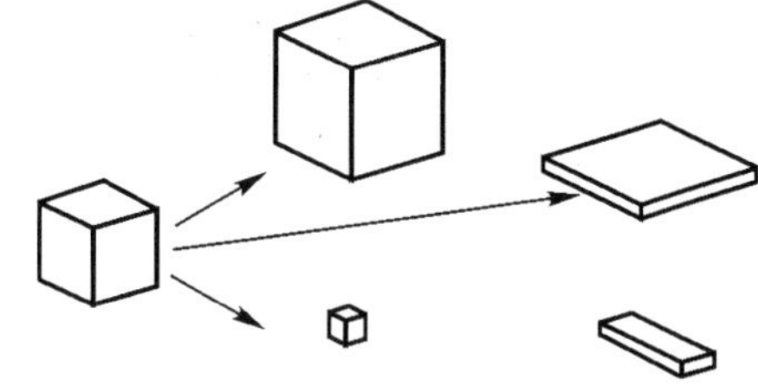

图 4.8　体素调用表示模式

2. 单元分解表示模式

对于一般形体,可以分解成一系列容易描述的形状单元,如图 4.9 所示。采用单元分解模式表示形体,即首先将形体分解成一系列单元,然后表示这些单元及相互间的连接关系。理论上,采用该方法可以描述任何形体,但是实际应用中存在很多困难,并且表示非唯一。单元分解表示模式主要用于有限元的单元划分。

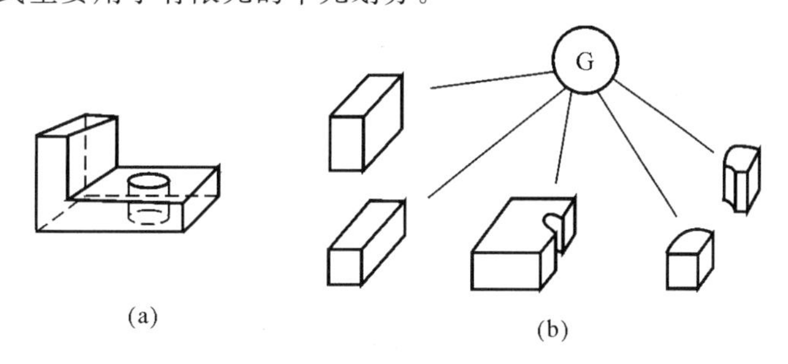

图 4.9　单元分解表示模式

3. 空间点列表示模式

空间点列表示模式即将形体所在空间分割成具有固定形状(例如立方体)、彼此相连的一系列单元,每个单元可以用其形心坐标(x,y,z)表示,通过记录形体对单元的占据状态可描述形体的几何形状,如图 4.10 所示。这种表示模式是坐标参数的有序集合,即空间点列。采用空间点列表示形体,需要大量的存储空间,并且形体各部分之间的关系不明确。

4. 扫描变换表示模式

扫描变换表示模式即通过一个二维图形或者一个形体沿某一路径扫描,产生新形体的一种表示模式。采用这种表示模式描述形体时,需要定义扫描的图形或形体(也称基体),另外还要定义基体扫描运动的轨迹。

最常用的扫描方式有平移扫描和旋转扫描,如图 4.11 所示。平移扫描主要适用于描述具有平移对称性的形体,即所谓的 2.5D 形体,其基体运动轨迹为一直线;旋转扫描主要用于描述具有轴对称性的形体，其基体运动轨迹为一圆或者圆弧。

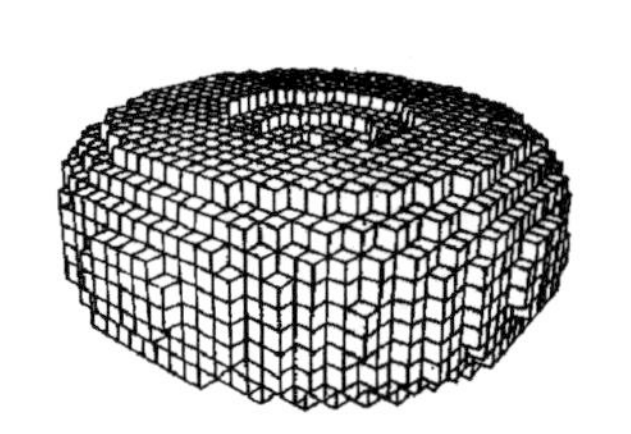

图 4.10　空间点列表示模式

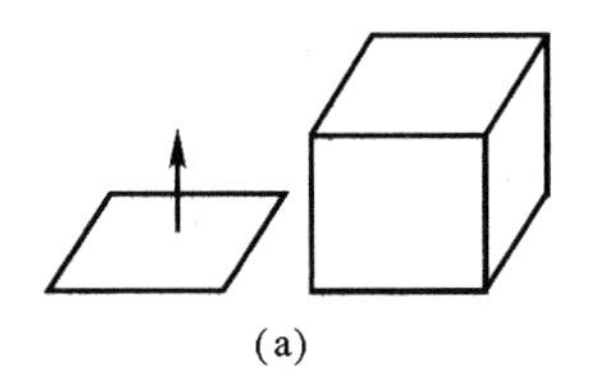

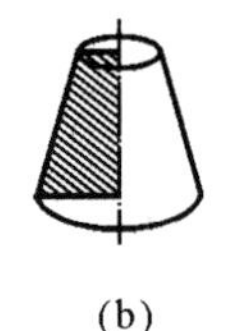

(a)　(b)

图 4.11　扫描变换模式

(a)平移扫描；(b)旋转扫描

5. 构造体素表示模式(CSG)

CSG 表示模式是采用一些简单形状的体素，经变换和布尔运算构成复杂形状形体。在这种表示模式中，采用二叉树结构来描述体素构成复杂的形体的关系，如图 4.12 所示。图 4.12 的树根表示定义的形体；叶为体素或者变换量(平移量、旋转量)；节点表示变换方式或者布尔运算的算子。

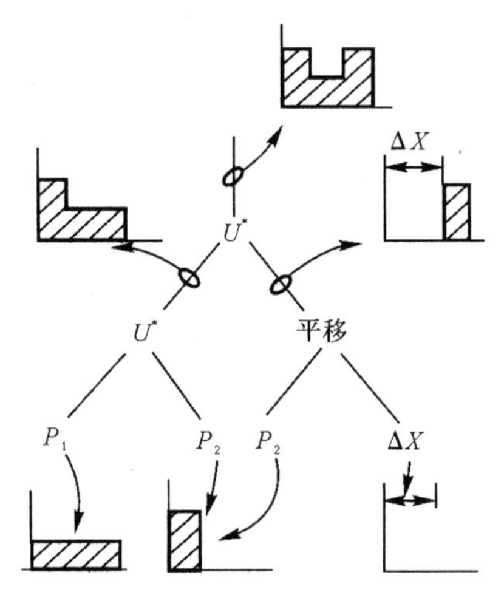

图 4.12　CSG 的二叉树结构

CSG 表示模式中，常用的体素有长方体、圆柱体、球、圆锥、圆环和楔块等。这些体素可以采用一组参数表示，如图 4.13 所示。

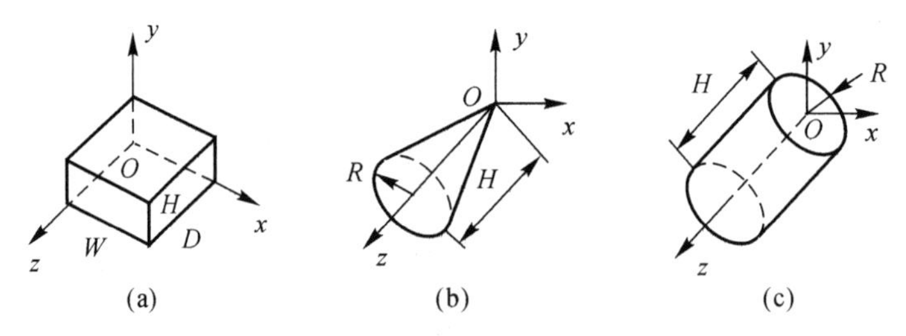

图 4.13　常用体素表示模式

(a)长方体；(b)圆锥体；(c)圆柱体

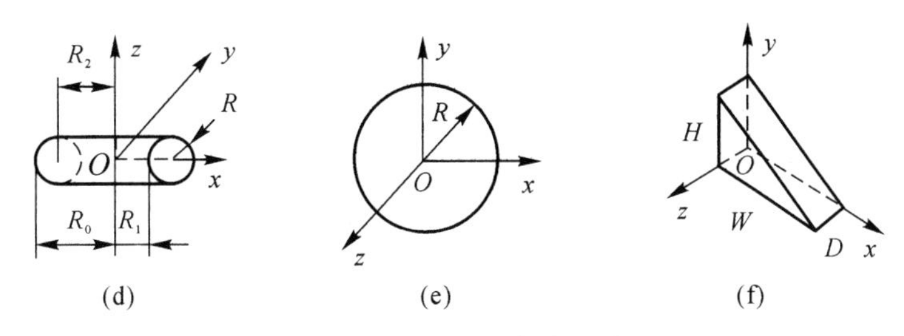

续图 4.13　常用体素表示模式

(d)圆环体；(e)球体；(f)楔形体

CSG 模式表示无二义性，但是表示非唯一，一个形体可能有几种 CSG 表示。该表示模式的优点是比较紧凑，但是，要显示图形时就需要计算形体的边界，计算量比较大。

6. 边界表示模式(B - rep)

边界表示模式是以形体表面的细节，即以顶点、边、面等几何元素及其相互间的连接关系来表示形体。边界表示模式中，边界表面必须是连续的，因此，物体的边界是所有面的并集。每个面又可以通过边和顶点表示，图 4.14 所示为一四棱锥的边界表示。

由于边界表示模式详细记录了构成形体边界的所有几何元素的几何信息和拓扑信息，因而图形显示、有限元网格划分、表面积计算和数控加工等功能容易实现。

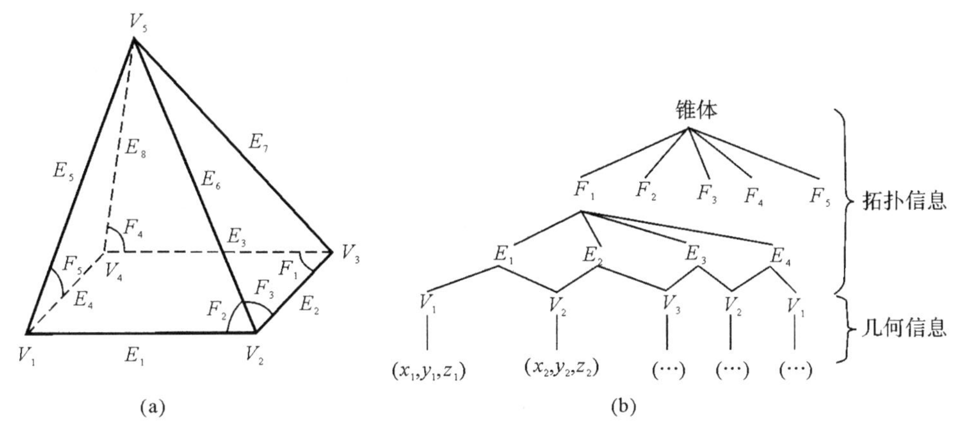

图 4.14　四棱锥的边界表示

CSG 和 B - rep 两种表示模式在几何造型系统中应用普遍。国际上一般采用 CSG/B - rep 混合表示模式构建几何造型系统。

4.2.2　常用数据结构

形体的表示模式必须以一定的数据结构来实现，因此，数据结构的设计与实现是几何造型中的关键问题之一。完整表示形体的几何形状，需要几何信息和拓扑信息。以平面多面体为例，分析其边界表示模式的几何信息、拓扑信息及相应的数据结构。

1. 几何与拓扑信息

在平面多面体情况下，形体包含三类几何元素，即顶点、边和面，分别以 v,e,f 表示。每类几何元素都能形成平面多面体的完整表示，即每类几何元素都能给出足够的几何信息。因此，用所有这三种元素的几何信息来表示模型，存在相当的信息冗余。例如，一个顶点可以由两条边相交得到，或者由三个面相交而成；一条边可由两个面相交得到，或者由两个顶点相连形成。图 4.15 所示为三种几何信息之间的映射关系。由图 4.15 可知，三种几何信息之间可以相互转化，但并非彼此独立。但是，几何信息间的转换需要花费计算时间，因此，存储冗余的几何信息有时又必需，这需要在时间和空间之间折中考虑。

在上述三种几何信息之间，存在图 4.16 所示的 9 种拓扑关系。事实上，只要知道一种拓扑关系，其他拓扑关系均可以由此导出。因此，存储图中 9 种拓扑关系也是冗余的。存储何种拓扑信息，一般取决于应用场合。例如，对于图形显示，因为要知道顶点如何连接，所以保存 V：{v}，E：{v}和 F：{v}中的一种比较合适，而对于形体的布尔运算，存储 V：{f}则比较方便。

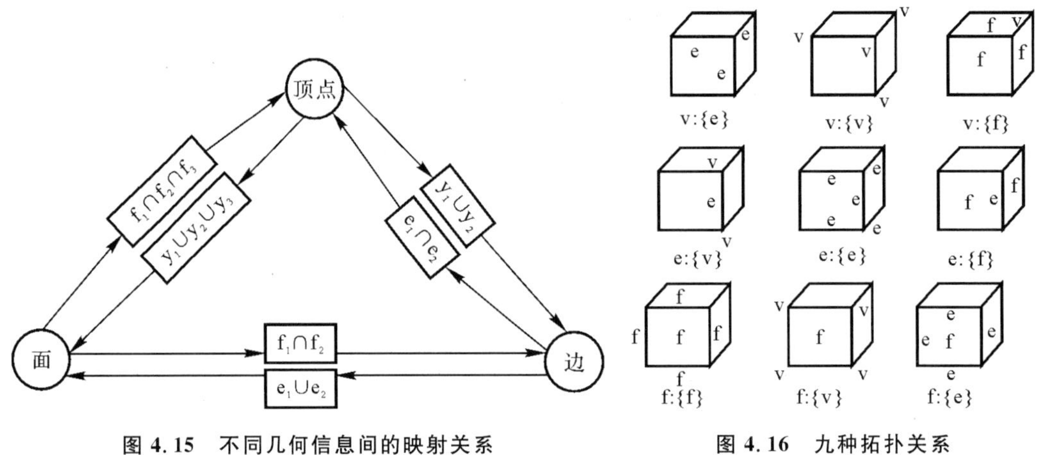

图 4.15　不同几何信息间的映射关系　　**图 4.16　九种拓扑关系**

2. 数据结构

几何造型中，常用的表示形体几何信息和拓扑信息的数据结构分为三类，即单链三表结构、双链翼边结构和双链三表结构。

单链三表结构中，需要面、棱边和顶点三张表，采用单链指示它们之间的连接关系。例如，根据形体中面、边和顶点之间的拓扑关系，可以构造图 4.17 所示的数据结构。图 4.17 所示面 1 是由①⑤⑥②四条边按照顺时针方向定义的，棱边相应的顶点在棱边表中按照逆时针方向编号。在这种结构中给出了每个面的方程系数，同时也存放了变换矩阵。

单链三表结构中，由面表的指针可以检索到该面的边表，由边表的指针可以检索到形成该边的顶点。这种数据结构关系清楚，节省存储空间，查找方便。但是，当形体结构比较复杂时，查表和改表的时间不可忽略。

几何造型中，修改形体常需要改变其拓扑结构。如果能够在数据结构中分别处理形体的几何信息和拓扑信息，则可以克服改变形体拓扑关系的困难，有利于提高数据结构的灵活性。双链翼边结构可以有效地解决这些问题。

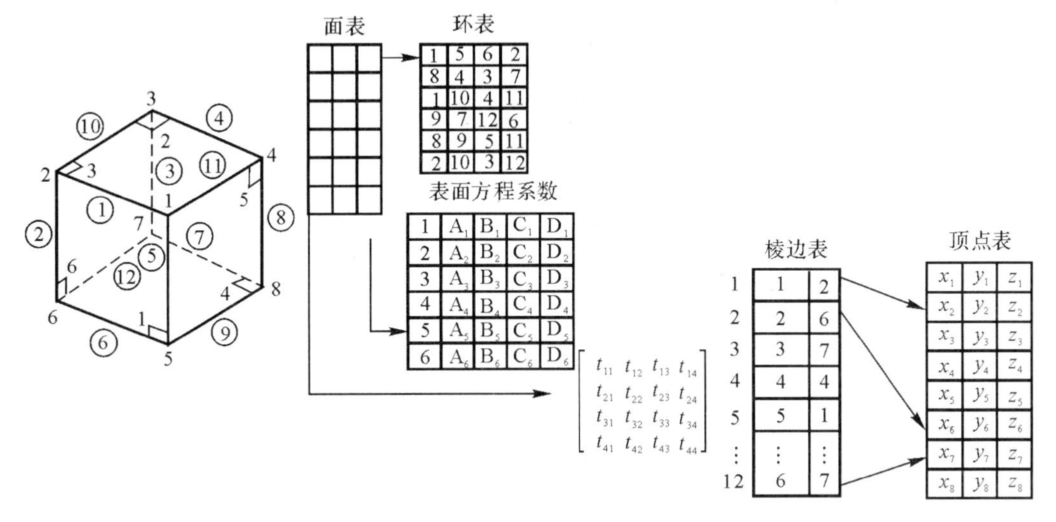

图 4.17　单链三表数据结构

图 4.18 所示表达了翼边结构中边、面和顶点之间的关系。在该结构中，每条边都有指针指向它们左、右两个邻面和构成两个邻面周界的四条邻边。当在外面观察时，这种结构就像翅膀一样[见图 4.18(a)]，故称为翼边结构。这种结构以边作为检索形体拓扑关系的中心环节。

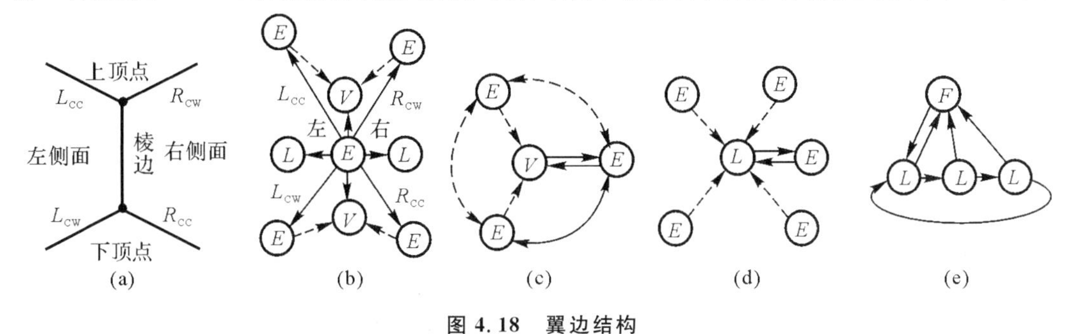

图 4.18　翼边结构

(a)翼边结构；(b)棱边结构；(c)顶点指针；(d)环指针；(e)面、环表

翼边结构的存储形式如图 4.19 所示。每个形体的有关信息分为五层存储，即形体表、面表、环表、边表和顶点表，每个面有一个外环和若干个内环。因为面表、棱边表和顶点表查找和修改频繁，故采用双链表结构，每个存储单元都有指针分别指向下一个和前一个单元。双链表结构便于边和顶点的插入和删除，可以提高查找和修改的速度。

由于双链翼边结构的信息冗余大，需要比较大的存储空间，因此，目前多数几何造型系统采用变异的翼边结构。

在上述两种数据结构中，单链三表结构节省存储空间，但是不便于查找和修改；双链翼边结构便于查找和修改，但是占用比较大的存储空间。为了解决这一对矛盾，提出了双链三表结构。在这种结构中设有点表、面表和体表三张表，每张表都设有双链分别指向它的前趋和后继节点。

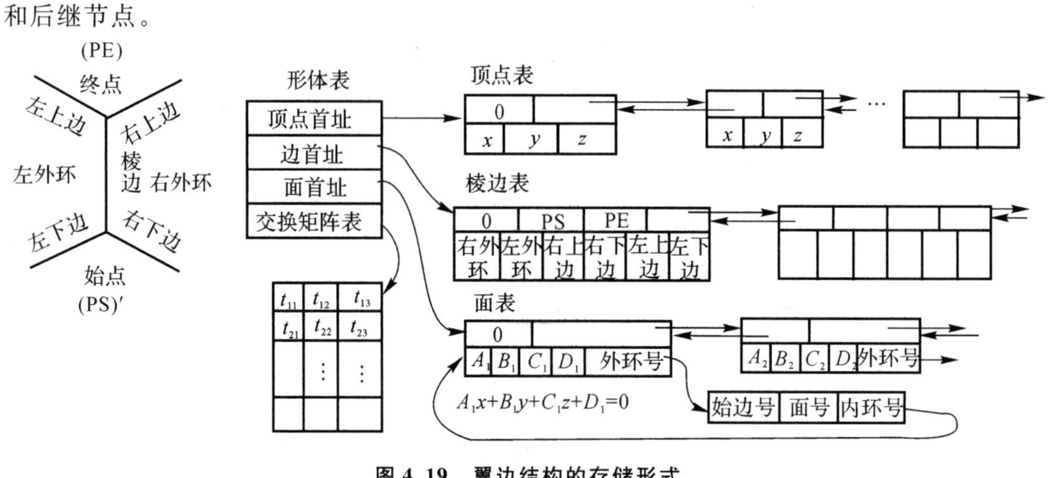

图 4.19 翼边结构的存储形式

4.3 NX 实体建模

4.3.1 建模基础

1. 特征建模

“特征(feature)”是 UG 中普遍使用的一个术语，根据不同应用，特征大致可以分为以下几类：

1)体素特征：长方体、圆柱、圆锥、球等。

2)扫描特征：拉伸、旋转、扫掠等。

3)基准特征：基准平面、基准轴、基准坐标系等。

4)成型特征：孔、圆台、腔体、凸垫、键槽、沟槽等。

特征建模能为设计人员提供具有明显工程含义的特征体素(例如圆柱、孔、键槽、凸垫、圆台等)和对这些特征体素进行编辑和操作的功能，设计人员能够很好地实施自己的设计意图。

基于特征的建模技术是把实体零件视作特征的集合，建模过程类似于零件的加工过程，由大特征到小特征，由基本特征到细节特征，这些特征可以实现实体的加材料、减材料、复制等。

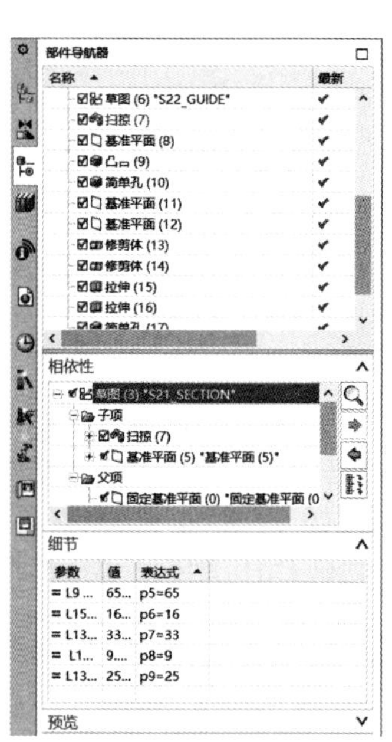

图 4.20 部件导航器

2. 部件导航器

部件导航器以详细的图形树的形式显示部件信息，单击资源条上【部件导航器】，展开部件导航器如图 4－20 所示，可以使用部件导航器执行以下操作：

1)更新并了解部件的基本结构。

2)选择和编辑树中各项参数。

3)排列部件的组织方式。

4)在树中显示特征、模型视图、图纸、用户表达式、引用集和未用项。

4.3.2　体素特征

体素主要是指长方体、圆柱体、圆锥体和球体,可以作为实体建模的“坯料”,也可以在建模过程中,通过布尔运算加减相应形状的材料。单击主菜单【插入】→【设计特征】,选择创建的体素特征,弹出相应对话框,如图 4-21 所示。体素特征的创建过程类似,即选择类型→定义位置→定义尺寸→其他设置,其中长方体是采用对角点定位,圆柱和圆锥以底面圆心为定位点,球体采用中心点定位。

(a)　(b)　(c)　(d)

图 4.21　体素特征对话框

(a)【块】对话框;(b)【圆柱】对话框;(c)【圆柱】对话框;(d)【球】对话框

4.3.3 扫描特征

扫描特征包括拉伸、旋转、扫掠等特征，是将截面线串沿不同的引导线扫描得到实体或者片体，截面线和引导线可以是草图、实体棱边、片体边缘或者其他曲线。

1. 拉伸

拉伸是把草图、边或者曲线特征等 2D 或者 3D 曲线，沿指定方向扫描一定直线距离得到实体，如图 4-22 所示。封闭曲线拉伸一般为实体，也可以设置为拉伸片体，不封闭曲线拉伸时，如果不指定偏置，则形成片体。拉伸是应用最多、最灵活的一个实体建模工具，事实上，大部分的建模过程都可以采用拉伸完成。单击主菜单【插入】→【设计特征】→【拉伸】，或者直接点击键盘上＜X＞，弹出【拉伸】对话框，如图 4-23 所示，对话框主要设置项如下。

1)截面——激活该选项，在图形区选择拉伸截面线串，【选择条】上显示相应的曲线选择工具；也可以单击该选项右侧【绘制截面】，进入草图任务环境，绘制内部草图作为截面线。

2)方向——激活该选项，设置拉伸方向。

3)限制——设置拉伸的起始位置。

值为拉伸特征的起点与终点指定数值，在截面上方的值为正，在截面下方的值为负。可以在截面的任一侧拖动限制手柄，或直接在距离框或者屏显输入框中键入值。

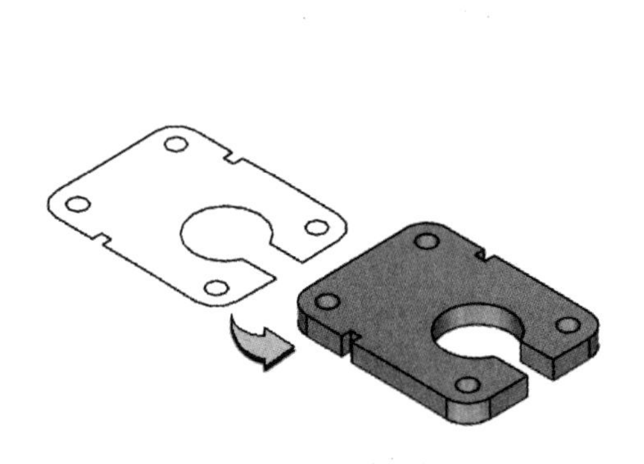

图 4.22 拉伸示例

图 4.23 【拉伸】对话框

对称值：将开始限制距离转换为与结束限制相同的值。

直至下一个：自动查找模型中的下一个面作为限制。

直至选定：将拉伸特征延伸到选定的面、基准平面或者体。如果拉伸截面延伸到选定的面以外，或者不完全与选定的面相交，软件会将截面拉伸到所选面的相邻面上。如果选定的面及其相邻面仍不完全与拉伸截面相交，拉伸将失败，应当尝试【直至延伸部分】选项。

直至延伸部分：当截面延伸超过所选择面上的边时，将拉伸特征（如果是体）修剪到该面。

贯通全部对象：完全穿过所有的体。

4)布尔——拉伸特征与其他实体有重叠时，选择处理方式，可以求和、求差、求交，从而实现加材料或者减材料。

5)拔模——用于将拔模添加到拉伸特征的一侧或者多侧，如图 4.24 所示。只能将拔模添加到基于平截面的拉伸特征。

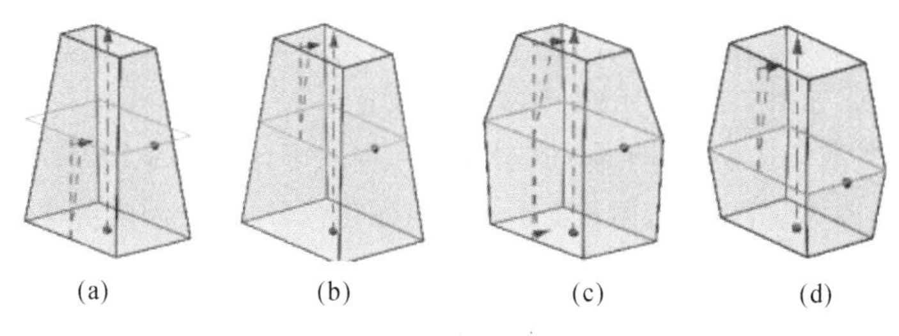

(a)　(b)　(c)　(d)

图 4.24　拔模设置

(a)从起始限；(b)从截面；(c)从截面-非对称角度；(d)从截面-对称角度

从起始限制：以起始面开始拔模，即起始面截面形状不变。

从截面：从截面开始拔模，即拉伸草图截面的形状不变。

从截面-对称角度：从拉伸截面开始，并且截面两侧拔模角度相同，适用于双侧拔模。

从截面-非对称角度：从拉伸截面开始，并且截面两侧拔模角度不同，适用于双侧拔模。

从截面匹配的终止处：从拉伸截面开始，在截面两侧反向倾斜的拔模。终止限制处的形状与起始限制处的形状相匹配，并且终止限制处的拔模角将更改，以保持形状的匹配，适用于双侧拔模。

6)偏置——把所选曲线在平面内偏置，得到拉伸截面线串，如图 4.25 所示。

无；不创建也不偏置。

单侧：把所选曲线向一个方向偏置，如图 4.25(a)所示。这种偏置用于填充孔和创建凸台。

两侧：把所选曲线向两个方向偏置，如图 4.25(b)所示。

对称：把所选曲线向两个相反方向对称偏置，如图 4.25(c)所示。

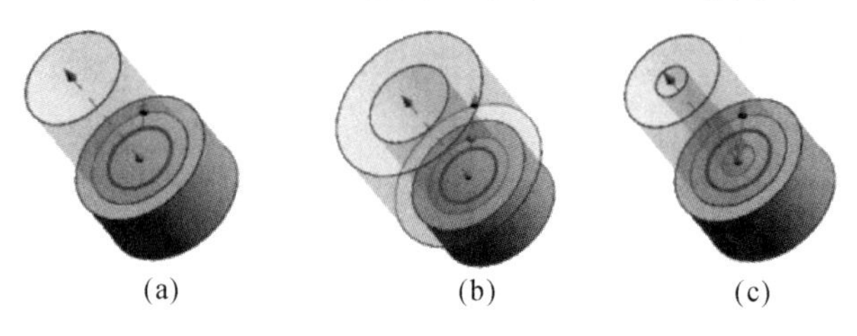

(a)　(b)　(c)

图 4-25　偏置设置

(a)单侧偏置；(b)两侧偏置；(c)对称偏置

7)设置——指定拉伸特征的距离公差,指定拉伸特征为片体或者实体。所选曲线不封闭时,如果无偏置,只能拉伸片体。

8)预览——设置是否可以预览拉伸结果。

拉伸练习:打开文件 extrude.prt,选择一条或者两条圆作为拉伸截面线串,改变拉伸方向、限制、布尔、拔模、偏置等中的设置项,观察拉伸结果。

2. 旋转

旋转时把草图、边或曲线特征等 2D 或者 3D 曲线,绕给定轴旋转扫描一定角度,创建旋转实体,如图 4.26 所示。旋转截面为封闭曲线一般创建实体,也可以设置为旋转片体,不封闭曲线旋转时,如果不指定偏置,则创建片体。单击主菜单【插入】→【设计特征】→【旋转】,弹出【旋转】对话框,如图 4.27 所示,对话框主要设置项如下:

1)截面——激活该选项,在图形区选择旋转截面线串,【选择条】上显示相应的曲线选择工具,也可以单击该选项右侧【绘制截面】,进入草图任务环境,绘制内部草图作为截面线。

2)轴——激活该选项,定义旋转轴。旋转体与旋转轴关联,旋转轴不得与截面曲线相交,但是可以与一条边重合。旋转轴和旋转方向符合右手法则。

3)限制——设置旋转的起始位置。

值:为旋转特征指定起始和终止角度值。

直至选定对象:指定作为旋转的起始或者终止位置的面、实体、片体或者相对基准平面。

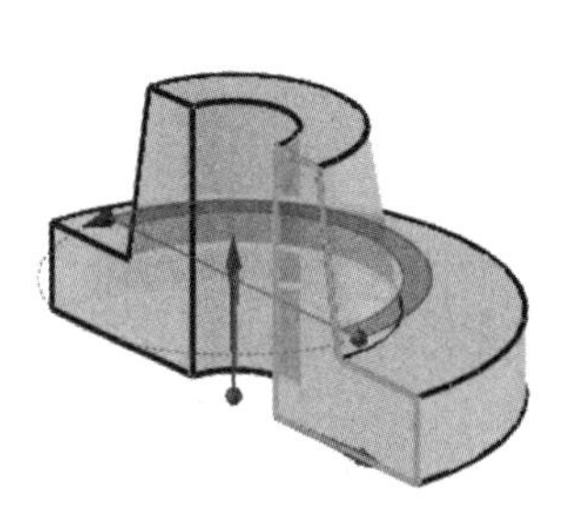

图 4.26 旋转示例

图 4.27 【旋转】对话框

4)布尔——旋转特征与其他实体有重叠时,选择处理方式,可以求和、求差、求交,从而实现加材料或者减材料。

5)偏置——把所选曲线在平面内偏置,得到旋转截面线串。

无:不创建也不偏置。

两侧:把所选曲线向一个或者两个方向偏置。

6)设置——指定旋转特征的距离公差,指定旋转特征为片体或者实体。所选曲线不封闭时,如果无偏置,只能旋转片体。

7)预览——设置是否可以预览旋转结果。

3. 扫掠

扫掠是通过沿一条、两条或者三条引导线串扫掠一个或者多个截面,创建实体或者片体,如图 4.28 所示。创建过程中,通过沿引导曲线对齐截面线串,可以控制扫掠体的形状;可以控制截面沿引导线串扫掠时的方位;可以缩放扫掠体;采用脊线串使得曲面上的等参数曲线变均匀。

单击主菜单【插入】→【设计特征】→【扫掠】对话框,弹出【扫掠】,如图 4.29 所示,其主要设置项如下:

1)截面——用于选择截面线串,最多可选择 150 条。每完成一个截面线串定义,单击中键,或者点击【添加新集】,定义下一个截面线串。所有定义的线串会在“列表”中列出。

2)引导线——用于定义引导串,最多可以定义三条。

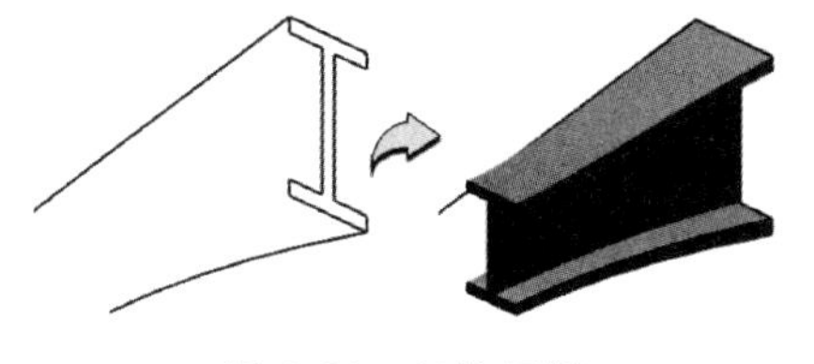

图 4.28　扫掠示例

图 4.29　【扫掠】对话框

3)脊线——用于选择脊线。采用脊线可以控制截面线串的方位,并避免在引导线上不均匀分布参数导致的变形。当脊线串处于截面线串的法向时,该线串状态最佳,如图 4.30

所示。

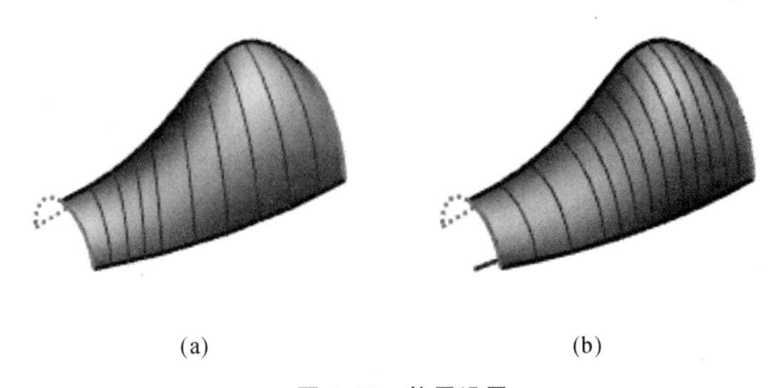

(a) (b)

图 4.30 偏置设置

(a)未使用脊线(非均匀的等参数曲线);(b)两侧偏置(均匀的等参数曲线)

4)截面位置——选择单个截面时可用。截面在引导对象的中间时,这些选项可以更改产生的扫掠。

沿引导线任何位置:沿整个引导线进行扫掠。

引导线末端:沿着引导线,从截面开始的地方向着一个方向扫掠。

5)插值——选择多个截面时可以采用,确定截面之间的曲面过渡的形状,如图 4.31 所示。

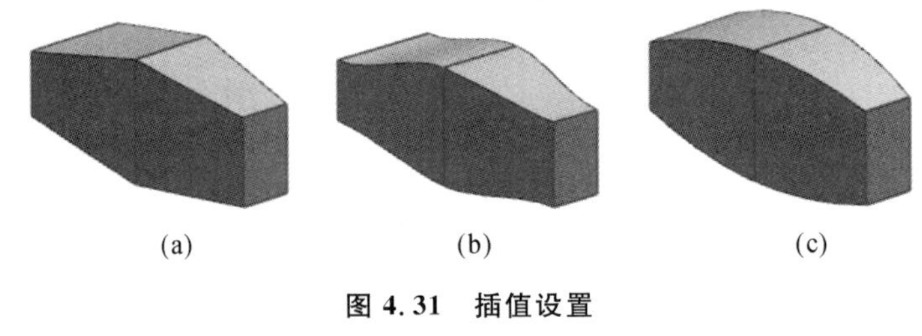

(a) (b) (c)

图 4.31 插值设置

(a)线性;(b)三次;(c)倒圆

线性:按照线性分布使得曲面从一个截面过渡到下一个截面。

三次:按照三次分布使得曲面从一个截面过渡到下一个截面。

倒圆:使得曲面从一个截面过渡到下一个截面,以便连续的段是 G1 连续。

6)方位——使用单个引导线串时可以采用。在截面沿引导线移动时控制该截面的方位。

固定:可以在截面线串沿引导线移动时保持固定的方位,即平行或者平移。

面的法向:将局部坐标系的第二个轴与一个或者多个面(沿引导线的每一点指定公共基线)的法向矢量对齐。这样可以约束截面线串以保持和基本面或者面的一致关系。

矢量方向:可以将局部坐标系的第二根轴与在引导线串长度上指定的矢量对齐。矢量方向方法非关联,如果为方位方向选择矢量,稍后更改该矢量方向,则扫掠特征不更改到新方向。

另一曲线:采用通过连接引导线上的点和其他曲线上相应的点,得到局部坐标系的第二根轴，用于定向截面。

一个点：与另一曲线相似，不同之处在于获取第二根轴的方法是通过引导线串和点之间的连线得到。

角度规律：用于通过规律子函数定义方位的控制规律。旋转角度规律的方位控制的最大转数为 100、角度为 36 000。

强制方向：用于在截面线串沿引导线串扫掠时通过矢量固定剖切平面的方位。

7)缩放——在截面沿引导线进行扫掠时，可以增大或者减小该截面。

在采用一条引导线时以下选项可以采用。

恒定：可以指定沿整条引导线保持恒定的比例因子。

倒圆功能：在指定的起始与终止比例因子之间允许线性或者三次缩放，这些比例因子对应于引导线串的起点与终点。

另一曲线：类似于定位方法组中的另一曲线方法。此缩放方法以引导线串和其他曲线或者实体边之间连线长度上任意给定点的比例为基础。

一个点：与另一曲线相同，但是采用点而不是曲线。

面积规律：用于通过规律子函数控制扫掠体的横截面积。

周长规律：类似于面积规律，不同之处在于可以控制扫掠体的横截面周长，而不是它的面积。

在采用两条引导线时以下选项可以采用：

均匀：可以在横向和竖直两个方向缩放截面线串。

横向：仅在横向上缩放截面线串。

另一曲线：采用曲线作为缩放引用控制扫掠曲面的高度。此缩放方法无法控制曲面方位，采用此方法可以避免在采用三条引导线创建扫掠曲面时出现曲面变形问题。

8)比例因子——在缩放设置为恒定时可以采用。用于指定值以在扫掠截面线串之前缩放它。

9)倒圆功能——在缩放设置为倒圆功能时可以采用。用于将截面之间的倒圆设置为线性或者三次。

10)体类型——用于指定扫掠特征为片体或者实体。为了获取实体，截面线串必须封闭。

11)沿引导线拆分输出——为了与引导线串的段匹配的扫掠特征创建单独的面。如果未选择此选项，则扫掠特征将始终为单个面，而不论段数如何，仅适用于具有单个引导线串的单个截面。

12)保留形状——通过强制公差值为 0.0 保持尖角。清除此选项时，NX 会将截面中的所有曲线都逼近为单个样条，并对该逼近样条进行扫掠。仅当对齐设置为参数或者根据点时才可以采用。

13)重新构建——所有重新构建选项都可以用于截面线串及引导线串。单击设置组中的引导线或者截面选项卡，以分别为引导线串选择重新构建选项。

4.3.4 成型特征

成型特征是在现有实体基础上加减材料，与现有实体存在父子关系，包括孔、凸台、腔体、垫块、键槽和槽等。建立成型特征的过程与零件的粗加工过程相同，类似于在毛坯体上进一步加工成型，为精加工提供成型基础。

1. 孔

孔特征是在现有实体上创建各种孔，如图 4.32 所示。单击主菜单【插入】→【设计特征】→【孔】，弹出【孔】对话框，如图 4.33 所示。孔是以上表面的圆心作为定位点，其创建首先选择类型和形状；然后通过定义点确定孔的位置，可以直接选择一个或者多个点，也可以单击对话框中的【绘制截面】，进入草图任务环境绘制一个或者多个点；最后设置孔的尺寸。各种孔的结构特点如图4.34 所示。

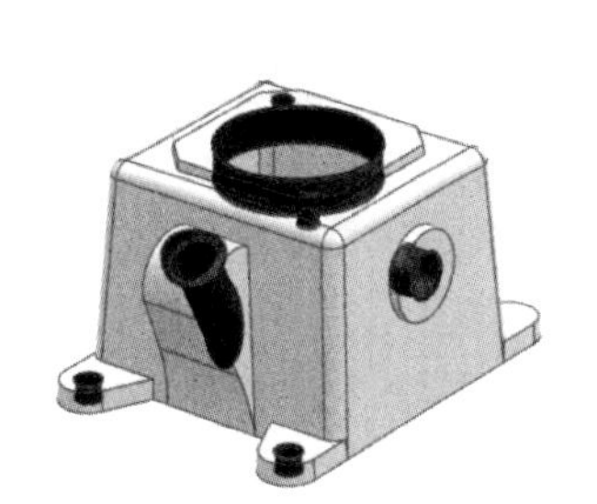

图 4.32　扫掠示例

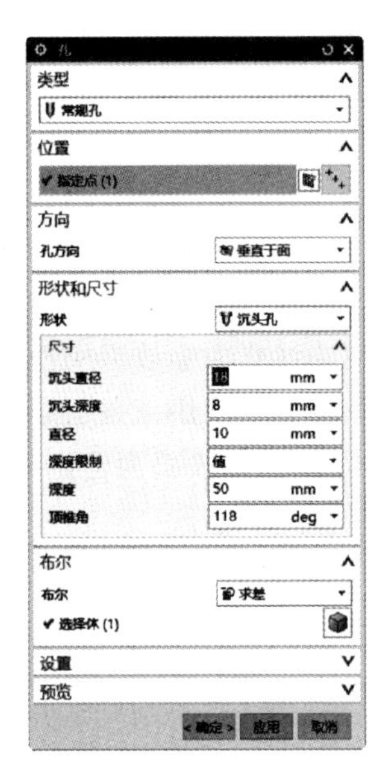

图 4.33　【孔】对话框

2. 凸台、键槽和槽

凸台、键槽、槽都是在放置面上创建的凸起或者凹槽，如图 4.35 所示，凸台和键槽的放置面必须是平面，槽的放置面是圆柱面。单击主菜单【插入】→【设计特征】→【凸台】/【键槽】/【槽】，弹出相应的对话框，其中键槽和槽必须先选择截面形状；输入特征尺寸后，选择水平参考，以便对特征进行尺寸定位，即尺寸线平行于水平参考的尺寸为水平尺寸，反之为竖直尺寸。设置水平参考之后，弹出【定位】，如图 4.36 所示，可以相对于现有曲线、几何实体、基准平面和基准轴定位特征，包括水平、竖直、平行、垂直、按照一定距离平行、角度 6 种尺寸约束，以及点落在点上、点落在线上、线落在线上 3 种位置约束，系统根据创建特征在对话框中自动显示能够应用的约束。

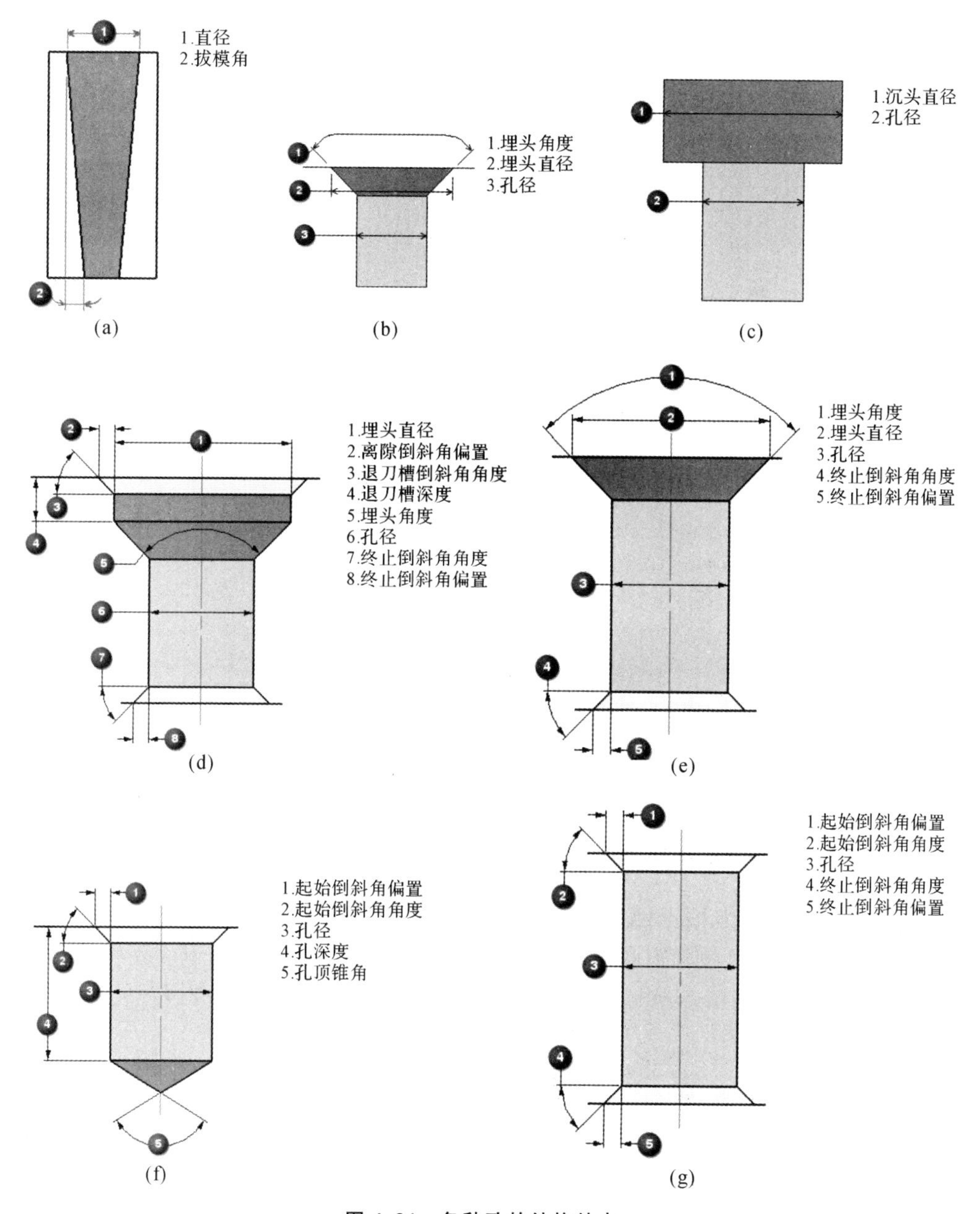

图 4.34　各种孔的结构特点

(a)常规孔(带拔模角)；(b)常规孔(埋头)；
(c)常规孔(沉头)；(d)螺纹间隙孔(有退刀槽)；(e)螺纹间隙孔(埋头)；
(f)螺纹间隙孔(单次不通过)；(g)螺纹间隙孔(单次通过)

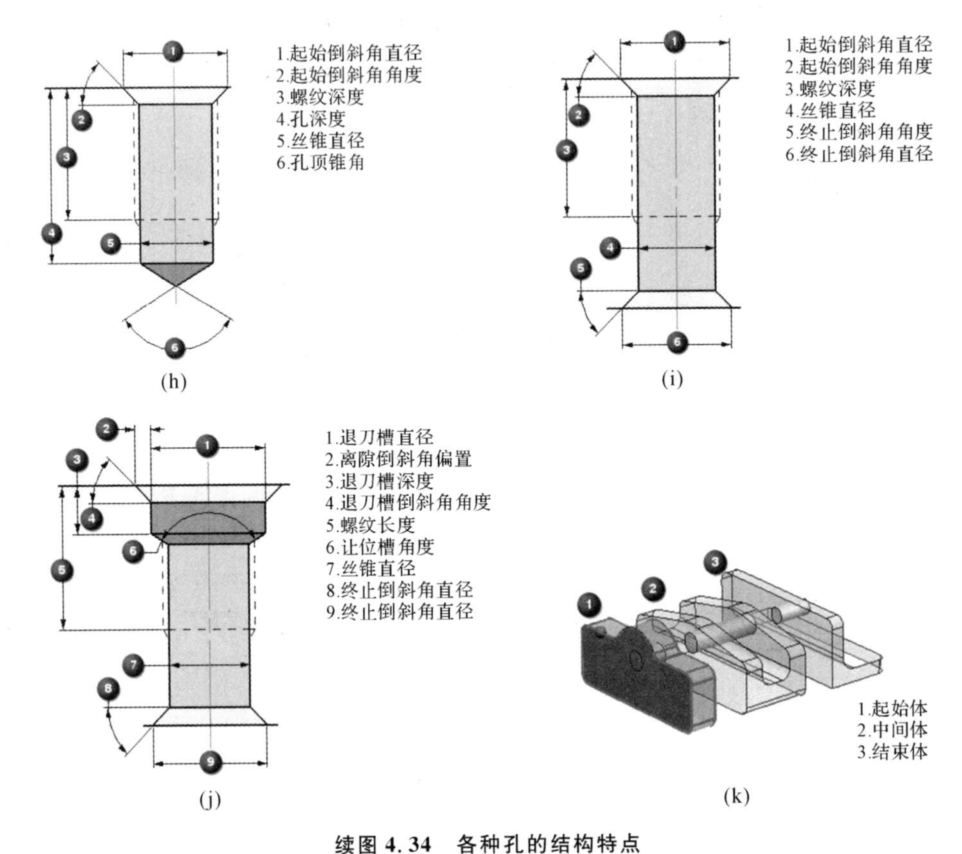

续图 4.34　各种孔的结构特点

(h)螺纹孔(不通孔);(i)螺纹孔(通孔);(j)螺纹孔让位槽(通孔);(k)孔系列

3. 腔体/垫块

腔体和垫块是在放置面上创建的凸起或者凹槽,其形状可以是矩形、圆柱形或者一般形状,其中矩形和圆柱形是规则形状,其创建过程类似于凸起。而常规形状的外形不规则,如图 4.37(a)(b)所示。腔体和垫块分别为减材料和加材料,创建过程完全相同,所以对垫块不做介绍。

常规腔体有以下特性:

1)常规腔体的放置面可以是自由曲面,而不像其他腔体选项那样,必须是平面。

2)常规腔体的底部由一个底面定义,如果需要,底面可以是自由曲面。

3)可以在顶部和/或底部通过曲线链定义常规腔体的形状。曲线不一定位于选定面上,如果没有位于选定面,将按照选定的方法投影到面上。

4)常规腔体的曲线不必形成封闭线串。它们可以是开放的,但是必须连续,也可以让线串延伸出放置面的边。

5)在指定放置面或者底面与常规腔体侧面之间的半径时,可以将代表腔体轮廓的曲线指定到腔体侧面与面的理论交点，或者指定到圆角半径与放置面或者底面之间的相切点。

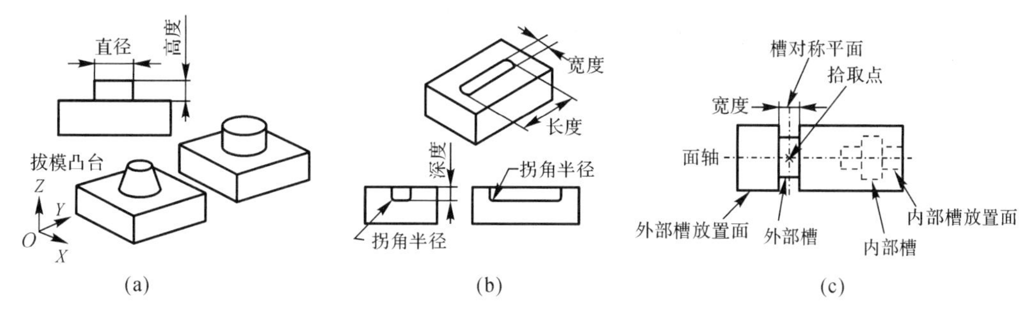

图 4.35　凸台、键槽和槽示例

(a)凸台；(b)键槽；(c)常规孔槽

6)常规腔体的侧面是定义腔体形状的理论曲线之间的直纹面。如果在圆角切线处指定曲线，系统将在内部创建放置面或者底面的理论交集。

图 4.36　【定位】对话框

单击主菜单【插入】→【设计特征】→【腔体】，选择常规腔体，弹出图 4.38(a)所示【常规腔体】对话框，主要设置项如下：

1)放置面——用于选择腔体的放置面。腔体的顶面会遵循放置面的轮廓，如图 4.38 所示。

2)放置面轮廓——用于为腔体的顶部轮廓选择相连的曲线。

3)底面——用于选择腔体的底面。腔体的底部会跟随底面的轮廓。

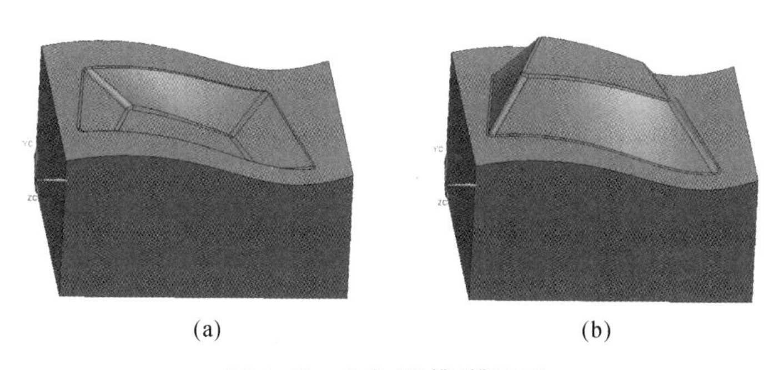

图 4.37　凸台/键槽/槽示例

(a)腔体；(b)垫块

4)底面轮廓曲线——给腔体的底部轮廓选择相连的曲线。

5)目标体——如果希望腔体所在的体与第一个选中放置面所属的体不同，则应当将该体选择作为目标体。

6)放置面轮廓线投影矢量——如果放置面轮廓曲线/边没有位于放置面上，则这个步骤可以采用，以便定义能将它们投影到放置面上的矢量。

7)底面平移矢量——如果选择将底面定义为平移，则这个选择步骤可以采用，以便定义平移矢量。

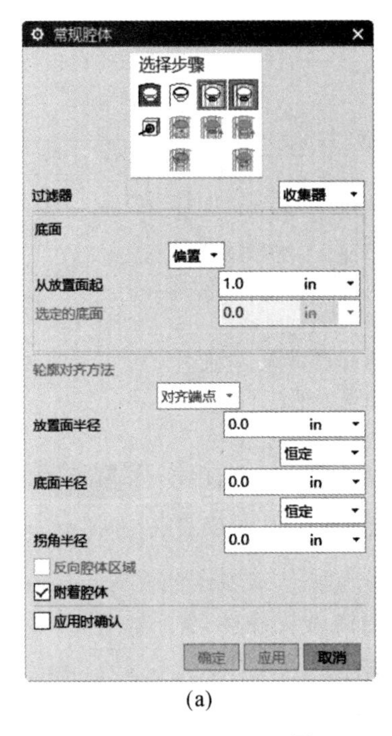

(a)

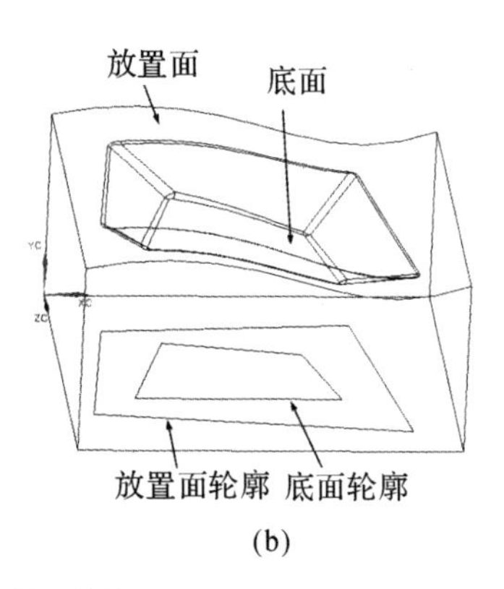

(b)

图 4.38　腔体设置示例

(a)【常规腔体】对话框；(b)腔体设置示意

8)底面轮廓线投影矢量——如果底面轮廓曲线/边没有位于底面上，则这个步骤可以采用，以便定义能够将它们投影到底面上的矢量。

9)放置面上的对齐点——用于在放置面轮廓曲线上选择要对准的点。此步骤可以采用的条件是：为两个轮廓都选择了曲线，并且给轮廓对齐方法选择了“指定点”。

10)底面对齐点——用于在底面轮廓曲线上选择要对准的点。此步骤可以采用的前提条件是：为两个轮廓都选择了曲线，并且给轮廓对齐方法选择了“指定点”。

11)放置面半径——用于定义腔体放置面(腔体顶部)与侧面之间的圆角半径。

12)底面半径——用于定义腔体底面(腔体底部)与侧面之间的圆角半径。

13)拐角半径——用于定义放置在腔体拐角处的圆角半径。拐角位于两条轮廓曲线/边之间的连接处，这两条曲线/边的切线在大于角度公差时发生变化。

14)反向腔体区域——如果选择开放而不是封闭的轮廓曲线，将有一个矢量显示会在轮廓的哪一侧建立腔体。可以采用【反向腔体区域】选项在轮廓的相反侧建立腔体。如果腔体有多个开口且已经指定了底面半径，则必须将底部的至少一个面附着到腔体的所有侧面。否则，将不会产生圆角。如果指定了【放置面半径】,【反向腔体区域】将被禁用。

15)附着腔体——用于将腔体缝合到目标片体，或者从目标实体减去腔体。如果没有选择该选项，则腔体将作为单独的实体进行创建。

4. 筋板

采用筋板命令可以通过压制相交平面部分，将薄壁筋板或者筋板网络添加到实体中，如图 4.39(a)所示。单击主菜单【插入】→【设计特征】→【筋板】，弹出图 4.39(b)所示【筋板】对话框，主要设置项如下：

1)选择体——为筋板操作选择目标体。

2)选择曲线——通过选择将形成串或者 Y 接合点的曲线指定剖面。可以选择单个曲线链，多个链或者相交链网络；所有曲线必须共面；可以采用绘制剖面草图的方式创建草图曲线。

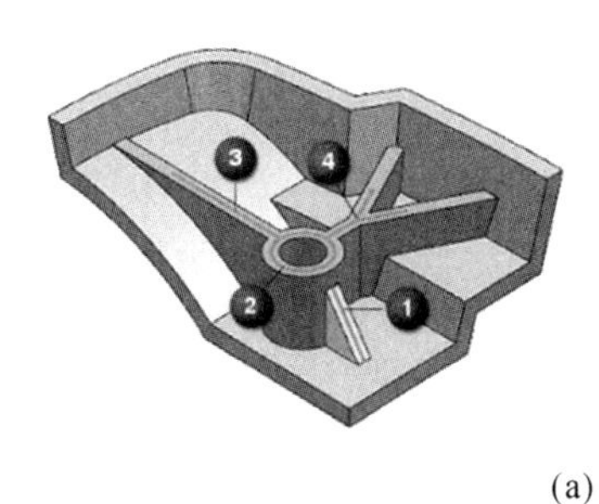

1.单条开口曲线(没有连接任何其他的曲线端点)
2.单条闭合曲线或样条
3.连接的曲线可以是口曲线，也可以是闭合曲线
4.Y接合点

(a)

(b)

图 4.39　创建筋板

(a)筋板示意；(b)【筋板】对话框

3)壁——相对于剖切平面定义筋板壁的方位。

4)反转筋板侧——在采用平行于剖切平面时反转筋板的方向。

5)尺寸——确定如何相对于剖面应用厚度。

6)厚度——筋板厚度的尺寸值。

7)筋板与目标组合——选中此复选框时，采用目标体统一此特征。

8)帽形体——仅在筋板壁方向与剖切平面垂直时可以采用。

从截面——采用与剖切平面平行的平面盖住筋板。仅在筋板壁方向与剖切平面垂直时可以采用。

从选中的——采用选定面链或者基准平面盖住筋板。仅在壁方向垂直时可以采用。

9)偏置——偏置行为取决于几何体设置。

10)拔模——将拔模角应用于筋板壁。

11)角度——仅在拔模是从盖板时可以采用。设置 0°～89°之间的拔模角。

5. 螺纹

采用螺纹命令可以在圆柱面上创建符号螺纹或者详细螺纹,如图 4.40(a)(b)所示。单击主菜单【插入】→【设计特征】→【螺纹】,弹出图 4.40(c)所示【螺纹】对话框,在该对话框中选择螺纹类型,设置螺纹参数,确定后完成螺纹创建。其中符号螺纹在实体上只显示蓝色虚线符号,在工程图中剖切后显示标准螺纹线。

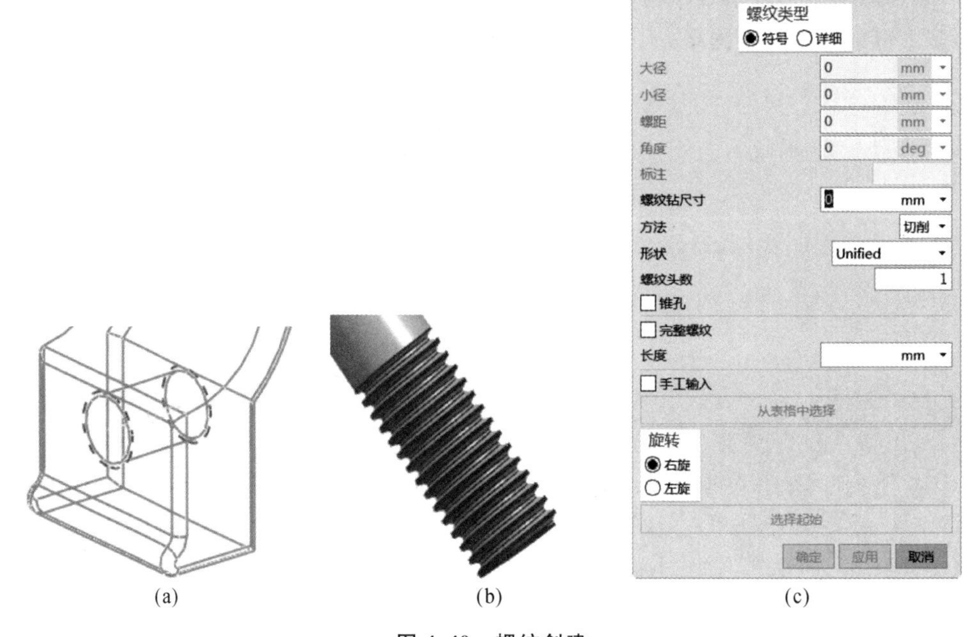

图 4.40 螺纹创建

(a)符号螺纹;(b)详细螺纹;(c)【螺纹】对话框

4.3.5 关联复制特征

1. 抽取

采用抽取几何体命令可以从现有对象中关联或者非关联地抽取点、线、面、体或者基准。可以抽取的对象包括:

1)复合曲线——创建从曲线或者边抽取的曲线。

2)点——抽取点的副本。

3)基准——抽取基准平面、基准轴或者基准坐标系的副本。

4)面——抽取体上选定面的副本。

5)面区域——抽取一组相连的面的副本。

6)体——抽取整个体的副本。

7)镜像体——抽取跨基准平面镜像的整个体的副本。

采用抽取几何体可以采用：

1)保留部件的内体积用于分析。

2)在一个显示处理中部件的文件中创建多个体。

3)测试更改分析方案而不修改原始模型。

4)给部件模块提供输入。

单击主菜单【插入】→【关联复制】→【抽取几何体】，弹出【抽取几何体】对话框，在该对话框中设置抽取对象类型，在图形区选择抽取对象，确定后完成几何体复制。

2. 阵列

采用阵列功能可以通过设置各种选项，按照一定排布规则创建特征或者几何体的多个实例，阵列的方法有线性、圆形、多边形、螺旋式、沿、常规、参考、螺旋线 8 种。阵列特征和阵列几何体方法和步骤类似，都可以实现：

1)在定义边界内阵列。

2)线性布局的交错排列。

3)使用表达式指定阵列参数。

4)控制阵列的方向。

在阵列特征时应当注意，如果特征和其他实体有依附关系，阵列的实例也必须依附在原实体上。单击主菜单【插入】→【关联复制】→【阵列特征】或者【阵列几何体】，弹出【阵列特征】对话框或者【阵列几何特征】框，如图 4.41 所示，在对话框中设置阵列方法和相关参数，在图形区选择阵列对象，确定后完成特征或者几何体的阵列。

图 4.41 阵列对话框

(a)【阵列特征】对话框；(b)【阵列几何体】对话框

3. 镜像

镜像是对选中对象关于平面进行对称复制，包括【镜像特征】和【镜像几何体】，如图 4.42 所示。前者是对特征进行镜像，如果特征依附实体，镜像实例也必须依附原实体；后者对点、曲线、边、实体、片体、面、平面、基准、CSYS 等进行镜像。

单击主菜单【插入】→【关联复制】→【镜像特征】或者【镜像几何体】，弹出【镜像特征】或者【镜像几何体】对话框，选择镜像对象、设置镜像平面，确定后完成特征或者几何体的镜像。

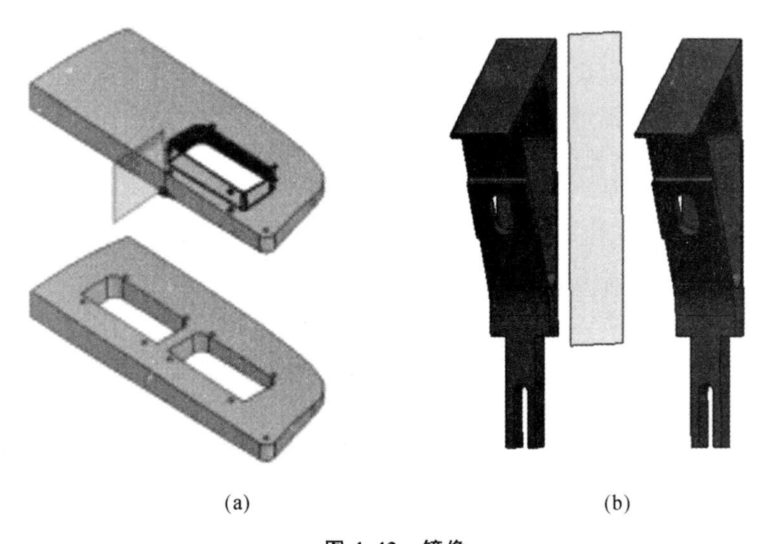

(a) (b)

图 4.42 镜像

(a)镜像特征；(b)镜像几何体

4. WAVE 几何链接器

WAVE 几何链接器可以将装配体中其他部件的几何体关联或者非关联地复制到工作部件中，包括复合曲线、点、基准、草图、面、面区域、体、镜像体、管线布置等对象。

打开一个装配体，设置一个组件为工作部件，单击主菜单【插入】→【关联复制】→【WAVE 几何链接器】，弹出【WAVE 几何链接器】对话框，在其他组件中选择复制对象，确定后把选中的对象复制到当前工作部件中。

4.3.6 组合

1. 布尔运算

布尔运算是对重叠的实体进行求和、求差、求交运算，如图 4.43 所示，在体素特征、扫描特征的创建过程中，如果与其他实体有重叠，则以新创建的实体为工具体，在对话框中设置布尔运算方法。如果重叠实体已经创建，可以单击主菜单【插入】→【组合】→【合并】/【减去】/【相交】，对重叠实体进行布尔运算。

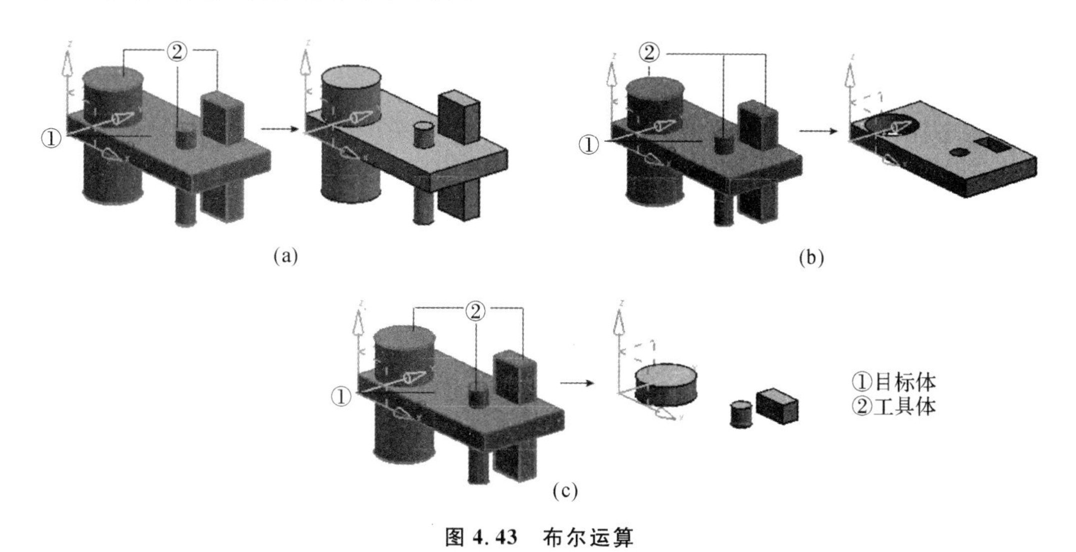

图 4.43　布尔运算

(a)求和；(b)求差；(c)求交

2. 缝合

缝合是将两个或者更多有公共边的片体连接成单个新片体，如图 4.44 所示。如果缝合片体是封闭的，则以片体为边界创建一个实体，选定片体的任何缝隙都不能大于指定公差，否则将获得一个片体。如果两个实体共享一个或者多个公共(重合)面，还可以缝合这两个实体。单击主菜单【插入】→【组合】→【缝合】，分别在图形区选择目标片体和工具片体，确定后完成片体缝合。

3. 补片

补片是将实体或者片体的面替换为另一个片体的面，从而修改实体或者片体，如图 4.45 所示，注意工具片体的边缘必须位于目标实体或者片体上。单击主菜单【插入】→【组合】→【补片】，在图形区选择目标片体或者目标实体和工具片体，确定后完成片体缝合。

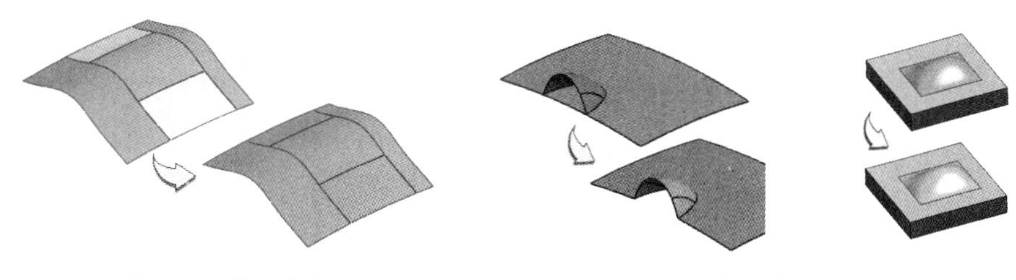

图 4.44　缝合片体　　　**图 4.45　补片示例**

4.3.7 修剪特征

1. 修剪体

修剪体可以通过面或者平面修剪一个或者多个目标体,可以指定要保留的部分或者要舍弃的部分,如图 4.46 所示。当采用曲面或者片体修剪实体时,曲面或者片体必须完整无间隙,并且边缘不能小于实体。

单击主菜单【插入】→【修剪】→【修剪体】,在图形区选择目标体和工具体,确定后完成体的修剪。单击对话框中反向图标,可以改变保留区域。

2. 拆分体

拆分体是采用一组面或者基准平面(工具体)将实体或者片体(目标体)拆分为多个体,如图 4.47 所示。也可以在命令内部创建草图,并通过拉伸或者旋转草图创建拆分工具。注意工具体必须大于目标体。

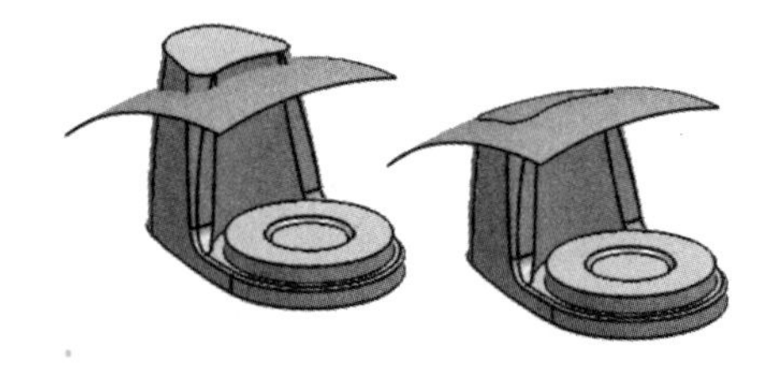

图 4.46 修剪体示例

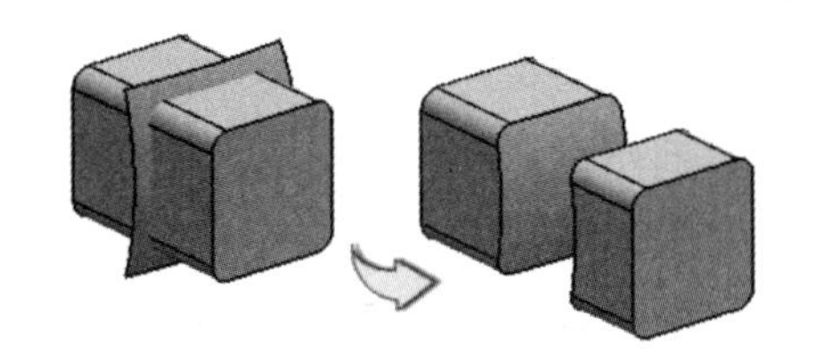

图 4.47 拆分体示例

单击主菜单【插入】→【修剪】→【拆分体】,弹出图 4.48 所示的【拆分体】对话框,在图形区选择目标片体或者实体,根据工具类型选择平面、片体,或者拉伸旋转相关曲线,确定后完成对目标体的拆分。

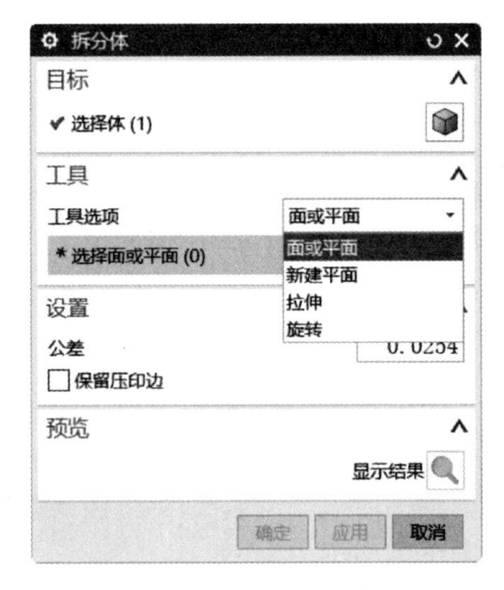

图 4.48 【拆分体】对话框

3. 修剪片体

修剪片体命令采用相交面、基准、投影曲线或者边对目标片体进行修剪,如图 4.49 所示。所用修剪工具,无论是片体还是曲线,都必须大于目标片体。

单击主菜单【插入】→【修剪】→【修剪体】,在图形区选择目标片体(或者目标实体)和工具片体,确定后完成片体修剪。

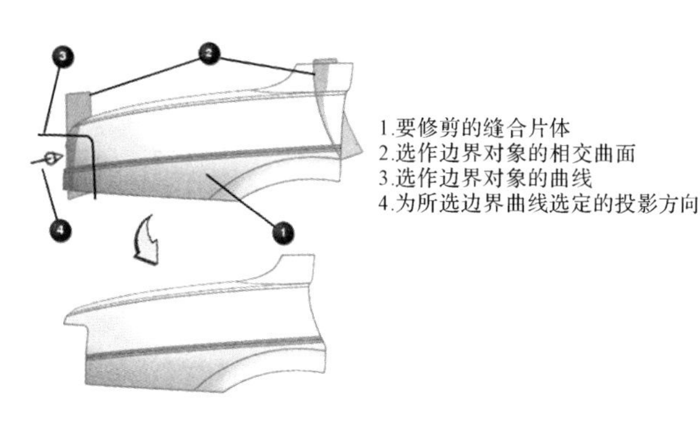

图 4.49 修剪体示例

4. 延伸片体

采用延伸片体可以延伸或者修剪片体,如图 4.50 所示,采用“偏置”,可以指定片体边延伸或者修剪距离;采用【直至选定】,可以将片体修剪到其他几何体。单击主菜单【插入】→【修剪】→【延伸片体】,在图形区选择要延伸的片体边缘,设置延伸数值;或者选择对象作为延伸界限,确定后完成片体延伸。

5. 修剪和延伸

该命令采用延伸后的曲面作为工具修剪其他对象,如图 4.51 所示。采用【直至选定】将片体延伸并修剪目标实体或者片体;采用【制作拐角】延长工具片体并修剪目标片体形成拐角。单击主菜单【插入】→【修剪】→【修剪和延伸】,在图形区选择目标实体或者片体,再选择工具片体边缘,确定后完成延伸修剪或者制作拐角。

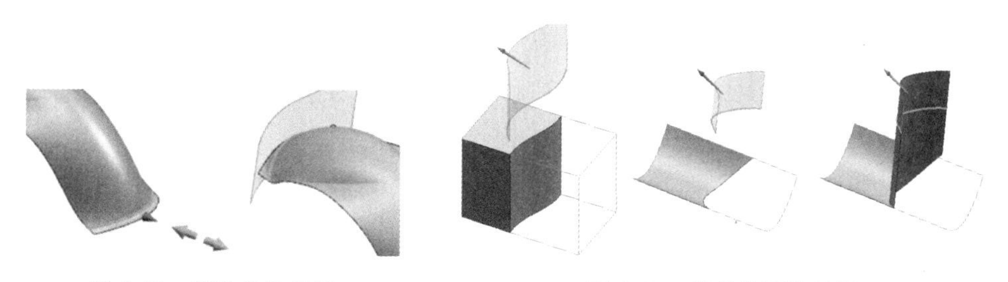

图 4.50 延伸片体示例 **图 4.51 修剪和延伸示例**

4.3.8 偏置/缩放特征

1. 抽壳

抽壳命令可以通过指定壁厚把实体抽为空壳,也可以对某个面单独指定厚度,或者移除某个面,如图 4.52 所示。抽壳类型有两种:

1)移除面,然后抽壳——在抽壳之前移除体的面。

2)对所有面抽壳——对体的所有面进行抽壳,并且不移除任何面。

单击主菜单【插入】→【偏置/缩放】→【抽壳】,弹出【抽壳】对话框,如图 4.53 所示,设置抽壳类型、厚度,在图形区选择需要移除的面,也可以在“备选厚度”中对不同的面设置不同的厚度,确定后完成实体抽壳。

图 4.52 抽壳示例

图 4.53 【抽壳】对话框

2. 加厚

加厚命令可以将一个或者多个相连面或者片体偏置为实体,加厚效果是通过将选定面沿着其法向进行偏置后创建侧壁生成,如图 4.54 所示。单击主菜单【插入】→【偏置/缩放】→【加厚】,弹出【加厚】对话框,如图 4.55 所示。对话框主要设置项如下:

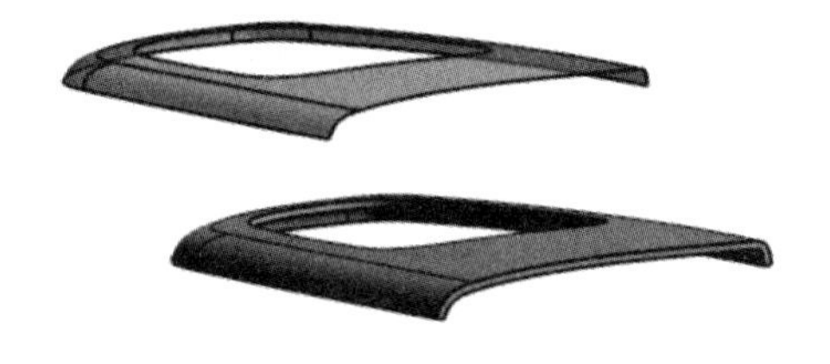

图 4.54 【加厚】示例

1)面——可以选择要加厚的面和片体。所有选定对象必须相互连接。将显示一个加厚的箭头,该箭头垂直于所选的面,指示面的加厚方向。

2)厚度——为加厚特征设置一个或者两个偏置。正偏置值应用于加厚方向,由显示的箭头表示,负值应用在负方向上。

3)区域行为——选择要冲裁掉的区域。

4)不同厚度的区域——可以选择通过一组封闭曲线或者边定义的区域,选定区域可以指定偏置值厚度。

5)布尔——布尔选项,如果在创建加厚特征时遇到其他体,则列出可以使用的选项。

3. 缩放体

缩放体命令可以缩放实体和片体，缩放比例应用于几何体而不用于组成该体的独立特征。采用三种不同的比例方法：均匀比例因子、轴对称比例因子或者常规比例因子，如图 4.56 所示。单击主菜单【插入】→【偏置/缩放】→【缩放体】，在【缩放体】对话框中选择缩放方法，设置相关项目，在图形区选择缩放对象，确定后完成缩放。

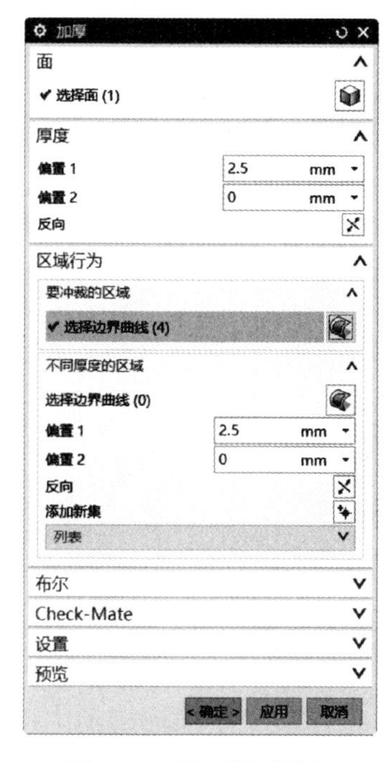

图 4.55　【加厚】对话框

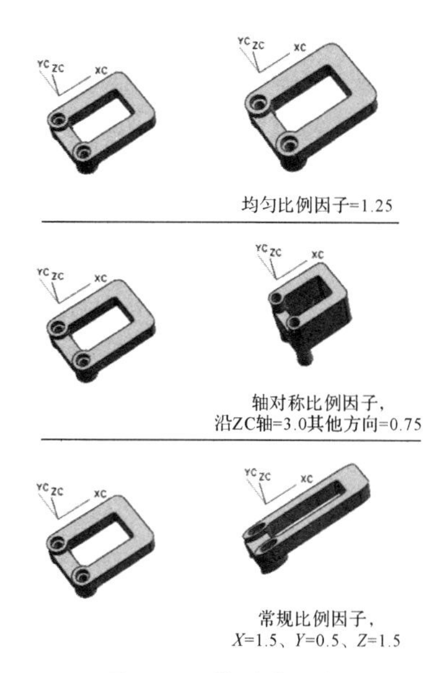

图 4.56　缩放体示例

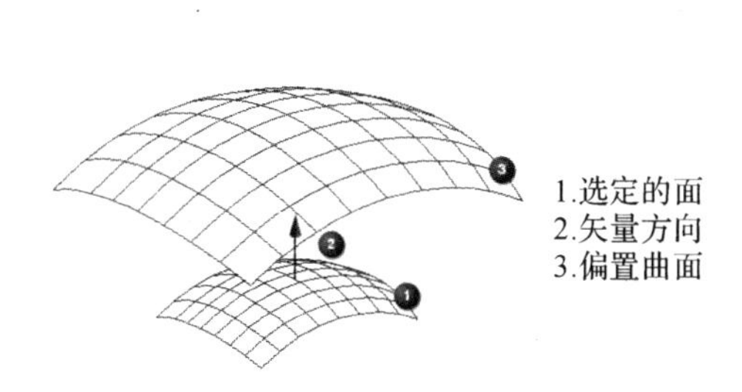

图 4.57　偏置曲面示例

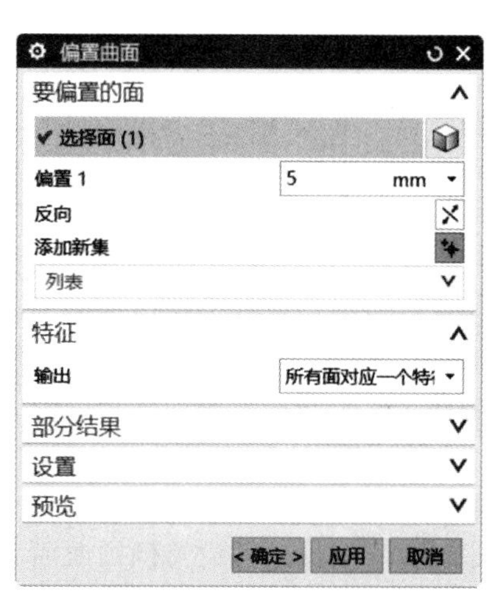

图 4.58　【偏置曲面】对话框

4. 偏置曲面

偏置曲面命令可以创建一个或者多个现有面的偏置，生成与选择的面具有偏置关系的一个或者多个新体，如图 4.57 所示。通过沿所选面的曲面法向偏置点，软件可以创建真实的偏置曲面。指定的距离称为偏置距离。可以选择任何类型的面创建偏置。单击主菜单【插入】→【偏置/缩放】→【偏置曲面】，弹出【偏置曲面】对话框，如图 4.58 所示，设置缩放厚度和其他设置项，在图形区选择需要偏置的曲面，确定后完成曲面的偏置。

5. 偏置面

偏置面命令可以沿实体面的法向偏置一个或者多个面，改变原体的大小，如图 4.59 所示，可以将单个偏置面特征添加到多个体中。加厚命令与偏置面命令相似，通过加厚命令的布尔选项也可以达到与偏置面相同的效果，但是只能通过偏置面命令添加或者移除材料。单击主菜单【插入】→【偏置/缩放】→【偏置面】，在对话框中设置偏置值，在图形区选择要偏置的面，确定后完成面的偏置。

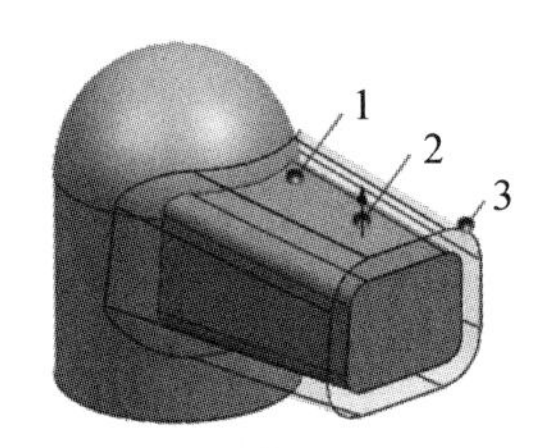

图 4.59 偏置面示例

4.3.9 细节特征

1. 边倒圆

边倒圆命令可以将在两个面之间的锐边倒圆。可以实现以下功能：

1)将单个边倒圆特征添加到多条边。

2)创建具有恒定或者可变半径的边倒圆。

3)添加拐角回切点以更改边倒圆拐角的形状。

4)调整拐角回切点到拐角顶点的距离。

5)添加突然停止点以终止缺乏特定点的边倒圆。

6)创建形状为圆形或者圆锥的倒圆。

单击主菜单【插入】→【细节特征】→【边倒圆】，弹出【边倒圆】对话框，如图 4.60 所示，对话框主要设置项如下：

1)圆角面连续性——设置倒圆曲面和相邻面是相切还是曲率连接。

2)选择边——给边倒圆角集选择棱边，可以在“添加新集”列表中添加不同半径的新集。

3)形状——用于指定圆角横截面的基础形状，有圆形和二次曲线两种。

4)可变半径点——通过向边链添加具有不重复半径值的点创建可变半径圆角。

5)拐角倒角——在圆角面连续性为 G1(相切)时可以采用。用于在边集中选择拐角终点，采用拖动手柄可以根据需要增大拐角半径值。

6)拐角突然停止——使某点处的边倒圆在边的末端突然停止。

7)修剪——修剪所选面或者平面的边倒圆。

8)溢出解——控制如何处理倒圆溢出。当倒圆的相切边与该实体上的其他边相交时，会发生倒圆溢出。

9)设置——当特征内部存在圆角重叠时,包含解决方案及圆角顺序列表。

图 4.60　【边倒圆】对话框

2. 倒斜角

倒斜角命令可以斜接一个或者多个体的边。根据体的形状,倒斜角可以通过除料或者添料斜接边,如图 4.61 所示。倒斜角的横截面偏置方法有三种,如图 4.62 所示。

1)对称——创建一个简单倒斜角,在所选边的每一侧有相同的偏置距离。

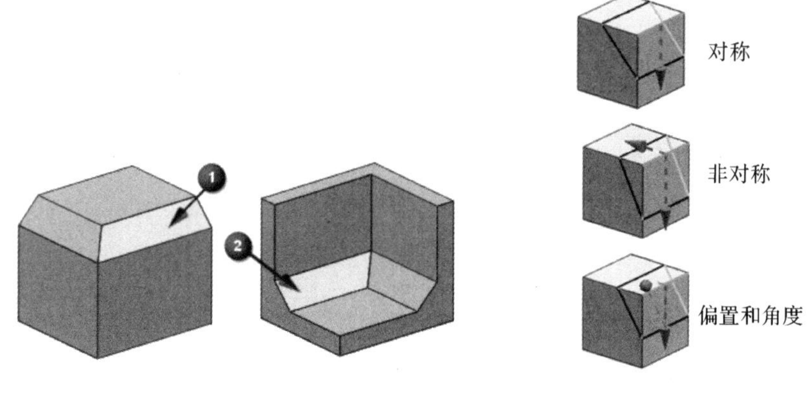

图 4.61　倒斜角示例　　图 4.62　倒斜角偏置方法示例

2)非对称——创建一个倒斜角,在所选边的每一侧有不同的偏置距离。

3)偏置和角度——创建具有单个偏置距离和一个角度的倒斜角。当与所选边相邻的面为平面、圆柱面或者圆锥面时,此选项仅对简单几何体是精确的。

单击主菜单【插入】→【细节特征】→【倒斜角】,在对话框设置倒斜角偏置方法和数值,在图形区选择倒斜角棱边,确定后完成倒斜角。

3. 拔模

拔模命令可以相对于指定的矢量将拔模应用于面或者体,一般用于封闭型腔成型的部件实体,以使部件沿脱模方向从模具中取出时,这些面可以相互移开,而不是相互靠近滑动。拔模本质上是把实体侧壁绕着枢轴旋转一定角度,枢轴所在横截面在拔模前后保持不变。根据枢轴定义方法,拔模的类型有以下四种:

1)从平面或者曲面——指定固定平面或者曲面,固定平面处的体的横截面未有任何更改,枢轴为所选面和拔模面的交线,如图 4.63 所示。

2)从边——用于将所选的边集指定为枢轴,拔模面是枢轴所在侧壁面,如图 4.64 所示。

3)与多个面相切——用于在保持所选面之间相切的同时应用拔模,此选项只能加材料不能减材料,如图 4.65 所示。

4)至分型边——以固定面和拔模面相交的棱边为枢轴,固定面即是保持不变的横截面,如图 4.66 所示。

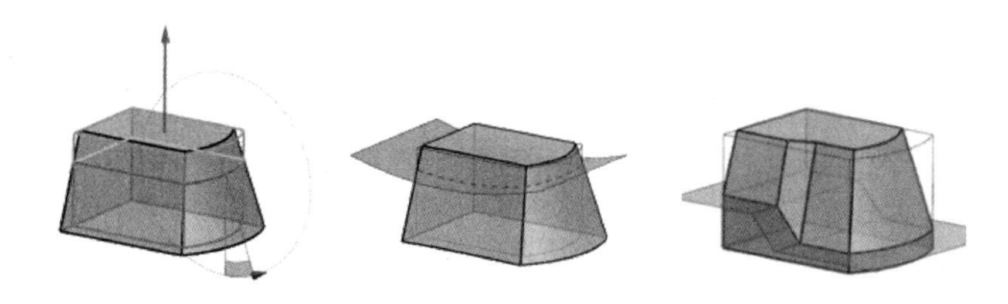

图 4.63　从平面或曲面拔模

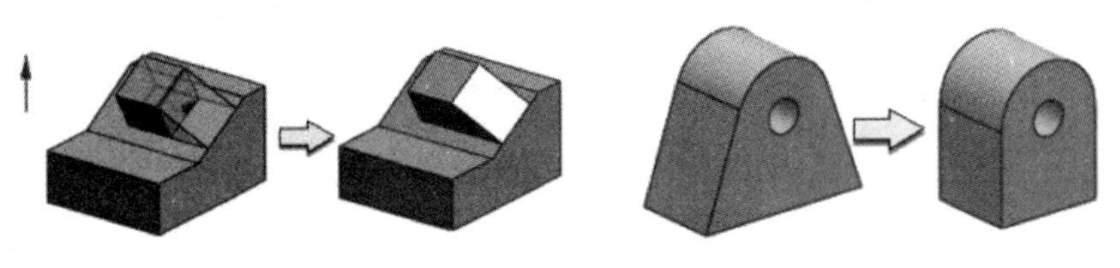

图 4.64　从边拔模　　图 4.65　与多个面相切拔模

单击主菜单【插入】→【细节特征】→【拔模】,弹出【拔模】对话框,如图 4.67 所示,选择拔模类型、设置拔模方向、设置固定面或者拔模枢轴、输入拔模角度、设置其他设置项,确定后完成拔模。

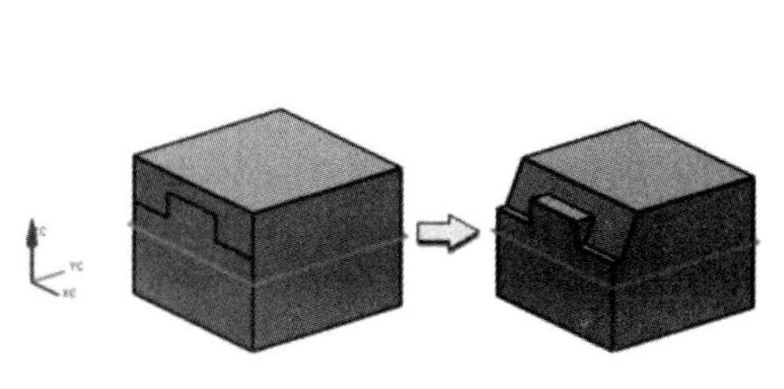

图 4.66　至分型边拔模

图 4.67　【拔模】对话框

4. 体拔模

体拔模命令可以将拔模添加到分型面的两侧并使之匹配，如图 4.68 所示，还能够使得材料填充底切区域。开发铸件与塑模部件的模型时，常使用此命令。体拔模的类型有两种：

1）从边——用于选择边作为拔模枢轴。

2）要拔模的面——用于选择要拔锥的面，其与固定面的相交棱边为拔模枢轴。

体拔模的上下匹配有无、至等斜线、与面相切三种，如图 4.69 所示。

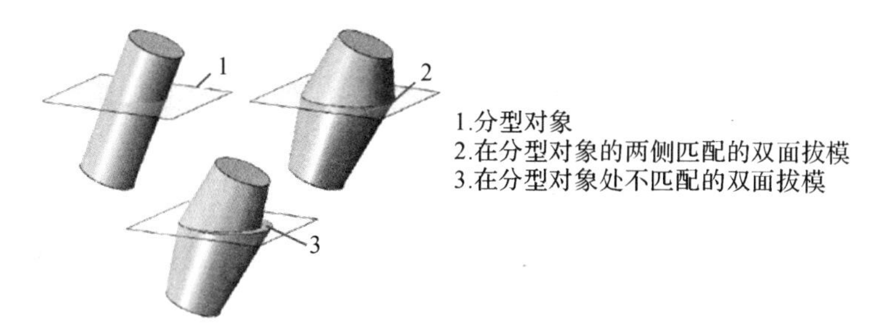

图 4.68　体拔模示例

单击主菜单【插入】→【细节特征】→【体拔模】，弹出【体拔模】对话框，如图 4.70 所示，选择拔模类型、设置拔模方向、设置固定面或者拔模枢轴、输入拔模角度、设置上下匹配类型和范围、设置其他设置项，确定后完成体拔模。

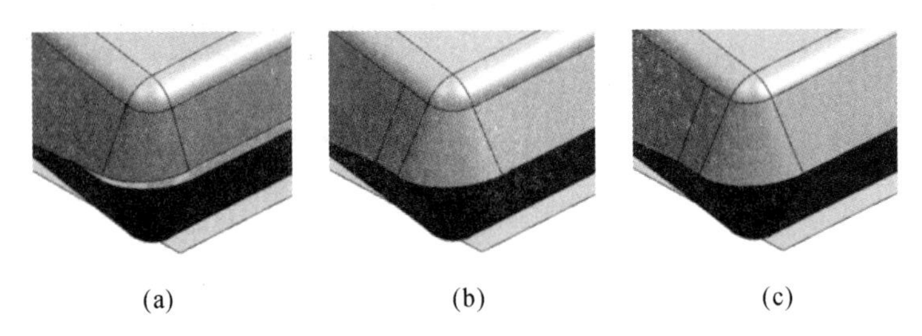

图 4.69　体拔模上下匹配类型

(a)无;(b)至等斜线;(c)与面相切

图 4.70　【体拔模】对话框

4.3.10　编辑特征

1. 修改特征

在图形区或者部件导航器中右键单击一个特征，选择【可回滚编辑】，则模型回滚到首次创建该特征时的状态，可以修改特征的创建类型、方法、参数等。

2. 删除特征

在部件导航器或者图形区右击特征，选择【删除】，或者选择特征后，单击键盘“delete”键即可删除特征，注意，如果所删特征有子特征时，即其他特征与所删特征有依附关系，删除特征后其子特征一同被删除。

3. 抑制与取消抑制特征

抑制特征用于临时从目标体及显示中移除一个或者多个特征。实际上,抑制的特征依然存在于数据库,只是将其从模型中删除。因为特征依然存在,所以可以用取消抑制特征重新显示它们。抑制特征用于:

1)减小模型的大小,使之更容易操作,尤其当模型相当大时,这便加速了创建、对象选择、编辑和显示时间。

2)为了进行分析,可以从模型中移除像小孔和圆角之类的非关键特征。

3)在冲突几何体的位置创建特征。例如:如果需要采用已经添加圆角的边放置特征,则不需删除圆角,可以抑制圆角,创建并放置新特征,然后取消抑制圆角。

在部件导航器或者图形区右击特征,选择【抑制】,或者单击已经抑制的特征,选择【取消抑制】,完成对特征的抑制或者取消抑制。

4. 特征重排序

特征重排序命令可以更改特征应用到体的顺序。在布局导航器中,单击选中一个特征,上下拖动,即可以改变其顺序,但是注意特征在顺序上不能排在其父特征之前。图 4.71 所示为通过在历史记录树中上移抽壳特征,修改部件的内部拓扑结构。

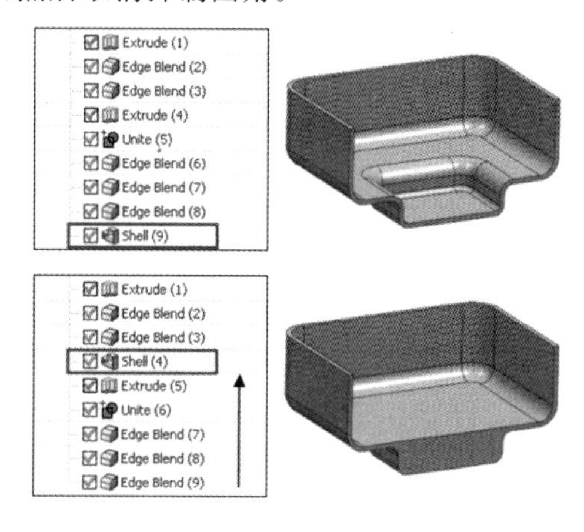

图 4.71　特征重排序示例

4.3.11　表达式

表达式是定义一些特征特性的算术或者条件公式。采用表达式可以控制部件特征之间的关系或者装配中部件之间的关系。表达式可以定义、控制模型的诸多尺寸,例如特征或者草图的尺寸。在 NX 系统中常用的表达式有以下两种:

1)算术表达式,例如:

p1=48

length=15.0

height=length/3

volume=length * width * height

2)条件表达式,例如:

Var=if (expr1) (expr2) else (expr3)

Length=if (width<100) (60) else (50)

表达式命名约定分为以下两类:

1)用户创建的用户表达式,也称之为用户定义的表达式。

2)软件表达式,指由 NX 创建的表达式。这些表达式通常以小写字母“p” 开头,再加数字,例如“p53”。

实际上,用户在建模过程中输入的所有数据,系统都以表达式的形式保存,单击主菜单【工具】→【表达式】,弹出【表达式】对话框,如图 4.72 所示,在对话框中可以查看、创建、编辑各种表达式,一个表达式包括名称和公式,公式可以是一个具体数字,也可以是变量、函数、数字、运算符和符号组合的数学公式,还可以在数学公式中插入当前文件中的其他参数,或者其他文件中的参数。

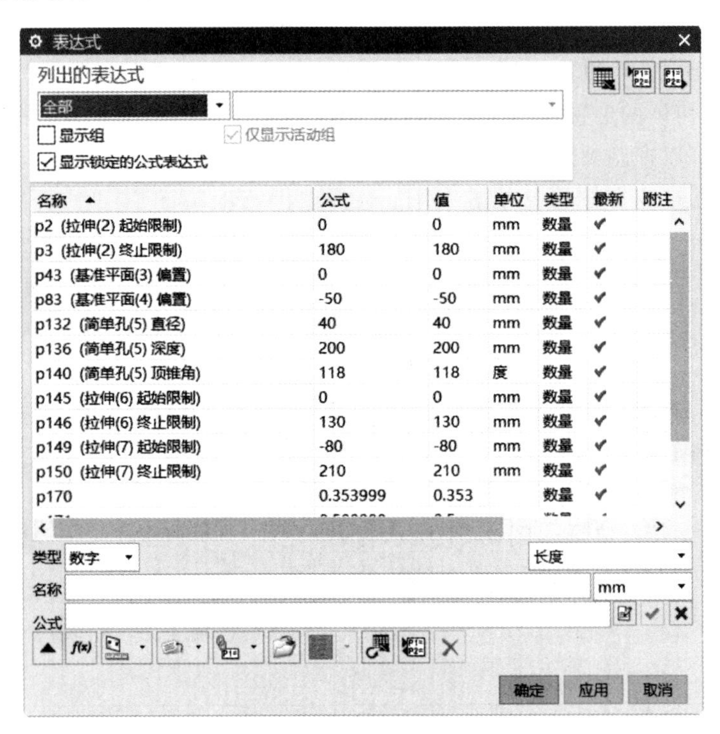

图 4.72 【表达式】对话框

4.4 叶片几何造型技术

叶片是发动机的重要零件之一,起转换能量的作用,其质量直接影响到发动机的工作效率和运行可靠性。由于叶片的叶身型面是非常复杂的三维扭转曲面,在造型上有其特殊性,造型过程中需要进行截面线端点确定、截面线拟合、截面线光顺、曲面造型和缝合成实体等处理。

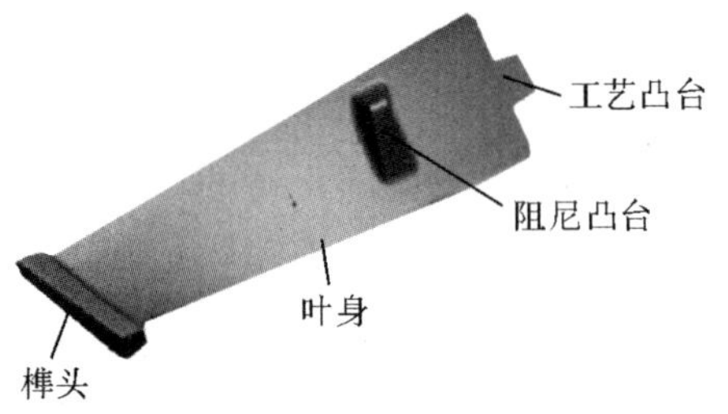

图 4.73 叶片构成

尽管发动机叶片的形状千差万别,但是其基本上由叶身、榫头、阻尼凸台、工艺凸台组成,如图 4.73 所示。因此,叶片几何造型过程主要是对叶身、榫头、阻尼凸台、工艺凸台等各个部分分别造型,然后再通过布尔运算得到整个叶片实体。本节以 NX 软件为例介绍航空发动机叶片的几何造型技术。

4.4.1 叶身实体造型

组成叶身的叶盆和叶背型面都是自由曲面。在 NX 软件中自由曲面的生成方法有许多种，例如，点方法、曲线组法、二次曲面法、过曲线网格法、扫掠曲面生成法等。根据叶片的形状特征，首先建立各个截面的截面线，每条截面线由四段组成，分别是叶盆截面线、叶背截面线、进气边圆弧和排气边圆弧，如图 4.74 所示，然后采用曲线组法由截面线构成曲面。

图 4.74　截面线的构成

截面线的类型有多种，NX 软件采用 NURBS 样条曲线。NURBS 使用广泛，曲线拟合逼真，形状控制方便，能够满足绝大多数实际产品的设计要求。NURBS 已经成为 CAD/CAM 领域描述曲线和曲面的标准。样条的构造方法有多种，例如，过极点(By Poles)方法、过点(Through Point)方法、最小二乘方法拟合样条(Fit)。由于要求叶身截面线精确通过每个定义点，因此采用过点法构造截面线。

叶身的型面属于自由曲面。NX 软件提供了专门的自由曲面造型模块 Free From Feature，即自由形状建模模块。自由形状特征用于构造标准特征建模方法无法创建的复杂形状，定义自由形状特征可以采用点、线、曲面或者实体的边界和表面。自由曲面造型模块提供的曲面造型方法包括通过两条截面线串(Section String)而生成直纹面(Ruled)；通过一系列轮廓曲线(Through Curve)建立曲面；使用一系列在两个方向的截面线串构成的曲线网格(Through Curve Mesh)建立曲面；使用轮廓曲线沿空间路径扫描(Swept)而形成曲面等。以上都是基于曲线的构造方法。这类曲面是全参数化的，可以实时编辑，适用于大面积的曲面构造。另外，还有基于点的构造方法，例如通过一组控制多边形顶点的自由曲面(From Poles)、通过一组点的自由曲面(Through Points)和通过一片点云的自由曲面(From Point Cloud)等。这种由点生成的曲面是非参数化的，在构造点编辑后，曲面不会产生关联性更新变化。

由于已经由过点方法将叶身各截面的截面线构造出来，因此，采用过曲线组方法(Through Curve)简单易行。根据截面线的特征，将叶身曲面分为 4 个部分，分别是叶盆曲面、叶背曲面、进气边曲面、排气边曲面，再分别进行曲面造型生成曲面。但是，仅有 4 张曲面不能围成封闭空间，不能缝合成实体。因此在构造叶身实体时必须首先构造上、下两个平面，即在叶尖和叶根处构造两个平面，使其与叶盆曲面、叶背曲面、进气边曲面、排气边曲面组成封闭的空间。

为了使生成的两个平面与叶身的 4 个曲面缝合，应该满足每个平面都与叶身的 4 个曲面有共同的边界。叶尖处平面的 4 个边界是叶尖处截面的叶盆截面线、叶背截面线、进气边圆弧和排气边圆弧，叶根处平面的 4 个边界是叶根处截面的叶盆截面线、叶背截面线、进气边圆弧和排气边圆弧。在完成 2 个有界平面后，与叶身的 4 个自由曲面缝合(Sew)生成叶身实体，如图 4.75 所示。

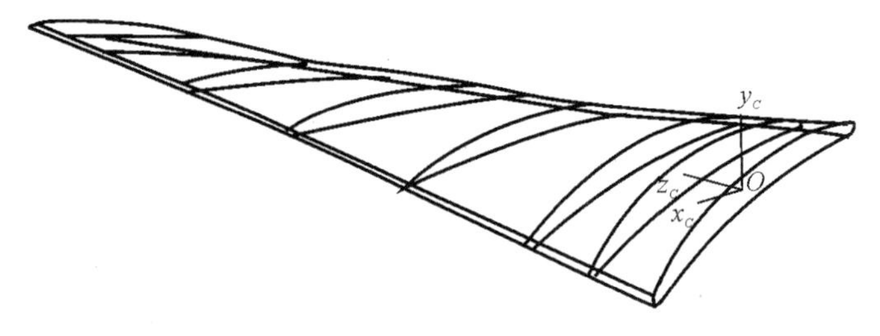

图 4.75 叶身实体图

4.4.2 榫头实体造型

榫头的形状如图 4.76 所示，按照其横向剖面形状可以分为燕尾形、销钉形、枞树形等形式；按照榫头工作面是直的还是弧形可以分为直齿形和弧齿形。总之，榫头多由直线和平面构成。对发动机转子叶片，同一类型的转子叶片，其榫头尽管尺寸不同，但是形状有很多相似之处。因此，可以将榫头按照形状分类，建立参数化驱动的榫头标准零件库，保存为用户自定义特征文件，然后在造型过程中调用特征库。

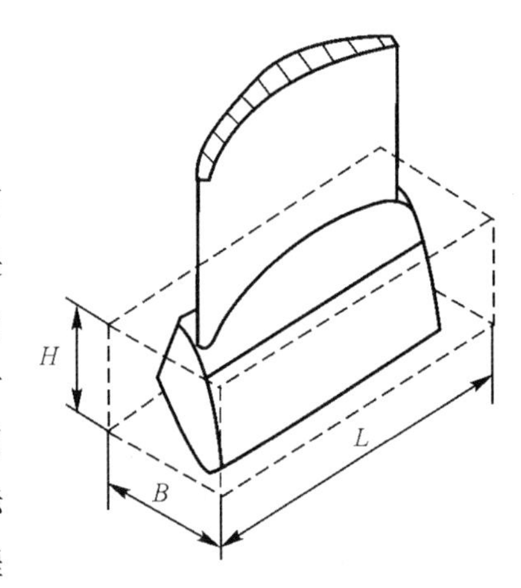

图 4.76 榫头形状

由于榫头截面尺寸比较复杂，建库前，首先对某一种形式榫头的截面尺寸做详细计算，然后在 NX 软件中采用其草图功能建立榫头的截面，对草图进行几何约束，并且标注尺寸，最后将这个完全约束的草图定义为用户自定义特征文件。采用同样的方法创建其他类型榫头的自定义特征文件，这样各种类型榫头的自定义特征文件即构成了榫头特征库。用户在造型过程中直接调用特征库中的文件，然后在建模(Molding)模块中对榫头截面草图进行拉伸(Extrude)操作，即可以完成对榫头的实体造型。

4.3.3 定位凸台实体造型

常见的定位凸台有两种形式，即矩形定位凸台和半圆形的定位凸台，如图 4.77 所示。定位凸台通常设置在叶尖截面的延伸段上，待叶片机械加工完毕将其切掉。榫头的定位凸台的形状与叶尖定位凸台相同，中心线在同一直线上。

图 4.77 半圆形定位凸台

由于定位凸台的形状和尺寸已经标准化，建立参数驱动的凸台库将有助于快速生成叶片实体。建立定位凸台库的方法与建立榫头库的方法基本相同，所不同的是榫头库建立的是榫头的截面图，而凸台库建立的则是三维立体图。首先采用NX软件的草图功能生成完全约束的截面图，然后利用NX截面功能Extrude，拉伸生成实体，对实体加以处理即生成定位凸台实体。

叶身、榫头、定位凸台造型完成之后，对其做布尔和运算，得到叶片实体，如图4.78所示。

图 4.78　叶片实体

习　题　4

4.1　简述几何造型在模具CAD/CAM系统中的作用。

4.2　几何造型中有哪些造型方法？各有什么特点？

4.3　几何造型中有哪些常用的形体表示模式？各有什么特点？

4.4　几何造型系统的功能有哪些？

4.5　叶片有哪些几何特点？如何进行叶片的几何造型？

4.6　如何进行叶身的几何实体造型？

4.7　如何进行榫头的几何实体造型？

4.8　如何进行定位凸台的几何实体造型？

第5章　冲压模具CAD

5.1　冲压模具CAD/CAM系统

在20世纪，由于汽车工业的飞速发展，以及冲压工艺的特点，计算机辅助设计与制造技术在冲压生产中的应用比较早。美国麻省理工学院于1963年研制成功人机对话的图形系统以后，相继出现了各种计算机辅助设计系统。国外一些汽车和飞机制造公司最早致力于汽车车身和飞机机身的CAD应用研究，并推动了复杂曲面造型技术和NC加工的发展。CAD/CAM技术引入到冲压模具设计和制造中，缩短了模具的设计周期，提高了模具的精度和质量，延长了模具的使用寿命。例如，美国通用汽车公司开发的汽车车身和外形计算机辅助设计DAC-1系统，美国DIECOMP公司研制的PDDC系统等，这些系统的使用给企业带来了可观的利润与竞争力，进一步激发了CAD/CAM技术的发展。目前，CAD/CAM在冲压行业的应用相当成熟与普遍。

计算机辅助设计在冲裁模具中应用最早，因为冲裁零件可以当做二维平面零件，图形输入和处理比较容易。冲裁模具CAD/CAM系统是一个以交互方式运行的系统。目前，冲裁模具CAD/CAM系统比较成熟，可以用于简单模、复合模和连续模的设计与制造。将产品零件图按照规定格式输入计算机后，系统可以完成模具设计所需的全部工艺分析计算，完成模具结构设计，并绘出模具零件图和装配图，生成数控加工代码。

冲裁模具设计过程主要由工艺分析与计算、模具设计和模具图绘制等部分组成。工艺分析与计算包括冲裁工艺性分析、工艺方案确定、板料排样优化、工序设计、冲裁力和压力中心的计算、设备选择等内容。模具结构设计包括凸模和凹模刃口尺寸计算，模具结构形式选择，定位与卸料装置设计，模具工作零件的设计等。

建立冲压模具CAD/CAM系统时，首先要确定系统的目标和功能，根据要求选择硬件设备和基本支撑软件。模具结构与零件的标准化和工艺资料的程序化是建立CAD/CAM系统的重要基础工作。工艺与模具设计资料包括人工设计模具的流程、准则和标准数据。

冲压模具CAD系统的设计过程和思路与冲压模具传统设计类似，首先进行工艺分析计算，然后进行模具结构设计和模具图样绘制。冲压模具CAD系统一般由5个功能模块组成，如图5.1所示，各模块的功能如下。

1. 系统管理模块

系统管理模块主要完成整个系统的运行管理、与操作系统平台的连接和数据交换等。它随时可以调用操作系统的命令及调度各功能模块执行相应的过程和作业。整个作业过程中，为了配合设计、分析和图形生成，频繁调用数据库管理系统命令，方便进行数据的存取和管理。

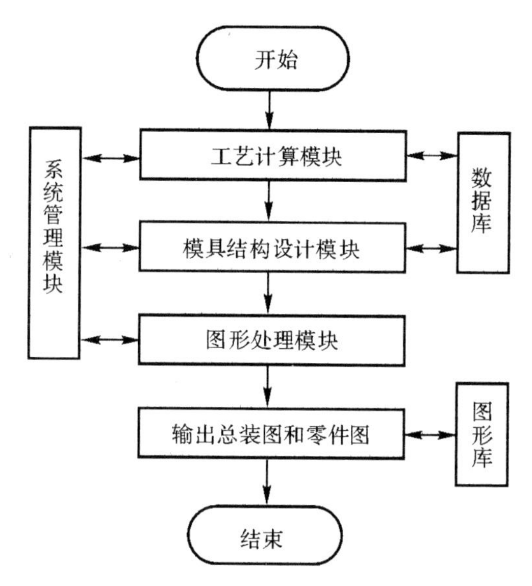

图 5.1　冲压模具 CAD 系统的组成

2. 工艺计算模块

工艺计算模块一般包括以下几个方面。

1)工艺性分析。工艺性是冲压件对冲压工艺的适应性。工艺性判断直接影响制件质量及模具寿命，在冲压模具 CAD 系统中，采用自动扫描判别的方法，或者交互式查询的方法。采用自动扫描判别的方法时，软件以自动搜索和判断的方式分析冲压件的工艺性。交互式查询方法是通过参考典型工艺图完成人机交互分析工作。

2)工艺方案选择。工艺方案的选择包括冲压工序性质、工序顺序和工序组合的选定，落料时采用简单模、复合模还是连续模的模具结构形式选定等。冲压模具 CAD 系统中，也采用两种方式进行工艺方案的选择：一是对于设计准则可以用数学模型描述，由相应程序自动确定；二是采用人机对话方式，由用户根据生产现场的实际情况和经验做出判断，并加以选择。

3)工艺计算。工艺计算包括板料毛坯计算、工序计算、冲压力计算、压力机吨位计算及选用、模具工作部分强度校核计算等。

板料毛坯计算。板料毛坯计算包括对冲压件毛坯排样图的设计和对材料利用率的计算。

工序计算。对于连续模确定工步数，安排工步顺序等。

冲压力计算。冲压力计算包括对落料力、拉深力、弯曲力、成形力、顶件力、卸料力等的计算，在有些情况下需要进行功率消耗的计算。

压力机选用。确定压力机的吨位、行程、闭合高度、台面尺寸,选择压力机。

模具工作部位强度校核计算。模具工作部分强度校核一般根据需要及实际情况确定,例如凸模的刚度、凹模的强度等。

3. 模具结构设计模块

该模块主要实现下列功能。

1)选定模具典型组合。根据国家标准或者企业标准选定典型模具组合结构。由程序根据判据,对冲压模具的倒装与顺装,凹模的方形、圆形、厚薄等的判断,选择弹性卸料板与刚性卸料板等。

2)非典型组合模具设计。由设计者选定相应的标准模架,标准零件采用交互方式进行选定。对于非标准零件,包括凸凹模、顶件板、卸料板及定位装置的设计,尽量做到典型化和通用化。

3)提供索引文件。提供索引文件供绘图及加工时调用。

4. 图形处理模块

图形处理模块有3种方案供选择:第一种是在标准图形软件平台上自主开发,这种方法针对性强,模块结构紧凑,但是必须具备比较强的开发能力;第二种方案是借助商品化的CAD绘图软件,如AutoCAD,UG,Pro/E等;第三种方案是直接引进专门为模具CAD/CAM设计的专用软件。

5. 数据库和图形库模块

数据库和图形库是一个通用、综合、有组织的存储大量关联数据的集合体,包括工艺分析计算常用参数表(例如冲裁模具刃口间隙值、常用数表及线图、材料性能参数、压力机技术参数等)、模具典型结构参数表、标准模架参数表、其他标准件参数表及标准件图形关系或者标准件图形程序库。它能够根据模具结构设计模块索引文件,检索所需标准件图形,输出该图形的基本描述文件。

冲压模具CAD/CAM系统运行的具体流程如图5.2所示。

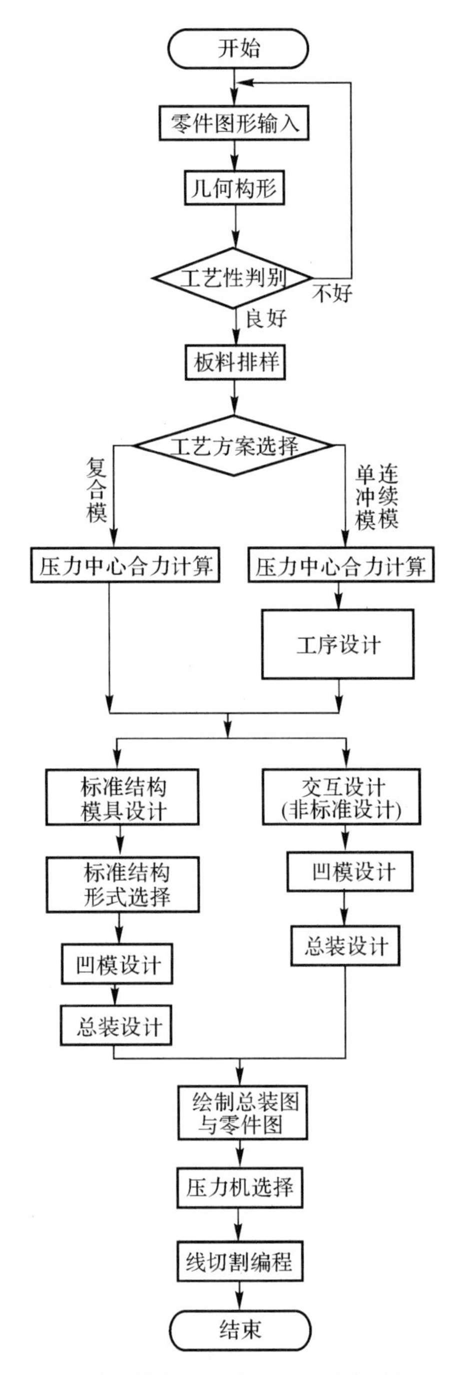

图5.2 冲压模具CAD/CAM系统的流程

5.2　冲压工艺CAD

5.2.1　图形输入

产品零件图是模具设计的依据，当应用冲压模具CAD进行设计时，首先要把冲压件图形输入计算机。实现计算机对零件几何形状和尺寸的识别，是冲压模具CAD的首要前提。

冲压件可以看做二维平面图形，零件图形的定义可以归结为对点、线、圆等及其相互位置关系的描述。在计算机内建立冲压件的几何模型，常用的冲压件图形输入方法有编码方法、面素拼合方法和交互输入方法等。编码方法是将组成零件轮廓的几何元素类型、尺寸和相互位置关系以代码表示，按照几何元素之间的相互关系，依次对轮廓元素进行描述。面素拼合方法是采用一些称为面素的简单几何图形的并、交、差运算，完成冲压件图形输入的方法。交互输入方法是以绘图软件为支撑，通过在屏幕上交互作图，完成冲压件的图形输入。这种方法可以对图形进行交互编辑、修改、插入和删除，具有输入直观、显示及时等特点。目前，大多数冲压模具CAD/CAM系统均采用这种方法。

5.2.2　工艺性分析

计算机辅助分析工艺性的方法有自动判别和交互判别两种。工艺性自动判别方法中，根据不同的判别类型建立各种算法。冲压件的精度和粗糙度判断比较简单，冲压件结构尺寸工艺性的计算机判断模型与方法是工艺性自动判别的关键。判别的实质是将冲裁件零件图中的圆角半径、冲孔直径、孔边距、孔间距、槽边距、槽间距、槽宽和悬臂等几何特征量与相应的工艺参数极限值进行比较，以确定零件是否适合于冲压加工。交互判断方法则是将图形显示出来，对其进行旋转、平移和放大等处理，采用比较直观的方法进行工艺性判别。

1. 判别模型

冲压工艺性判别就是检查冲压件的结构尺寸(例如悬臂、圆角半径以及孔、槽边距或者间距、槽宽及环宽等尺寸)是否在普通冲压(或者精冲)所允许的极限范围之内。自动判别方法必须解决三个问题，即：找出判别对象元素；确定判断对象的性质(即属于孔间距、孔边距、槽宽等中的哪一类)；求出其值，并与允许的极限值进行比较。具体的处理方法如下。

1)选择判别对象元素。采用对整个图形进行搜索的方法，找出判别对象。对于直线，以某一端点为圆心，某一常数为半径作一辅助圆，判断辅助圆与除线段本身以外的所有图形元素是否有交点，或者图形元素在辅助圆内，如果有交点或者在辅助圆内，则是判断对象元素。

对于圆元素则是将其半径放大或者缩小作辅助圆，求图形所有元素(本身与相邻元素除外)是否和辅助圆有交点或者在圆内，这样即可以找到判断对象元素。但是，在有关系的元素间存在多余元素时，需要除去。

2)确定判断对象的性质。找到判断对象之后，进而确定判断对象的性质，必须首先确定一套几何模型。冲压件图形中元素的组合可以采用线-线和圆-圆关系描述。由于直线可以视为半径无限大的圆，因此，直线与圆的组合可以采用圆-圆关系表示。根据这些关系可以识别冲压件图形中的不同几何特征。

a.线-线关系。直线与直线间的关系分为虚型与实型两类,实型又分为开放型与封闭型两类,如图5.3所示,阴影线表示零件实体。如果零件图形中直线与直线是虚型,则工艺判别为窄槽。如果是实型的开放型,则判别其类型为槽间距或者槽边距。如果是实型的封闭型,则判别为细颈或者悬臂。

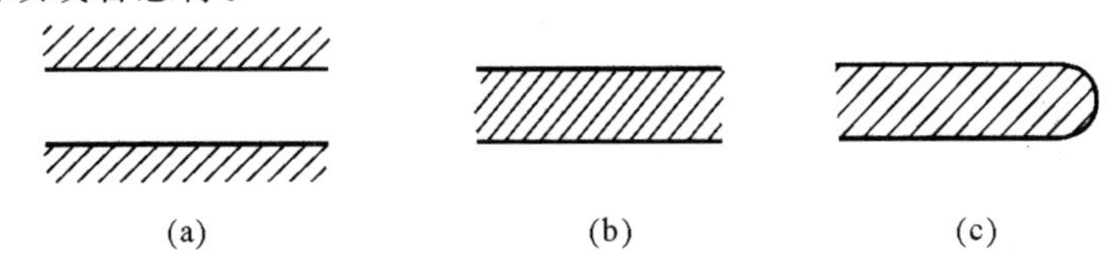

图5.3 直线与直线间的关系

(a)虚型;(b)开放型;(c)封闭型

线-线关系的条件是两直线段间有相互包容的共同部分。共同部分的检测可以通过比较直线段端部位置确定。另外,如果两直线之间的夹角超过规定值,则不属于判别的对象,可以不考虑。

b.圆-圆关系。圆弧与圆弧关系分为同向和异向两大类,如图5.4所示。建立模型时,规定逆时针走向的圆弧为正,顺时针走向的圆弧为负。根据两圆弧走向的异同,可以判别两圆弧之间的关系为同向或者异向。同向圆弧又分为O型和X型两种情况。每种情况根据其相对位置可以分为实型和虚型,而实型也有开放型与封闭型之分。

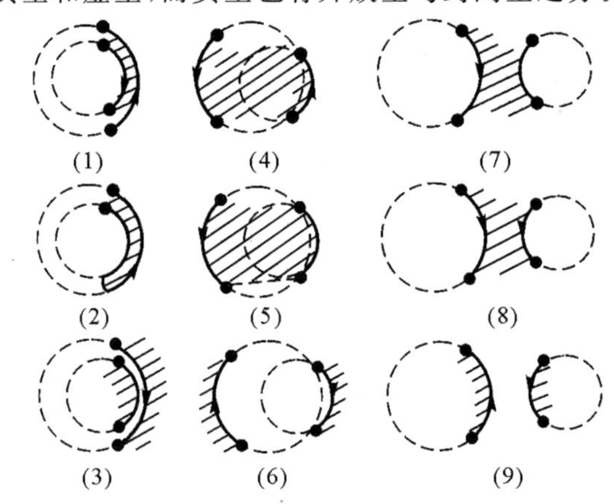

图5.4 圆弧与圆弧间的关系

当两圆弧之间存在异向关系,如果一圆弧的圆心在另一圆内,则工艺性判别类型为环宽。当两圆弧之间的关系为同向X型时,工艺性判别类型为孔间距。对于一圆心在另一圆之外的小O型关系,按照细颈或者窄槽判别。对于圆弧本身,仅需要根据其所属轮廓和半径大小判别孔和圆角半径等特征量。

3)计算需要判别的量值,并与极限值进行比较。采用解析几何的方法求出点与线、线与线、线与圆弧间,以及圆与圆之间的最小距离,并与允许的极限值进行比较。

2.图形处理算法

当进行图形的自动识别与处理时,常用到下列算法,这些算法可以显著提高程序运行效率。

1) 圆弧走向的判别。如图 5.5 所示，a，b 分别为圆弧的起点和终点，O 为圆心。判别式为

$$S=\begin{vmatrix} x_O & y_O \\ x_a & y_a \end{vmatrix}+\begin{vmatrix} x_a & y_a \\ x_b & y_b \end{vmatrix}+\begin{vmatrix} x_b & y_b \\ x_O & y_O \end{vmatrix} \tag{5.1}$$

当 $S>0$ 时为逆向圆弧，当 $S<0$ 时为顺向圆弧。

这种判别方法便于程序的编制，并可以应用于多种平面图形处理。

2) 重叠测试。如果两个多边形在 x 和 y 方向都不重叠，它们不可能相互覆盖。最小最大测试就是基于这种思想的一种快速排除重叠的方法。这种方法是把一多边形的最小 x 坐标与另一多边形的最大 x 坐标进行比较。这种比较方法对于 y 坐标也一样适用(见图 5.6)。

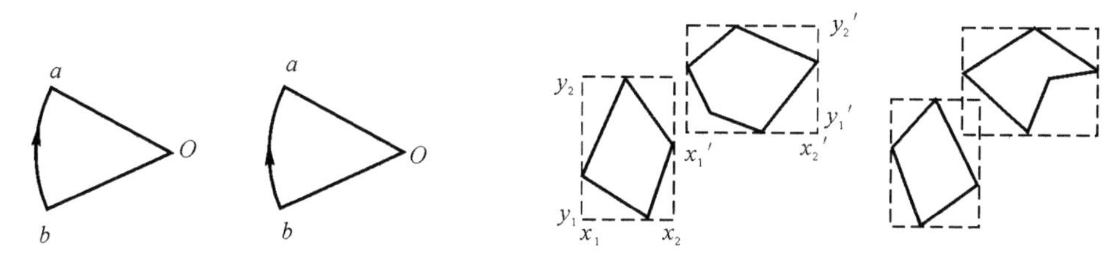

图 5.5　圆弧走向的判别　　图 5.6　最小最大测试

二维的 xy 最小最大测试通常称为边界方框测试，是一种常用的平面图形处理方法。图 5.7 所示为这种算法的框图。

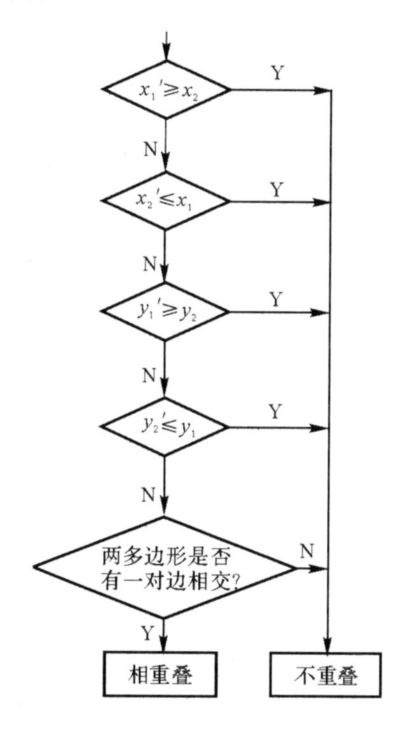

图 5.7　边界方框测试的算法方框图

当最小最大测试不能判别两个多边形是否互相分离时,它们仍然有可能不相互重叠。在这种情况下必须采用比较复杂的测试,以确定两个多边形是否相交。当两个多边形的边线逐一比较时,采用一维的最小最大测试也有助于加速该处理过程。

3)包容测试。从多边形的轮廓描述可以判断给定点是否位于多边形之内。只需要从该点出发作一条假想的射线,计算该线与多边形边线的交点个数即可。如果交点个数为奇数,则该点位于多边形内;如果为偶数,则被判点在多边形边界之外。

采用点的包容测试方法,经多次处理即可判断两多边形之间的包容关系。

3. 自动判别过程

根据以上模型可以实现图形元素的选择和工艺性类型的自动判别。工艺性自动判别的过程如图 5.8 所示。

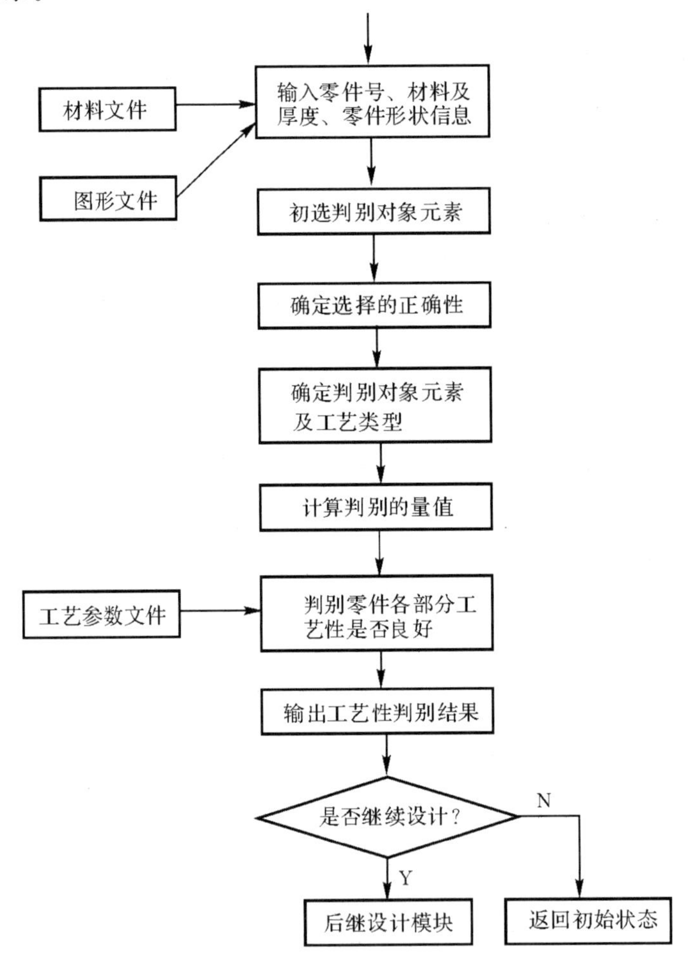

图 5.8　工艺性自动判别过程

首先,程序从数据库中读入材料和图形的有关数据,然后选择判别对象。为了确定判别对象元素,需要对冲压零件图进行搜索。对于轮廓上的直线元素和圆弧元素,根据它们与其他元素的夹角和距离,逐一判断是否为对象元素。

判断出对象元素之后，采用建立的判别模型可以确定判别的工艺性类型，然后，计算几何特征量的值，并将其与标准工艺参数的极限值比较，以确定工艺性是否良好。程序将显示自动判别结果，用户可以根据情况决定设计过程是否继续进行。

5.3　板料排样优化 CAD

材料排样优化是冲裁模具 CAD 的一项重要内容。冲裁零件的成本中材料费用占 60%以上，由于冲裁工艺一般用于大批量生产，材料利用率的提高会产生相当可观的经济效益，而材料利用率的高低主要取决于板料冲压排样。另外，排样还会影响到模具结构、生产率、冲压件质量和生产操作的便利性等。

板料排样的目的在于寻求材料利用率最高的排样方案。由于零件形状千差万别，即使具有丰富的经验，人工排样一般也很难获得最佳排样方案。这是因为零件的布置方案多种多样，计算和比较所有排样方案下材料利用率的高低是人工不能胜任的。计算机优化板料排样具有明显的优越性，可以显著提高材料利用率。实际情况表明，计算机优化板料排样可以使得材料利用率提高 3%～7%。

冲压模具 CAD 中，凹模、卸料板和凸模固定板等零件均需要根据排样结果进行设计，因此，系统流程图中板料排样处于比较前的位置。

5.3.1　数学模型

图 5.9 所示为实际生产中常用的排样方式。图 5.9(a)(b)为单排排样，图 5.9(c)(d)为双排排样，图 5.9(b)(d)为旋转 180°的排样。

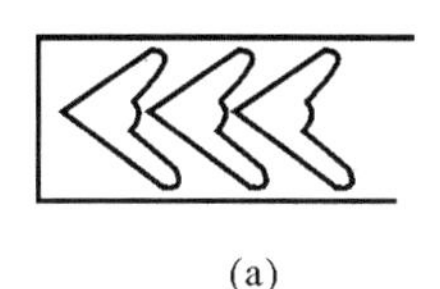

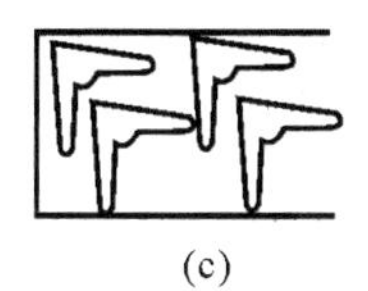

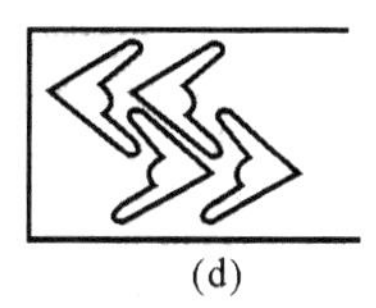

(a)　(b)　(c)　(d)

图 5.9　常用的排样方式

排样在数学上是非线性优化问题，其目标函数为材料利用率。材料利用率一般用零件的实际面积与所消耗板料的面积之比表示。对于卷料冲裁，可以用步进材料利用率评价排样方案的优劣，步进材料利用率为

$$\eta=\frac{A}{BH} \tag{5.2}$$

式中　A—— 一个零件的面积(mm^2)；

B—— 卷料的宽度(mm)；

H—— 进给步距(mm)。

对于条料冲压，材料利用率为

$$\eta=\frac{nA_1}{BL} \tag{5.3}$$

式中　A_1—— 一个零件的面积(mm^2)；

n—— 条料冲得的零件个数；

B—— 条料的宽度(mm)；

L—— 条料的长度(mm)。

对于整块板料，材料利用率为

$$\eta=\frac{nA_1}{L_1B_1} \tag{5.4}$$

式中　n—— 由板料冲得的零件数目；

L_1,B_1—— 板料的长度和宽度(mm)。根据冲压排样图的几何关系，一般情况下，排样由图 5.10 所示的两个参数 ϕ 和 λ 决定。参数 ϕ 和 λ 的变化范围为

$$G\{0\leqslant\phi\leqslant\pi,\quad -\beta(\phi)\leqslant\lambda\leqslant\beta(\phi)\} \tag{5.5}$$

式中，$\beta(\phi)$ 为 ϕ 的单值函数，它反映了图形在 Oy 轴方向上的宽度与 ϕ 的关系。

一般情况下，板料排样的优化问题在于寻找 ϕ 和 λ 的最佳值，使得目标函数

$$\eta(\phi,\lambda)=\frac{S}{B(\phi,\lambda)H(\phi,\lambda)} \tag{5.6}$$

$$\eta(\phi,\lambda)=\frac{N(\phi,\lambda)A_1}{L_1B_1} \tag{5.7}$$

在可行域 G 内达到最大值。

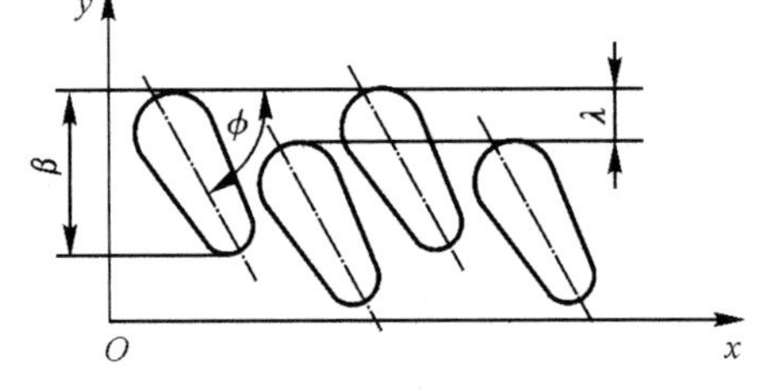

图 5.10　决定排样的参数

由于冲压零件外形具有差异性，难以用一个统一的解析式表达板料排样问题的目标函数。由此引起计算机辅助排样的方法有多种，但是基本思想都相同，即从所有可能的排样方案中选出最优者，即采用优化设计中的网格法求解板料排样问题。

计算机辅助板料排样方法可以分为半自动化、自动化两大类。属于前者的方法需要比较多的人机交互作用，由设计人员采用图形软件在屏幕上完成图形布置，由计算机通过计算和比较材料利用率的大小，从中选择最佳的方案。

自动排样方法由程序自动生成排样方案，计算出材料利用率，并进行材料利用率的比较和最优方案的选择。下面主要介绍多边形法和高度函数法。

5.3.2　多边形方法

多边形方法是将冲压件的平面图形轮廓近似成多边形，通过旋转、平移得到不同排样方案，计算每种排样方案的材料利用率，通过比较从中选出最佳排样，其主要步骤如下。

1) 多边形化。以直线段代替圆弧段，用多边形代替原来的零件图形，图 5.11 所示为零件图形的多边形化的示意图。

2) 等距放大。排样零件之间的最小距离为搭边，将多边形化的图形向外等距放大 $\Delta/2$。当两等距图相切时，自然保

图 5.11　零件图形的多边形化

证了搭边值 Δ。

3）图形的旋转、平移。将图形拷贝，经过旋转、平移后使其与原图相切，产生一种排样方案。一般旋转或者平移取一定的值，例如旋转步长取 1° 或者 2° 等，平移步长根据零件大小而定。

4）与已存储方案比较，保留材料利用率高的方案，例如全部搜索完毕转至步骤 5），否则转到步骤 3）。

5）输出排样结果。图 5.12 所示为采用多边形法实现旋转 180° 单排排样的流程图。这种排样方法的优点是概念清晰，适用于各种情况。

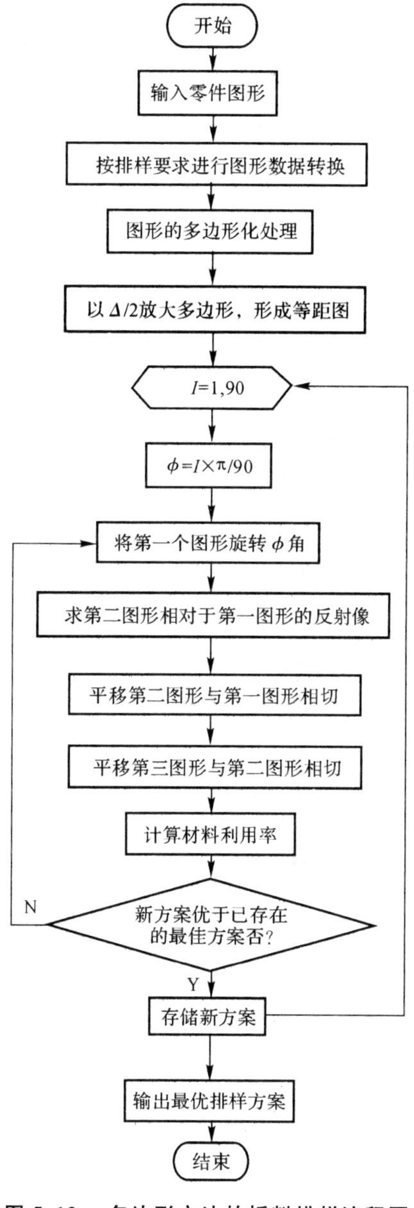

图 5.12　多边形方法的板料排样流程图

5.3.3 高度函数方法

由冲压件的排样可知各图形的轴线具有相互平行性(见图 5.13),高度函数方法是根据图形轴线的平行性,采用各图形的相对高度差 h_{ij} 作为优化排样参数。选取图 5.13 中 h_{12} 和 h_{23} 作为排样问题的确定参数,应用网格法求解其值,以提高排样优化的效率。

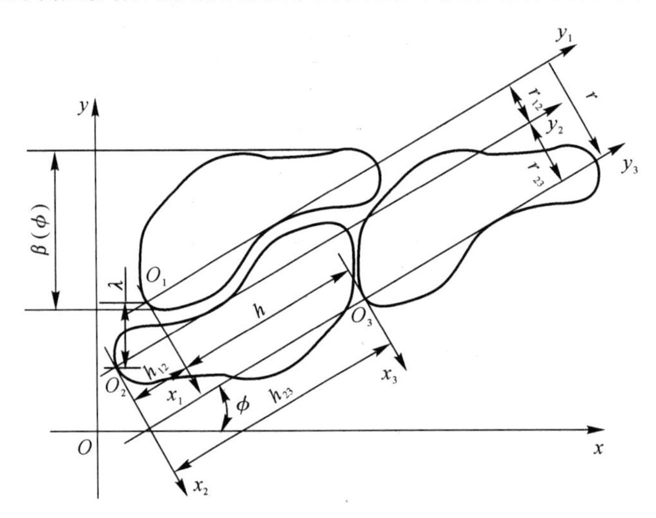

图 5.13 排样图形间的关系

如图 5.13 所示,板料排样中建立各个图形的自身坐标系,第一图形、第二图形和第三图形的坐标系分别为 $x_1O_1y_1$,$x_2O_2y_2$ 和 $x_3O_3y_3$。由排样图的几何关系可以得到参数 ϕ 和 λ 与 h_{12} 和 h_{23} 之间的关系为

$$\phi=\pi/2-\arctan(h/r) \tag{5.8}$$

$$\lambda=h_{12}\sin\phi-r_{12}\cos\phi \tag{5.9}$$

式中 h——h_{12} 和 h_{23} 的代数和,表示 O_3 点到 x_1 轴的距离(mm);

R——y_1 轴与 y_2 轴的间距(mm)。

r 的表达式为

$$r=\max\{[r_{12}(h_{12})+r_{23}(h_{23})],\ r_{13}(h)\} \tag{5.10}$$

式中 r_{12},h_{12}——第二图形自身坐标系原点在第一图形自身坐标系中的坐标值(mm);

r_{23},h_{23}——第三图形自身坐标系原点在第二图形自身坐标系中的坐标值(mm)。

1. 可行域与相切条件

假设图形在自身坐标系中(包括搭边值在内)的高度为 t,则搜索最优排样方案的可行域为

$$G\{-t\leqslant h_{12}\leqslant t,\ -t\leqslant h_{23}\leqslant t\} \tag{5.11}$$

因为各图形自身坐标的 y 轴在排样图中相互平行,各图形的高度皆为 t,所以 G 为方形域。

如果将可行域等分网格数定为 $2m\times 2m$,则搜索时,h_{12} 和 h_{23} 每次变化的增量为 $\Delta t=$

t/m。程序分两次进行优化，第一次为初步优化，第二次为细分优化，即在第一次求得的最优值附近细分网格，进一步搜索。假设第一次优化求得的最优值为 h_{12} 和 h_{23}，第二次优化时的搜索区域为

$$G'\{h_{12}-\Delta t \leqslant h'_{12} \leqslant h_{12}+\Delta t,\ h_{23}-\Delta t \leqslant h'_{23} \leqslant h_{23}+\Delta t\} \tag{5.12}$$

经过两次搜索，求得的最优值已相当精确。

为了获得排样方案，将图形放大半个搭边值，板料排样时使得相邻的放大图形相切，可以满足排样零件之间的最小搭边值要求。如图 5.14 所示，两图形置于自身坐标系 $x_iO_iy_i$ 和 $x_jO_jy_j$ 中。图形以其最高点和最低点为界分为两部分，图形 i 的右半部分的曲线为 $x_i=f_i(y_i)$，图形 j 的左半部分的曲线为 $x_i=f_i(y_i)$。当两图形相切时，其关系为

$$r_{ij}=\begin{cases}\max\limits_{h_{ij}\leqslant y_i\leqslant t}[f_i(y_i)-f_j(y_i-h_{ij})], & t\geqslant h_{ji}\geqslant 0\\ \max\limits_{y_i\leqslant t+h_{ij}}[f_i(y_i)-f_j(y_i-h_{ij})], & -t\leqslant h_{ji}\leqslant 0\end{cases} \tag{5.13}$$

式中　r_{ij}——O_j 在 $x_iO_iy_i$ 坐标系中的横坐标(mm)。

采用式(5.13)，可以预先在 h_{12}，h_{23} 和 h_{13} 的等分点上算出 r_{12}，r_{23} 和 r_{13} 的值，并列成数据表。板料排样过程中直接调用这些数值，可以提高效率。

2. 条料宽度、步距和材料利用率的确定

为了求得条料宽度 B 的表达式，建立图形极坐标系，极坐标原点与自身参考坐标系原点重合，x 轴方向与自身参考坐标系的 x_1 轴方向一致，如图 5.15 所示。

冲裁件轮廓为一封闭曲线 $\rho(\theta)$，将图形轮廓距 l 轴的最大距离 $T(\varphi)$ 定义为高度函数，并且图中 l 轴与 x 轴之间的夹角为 φ，则

$$T(\varphi)=\max_{0\leqslant\theta\leqslant 2\pi}[\rho(\theta)\sin(\theta-\varphi)] \tag{5.14}$$

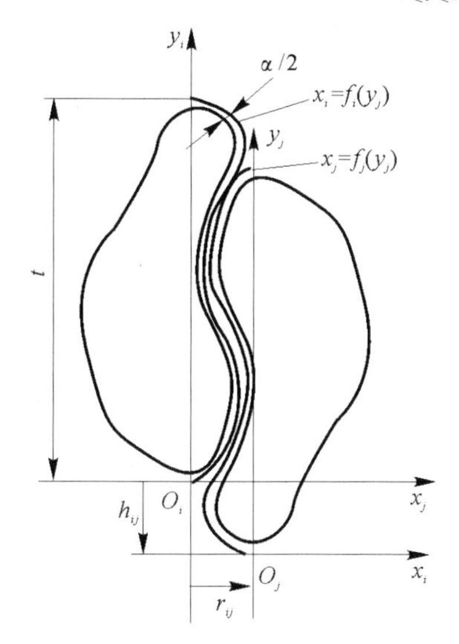

图 5.14　两图形的相切

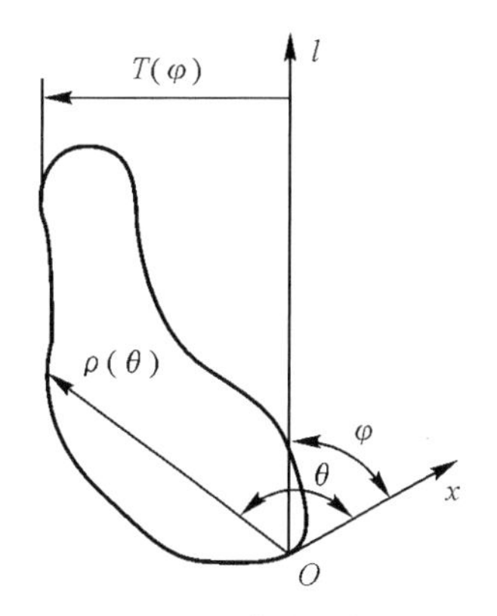

图 5.15　高度函数图

排样条料方向与图形自身坐标系 x_i 轴的夹角 φ 存在以下关系：

$$\varphi=\frac{\pi}{2}-\phi \tag{5.15}$$

因此,条料宽度 B 为

$$B(h_{12},h_{23})=\max\left[T_1\left(\frac{\pi}{2}-\phi\right),T_2\left(\frac{\pi}{2}-\phi\right)+\lambda\right]-\min\left[T_1\left(\frac{3}{2}\pi-\phi\right),T_2\left(\frac{3}{2}\pi-\phi\right)+\lambda\right]+\alpha \tag{5.16}$$

式中 T_1—— 第一图形的高度函数;

T_2—— 第二图形的高度函数;

α—— 搭边值(mm)。

根据排样图,可以得到条料进料步距为

$$H=\sqrt{r^2+h^2}=\sqrt{[\max(r_{12}+r_{23},r_{13})]^2+(h_{12}+h_{23})^2} \tag{5.17}$$

所以,条料的步进利用率为

$$\eta=\frac{nS_1}{BH}=\frac{nS_1}{B(h_{12},h_{23})H(h_{12},h_{23})} \tag{5.18}$$

式中的符号意义同前,由式(5.18)可知条料的宽度 B 和进给步距 H 皆为 h_{12} 和 h_{23} 的函数。

高度函数方法的排样过程如图 5.16 所示。首先将零件图转换成便于排样的数据形式,包括输入图形信息和排样方式,计算图形的面积,选取搭边值,并以 1/2 的搭边值等距放大图形,对放大处理后的图形作多边形化处理,建立图形的自身坐标系,建立图形的高度函数表,便于板料排样过程中调用。变量 φ 在其变化域$[0,2\pi]$内的等分数取为 128,计算精度取为搭边值的 5%。

准备好数据之后,在 h_{12} 和 h_{23} 的变化域划分网格。为了在板料排样过程中快速使图形相切,在 h_{12} 和 h_{23} 的等分点上计算 r_{ij} 的值,并列成数表。当板料排样时通过查表方法可以很快求得 B 和 H 的值。板料排样过程进行了两次优化,首次优化搜索整个方形域 G,获得初步最优方案。然后,在最优解附近确定搜索域 G',并在此区域内以较小步距搜索,最终获得比较精确的最优值。

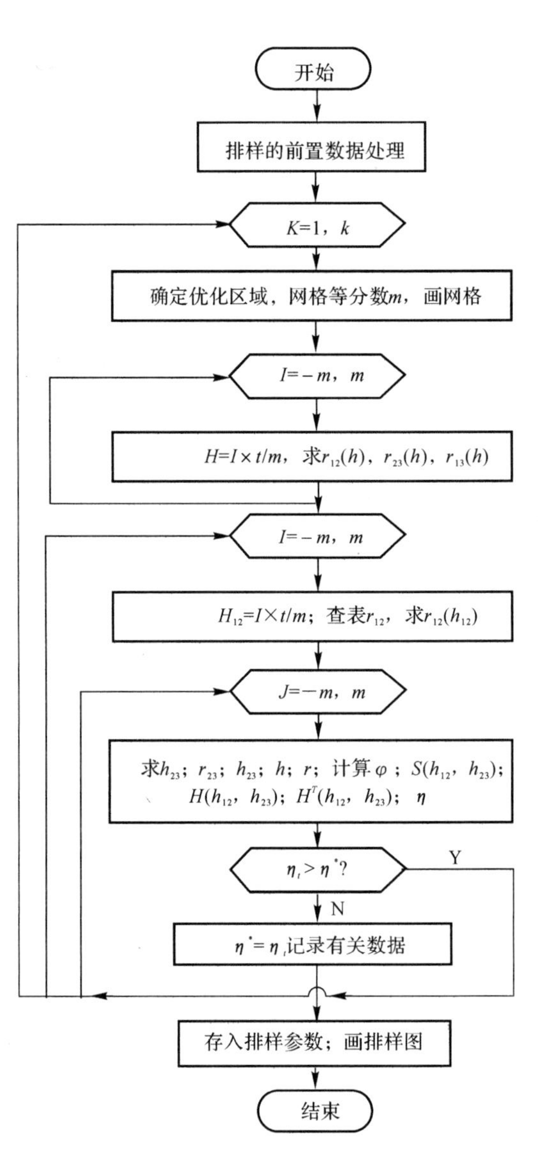

图 5.16 高度函数方法的板料排样流程图

5.3.4　排样优化实例

根据板料排样的优化方法，编写冲压排样优化程序，程序运行所需的控制参数和原始数据从预先准备好的数据文件中读取或通过人机对话方式从键盘输入。执行程序，可以确定出最优排样方案，给出零件在条料上的配置角度、冲压步距、材料利用率，并且可以同时确定出冲压力、压力中心等。在CAD软件支持下可以在屏幕上显示出最优排样方案，打印出最优排样的所有结果。以下是几则板料排样实例，给出了计算机排样方案与手工排样方案的对比。

例5.1　接触簧片的板料排样如图5.17所示，材料为锡磷青铜，原用排样方案的材料利用率为49.7%，计算机辅助优化板料排样后，材料利用率为57.1%。

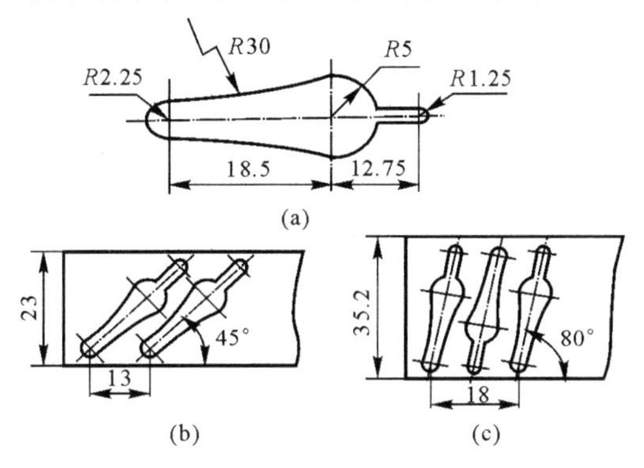

图5.17　接触簧片的排样

(a) 零件图；(b) 原用排样方案；(c) 计算机排样方案

例5.2　接触簧片的板料排样如图5.18所示，材料为黄铜，原用排样方案的材料利用率为39.8%，计算机辅助优化排样后，材料利用率为44.8%。

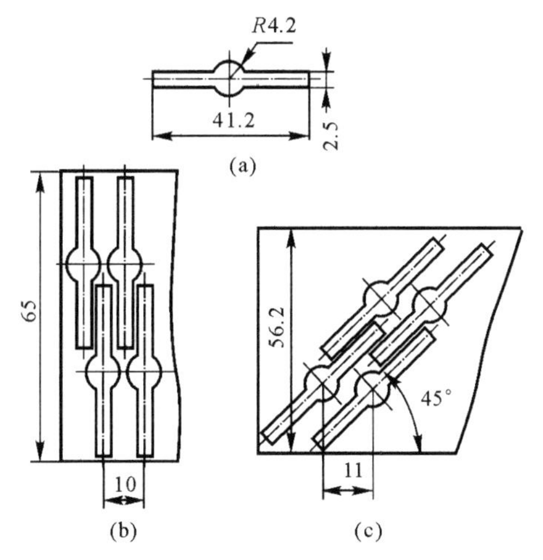

图5.18　接触簧片的排样

(a) 零件图；(b) 原用排样方案；(c) 计算机排样方案

例 5.3 仪表指针的排样如图 5.19 所示,材料为铝合金,原用排样方案的材料利用率为 31.2%,计算机辅助优化排样后,材料利用率为 40.7%。

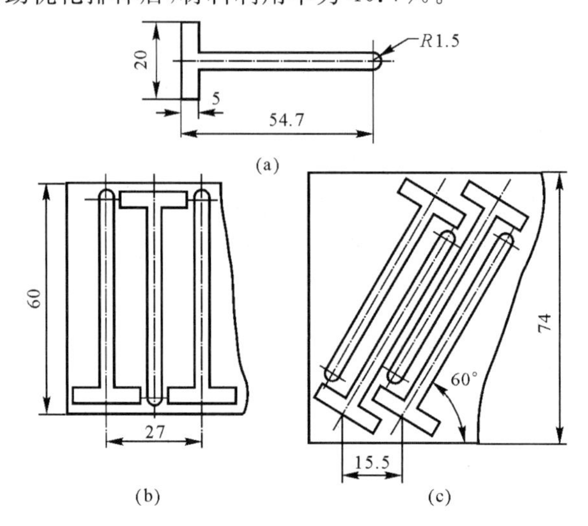

图 5.19 仪表指针的排样

(a) 零件图;(b) 原用排样方案;(c) 计算机排样方案

5.4 冲压工艺方案 CAD

冲压工艺方案合理与否直接影响产品的质量、生产率和模具寿命,因此,工艺方案的设计选择是冲压模具 CAD 系统的重要组成部分。冲压工艺方案设计的主要内容包括选择模具类型(即采用单冲模、复合模或者连续模),以及确定单冲模或者连续模的工步与顺序。

5.4.1 模具类型选择

当采用计算机辅助设计冲裁工艺方案时,首先必须确定模具结构的类型。选择模具结构类型通常应当遵循以下原则。

1) 根据冲压件的尺寸精度确定模具结构。当冲压件内孔与外形间或者内孔间定位尺寸精度要求高时,应当尽可能采用复合模,这是因为复合模冲出的制件精度高。

2) 根据冲压件的形状与尺寸确定模具结构。当冲压件的厚度大于 5 mm,外形尺寸大于 250mm 时,不宜采用连续模。当冲压件的孔或者槽间(边) 距太小,或者悬臂既窄又长时,因为不能保证复合模的凸模与凹模强度,应当采用单冲模或者连续模。

3) 根据生产批量确定模具结构。由于复合模或者连续模生产率高,大批量生产时应当尽可能采用。

4) 根据模具加工条件确定模具结构。复合模和连续模结构复杂,对加工条件要求比较高。

上述原则中,有的原则可以用数学模型描述,有的原则不便于采用数学模型描述。例如,可以采用搜索和图形类比的方法,由产品模型中求得料厚、最大外形尺寸、尺寸精度,判断孔、槽间距是否满足要求,凸模安装位置是否发生干涉等,从而确定能否采用复合模。对于不便于采用数学模型描述的条件,可以采用人机对话方式,由用户根据生产实际情况作出决定。

模具类型选择的过程如图 5.20 所示。选择、判断的过程是按照料厚、外形尺寸、孔槽间(边)距、孔位尺寸精度和凸模安装位置是否干涉的顺序进行。程序运行过程中,需要进行多次人机对话。例如,当发现某一孔槽间(边)距 $W < 1.5t$ 时,询问是否有必要重新判断。用户可以决定是否要对 W 值进行调整,当程序已判断不能使用复合模时,仍然允许用户根据生产批量和模具加工条件等因素决定采用单冲模或者连续模。这种将经验判断与程序自动判断相结合的方法,不仅能够提高设计效率,而且还保证了工艺方案的合理性。

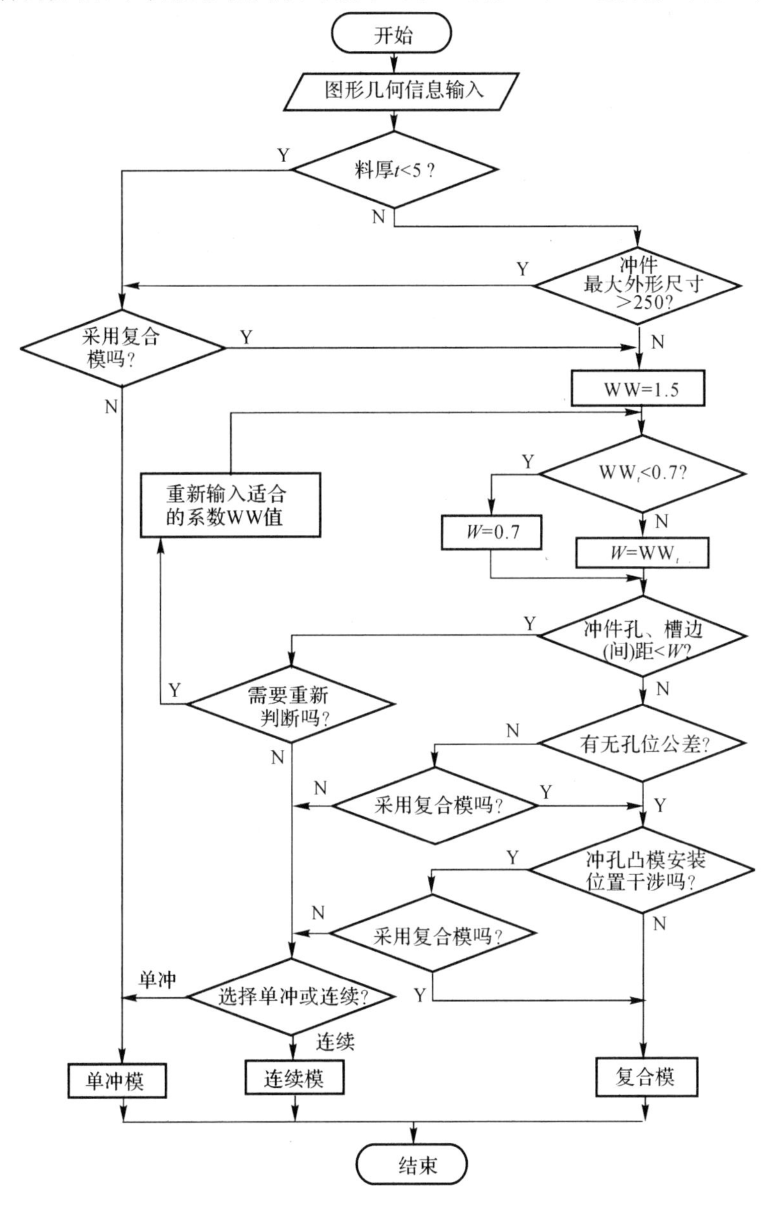

图 5.20　模具类型的选择流程

在选择模具类型的程序中,冲压零件的最大外形尺寸和孔、槽间(边)距可以自动确定。判断孔、槽间(边)距的值是为了保证复合模壁厚不小于一定的值,以保证模具强度。为此,将轮廓图形等距缩放一定值(一般外轮廓缩、内轮廓放),然后判断各图形的位置关系,如果相交,则表明此处不能满足模具强度要求。

5.4.2 连续模工步设计

连续模(又称级进模)是压力机在一次冲压行程中,在几个不同的工位上同时完成多道冲压工序的模具。工步设计是连续模设计的核心问题,直接影响模具的结构和质量,当进行工步设计时,必须综合考虑材料利用率、尺寸精度、模具结构与强度,以及冲切废料等问题。

连续冲压模的工步设计一般遵循以下原则。

1)为了保证模具强度,应当将间距小于允许值的轮廓安排在不同工步。

2)有相对位置精度要求的轮廓,应当尽量安排在同一工步上冲出。

3)对于形状复杂的零件,有时可以通过冲切废料得到工件的轮廓形状。

4)为了保证凹模、卸料板的强度和凸模的安装位置,必要时可以增加空工步。

5)落料应当安排在最后工步。

6)为了减小模具尺寸,并且使压力中心与模具中心尽量接近,应当将比较大的轮廓安排在比较前面的工步。

7)设计合理的定位装置,可以保证送料精度。

1. 位置精度关系模型和干涉关系模型

工步设计中,为了将有位置精度要求的轮廓放在同一工步,而将间距小于一定值的轮廓设置在不同工步,建立了冲压轮廓的位置精度关系模型和干涉关系模型。

冲压件实质上是多个图形轮廓的集合,可以表示为

$$A=\{K_1,K_2,\cdots,K_i,\cdots,K_n\} \tag{5.19}$$

式中 $K_i(i=1,\cdots,n)$—— 组成冲压件图形的第 i 个轮廓。

定位尺寸有精度要求的轮廓组成了集合 A 上的一个关系 ρ_1。ρ_1 包括了全部有位置精度要求的孔。如果两轮廓 K_i 和 K_j 间的定位尺寸有精度要求,则 $(K_i,K_j)\in\rho_1$。由 ρ_1 可形成位置精度关系矩阵为

$$\boldsymbol{M}_1=\begin{bmatrix} a_{11} & a_{12} & \cdots & a_{1n} \\ \vdots & \vdots & & \vdots \\ a_{n1} & a_{n2} & \cdots & a_{nn} \end{bmatrix} \tag{5.20}$$

$$a_{ij}=\begin{cases} 1, & (K_i,K_j)\in\rho_1 \\ 0, & (K_i,K_j)\notin\rho_1 \end{cases}$$

式中,$1\leqslant i,j\leqslant n$,$n$ 为轮廓个数。

为了确定关系 ρ_1,必须判别各轮廓间的位置尺寸关系。冲压件图形的输入方法不同,建立的几何模型不同,判别轮廓间位置尺寸关系的方法也不相同。

为了保证凹模的强度,必须使各型孔间的壁厚大于一定值。为此,可以将冲压件图形的内轮廓等距放大,然后判断各等距放大图是否相互干涉。相干涉的轮廓组成了冲压件轮廓集合 A 上的关系 ρ_2。如果两轮廓 K_i 和 K_j 间相互干涉,则 $(K_i, K_j) \in \rho_2$。与位置精度关系类似,可以形成干涉关系矩阵:

$$\boldsymbol{M}_2 = \begin{bmatrix} b_{11} & b_{12} & \cdots & b_{1n} \\ \vdots & \vdots & & \vdots \\ b_{n1} & b_{n2} & \cdots & b_{nn} \end{bmatrix} \tag{5.21}$$

$$b_{ij} = \begin{cases} 1, & (K_i, K_j) \in \rho_2 \\ 0, & (K_i, K_j) \notin \rho_2 \end{cases}$$

式中,$1 \leqslant i, j \leqslant n$, n 为轮廓个数。

矩阵 $\boldsymbol{M}_1$ 和 $\boldsymbol{M}_2$ 都是对称矩阵,这是因为位置精度关系和干涉关系具有对称性的缘故。当程序自动完成工步设计时,以矩阵 $\boldsymbol{M}_1$ 和 $\boldsymbol{M}_2$ 为参考矩阵,便可以将有位置精度要求的轮廓置于同一工步,而将间距小于允许值的轮廓安排在不同工步。

2. 工步优化设计

连续冲压模的工步设计过程可以采用如图 5.21 所示的流程图表示。首先,输入冲压件的几何模型和优化的板料排样方案,接着,搜索确定定位尺寸有精度要求的内轮廓,形成位置精度关系矩阵 $\boldsymbol{M}_1$。为了避免过长的悬臂和窄槽,以保证凸模和凹模的强度,有时采用冲切废料的方式冲出零件轮廓。有许多尺寸小、形状复杂的零件,只有采用冲切废料的方法才能冲出,程序可以设计三种形式的废料形状,即局部废料、对称双排套裁废料和完全冲裁废料,如图 5.22 所示。

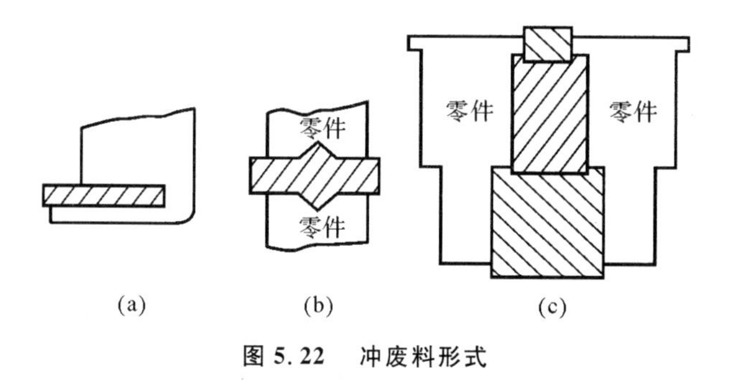

图 5.22　冲废料形式

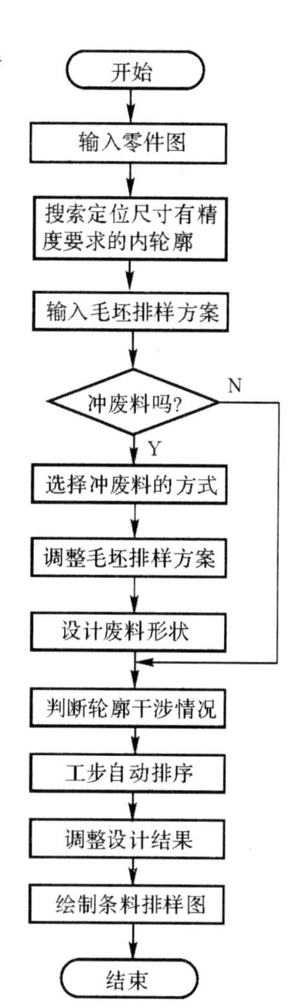

图 5.21　连续冲裁模的工步设计流程

对于完全冲裁废料的情况,以后不必设置落料工步。根据选择的废料形式,可以对板料排样方案加以调整,便于废料的冲压。废料形状的设计采用在屏幕上交互作图的方法完成。设计的废料轮廓形状将与原零件的轮廓一起参与工步排序。

建立位置精度关系模型和干涉关系模型后，工步排序的问题就转换为将轮廓集合 A 划分为若干子集 B_i 的问题，即存在以下关系：

$$\bigcup_{i=1}^{m} B_i = A \tag{5.22}$$

每个子集为一个工步上冲制轮廓的集合，子集的个数即为工步数。对于轮廓 K_i 和 K_j，如果矩阵 $\boldsymbol{M}_1$ 的元素 $a_{ij}=1$(说明有位置精度要求)，应当尽量分在同一工步；如果矩阵 $\boldsymbol{M}_2$ 的元素 $b_{ij}=1$(说明发生干涉)，则必须将它们分配在不同工步。除完全冲裁废料的情形外，落料一般安排在最后，因此，当工步排序时，将轮廓周长比较大的子集排列在开始的工步，使得压力中心和模具中心尽量接近，并且减小模具尺寸。由于影响工步设计的因素很多，并且有些因素(例如生产条件、模具加工能力等)难以定量描述，所以完全依靠自动设计工步，有时会产生与实际条件不相符的设计结果。因此，工步自动安排完毕后，将条料排样图显示在屏幕上，用户可以改变轮廓组合，设置空工步，增加工步数，直至获得满意的设计。

图 5.23 所示为一步进电机铁芯定子和转子的零件图，材料为 0.5 mm 厚硅钢片，定子和转子总成为多片硅钢片叠压组成，且其叠压高度相等。转子的外径比定子的内径小 1 mm，且有比较高的同心度要求，采用单冲模和复合模都不能满足实际生产要求，选用套冲的连续模冲压生产工艺非常有效。

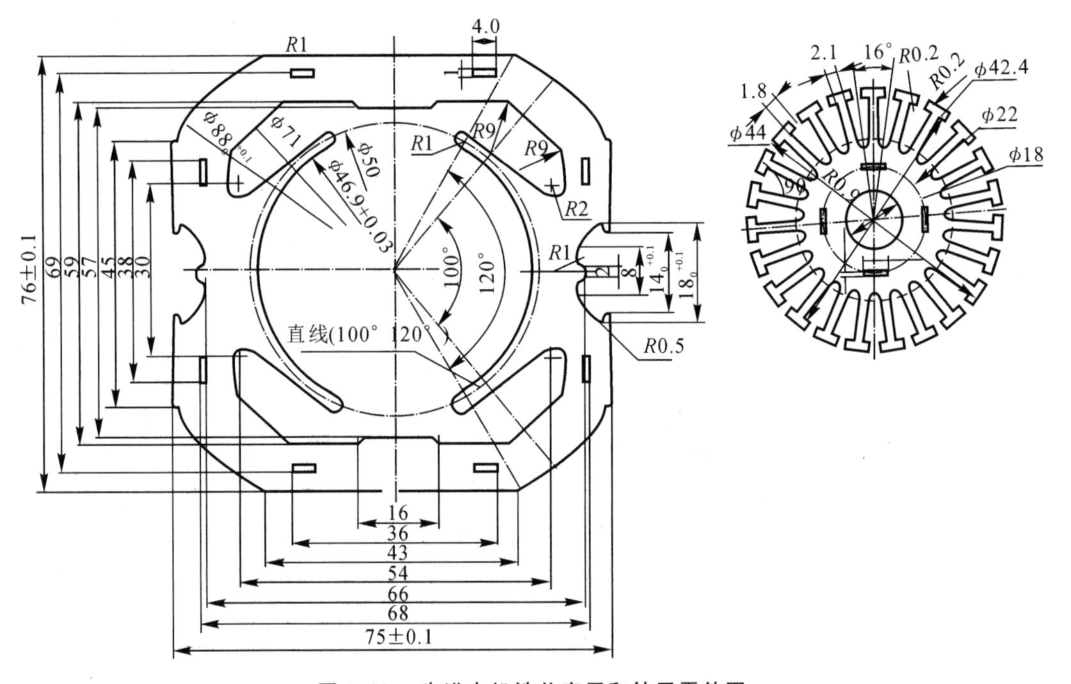

图 5.23　步进电机铁芯定子和转子零件图

由于冲压件的精度要求高，必须采用卷料自动送料，再通过导正销精确定位，保证定位精度。冲压件的工步排样图如图 5.24 所示，共分 9 个工步：

1) 冲导正孔、转子槽及转子轴孔；

2）冲转子铆叠孔；

3）转子落料；

4）冲定子内孔；

5）冲定子槽；

6）冲定子外形；

7）空位；

8）冲定子铆叠孔；

9）定子落料。

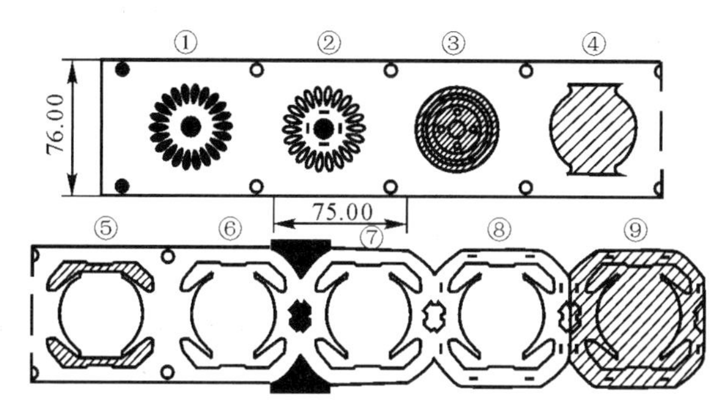

图5.24　冲压件的工步排样图

5.5　冲压模具零件CAD

模具标准化是建立模具CAD系统的重要基础。冷冲模国家标准为建立冲压模具CAD/CAM系统提供了有利条件。冷冲模国家标准包括14种标准的模具组合、12种模架结构和模座、模板、导柱、导套等标准零件。由于冲压模具CAD系统采用了冷冲模国家标准，因此，冲压模的结构设计主要是选择模具的组合形式，选用模架和其他标准零件，以及设计凸模和凹模等零件。

模具结构设计是冲压模CAD的主要任务。冲压模具CAD系统一般将模具零部件分为两大类：一类为标准零部件，例如底板、导柱、导套等；另一类为非标准零部件，例如凸模、凹模、推板等。标准零件的数据不变，存放在数据库中，在设计过程中可以根据零件的形状和大小直接调用。非标准零件是设计的关键，直接关系到零件的质量和生产效率。这样处理大大提高了模具结构设计的效率，并且增强了系统的适应性与灵活性。

5.5.1　冲压模具结构设计

模具结构设计时，冲压模具CAD系统是采用标准结构自动设计和非标准结构交互设计相结合的方法，完成冲压模具零件设计和模具总装。模具结构CAD设计模块包括以下功能模块：系统初始化模块、模具总装及零件设计模块、工程图生成模块。其设计流程如图5.25

所示。

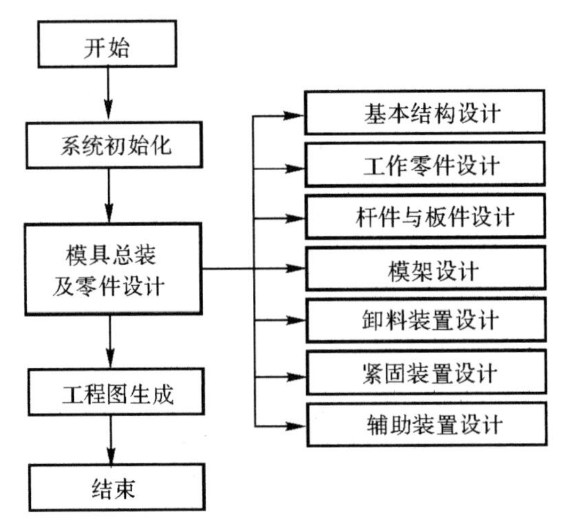

图 5.25　模具结构 CAD 设计流程

系统初始化模块根据产品的工艺设计信息和用户要求,对系统参数进行初始化,显示系统用户菜单。

模具总装及零件设计模块是模具结构设计模块的主要部分,分为基本结构设计、工作零件设计、杆件与板件设计等。

基本结构设计子模块可根据用户要求,完成模具标准结构的选择或者非标准结构的设计。工作零件设计以交互方式进行凹模、凸模和凸凹模的设计。杆件与板件子模块完成杆类零件和板类零件的设计,其中杆件包括凸模、螺钉、销钉、推杆,板件包括上下底板、凹模板、垫板、固定板等。其他子模块分别完成模架、卸料装置、紧固装置和辅助装置的设计。

模具结构设计模块中的工程图子模块,根据总装及零件设计子模块生成总装图、零件图和零件信息表、明细表、标题栏等,成为一幅完整的总装图。

5.5.2　凹模与凸模设计

凹模和凸模是冲压模具的关键工作部件,冲压件的尺寸精度取决于凹模和凸模刃口部分的尺寸。凹模与凸模设计分为刃口尺寸计算、凹模设计、凸模设计及定位装置设计。

1. 刃口尺寸计算

冲压模具 CAD 系统中工作零件刃口尺寸计算的基本原则与常规设计相同。落料件以凹模为设计基准,配制凸模;冲孔时则以凸模作为设计基准,配制凹模;同时应当考虑刃口在使用过程中有磨损。落料件尺寸随着凹模刃口尺寸的磨损而增大,而冲孔的尺寸则随着凸模的磨损而减小。因此,根据磨损情况,可以将刃口尺寸定义为三类:磨损后增大的尺寸为 A 类尺寸;磨损后变小的尺寸为 B 类尺寸;磨损后不产生变化的尺寸为 C 类尺寸。刃口尺寸计算方法如下:

$$A = (A_{\max} - x\Delta)_{0}^{+\frac{\Delta}{4}} \tag{5.23}$$

$$B=(B_{min}+x\Delta)_{0}^{-\frac{\Delta}{4}} \tag{5.24}$$

$$C=(C_{min}+0.5\Delta)^{\pm\frac{\Delta}{4}} \quad (当工件尺寸为 C_{0}^{+\Delta} 或者 C_{-\Delta}^{0} 时) \tag{5.25}$$

$$C=C^{\pm\frac{\Delta}{8}} \quad (当工件尺寸为 C^{\pm\Delta} 时) \tag{5.26}$$

式中　A,B,C—— 模具刃口的尺寸(mm)；

A_{max},B_{min},C_{min}—— 相应的工件最大或者最小尺寸(mm)；

Δ—— 零件公差(mm)。

对于配作的模具，在基准件上标注基本尺寸和公差，而在配作件上标注基本尺寸，并注明间隙值。

2. 凹模设计

设计冲压模时，凹模外形尺寸设计是关键。对于选定的模具结构形式，在凹模外形尺寸确定后，其他模具零部件尺寸(例如模架闭合高度、凸模长度等) 也随之确定。

凹模的外形尺寸应当保证凹模具有足够的强度，以承受冲压时产生的应力。凹模的外形一般是圆形或者矩形。通常的设计方法是按照零件的最大轮廓尺寸和冲压件的厚度确定凹模的高度和壁厚，从而确定凹模的外形尺寸。因此，凹模的外形尺寸由冲压件的几何形状、厚度、排样转角和条料宽度等因素决定。凹模的设计过程如图 5.26 所示。

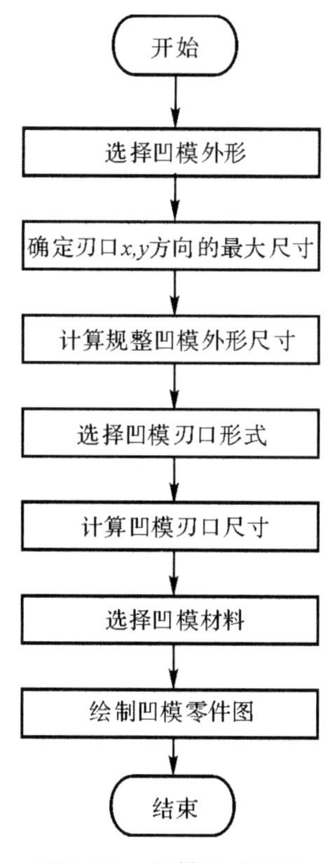

图 5.26　凹模设计过程

凹模的工作部分有图 5.27 所示的 4 种形式,其主要区别在于刃口部分的台阶高度和锥度不同。设计时,屏幕上显示出该图形菜单,由用户选定相应的形式。凹模口部的台阶高度和锥角等有关尺寸,由程序根据选择的形式自动确定。

3. 凸模设计

凸模设计模块可以设计 4 种形式的凸模(见图 5.28)。根据凹模尺寸和模具组合类型,查询数据库中的标准数据,可以确定凸模长度等尺寸。凸模材料采用人机对话方式选定。程序可以自动处理凸模在固定板上安装位置发生干涉的情况,确定凸模大端切去部分的尺寸。

按照国家标准设计冲压模时,一旦确定了凹模尺寸,选择了典型冲压模组合形式,其他模具零件,例如固定板、垫板和卸料板等,可以根据标准确定其尺寸。模架的闭合高度也随着凹模和冲压模典型组合形式的确定而确定。模架零件根据相应的标准数据确定。因此,模具刃口尺寸和凹模外形尺寸的计算是模具零部件设计的主要内容,其他模具零件的尺寸可以由标准确定。对于有些零件,例如卸料板和垫板等,由标准确定基本尺寸后,还要考虑与冲裁件形状有关的孔等因素。

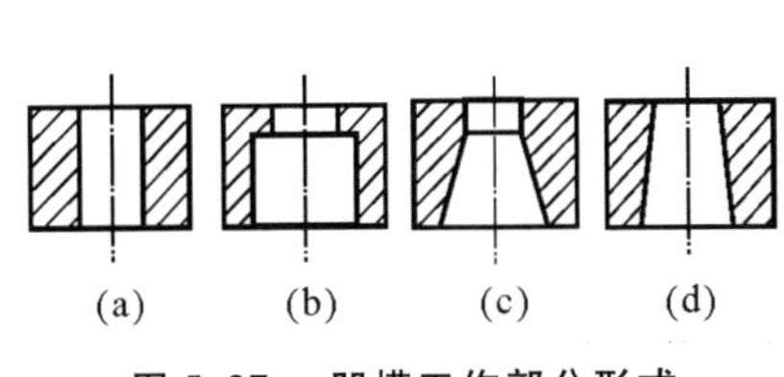

图 5.27 凹模工作部分形式

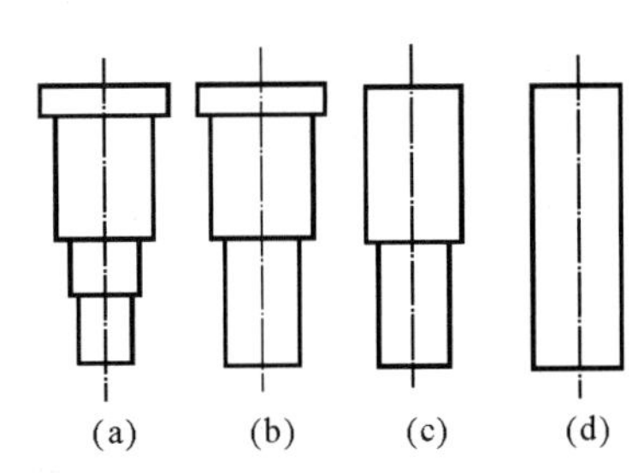

图 5.28 凸模工作部分形式

4. 定位装置设计

定位装置的作用是保证送料步距和准确的定位。通常的定位装置包括固定挡料销、导正销和侧刃等。采用交互设计的方式可以方便选择定位装置的类型和确定其合理位置。在冲压模上,挡料销的位置可以有多种布置形式,只要能够满足准确定位的要求,并不限制挡料销的具体位置。通常将挡料销设置在轮廓的凹部或者在斜度不大的直线部位。布置挡料销时应当考虑条料搭边处的强度、凹模口部强度、冲压件的形状和尺寸、模具结构等因素。因此,由程序自动确定挡料销的直径和位置很困难。

采用交互方式设计挡料销时,确定了挡料销的直径之后,屏幕上显示出废料孔、挡料销等图形,用户可以自由移动挡料销,实时观察设计结果,并将其定位于合理的位置。

5.5.3 模具顶杆布置

冲压生产中,为了将零件或者废料从凹模型孔中推出,在精冲模中还给精冲零件提供反压力,需要设计顶料装置,包括推板、顶杆和打料零件,图 5.29 所示为常见的几种顶杆布置方式。其中顶杆的布置最难处理,合理布置顶杆位置必须满足以下条件:

1）顶杆的合力中心尽可能接近冲压件的压力中心；

2）顶杆应当均匀布置；

3）顶杆应当靠近冲压件轮廓边缘布置；

4）顶杆数量和直径选择适当；

5）在某些特殊部位(例如零件的窄长部分)需要设置顶杆。

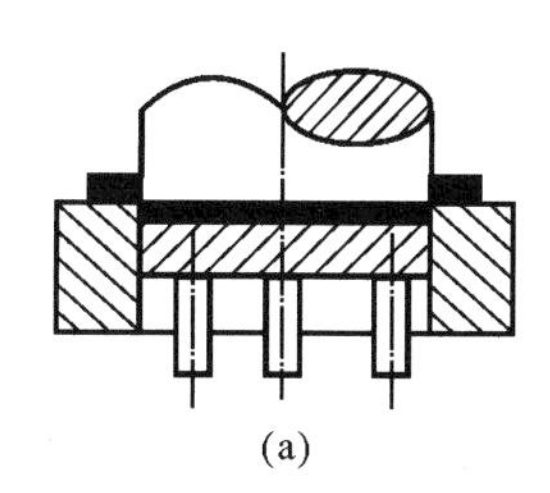
(a)

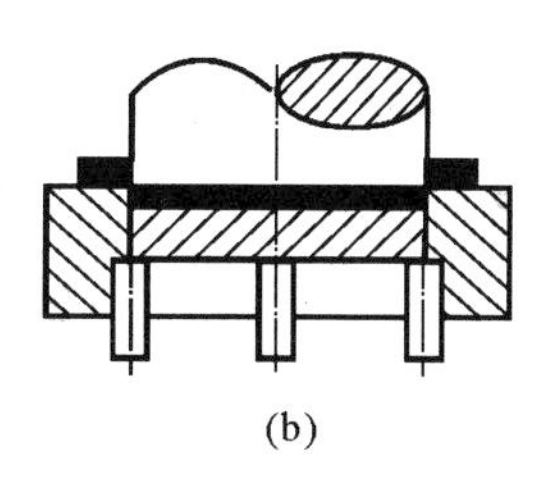
(b)

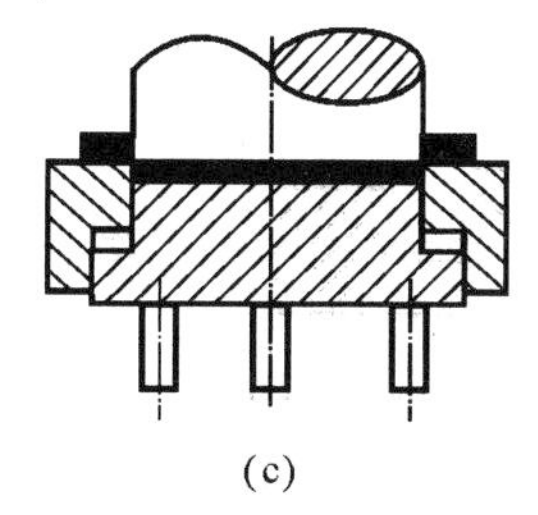
(c)

图5.29　顶杆布置方式

1.目标函数

衡量顶杆布置方案优劣的标准是顶杆布置方案是否能够同时满足上述条件，因此，顶杆布置是一个在约束条件下的多目标优化问题。优化目标如下：

1）顶杆合力中心与冲压件压力中心的距离，即

$$f_1(x,y)=\left(\sum_{i=1}^{n}x_i/n-x_0\right)^2+\left(\sum_{i=1}^{n}y_i/n-y_0\right)^2 \tag{5.27}$$

2）顶杆所围成的多边形周长的倒数，即

$$f_2(x,y)=1/\left\{\sum_{i=1}^{n-1}\left[\sqrt{(x_i-x_{i+1})^2+(y_i-y_{i+1})^2}+\sqrt{(x_1-x_n)^2+(y_1-y_n)^2}\right]\right\} \tag{5.28}$$

式中　x_0,y_0——工件压力中心的坐标(mm)；

n——顶杆数；

x_i,y_i——第i个顶杆中心的坐标(mm)。

为了将多目标优化问题转化成单目标问题，建立评价函数，即

$$U(x)=\sum_{i=1}^{m}\lambda_i f_i(x) \tag{5.29}$$

式中　λ_i——权系数；

m——目标个数。

将求向量极值的问题转化成求标量极值的问题。权系数λ_i取值反映了对各个目标的估价，取为

$$\lambda_i=1/\min_{x\in D}f_i(x) \tag{5.30}$$

式(5.30)实际上是将各单目标最优值的倒数取为权系数。这种取值方法所形成的评价函

数反映了各个单目标函数值离开各自最优值的程度。在程序中,采用解非线性优化的网格法求解各个单目标的最优值。

2. 约束条件

由于冲压件外轮廓和内轮廓的复杂性,采用一组固定格式的约束函数表示随着冲压件形状变化的约束条件十分困难。采用可行网格法,将有约束的优化问题转化成无约束优化进行处理,程序具有通用性,其步骤如下:

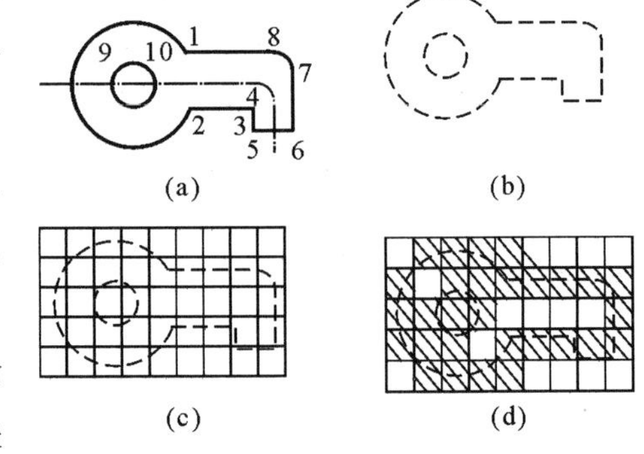

图 5.30 可行网格的划分

1) 由冲压件图形输入程序求得零件内轮廓、外轮廓所有元素(点、线、面) 方程的参数及其交点坐标,如图 5.30(a) 所示。

2) 冲压件图形的信息化处理,即用图形内轮廓、外轮廓上的一系列等间距的坐标点近似代表真实图形,如图 5.30(b) 所示。

3) 作冲压件外轮廓的外切矩形,然后以顶杆直径为边长,对矩形形状进行网格划分,如图 5.30(c) 所示。

4) 搜索包括内轮廓、外轮廓点列的网格,当点列间距小于网格边长时,这些网格连接成首尾相接的边界网格,如图 5.30(d) 所示阴影网格。

5) 在非边界网格中,将既在外边界内又在内边界外的网格称为可行网格。显然,可行网格对应顶杆可能布置的位置。在程序中,根据如下的判据能够迅速搜索出所有的可行网格,即

$$a \in A \cup B \cup C \tag{5.31}$$

式中 a—— 判断的网格;

A—— 边界网格的集合;

B—— 外边界之内网格的集合;

C—— 内边界之外网格的集合。

在可行网格布置顶杆时,其他条件不再考虑。

3. 顶杆均匀分布

为了使得顶杆分布尽可能均匀,采取以下方法:

1) 分割法。过冲压件的形心作水平线和铅垂线,将可行网格分成 4 个区。设各区可行网格数为 K_1, K_2, K_3, K_4,各区拟布置的顶杆数为 n_1, n_2, n_3, n_4,则应当尽可能满足

$$\frac{n_1}{K_1} = \frac{n_2}{K_2} = \frac{n_3}{K_3} = \frac{n_4}{K_4} \tag{5.32}$$

2) 跳步法。可行网格比较多时,任一可能的顶杆位置一旦确定,在该区域内不再选择

其相邻的网格与之组合。

3）删除法。程序运算前，先将明显不适宜布置顶杆的可行网格删去。

以上方法由程序自动进行处理。它们不仅能够使得顶杆分布比较均匀，还能够大大减少运算量。

4. 顶杆数量和直径计算

顶杆直径根据冲压件厚度选定。当厚度大于 3 mm 时，顶杆直径取 8 mm；当厚度小于 3 mm 时，则根据冲压件可行网格的数目，顶杆直径分别为 6 mm 和 4 mm 两种。

计算顶杆数目时，将顶杆视为两端固定的压杆，分为细长杆、中长杆、短杆三种情况。

对于细长杆（$\lambda \geqslant 100$），顶杆数目为

$$n = \frac{64 n_b p_e H^2}{\pi^3 E D^4} \tag{5.33}$$

对于中长杆（$60 \leqslant \lambda < 100$），顶杆数目为

$$n = \frac{4 n_b p_e}{\pi D^2 (A - B\lambda)} \tag{5.34}$$

对于短杆（$0 < \lambda < 60$），顶杆数目为

$$n = \frac{4 p_e}{[\sigma] \pi D^2} \tag{5.35}$$

式中　H—— 杆长（mm）；

i—— 惯性半径，$i = \sqrt{J/F}$；

λ—— 柔度，$\lambda = H/i$；

H—— 杆长（mm）；

F—— 顶杆横截面积（mm^2）；

J—— 最小惯性矩（$kg \cdot mm^2$）；

n_b—— 安全系数；

p_e—— 推板的顶件力（N）；

A, B—— 与材料性质有关的常数，对于 $\sigma_b > 480$ MPa 的材料，$A = 469$ MPa，$B = 26$ MPa。

5. 程序框图

顶杆优化布置流程图如图 5.31 所示。该程序的特点是安排了 4 次人机互动对话。

1）决定是否由计算机布置顶杆。如果冲裁件的面积过小，由于全部采用的是边界顶杆，计算机无法进行布置，则由设计人员直接输入自己的布置方案。

2）显示自动计算出的顶杆直径和数目。如果设计人员不满意，可以进行修改。

3）决定是否采用台阶式推板。如果采用台阶式推板，计算机还需要设计出台阶式推板的各个参数。

4）决定是否采用边界顶杆。如果决定采用边界顶杆，同样以问答的形式输入边界顶杆的

数目和位置。边界顶杆一旦确定,系统将对顶杆的分布区域作适当调整,以保证全部顶杆分布均匀。

每一个可行网格对应顶杆的一个可能布置的位置,但是,在该网格附近还可能存在更为有利的顶杆布置位置,因此,在许多情况下,仅划分一次网格不够。网格划分次数越多,越有可能得到最佳方案,但是工作量也增加。

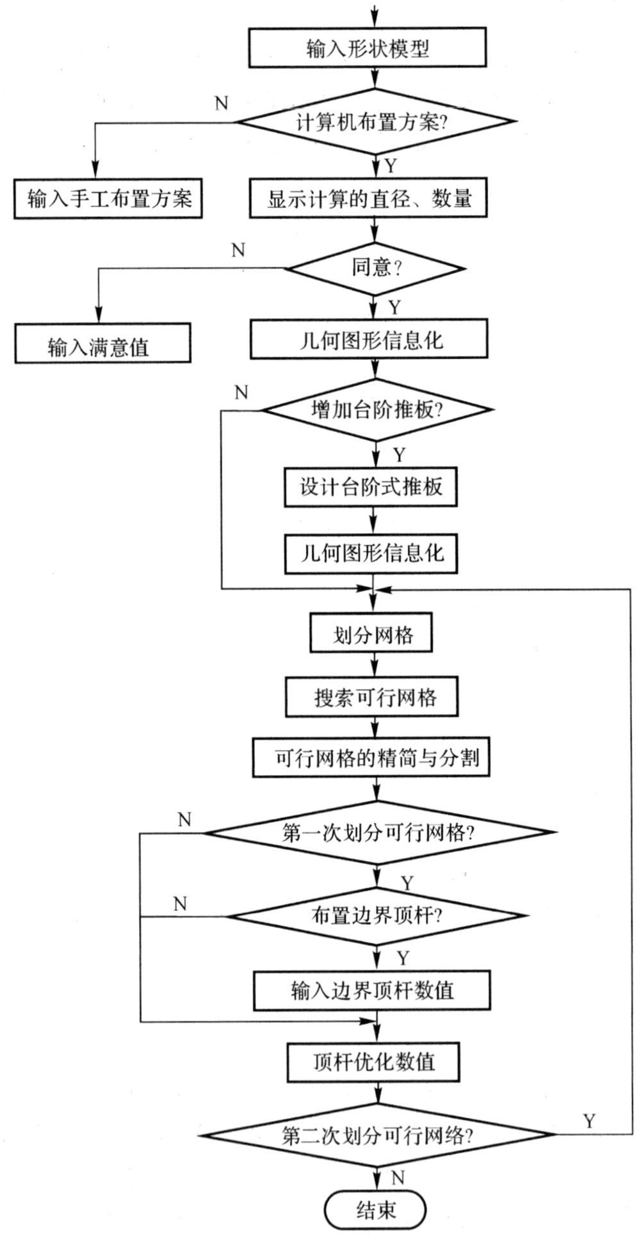

图 5.31　顶杆优化布置流程图

5.6　精密冲裁模具 CAD

普通冲裁得到的零件，其剪切断面比较粗糙，而且还有塌角、毛刺，并带有斜度，同时零件的尺寸精度也比较低。当要求冲裁件的剪切面作为工作表面或者配合表面时，采用普通冲裁工艺往往不能满足零件的技术要求。随着精密制造技术的发展，高精度、高质量的冲裁件越来越多，精密冲裁工艺得到了迅速发展。精密冲裁属于无屑加工技术，是在普通冲压技术基础上发展起来的一种精密冲裁方法，简称精冲。它能在一次冲压行程中获得比普通冲裁零件尺寸精度高、剪切面光洁、翘曲小且互换性好的优质精冲零件，并以比较低的成本达到产品质量的改善。

精冲是在三动压力机（冲裁力、压边力和反压力都可以单独调整）和带有特殊结构的精冲模具上进行的。普通冲裁变形过程中，由于凸模与凹模之间间隙比较大，使得零件出现锥度，同时冲裁变形过程不能形成纯剪切变形，而伴有材料的弯曲与拉深，在拉应力的作用下材料产生撕裂，造成拉裂的断面，故断面粗糙。为了避免这些现象，一方面，精密冲裁采用小间隙，甚至负间隙；另一方面，精密冲裁采用带有小圆角或者椭圆角的凹模（落料）或者凸模（冲孔）刃口，以避免刃口处应力集中。这样可以增大压应力，减小拉应力，消除或者延缓剪切裂纹的出现，并且圆角凹模还有挤光冲切面的作用，故可以得到光亮垂直的断面。能够实现精冲的工艺方法颇多，根据各种精冲方法所采用的模具结构特点、精冲过程中的动作方式和材料变形特征，可以将工艺分为以下几种：小间隙圆角刃口精冲、负间隙冲裁和齿圈压板冲裁。此处只介绍齿圈压板精冲。

5.6.1　齿圈压板冲裁

齿圈压板冲裁是生产中应用比较多的精密冲裁方法，俗称精冲法。齿圈压板精冲模工作部分由凸模、凹模、齿圈压板、顶出器四部分组成。采用齿圈压板冲裁可以获得断面粗糙度 Ra 为 1.6 ～ 0.4 μm，尺寸精度为 IT6 ～ IT9 的零件（内孔比外形高一级），而且还可以把精冲工序与其他成形工序（例如弯曲、挤压、压印等）组合在一起进行复合或者连续冲压，从而大大提高生产率和降低生产成本。

以落料为例，精冲工艺过程如图 5.32 所示。图 5.32(a) 为材料送进模具；图 5.32(b) 为模具闭合，材料被齿圈压板、凹模、凸模和顶出器压紧；图 5.32(c) 为材料在受压状态下被冲裁；图 5.32(d) 为冲裁完毕，上模、下模分开；图 5.32(e) 为齿圈压板卸下废料；图 5.32(f) 为顶出器顶出零件并移走，准备下次冲裁。

冲裁过程中，先卸废料再顶出零件，是为了防止零件卡入废料，以免损坏零件影响质量。

由于精冲法增添了齿圈压板与顶出器，使得材料在受压状态下进行冲裁，可以防止材料冲裁过程中的拉伸流动。加之凸模与凹模之间的间隙极小,使得剪切区的材料处于三向压应力状态。这样不但提高了冲裁周边金属的塑性,还消除了材料剪切区的拉应力。凹模刃口为圆角,消除了应力集中,故不会产生由拉应力引起的宏观裂纹,从而不会出现普通冲裁时的撕裂断面。同时,顶出器又能够防止零件产生穹弯,故能得到冲裁断面光亮、锥度小、表面平整、尺寸精度高的零件。精冲时,压紧力、冲裁间隙及凹模刃口圆角三者相辅相成,而间隙是主要因素。当间隙均匀、圆角半径适当时,可以用不大的压紧力而获得光洁的断面。

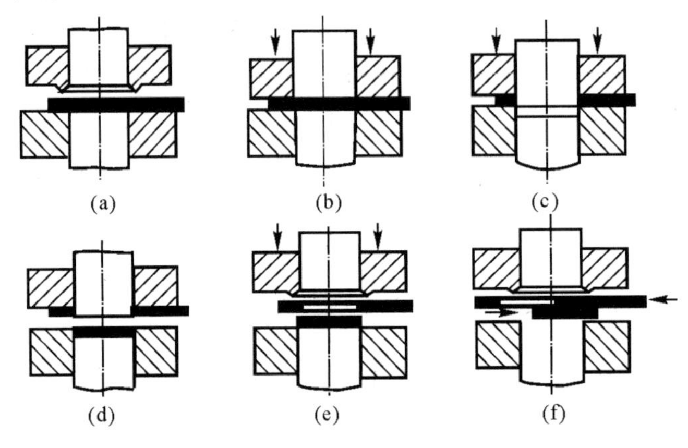

图 5.32 精冲工艺过程

5.6.2 精冲零件工艺性分析

精冲零件的工艺性主要是指保证零件的技术要求和使用要求的精冲可行性。它包括零件的材料和零件的几何形状。

1. 零件材料

精冲材料直接影响精冲零件剪切断面质量、尺寸精度和模具寿命,所以对材料的要求比较严格。适合于精冲的材料必须具有良好的塑性、比较大的变形能力和良好的微观组织。精冲的材料必须具有良好的变形特性,这样在冲裁过程中不致发生撕裂现象。碳质量分数 w_C 小于 0.35%,抗拉强度 $\sigma_b = 300 \sim 600$ MPa 的钢精冲效果最好。但是碳质量分数 w_C 在 $0.35\% \sim 0.7\%$,甚至更高的碳钢以及铬、镍、钼含量低的合金钢经过退火处理后仍然可以获得良好的精冲性能。材料的微观组织对精冲断面质量影响很大(特别对含碳量高的材料),最理想的微观组织是球化退火后均布的细粒碳化物(即球状渗碳体)。对于有色金属纯铜、黄铜(铜质量分数 w_{Cu} 大于 62%)、软青铜、铝及其合金(抗拉强度低于 250 MPa) 都能够进行精冲。铅黄铜的精冲质量不好。

2. 零件几何形状

从精冲零件的结构工艺性来看,精冲零件所允许的孔边距和孔径的最小值都比普通冲裁要小。

1）最小圆角半径。精冲零件不允许有尖角，必须是圆角，因为过小的圆角半径会在相应的剪切面上产生撕裂，而且容易损坏凸模。零件的最小圆角半径与零件的尖角角度、材料厚度及其机械性能等因素有关。图 5.33 所示为零件材料抗拉强度低于 450 MPa 的关系曲线，当材料的抗拉强度超过此值时，数据应当按照比例增加。零件轮廓上凹进部分的圆角半径相当于凸起部分所需圆角半径的 2/3。

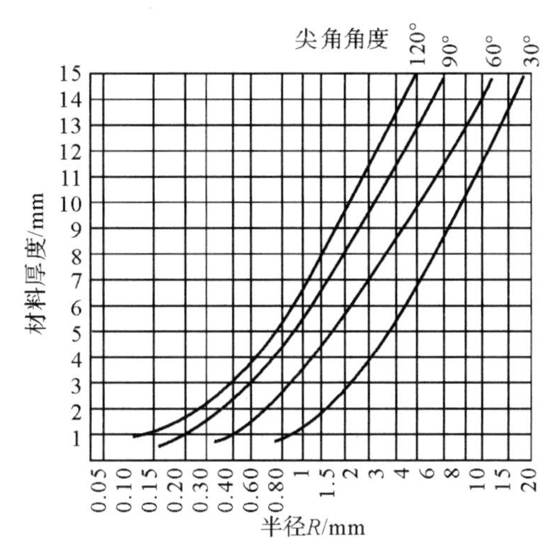

图 5.33　圆角半径与材料厚度、尖角角度的关系

2）最小孔径与槽宽。精冲零件允许的最小孔径主要从冲孔凸模所能承受的最大压应力来考虑，其值与被冲材料性质及材料厚度等因素有关，可以由图 5.34 查出。

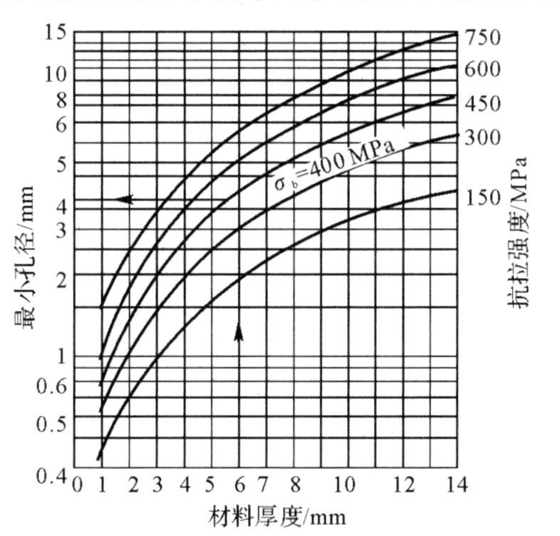

图 5.34　精冲零件最小孔径

冲窄长槽时，凸模将受到侧压力，所能承受的压力比断面同样大的圆孔凸模小，故需要按照槽长与槽宽的比值考虑，可以由图 5.35 查出最小槽宽值。

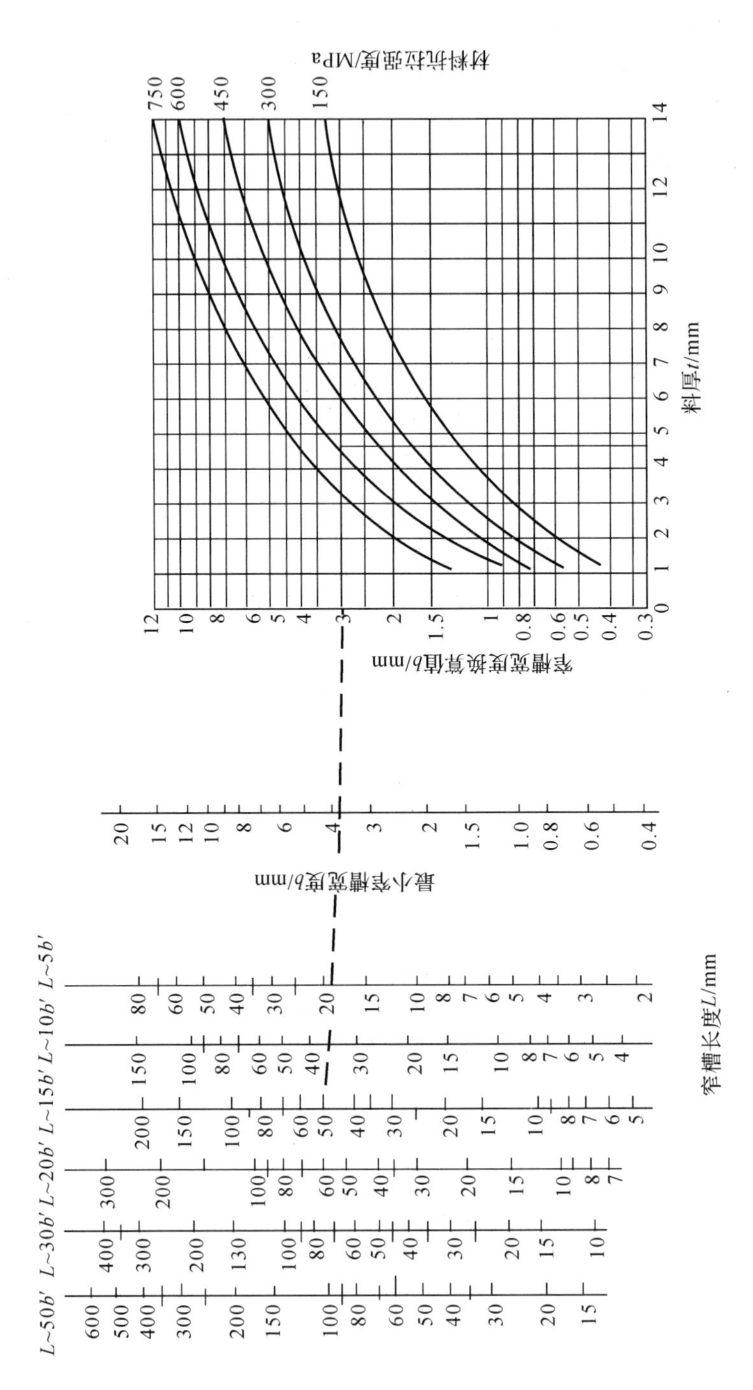

图 5.35 精冲零件最小窄槽宽度

例如,已知料厚为 $t=4.5$ mm,材料抗拉强度为 $\sigma_b=600$ MPa。先由图 5.35 中料厚线与抗拉强度曲线的交点得出槽宽换算值 3 mm。因为槽长为 50 mm,与槽宽的比在 20 以下,故在线性比例尺 $L\sim15b'$ 上找出槽长为 50 mm 的点,再与 3mm 点连成直线,交最小槽宽线尺寸于一点,即得出最小槽宽为 3.7 mm。

3) 最小壁厚。最小壁厚是指精冲零件上的孔、槽相互之间或者孔、槽内壁与零件外形之间的距离(见图 5.36)。最小壁厚 W_1 和 W_2 可以按照图 5.36 查得。例如,料厚为 5 mm,材料抗拉强度为 500 MPa,由图 5.36 查得最小壁厚 W_2 约为 2.7 mm,而 W_1 处的壁厚可再减少 15%,约为 2.3 mm。图 5.36 所示 W_3 与 W_4,可以看做窄带,由图 5.35 所示求出最小宽度值。

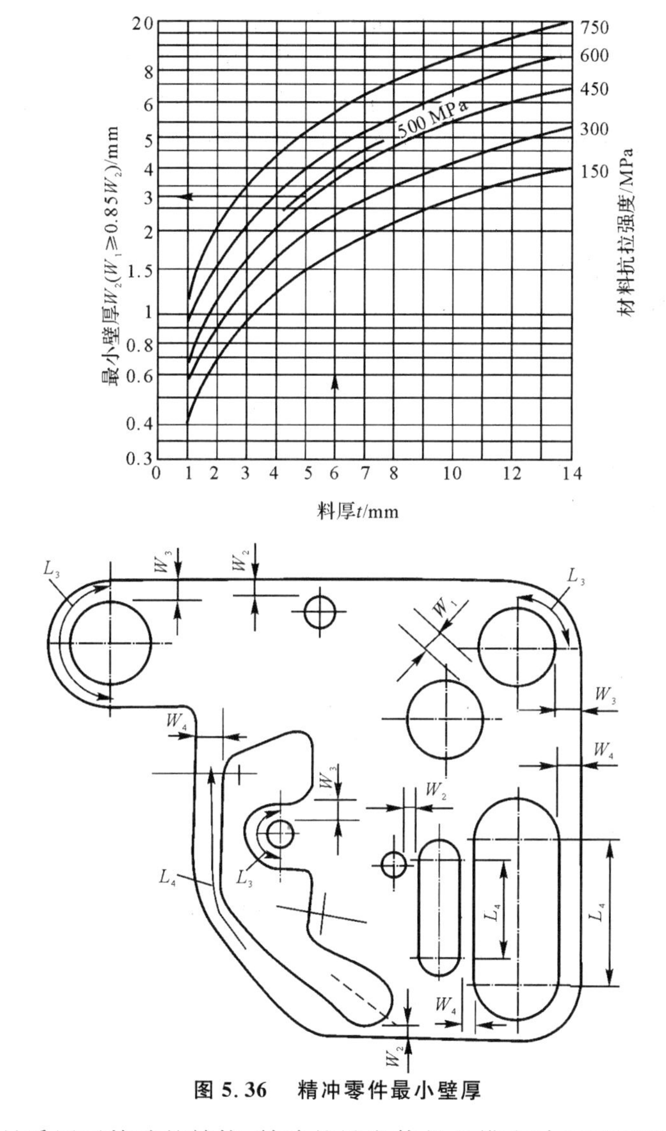

图 5.36　精冲零件最小壁厚

由于精冲模具采用了特殊的结构,精确的导向使得凸模在冲压时不受或者少受侧向力的作用,使得冲裁过程很平稳,从而能够生产出孔边距、孔径小于料厚的精冲零件。除了上述对精冲件的功能性要求外,实际生产中还需要充分考虑其经济性,即应当在一定的批量生产条件下,制造方面最方便与最合算。

5.6.3 精冲模工作部分设计

1. 凸模和凹模刃口尺寸设计

凹模与冲孔凸模刃口的圆角:当圆角半径 R 值太小时,零件的切断面将出现撕裂;R 值太大时,又会增加零件塌角和锥度。生产实践表明 $R=0.01\sim0.03$ mm 比较合适,对于板料厚度小于3 mm的零件,采用$R=0.05\sim0.1$ mm效果比较好。实际生产中试冲时先采用最小 R 值,只有在增加齿圈压力后仍然不能获得光洁切断面的情况下,再修磨增大 R 值。

精冲模刃口尺寸设计与普通冲裁模刃口设计基本相同,落料件以凹模为设计基准,冲孔件以凸模为设计基准。不同的是精冲后零件外形或者内孔均有微量收缩,一般外形要比凹模小0.01 mm 以下。考虑到使用中刃口的磨损,精冲模刃口尺寸计算公式如下:

$$D_{\mathrm{d}}=\left(D_{\min}+\frac{1}{4}\Delta\right)_{0}^{+\frac{\Delta}{4}} \tag{5.36}$$

式中 D_{d}—— 落料凹模刃口的尺寸(mm);

$D_{\min}$—— 零件最小极限尺寸(mm);

Δ—— 零件尺寸公差(mm)。

$$d_{\mathrm{p}}=\left(d_{\max}-\frac{1}{4}\Delta\right)_{-\frac{\Delta}{4}}^{0} \tag{5.37}$$

式中 d_{p}—— 冲孔凸模刃口的尺寸(mm);

$d_{\max}$—— 零件最大极限尺寸(mm)。

$$C_{\mathrm{d}}=(C_{\min}+0.5\Delta)\pm\frac{\Delta}{3} \tag{5.38}$$

式中 C_{d}—— 凹模孔中心距尺寸(mm);

$C_{\min}$—— 零件中心距最小极限尺寸(mm)。

对于配作模具,注明与基准件的间隙值即可。凸模与凹模间隙值的大小影响精冲件的断面质量和模具寿命。间隙过大,将使得零件切断面撕裂而引起断面粗糙;间隙过小,又影响模具寿命。间隙值大小与材料性质、材料厚度、零件形状等因素有关。对塑性好的材料,其间隙值可以取大值;对塑性低的材料,其间隙值取小值,凸模与凹模双面间隙值占料厚 t 的百分比按照表5.1 选取。

表 5.1 凸模、凹模双面间隙值

材料厚度 /mm	外形间隙值占比 /(%)	内形间隙值占比 /(%)		
		$d<t$	$d=(1\sim5)t$	$d>5t$
0.5	1	2.5	2	1
1	1	2.5	2	1
2	1	2.5	1	0.5
3	1	2	1	0.5
4	1	1.7	0.75	0.5
6	1	1.7	0.5	0.5
10	1	1.5	0.5	0.5
15	1	1.5	0.5	0.5

2. 齿圈压板装置设计

齿圈压板冲裁是生产中应用比较多的精密冲裁方法。齿圈压板式精冲模在模具结构上，比普通冲裁模多一个齿圈压板和一个推件板，如图 5.37 所示。齿圈就是压板上的 V 形凸起圈，它围绕零件的剪切周边，并离开一定的距离。

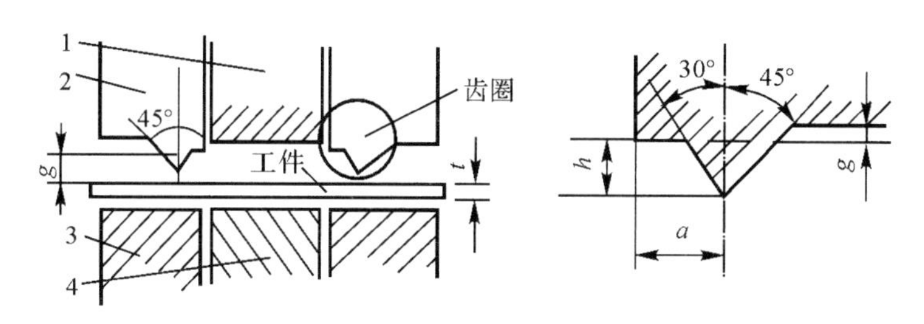

图 5.37　齿圈压板精冲模工作部分结构

1— 凸模；2— 齿圈压板；3— 凹模；4— 顶杆

1) 齿圈分布。齿圈的分布可以根据加工零件的形状和具体要求考虑。当加工形状简单的零件时，可以把齿圈做成和零件的外形相同；当加工形状复杂的零件时，可以在有特殊要求的部位做出与零件外形类似的齿圈，其他部位则可以简化或者近似做出，如图 5.38 所示。

当冲小孔时，剪切区以外不会发生材料流动，一般不需要齿圈。当冲大孔时(孔径大于料厚的 10 倍)，建议在顶杆上加齿圈(用于固定凸模式模具)。如果材料厚度超过 4 mm，或者材料韧性比较高时，通常使用两个齿圈，一个装在压边圈上，另一个装在凹模上。为了保证材料在齿圈嵌入后具有足够的强度，上齿圈与下齿圈可以稍许错开。

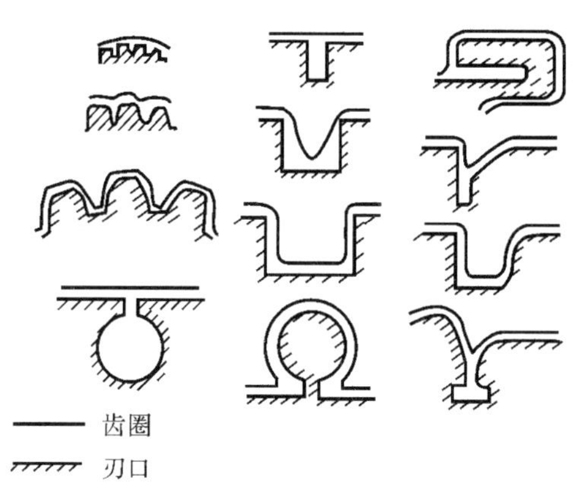

图 5.38　齿圈与刃口形状

2) 齿圈形状与参数。齿圈设计参数类型比较多，主要介绍三种，其中表 5.2 所列参数用于图 5.37 所示的齿形。表 5.3 为单面齿圈尺寸，表 5.4 用于压板与凹模上均有齿圈的双面齿圈尺寸。

表 5.2 齿圈的尺寸 单位:mm

材料厚度 t	齿圈尺寸		
	g	h	a
1 ~ 4	0.05 ~ 0.08	(0.2 ~ 0.3)t	(0.66 ~ 0.75)t
> 4	0.08 ~ 0.1	0.17t	0.6t

表 5.3 单面齿圈尺寸(压板上) 单位:mm

材料厚度 t	A	h	r
1 ~ 1.7	1	0.3	0.2
1.8 ~ 2.2	1.4	0.4	0.2
2.3 ~ 2.7	1.7	0.5	0.2
2.8 ~ 3.2	2.1	0.6	0.2
3.3 ~ 3.7	2.5	0.7	0.2
3.8 ~ 4.5	2.8	0.8	0.2

表 5.4 双面齿圈尺寸(压板与凹模) 单位:mm

材料厚度 t	A	H	R	h	r
4.5 ~ 5.5	2.5	0.8	0.8	0.5	0.2
5.6 ~ 7	3	1	1	0.7	0.2
7.1 ~ 9	3.5	1.2	1.2	0.8	0.2
9.1 ~ 11	4.5	1.5	1.5	1	0.5
11.1 ~ 13	5.5	1.8	2	1.2	0.5
13.1 ~ 15	7	2.2	3	1.6	0.5

3. 搭边与排样

因为精冲时齿圈压板需要压紧材料,故精冲的搭边值比普通冲裁时要大。排样的原则基本上与普通冲载相同。但是,应当将零件上形状复杂或者带齿形的部分及剪切断面质量要求比较高的部分放在靠材料送进一端,使得这部分断面从没有精冲过的板料中剪切下来,以保证有比较好的断面质量,如图 5.39 所示。

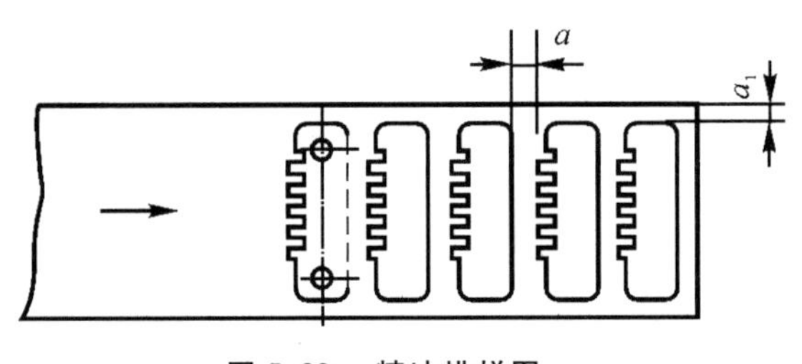

图 5.39 精冲排样图

5.7　拉深模具 NX 设计案例

5.7.1　模型准备

1)打开文件 lift_gate_draw_assem_nx. prt，如图 5.40 所示。（本书中案例文件为 NX10.0 版自带文件，后文此类不再一一说明。）

2)在装配导航器中检查装配，设置 lift_gate_draw_punch_nx. prt 为工作部件，隐藏装配树中其他部件。如图 5.41 所示。

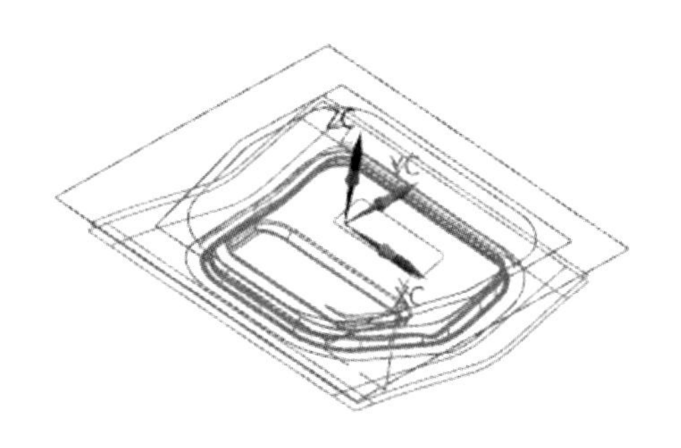

图 5.40　掀背门

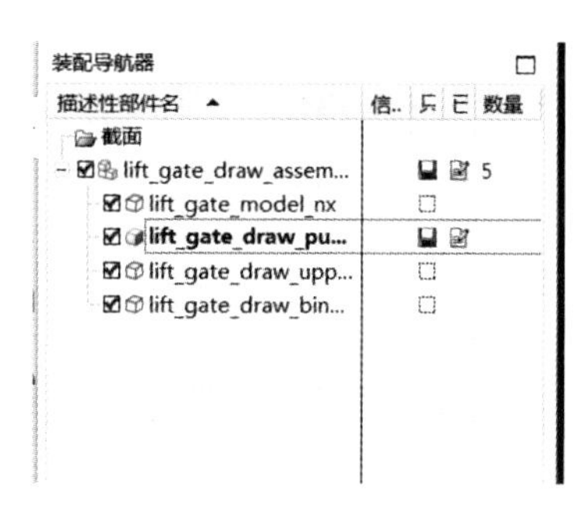

图 5.41　设置工作部件

5.7.2　创建拉伸凸模特征

1)在冲模设计工具条中选择图标 ，弹出图 5.42 所示【拉延模(原)】对话框。

2)选择图标 ，选择凸模轮廓线如图 5.43 所示。

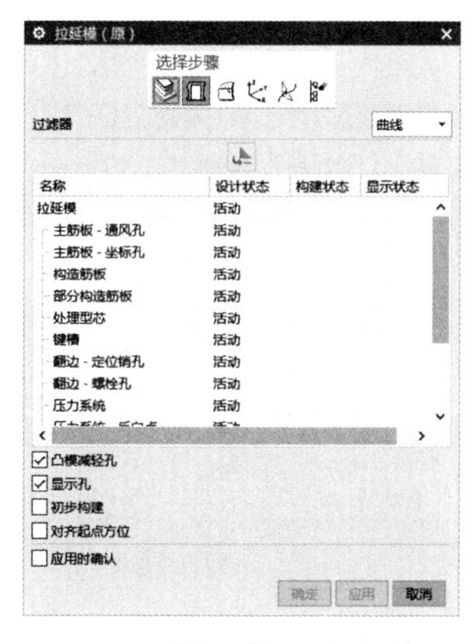

图 5.42　【拉延模(原)】对话框

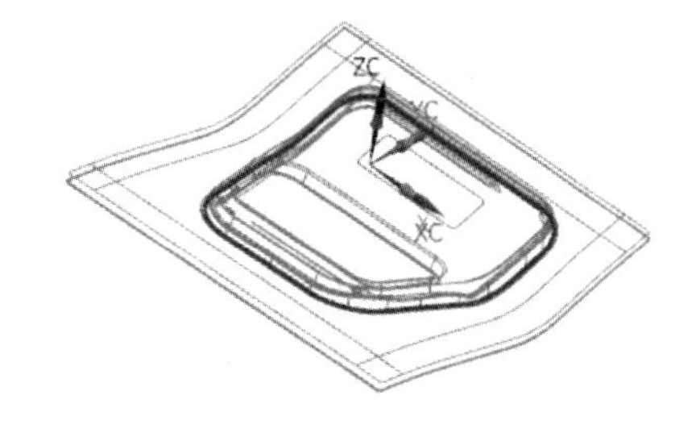

图 5.43　选择凸模轮廓线

3)选择基座方位图标，选择平面子功能图标，在【点】对话框中选择 Z 轴，输入 −900，单击【确定】，生成的坐标位置如图 5.44 所示。

4)选择图标，选择片体，如图 5.45 所示。

5)选择图标，选择 CSYS，默认原来的 CSYS。

注意：选择完 CSYS 后，+ZC 必须从底面指向片体。设置凸模特征之后，在【拉延(原)模】对话框中必须完成其他特征设定后再点击【应用】。

6)在图 5.42 所示的【拉延模(原)】对话框中，选中【拉延模】选项，右击，选择【其他参数】，系统弹出【拉延模】对话框，设置相关参数，如图 5.46 所示。

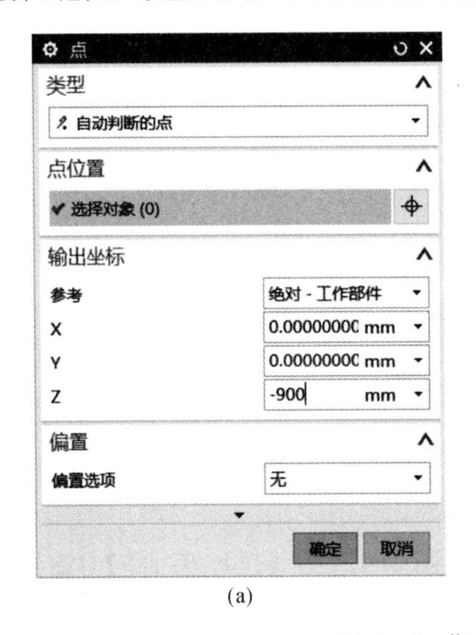

(a)

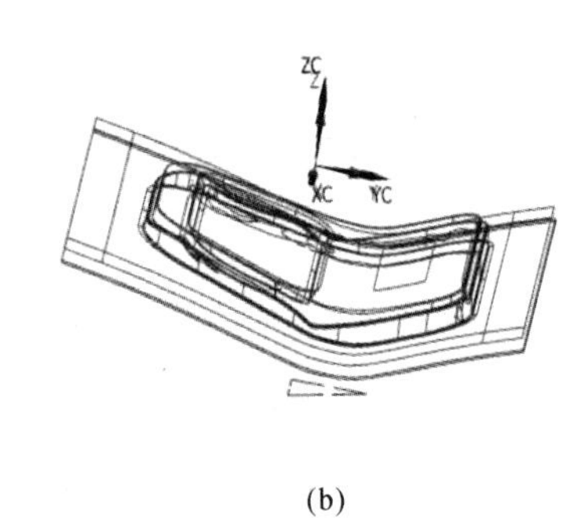

(b)

图 5.44　指定基座方位

(a)对话框；(b)坐标位置

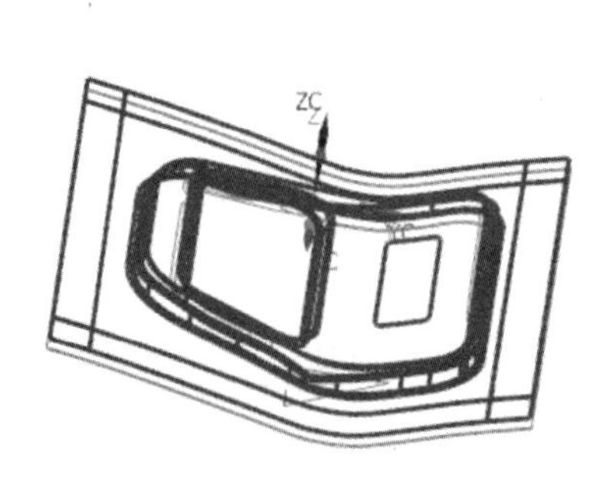

图 5.45　选择片体

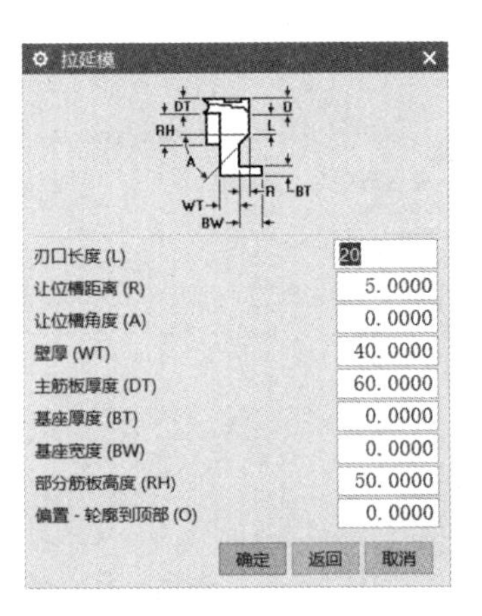

图 5.46　设置拉延凸模截面参数

5.7.3　创建凸模避让槽

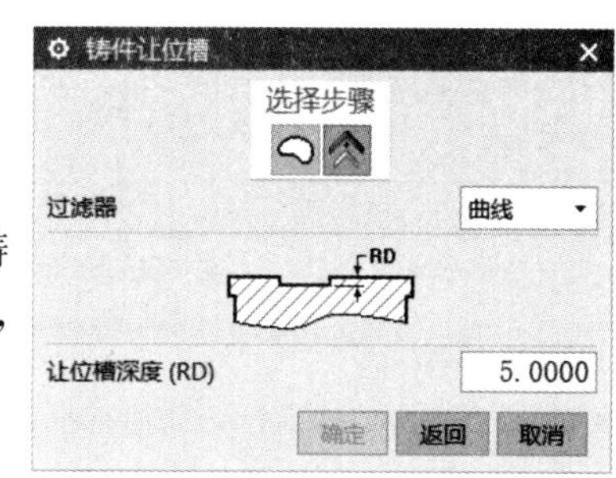

图5.47　【铸件让位槽】对话框

1)设置图层,设置第二层可选。

2)在图5.42所示的【拉延模(原)】对话框中选择【铸件让位槽】,右击,选择【创建】,弹出【铸件让位槽】对话框,如图5.47所示。

3)选择轮廓线,如图5.48所示。

4)在让位槽深度(RD)中输入－10,如图5.49所示。

5)在【铸件让位槽】对话框中单击【确定】两次,完成让位槽创建。

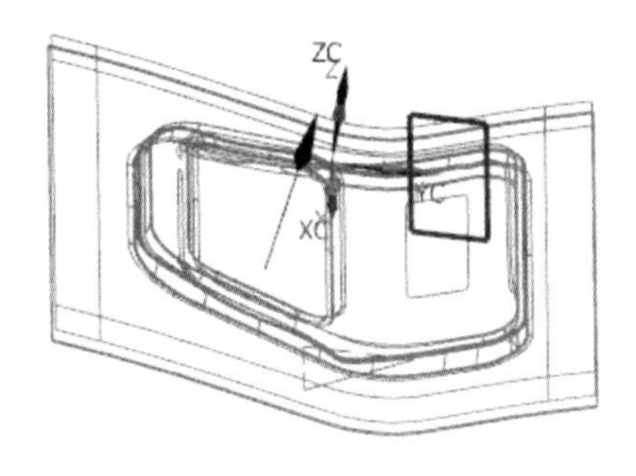

图5.48　选择轮廓线

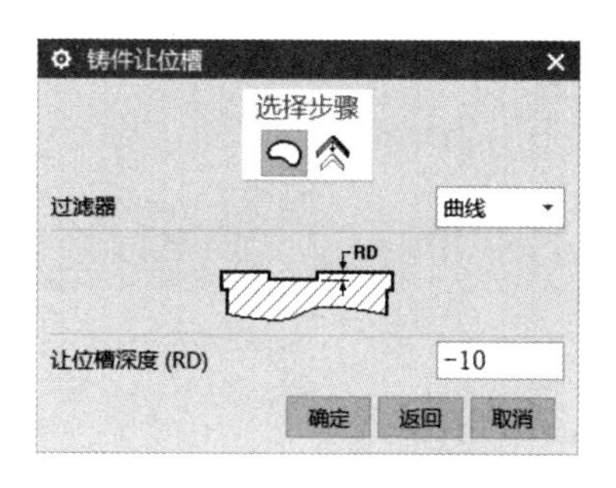

图5.49　定义让位槽深度

5.7.4　创建导板

1)设置图层,设置第三层可选,第二层不可见。

2)在图5.42所示的【拉延模(原)】对话框中,选中【导板】选项,右击,选择【创建】,弹出【导板】对话框,如图5.50所示。

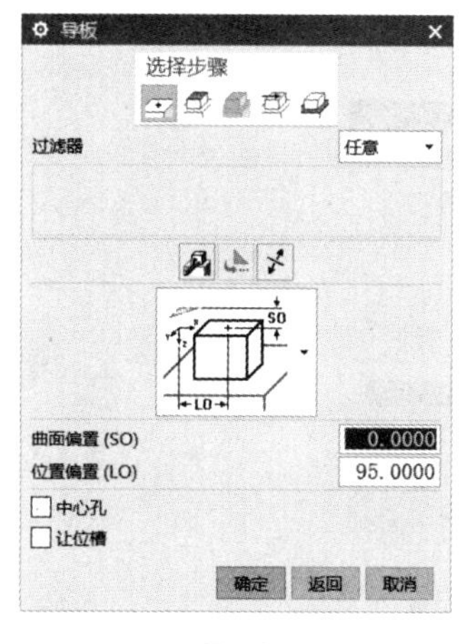

图5.50　【导板】对话框

3)选择 选项,选择两个定位点;选择 选项,选择方位平面,如图 5.51 所示。

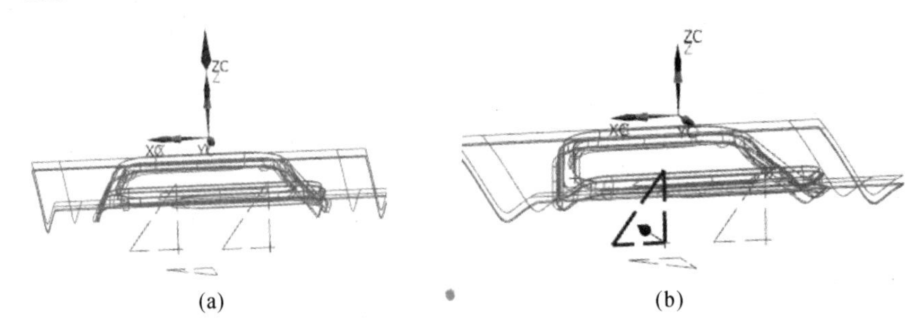

图 5.51 选择定位点和方位平面

(a)定位点;(b)方位平面

4)采用默认矩形凸垫形状,在曲面偏置(SO)中输入数值—5,如图 5.52 所示。

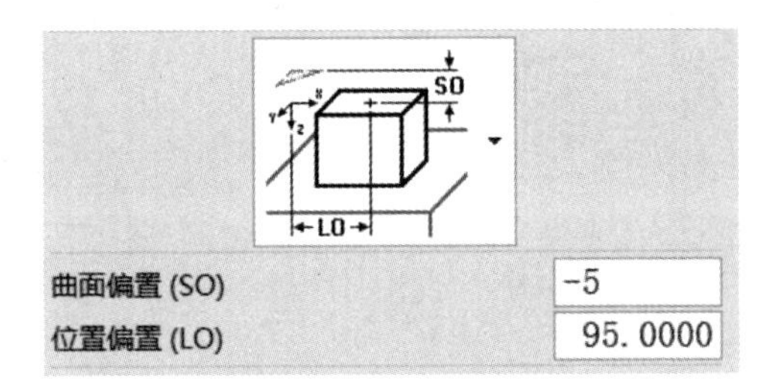

图 5.52 设置导板参数

5)在【导板】对话框中单击【确定】两次,完成导板创建。

5.7.5 创建处理型芯

1)设置图层,设置第四层可选,设置第三层不可见。

2)在图 5.42 所示的【拉延模(原)】对话框中选择【处理型芯】,右击,选择【创建】,弹出【处理型芯】对话框,如图 5.53 所示。

3)选择中心位置点,如图 5.54 所示。

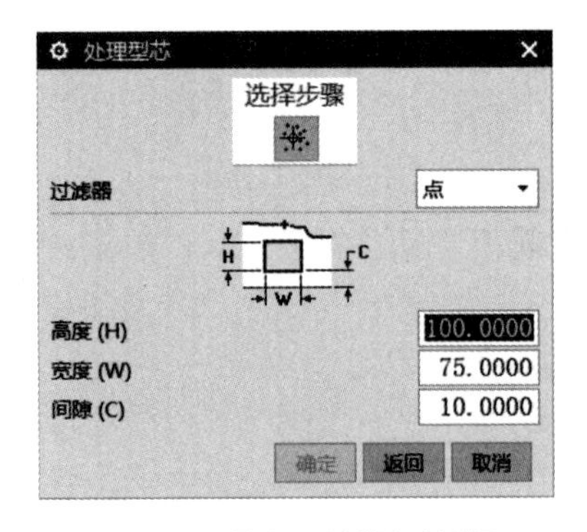

图 5.53 【处理型芯】对话框

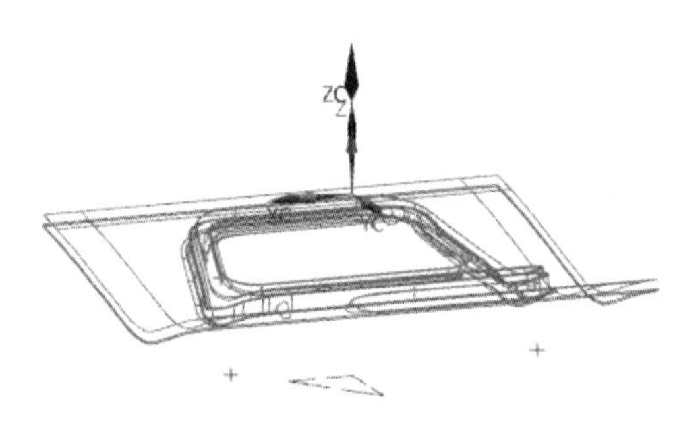

图 5.54 选择定位点

4)参数采用默认值,如图 5.53 所示。

5)在【处理型芯】对话框中单击【确定】两次,创建的处理型芯如图 5.55 所示。

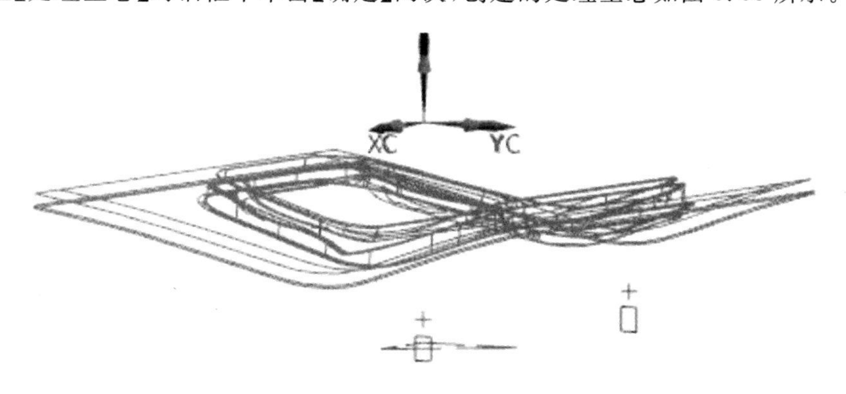

图 5.55　创建的处理型芯

5.7.6　创建主筋板通风孔

1)设置图层,选择第五层可选,设置第四层不可见。

2)在图 5.42 所示的【拉延模(原)】对话框中选择【通风孔】,右击,选择【创建】,弹出【通风孔】话框,如图 5.56 所示。

3)选择两个气孔位置点,如图 5.57 所示。

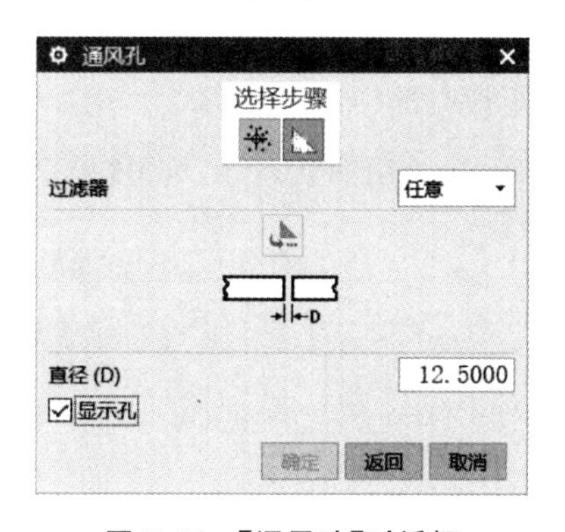

图 5.56　【通风孔】对话框

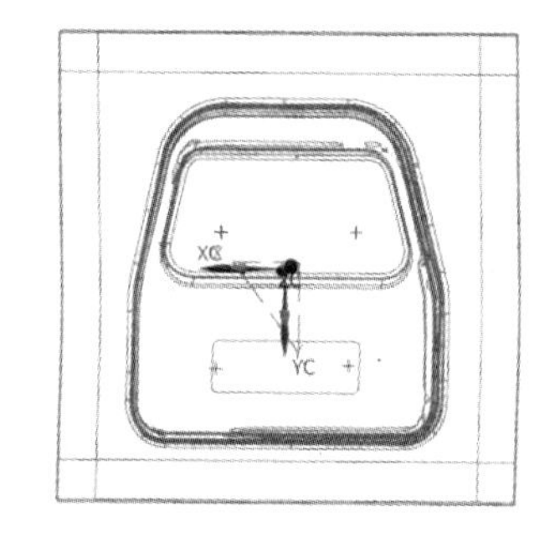

图 5.57　选择气孔位置点

4)在【通气孔】对话框中单击【确定】两次,完成主筋板通风孔创建。

5.7.7　创建主筋板坐标孔

1)在图 5.42 所示的【拉延模(原)】对话框中选择【坐标孔】,右击,选择【创建】,弹出【坐标孔】对话框,如图 5.58 所示。

2)选择两个坐标点,选择的点位如图 5.59 所示。

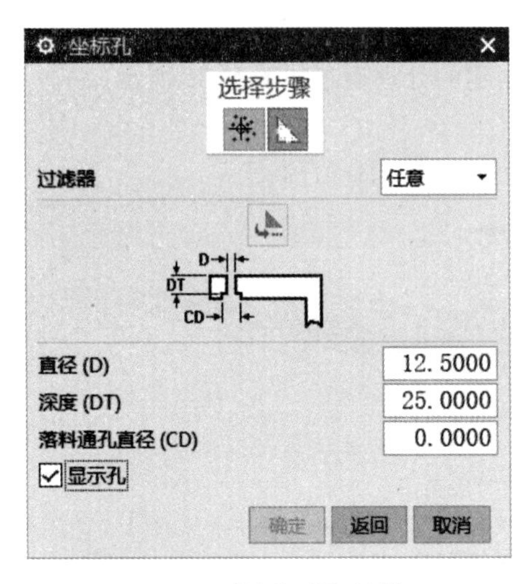

图 5.58 【坐标孔】对话框

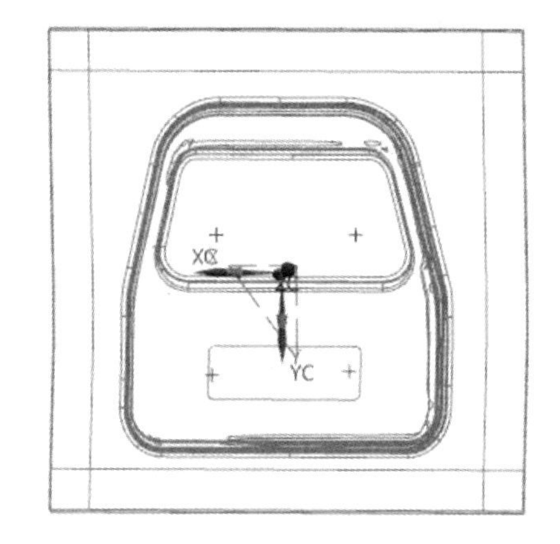

图 5.59 选择坐标孔点位

3)设置落料通孔直径(CD)为 30,默认其他参数设置。

4)在【坐标孔】对话框中,单击【确定】两次,完成特征创建。

5.7.8 创建键槽

1)在图 5.42 所示的【拉延模(原)】对话框中,选中【键槽】选项,右击,选择【创建】,弹出【键槽】对话框,如图 5.60 所示。

2)选择键槽位置。默认选择 XYY 型,选择矩形端部样式。

3)选择 选项,设置键槽参数,如图 5.61 所示,采用默认尺寸,单击【确定】。

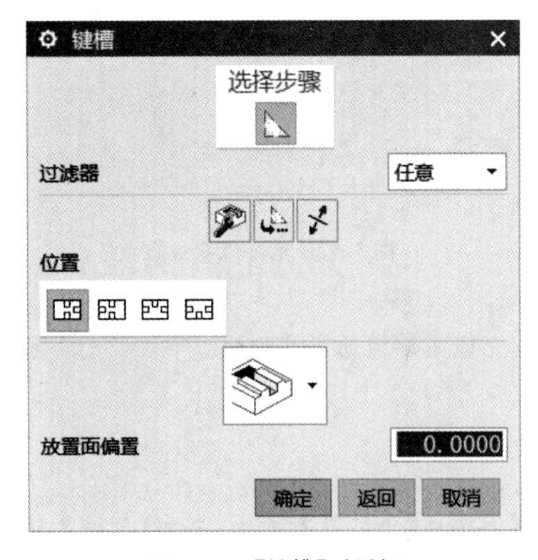

图 5.60 【键槽】对话框

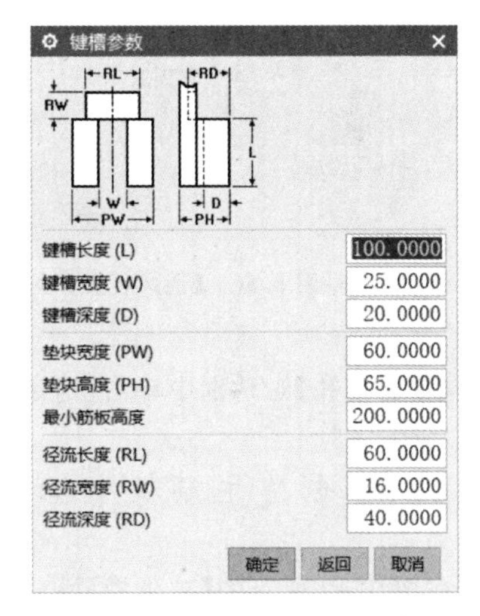

图 5.61 【键槽参数】对话框

4)在键槽对话框单击【确定】,创建的键槽如图 5.62 所示。

注意:CSYS 必须在凸模内部,否则键槽不能正确生成。

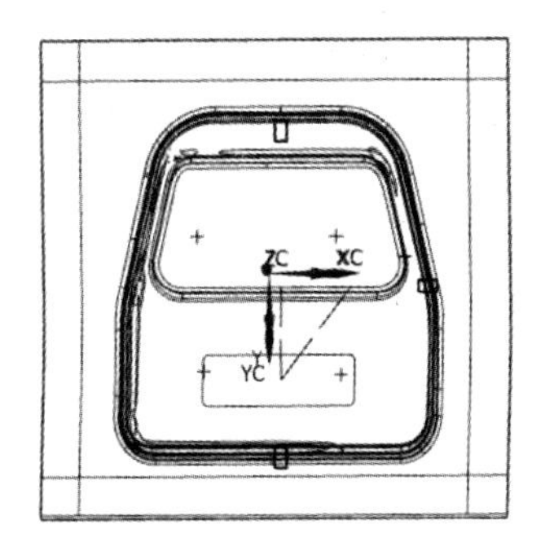

图 5.62　键槽

5.7.9　创建加强筋和局部加强筋

1)在图 5.42 所示的【拉延模(原)】对话框中选择【构造筋板】选项,右击,选择【创建】,弹出【构造筋板】对话框,如图 5.63 所示。

2)在【构造筋板】对话框中设置图样参数。在 X 图样偏置(XO)文本框中输入参数 0,距离(XD)文本框中输入参数 300;在 Y 图样偏置(YO)文本框中输入参数 0,距离(YD)文本框中输入参数 250。

3)减轻孔和矩形槽,这里默认不选择,即无减轻孔,沿外形形状。

4)选择 选项,弹出【筋板尺寸】对话框,设置筋板尺寸,输入参数 RT=40,RAT=45,其他参数选择默认参数,如图 5.64 所示。

5)在【构造筋板】对话框中单击【确定】两次,创建的主筋板如图 5.65 所示。

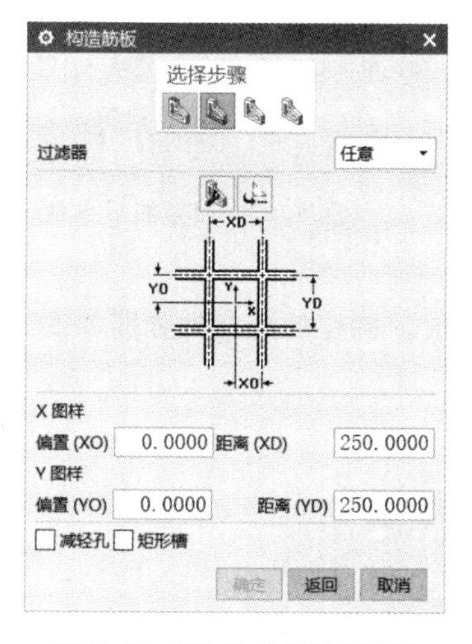

图 5.63　【构造筋板】对话框

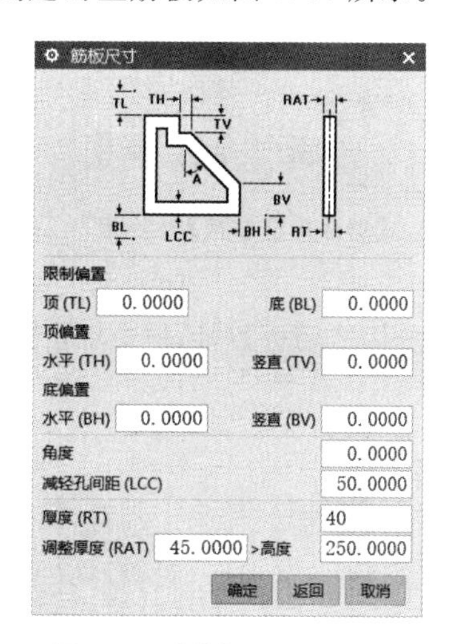

图 5.64　【筋板尺寸】对话框

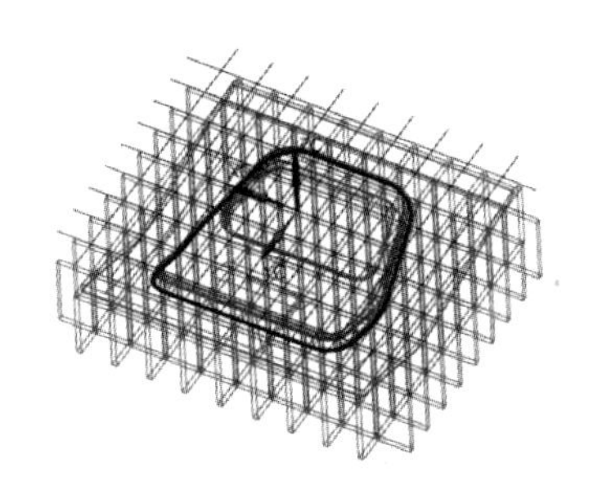

图 5.65　主筋板

6)在图 5.42 所示的【拉延模(原)】对话框中,选中【部分构造筋板】,右击,选择【创建】,弹出【部分构造筋板】对话框,在 X 图样偏置(XO)文本框中输入参数 150,距离 XD 文本框中输入参数 300;在 Y 图样偏置(YO)文本框中输入参数 125,距离(YD)输入参数 250,如图 5.66 所示。

7)选择 选项,编辑筋板尺寸,输入参数 RT=40,RAT=45,其他采用默认参数,完成后单击【确定】,如图 5.67 所示。

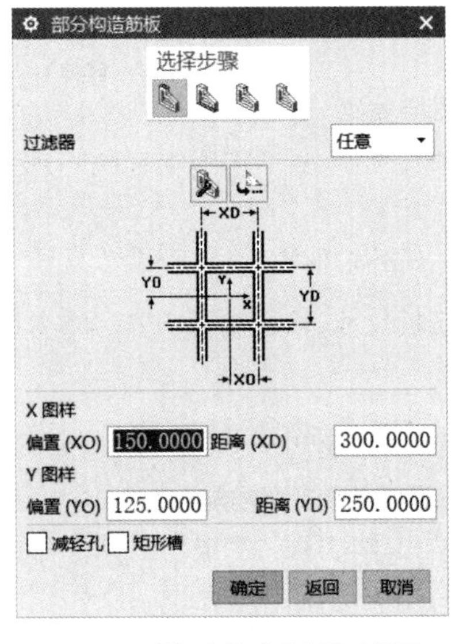

图 5.66 【部分构造筋板】对话框

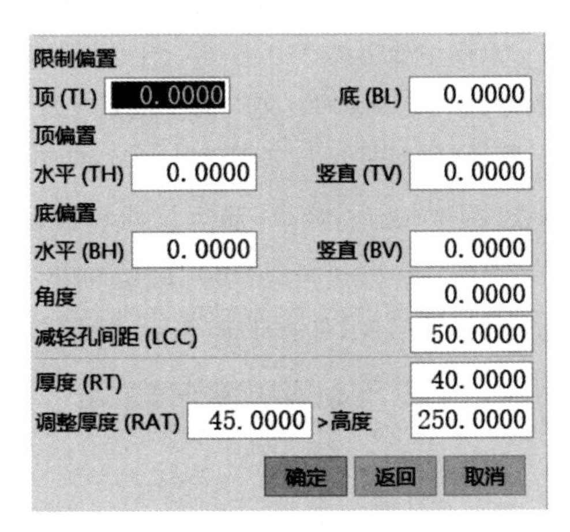

图 5.67 设置筋板参数

8)在【部分构造筋板】对话框中单击【确定】两次。创建的局部加强筋如图 5.68 所示。

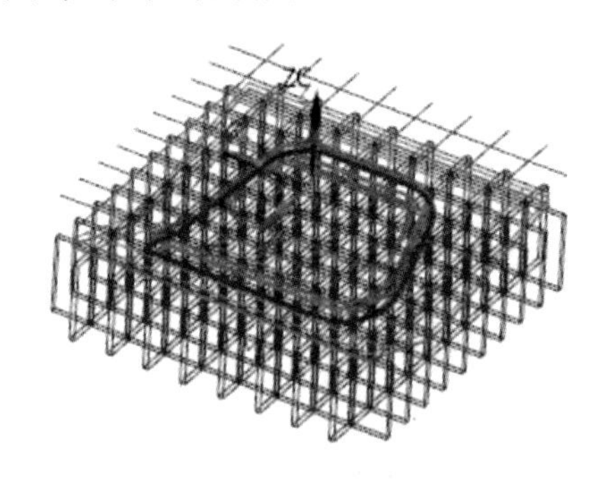

图 5.68 局部加强筋

5.7.10 创建压力系统

1)设置图层,选择第六层可选。

2)在图 5.42 所示的【拉延模(原)】对话框中选择【压力系统】,右击,选择【创建】,弹出

【压力系统点】对话框，如图 5.69 所示。

3）单击选点图标选项，选择图 5.70 所示的 5 个点。

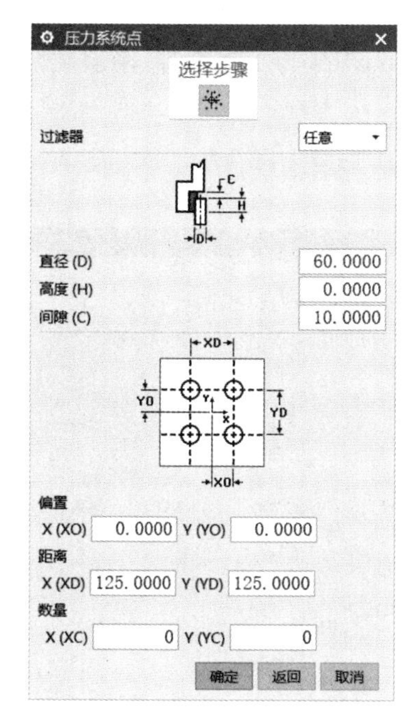

图 5.69　【压力系统点】对话框

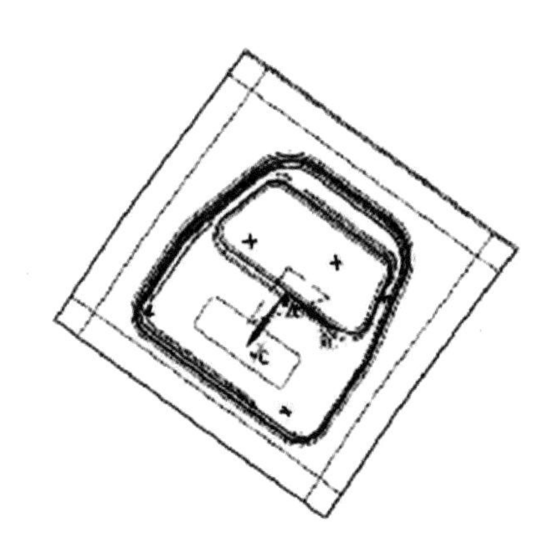

图 5.70　选择点位

4）采用默认尺寸，在【压力系统点】对话框中单击【确定】，完成压力系统创建。

5.7.11　生成拉深凸模

在完成上述所有特征创建后，在【拉延模（原）】对话框中单击【应用】，创建拉深凸模，如图 5.71 所示。

图 5.71　拉深凸模

5.7.12 创建拉深凹模特征

1)在装配导航器中设置 lift_gate_draw_upper_die_nx 为工作部件,隐藏装配树中其他部件,如图 5.72 所示。

2)选择图标,弹出图 5.73 所示的【拉延凹模(原)】对话框。

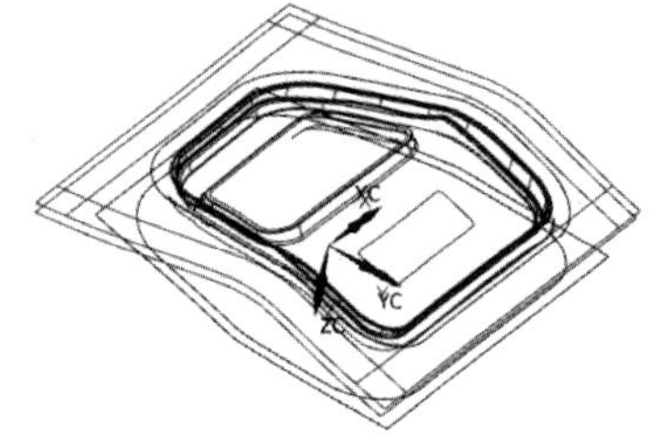

图 5.72 工作部件

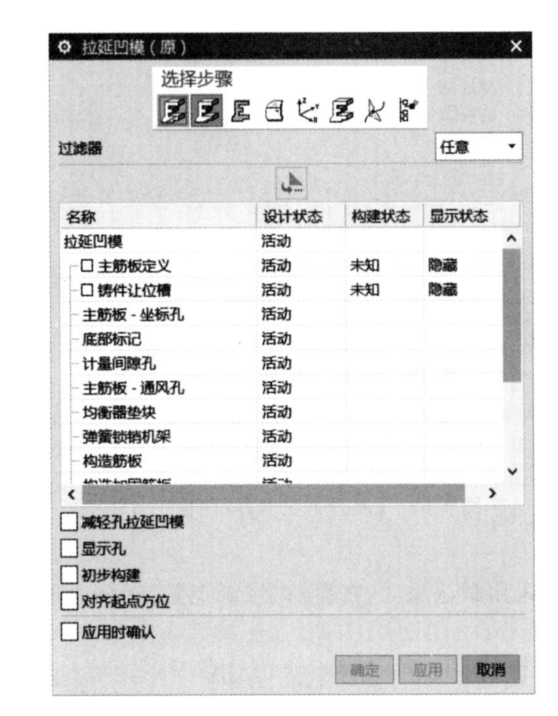

图 5.73 【拉延凹模(原)】对话框

3)选择图标,选择压料圈壁中心线轮廓,如图 5.74 所示。

4)选择图标,选择毛坯轮廓线,如图 5.75 所示。

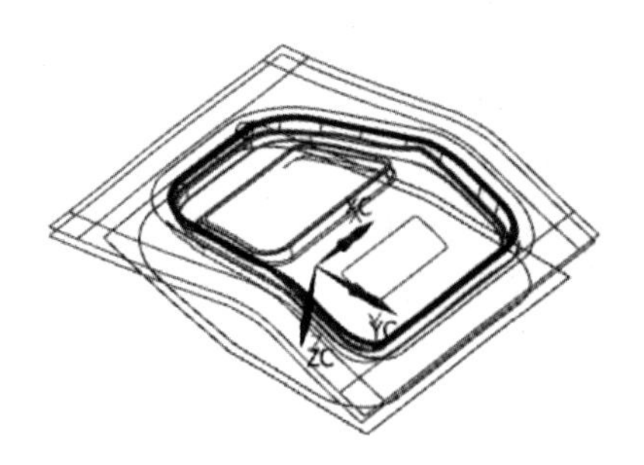

图 5.74 选择压料圈壁中心线轮廓

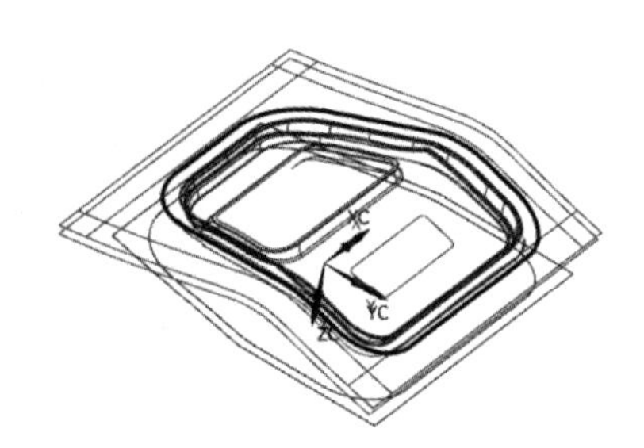

图 5.75 选择毛坯轮廓线

5）选择图标，选择基座方位，选择平面子功能图标，在【点】对话框中选择 Z 轴，输入 100，单击【确定】，如图 5.76 所示。

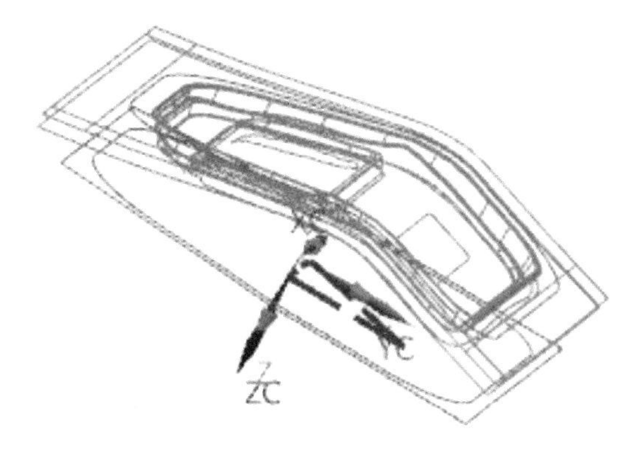

(a)　　(b)

图 5.76　设置基座方位

(a)输入坐标点；(b) 设置坐标后

6）选择图标，选择片体，如图 5.77 所示。

7）选择图标，设置 CSYS，默认原来的 CSYS。

8）选择图标，选择基座翻边轮廓，如图 5.78 所示。

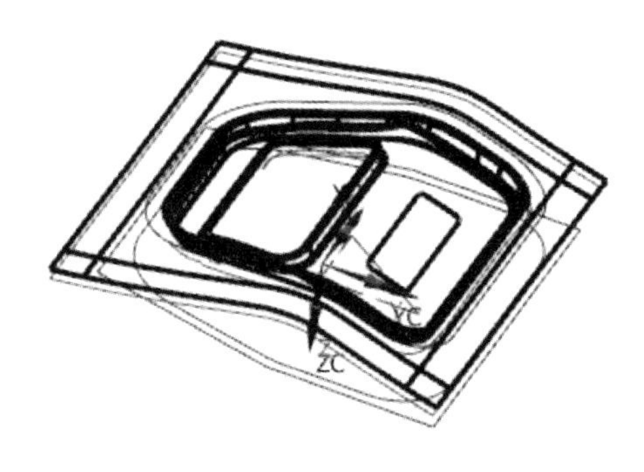

图 5.77　选择片体

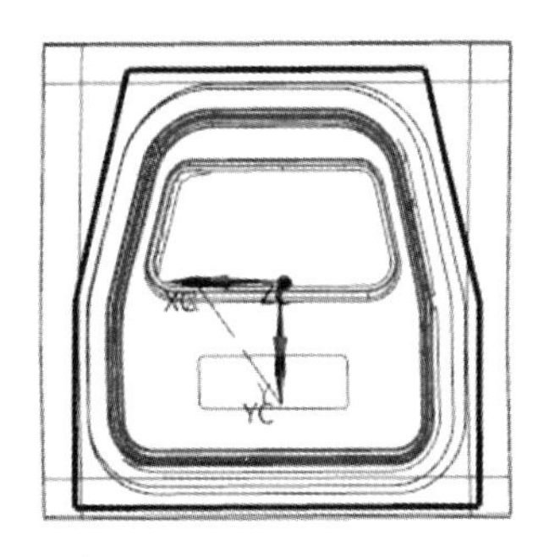

图 5.78　选择基座翻边轮廓

5.7.13　定义凹模参数

在图 5.73 所示的【拉延凹模(原)】对话框中，选择【拉延凹模】，右击，选择【其他参数】，打开【拉延凹模】对话框，如图 5.79 所示，设置相关参数，采用默认参数。

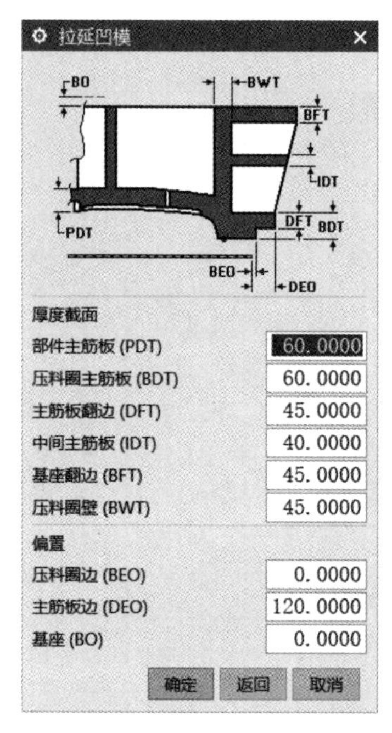

图 5.79 【拉延凹模】对话框

5.7.14 创建中间加强筋

1)在图 5.73 所示的【拉延凹模(原)】对话框中选择【主筋板】，右击，选择【其他参数】，打开【主筋板定义】对话框，如图 5.80 所示。

2)选择 图标，选择内主筋板片体，如图 5.81 所示。

图 5.80 【主筋板定义】对话框

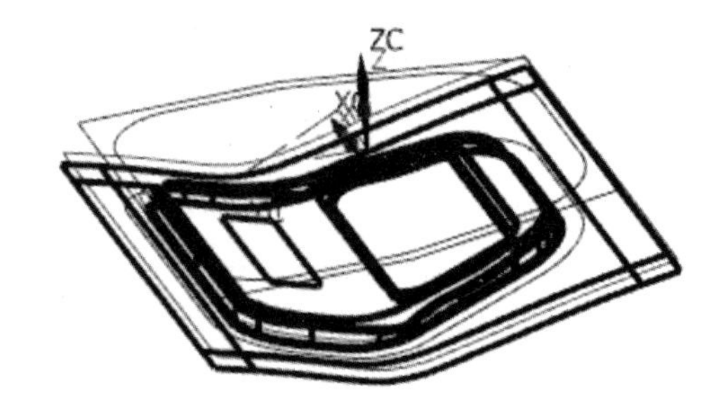

图 5.81 选择内主筋板片体

3)选择 图标，选择主筋板轮廓，其为可选项，这里不选择，采用默认值。

4)选择图标，选择压料圈边轮廓，其为可选项，这里不选择，采用默认值。

5)选择图标，选择中间主筋板轮廓线，选择如图 5.82 所示。

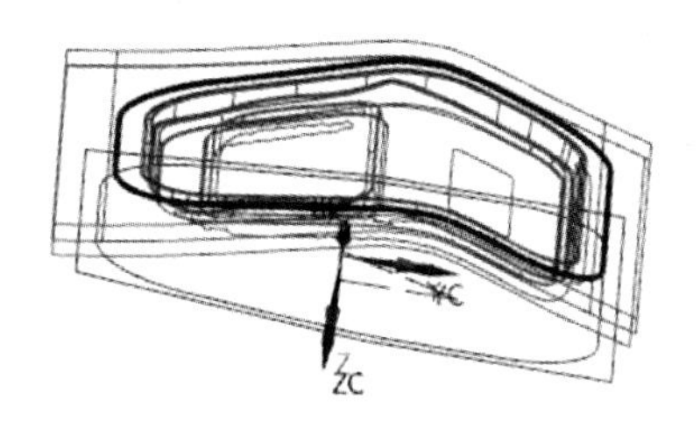

图 5.82　选择中间加强筋轮廓线

6)选择图标，定位中间加强筋位置，选择平面子功能图标，在【点】对话框中选择 Z 轴，输入－100，如图 5.83 所示。

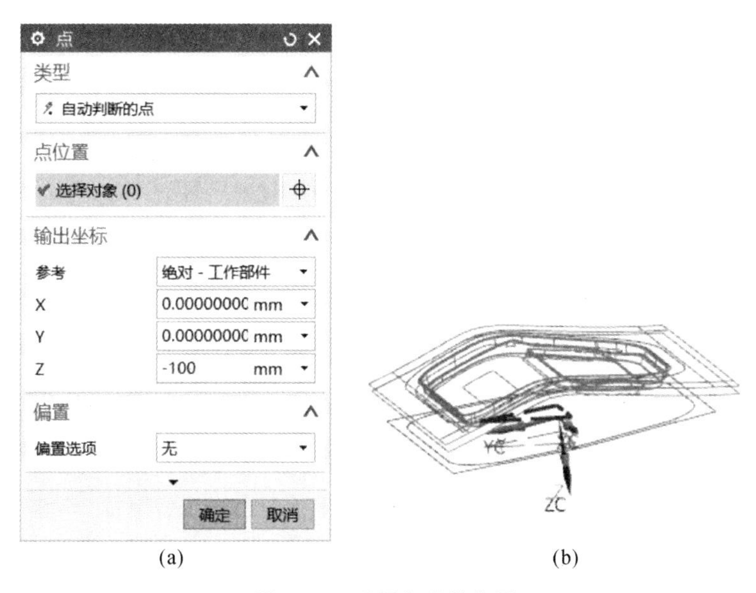

(a)　　(b)

图 5.83　设置加强筋位置

(a)坐标点输入;(b) 设置坐标后

7)在【点】对话框中单击【确定】，在【平面】对话框中单击【确定】，完成中间加强筋创建。

5.7.15　创建底部标记孔

1)设置图层，设置第二层可选。

2)在图 5.83 所示的【拉延凹模(原)】对话框中选择【底部标记】，右击，选择【创建】，打开【底部标记孔】对话框；设置参数时采用默认参数，如图 5.84 所示。

3)选择图 5.85 所示的三个标记孔，单击【确定】，完成底部标记孔创建。

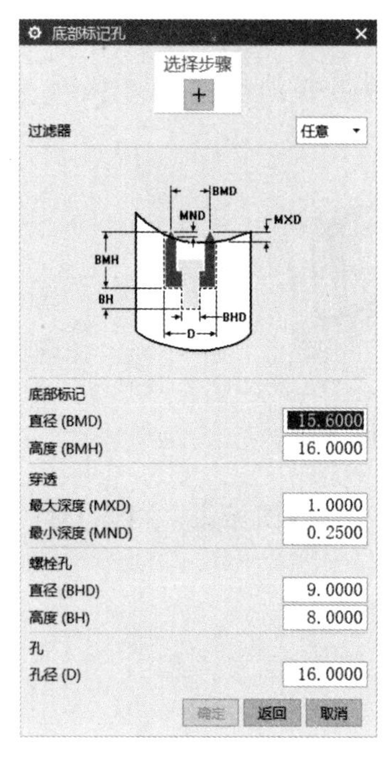

图 5.84 【底部标记孔】对话框

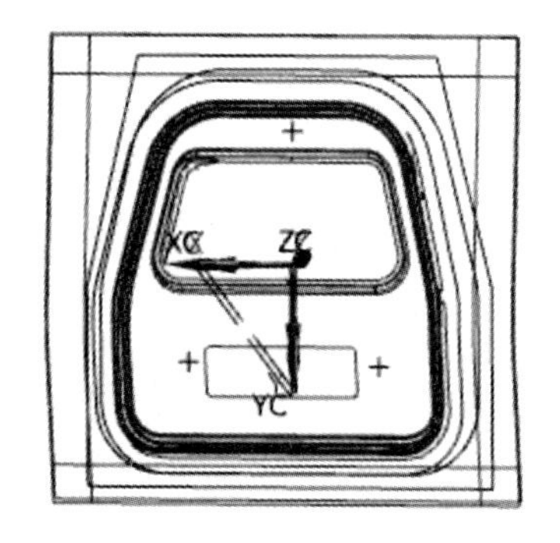

图 5.85 选择标记孔

5.7.16 创建通气孔

1)设置图层,设置第三层可选,第二层不可见。

2)在图 5.73 所示的【拉延凹模(原)】对话框中,选择【主筋板通风孔】,右击,选择【创建】,打开【通风孔】对话框;勾选【显示孔】选项,设置参数时采用默认参数,如图 5.86 所示。

3)选择图 5.87 所示的 4 个点,单击【确定】两次。

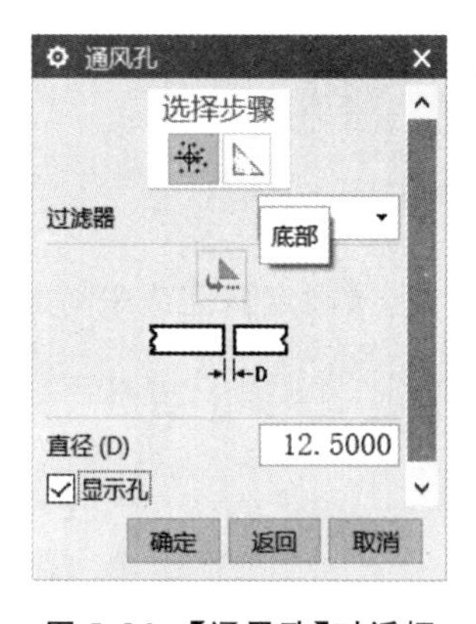

图 5.86 【通风孔】对话框

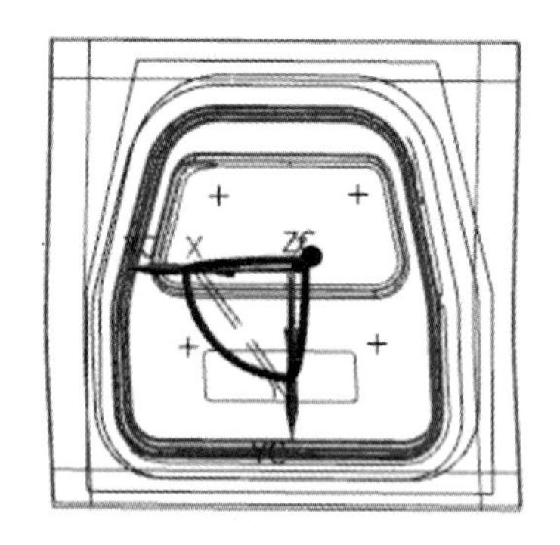

图 5.87 选择通气孔点位

5.7.17 创建均衡器垫块

1)设置图层,设置第四层可选,第三层不可见。

2)在图5.73所示的【拉延凹模(原)】对话框中,选择【均衡器垫块】,右击,选择【创建】,打开【均衡器垫块】对话框;选择圆形凸台样式,设置参数,在曲面偏置(SO)文本框中输入20,在位置偏置(LO)文本框中输入0,如图5.88所示。

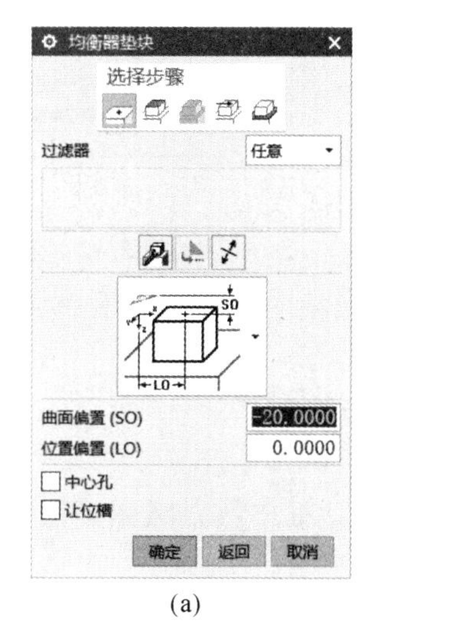

(a)

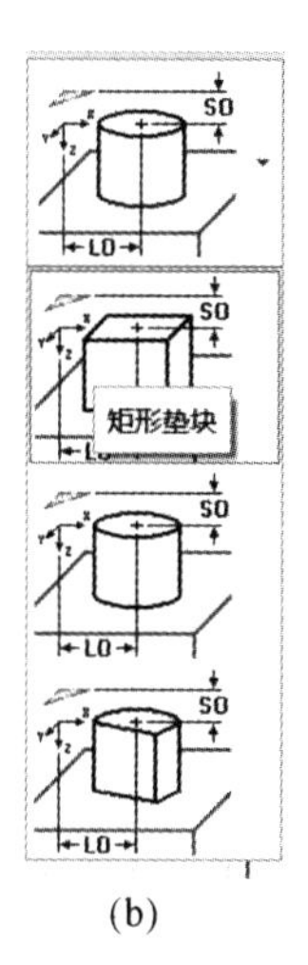

(b)

图5.88 【均衡器垫块】对话框

(a)参数设置;(b)选择凸台样式

3)在【均衡器垫块】对话框中,选择图标,编辑形状参数,设置参数直径(D)为100,如图5.89所示。

4)在【形状参数】对话框中单击【确定】,在【均衡器垫块】对话框中选择一点,再选择图标,选择对应的平面,如图5.90所示。

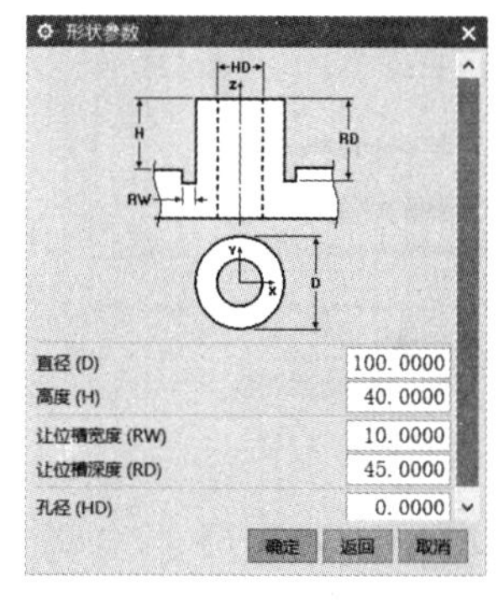

图5.89 【形状参数】对话框

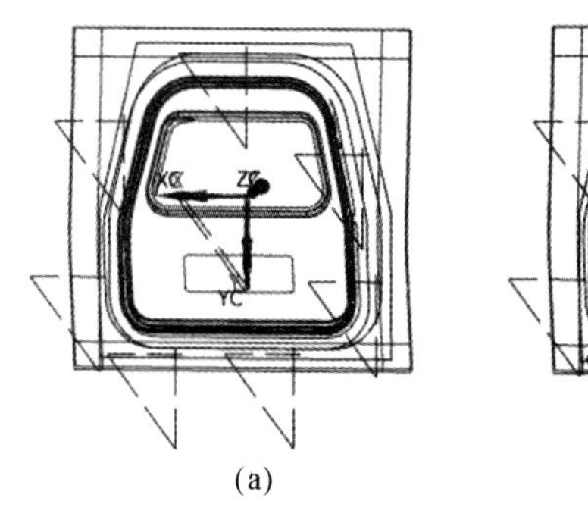

(a) (b)

图5.90 选择点位和平面

(a)点位;(b)平面

5)在【均衡器垫块】对话框中单击【确定】两次,完成垫块创建,结果如图 5.91 所示。

6)采用上述方法创建其他几个平衡块,重复操作,直到选择完所有的点和平面,创建结果如图 5.92 所示。

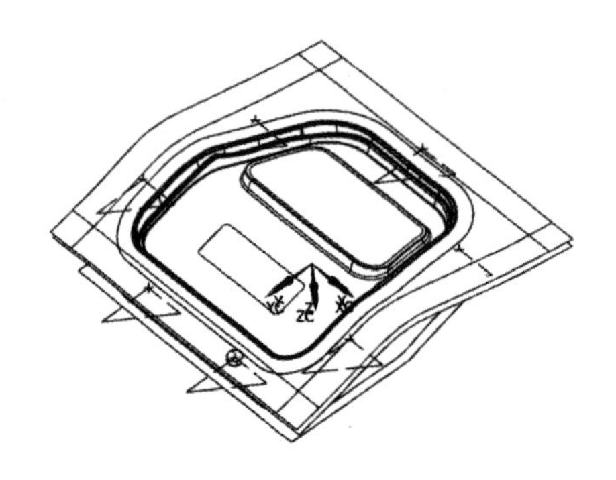

图 5.91　单个平衡垫块

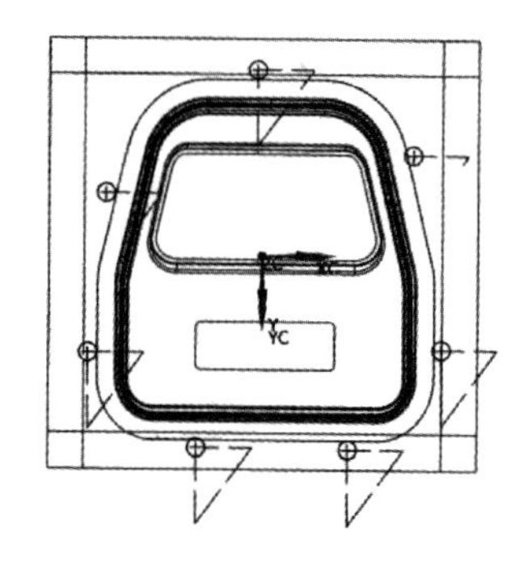

图 5.92　全部平衡垫块

5.9.1　创建弹簧锁销机架

1)设置图层,设置第五层可选,第四层不可见。

2)在图 5.73 所示的【拉延凹模(原)】对话框中,选择【弹簧锁销机架】,右击,选择【创建】,打开【弹簧锁销机架】对话框,如图 5.93 所示。

3)选择图 5.94 所示的四个点。

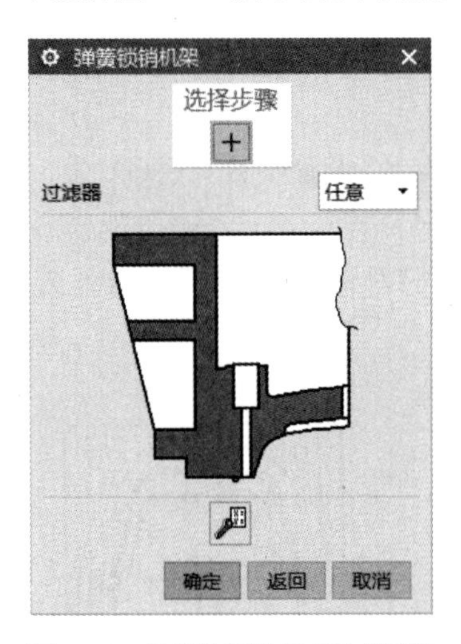

图 5.93　【弹簧锁销机架】对话框

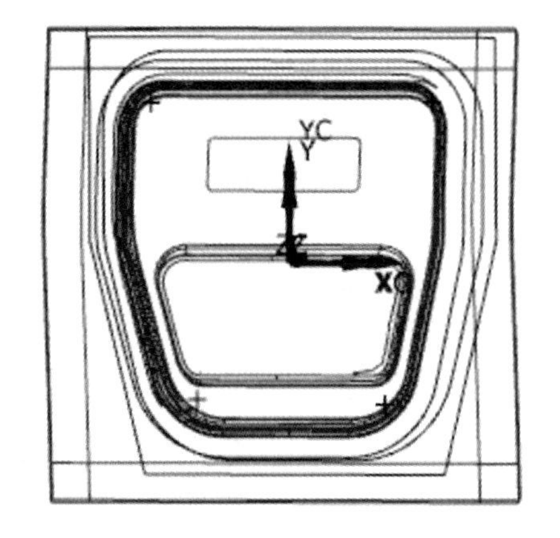

图 5.94　选择点位

4)选择 选项,弹出【弹簧锁销参数】对话框,设置参数时采用默认尺寸,如图 5.95 所示。

5)在【弹簧锁销参数】对话框中单击【确定】,在【弹簧锁销机架】对话框中单击【确定】,创建结果如图 5.96 所示。

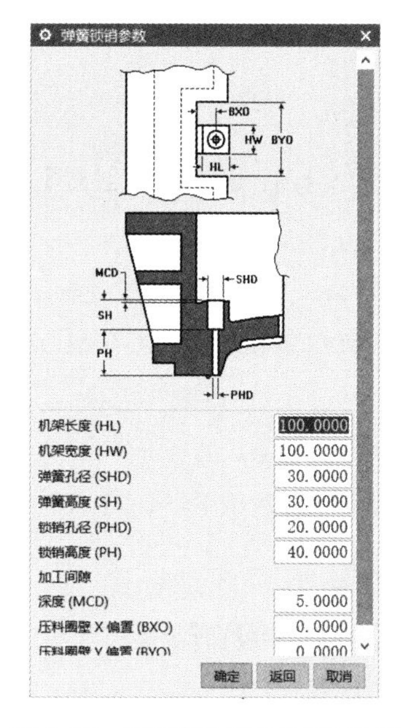

图 5.95 【弹簧锁销参数】对话框

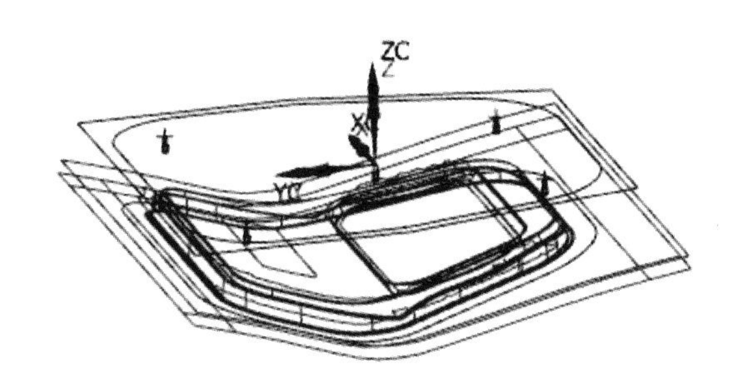

图 5.96 弹簧锁销机架

5.7.19 创建键槽

1)在图 5.73 所示【拉延凹模(原)】对话框中选择【键槽】,右击,选择【创建】,弹出【键槽】对话框,如图 5.97 所示。

2)设置键槽位置。默认选择 XYY 型,选择矩形端部样式。

3)选择 选项,设置键槽参数,如图 5.98 所示。采用默认尺寸,单击【确定】。

4)在【键槽】对话框单击【确定】,完成键槽创建,如图 5.99 所示。

注意:CSYS 必须在凸模内部,否则键槽不能正确生成。

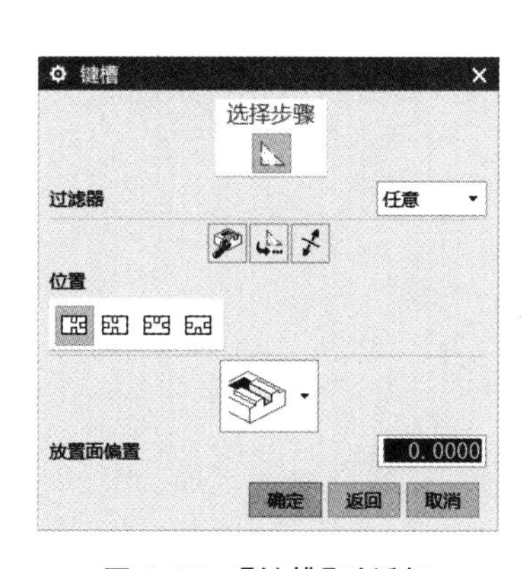

图 5.97 【键槽】对话框

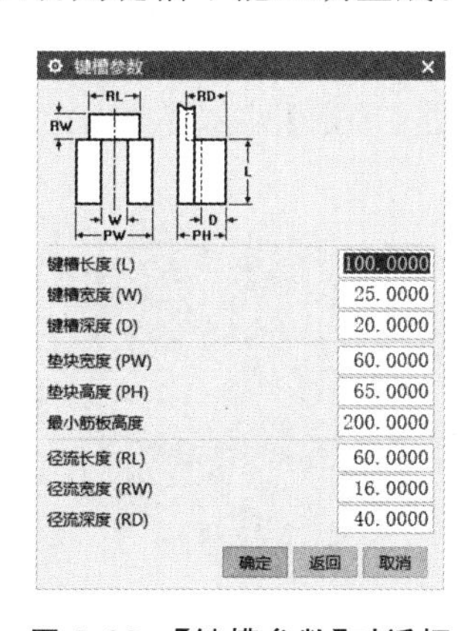

图 5.98 【键槽参数】对话框

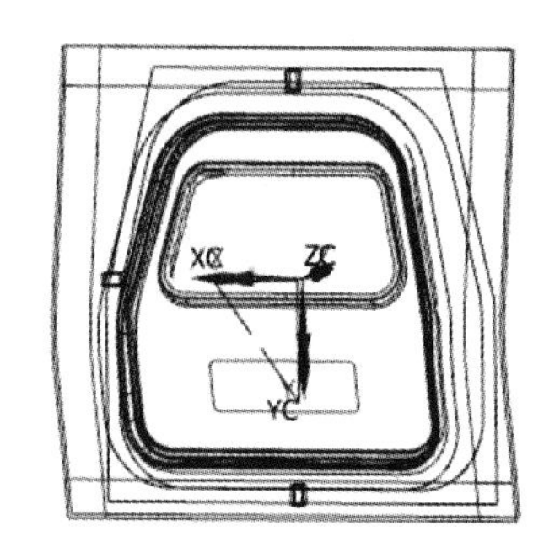

图 5.99 键槽

5.7.20　创建加强筋

1)在图 5.73 所示【拉延凹模(原)】对话框中,选择【构造筋板】,右击,选择【创建】,弹出【构造筋板】对话框,如图 5.100 所示。

2)在【构造筋板】对话框中设置图样。在 X 图样偏置(XO)文中框中输入参数 0,在距离(XD)文本框中输入参数 300;在 Y 图样偏置(YO)文本框中输入参数 0,在文本框中距离(YD)输入参数 250。

3)减轻孔和矩形槽,这里默认不选择,即无减轻孔,沿外形形状。

4)选择[icon]选项,弹出【筋板尺寸】对话框,设置筋板尺寸,输入参数 RT=40,RAT=45,其他参数选择默认参数,如图 5.101 所示。

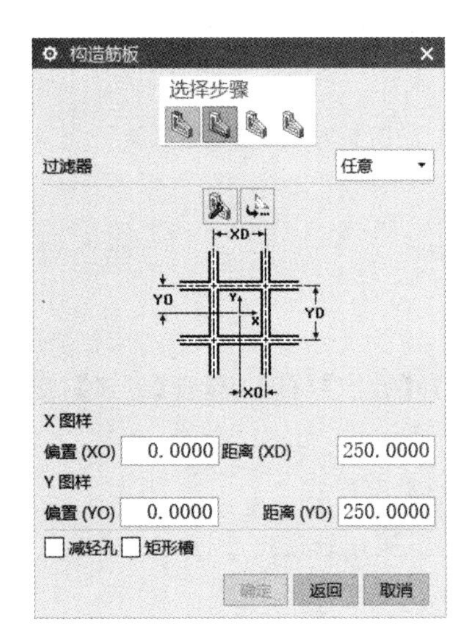

图 5.100　【构造筋板】对话框

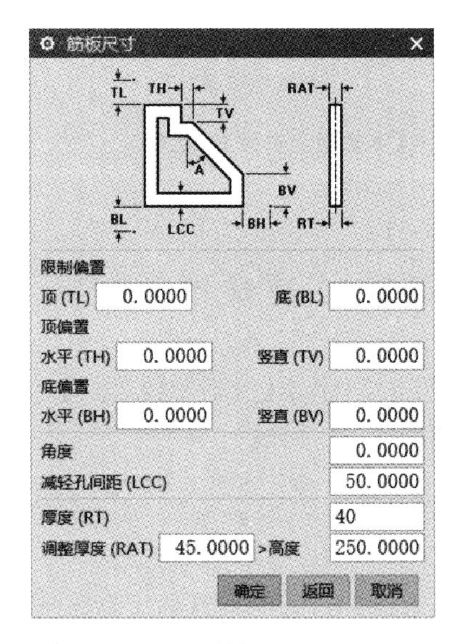

图 5.1101　【筋板尺寸】对话框

5)在【构造筋板】对话框中单击【确定】两次,完成加强筋创建,如图 5.102 所示。

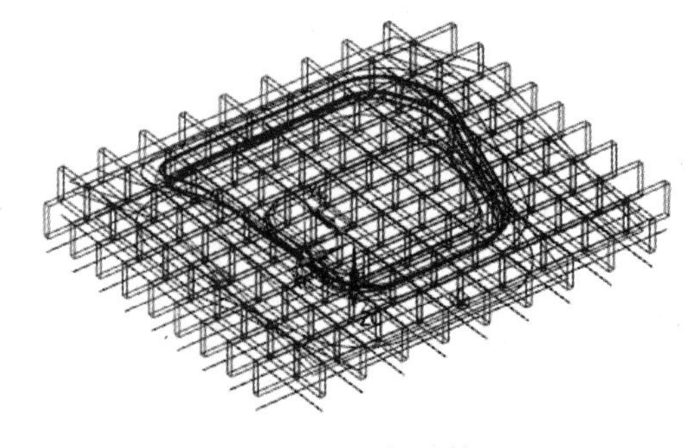

图 5.102　加强筋

5.7.21　创建外部加强筋

1)在图 5.73 所示的【拉延凹模(原)】对话框中选择【构造加固筋板】,右击,选择【创建】,弹出【部分构造筋板】对话框;在 X 图样偏置(XO)文本框中输入参数 150,在距离(XD)文本框中输入 300;在 Y 图样偏置(YO)文本框中输入 125,在距离(YD)文本框中输入 250,如图 5.103 所示。

2)选择 选项,编辑筋板尺寸,输入参数 RT=40,RAT=45,其余采用默认参数,完成后单击【确定】,如图 5.104 所示。

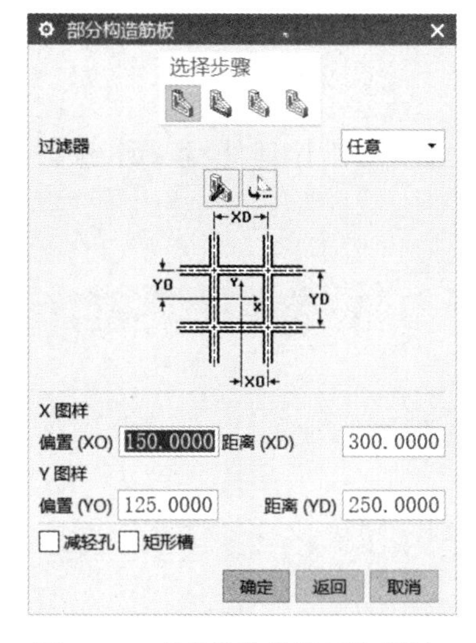

图 5.103　【部分构造筋板】对话框

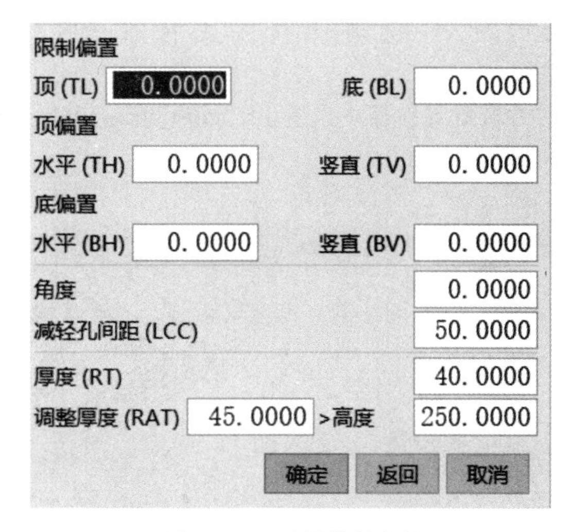

图 5.104　设置筋板参数

3)在【部分构造筋板】对话框中单击【确定】两次,完成外部加强筋创建,如图 5.105 所示。

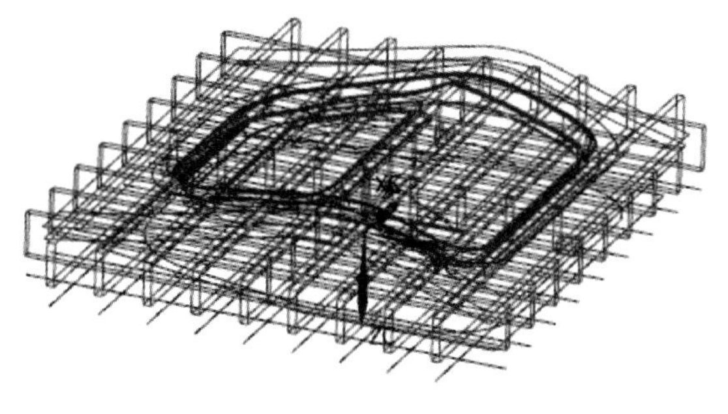

图 5.105　外部加强筋

5.7.22　生成拉深凹模

完成上述所有特征创建后,在图 5.73 所示的【拉延凹模(原)】对话框中单击【应用】,生成拉延凹模,如图 5.106 所示。

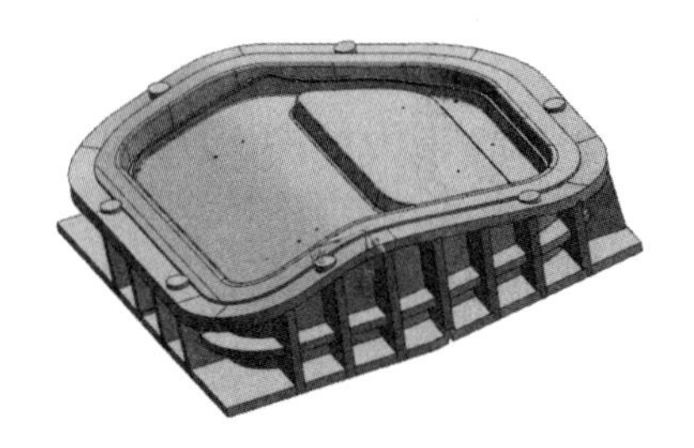

图 5.106　拉延凹模

5.7.23　创建压料圈主特征

1)在装配导航器中设置 lift_gate_draw_bingder_nx. prt 为工作部件,隐藏装配树中其他部件,如图 5.107 所示。

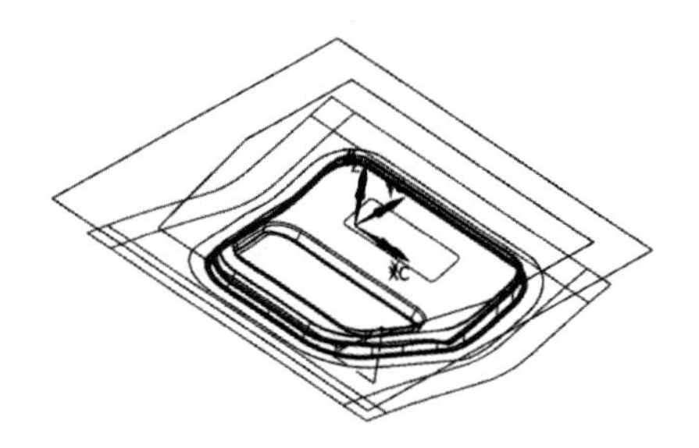

图 5.107　设置工作部件

2)选择 图标,打开【下部压料圈】对话框,如图 5.108 所示。

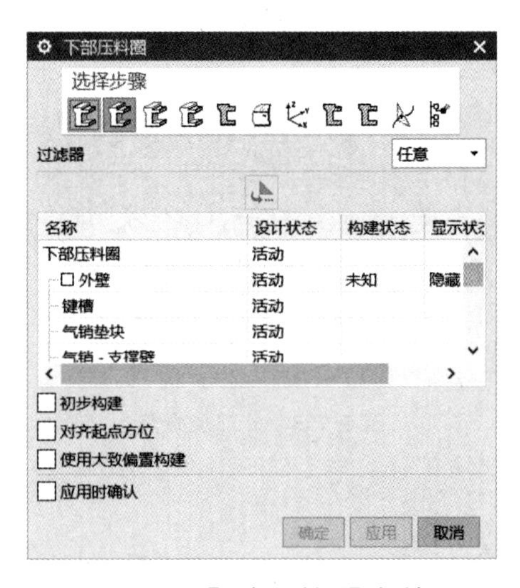

图 5.108　【下部压料圈】对话框

3)选择图标,选择压料圈轮廓,如图 5.109 所示。

4)选择图标,选择毛坯轮廓线,如图 5.110 所示。

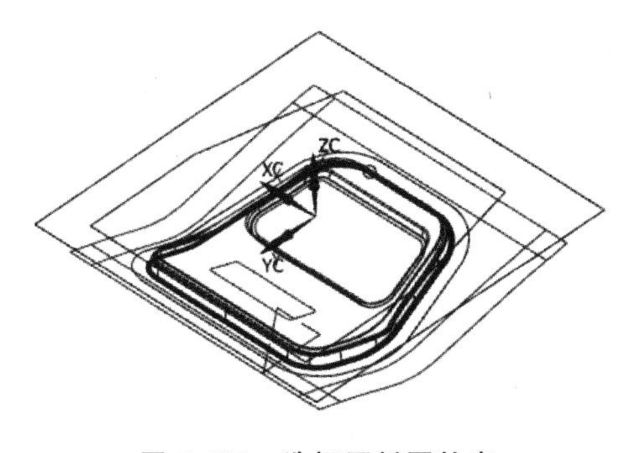

图 5.109　选择压料圈轮廓

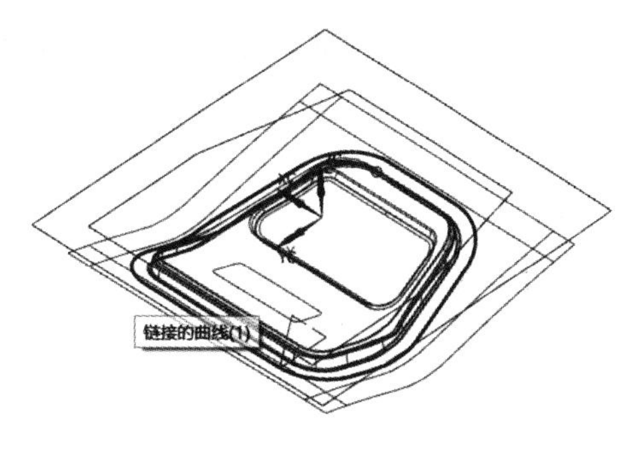

图 5.110　选择毛坯轮廓线

5)选择图标,选择上部主筋板轮廓,如图 5.111 所示。

6)选择图标,选择下部主筋板轮廓,如图 5.112 所示。

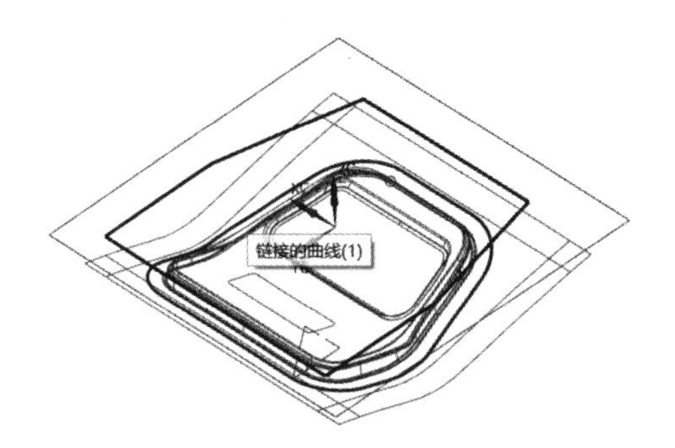

图 5.111　选择上部主筋板轮廓图

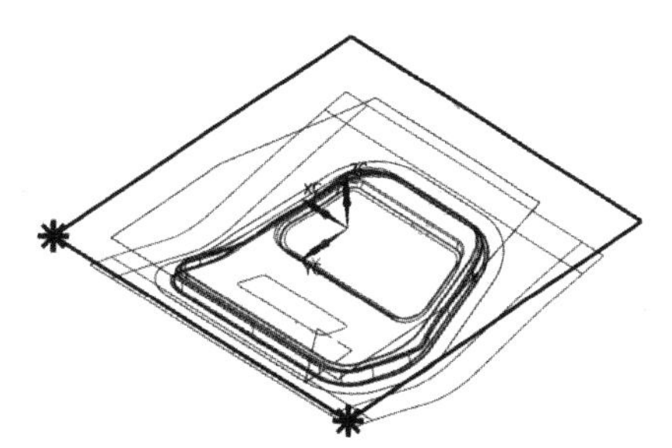

图 5.112　选择下部主筋板轮廓

7)选择图标,定位中间加强筋位置,选择平面子功能图标,在【点】对话框中选择 Z 轴,输入－1000,单击【确定】,如图 5.113 所示。

8)选择图标,选择钣金片体如图 5.114 所示。

9)选择图标,选择 CSYS,默认原来的 CSYS。

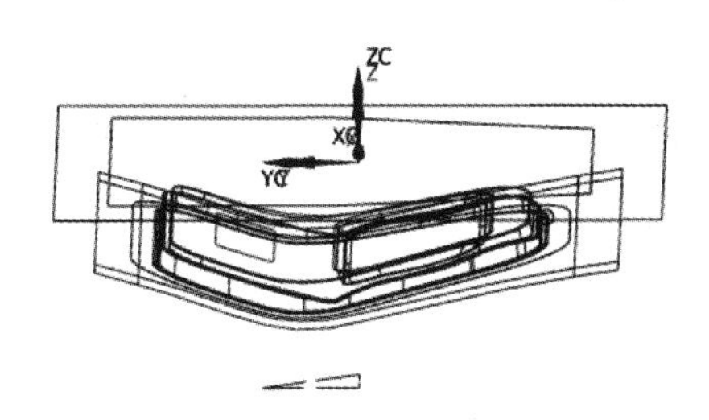

图 5.113　设置加强筋位置

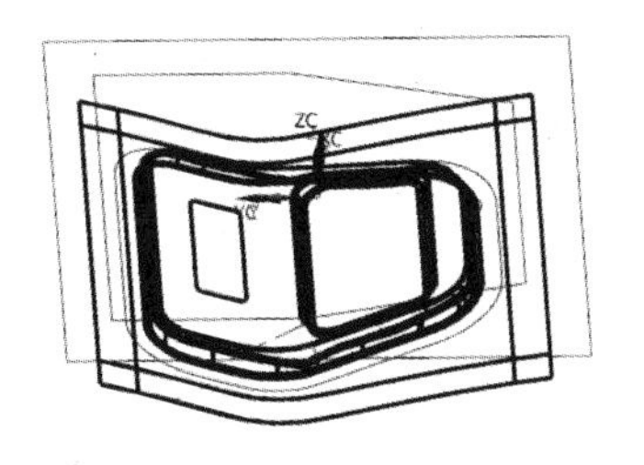

图 5.114　选择钣金片体

5.7.24 创建键槽

创建键槽的方法同前,这里不再详述,创建结果如图 5.115 所示。

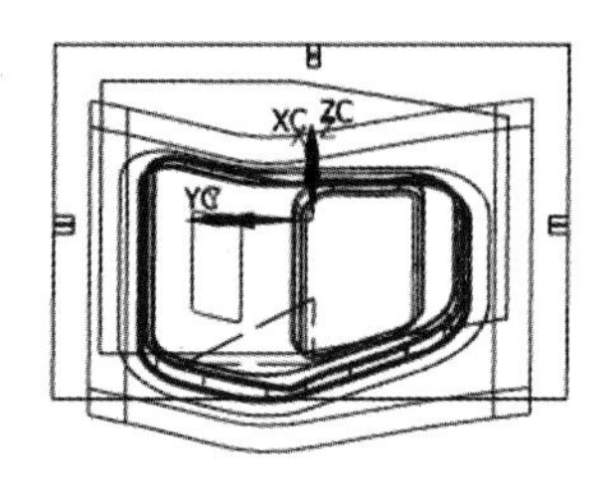

图 5.115 键槽

5.7.25 创建均衡器垫块

1)设置图层,设置第二层可选。

2)在图 5.108 所示的【下部压料圈】对话框中,选择【气销垫块】,右击,选择【创建】,弹出【气销垫块】对话框,如图 5.116 所示。选择圆形凸台,在曲面偏置(SO)文本框中输入－10。

3)选择选项,在【形状参数】对话框中,直径(D)文本框中输入 100,如图 5.117 所示。

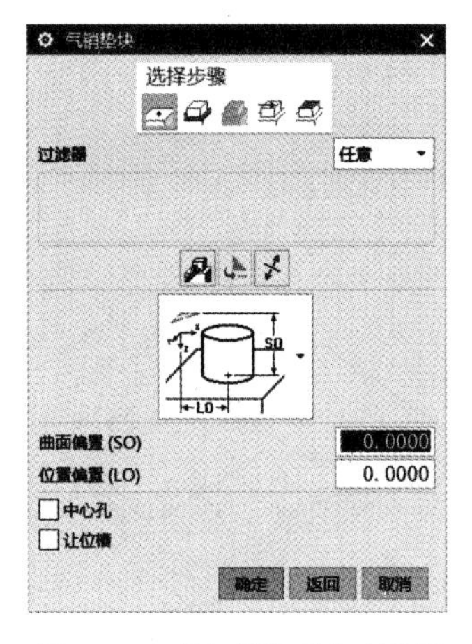

图 5.116 【气销垫块】对话框

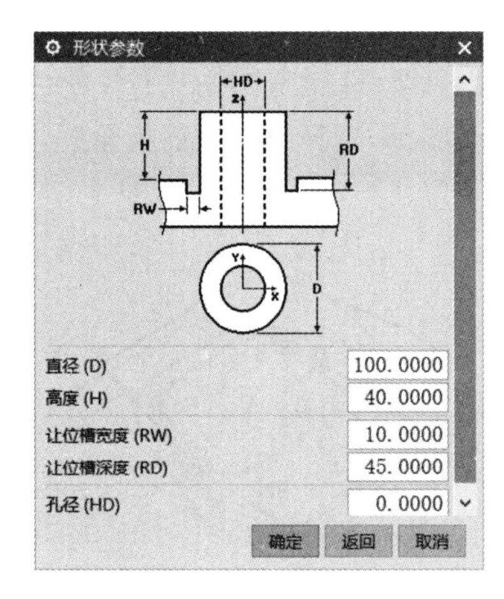

图 5.117 设置形状参数

4)选择选项,选择图 5.118 所示的位置点;选择选项,选择图 5.119 所示的定位平面。

5)在【气销垫块】对话框中单击【确定】两次,完成垫块创建,如图 5.120 所示。

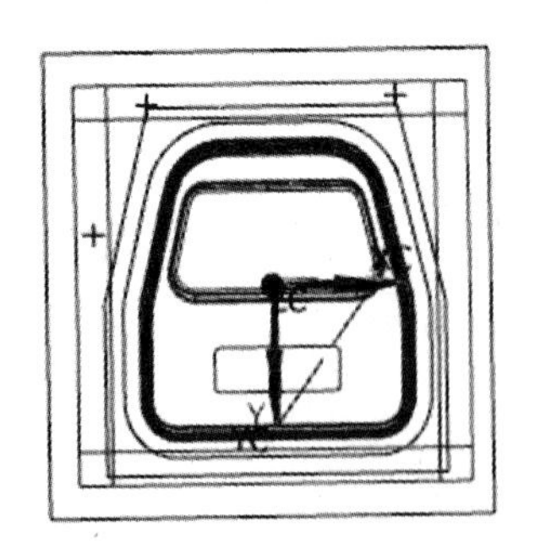

图 5.118 选择位置点

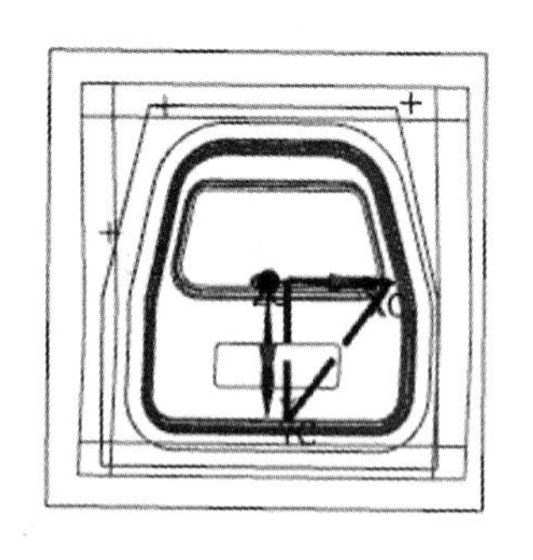

图 5.119 选择定位平面

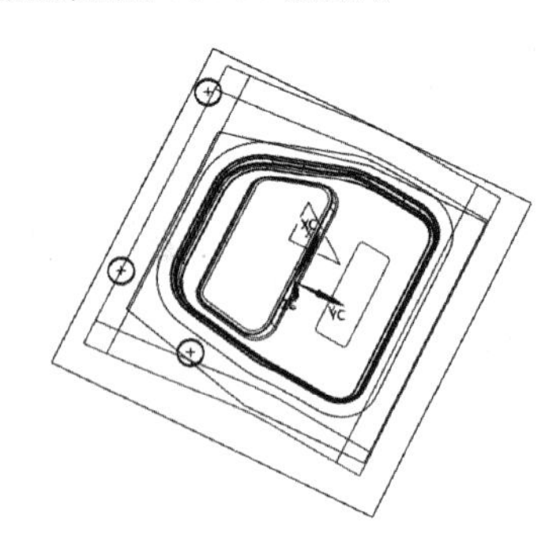

图 5.120 垫块

5.7.26　创建气销-支撑壁

1)设置图层,设置第三层可选,第二层不可见。

2)在图 5.108 所示【下部压料圈】对话框中选择【气销-支撑壁】,右击,选择【创建】,弹出【气销-支撑壁】对话框,如图 5.121 所示。

3)定义两个点位,分别如图 5.122 和图 5.123 所示。

4)在【气销-支撑壁】对话框中单击【确定】两次,完成气销-支撑壁创建。

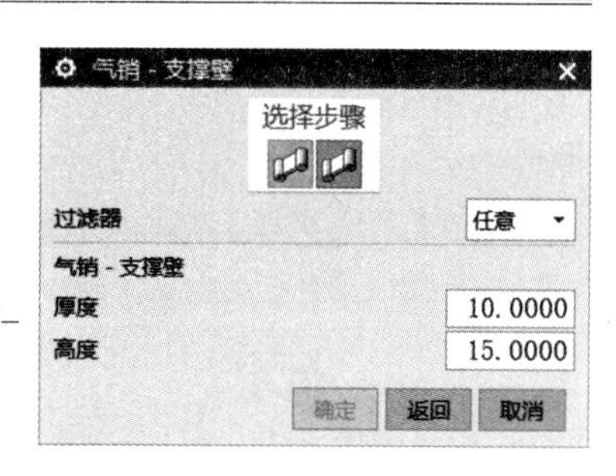

图 5.121　【气销-支撑壁】对话框

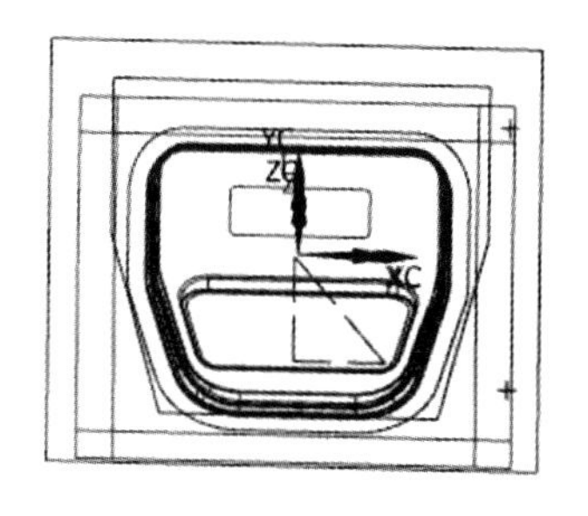

图 5.122　定义第一点

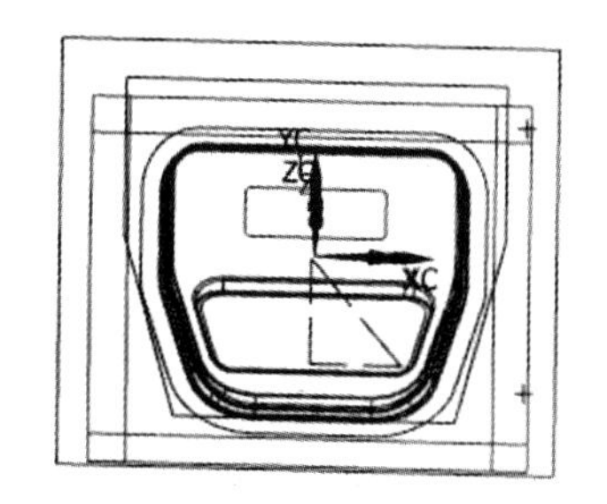

图 5.123　定义第二点

5.7.27　创建平底实块

1)设置图层,设置第四层可选,第三层不可见。

2)在图 5.108 所示的【下部压料圈】对话框中,选择【平底实块】,右击,选择【创建】,弹出【平底实块】对话框。选择矩形类型,在曲面偏置(SO)文本框中输入－10,如图 5.124 所示。

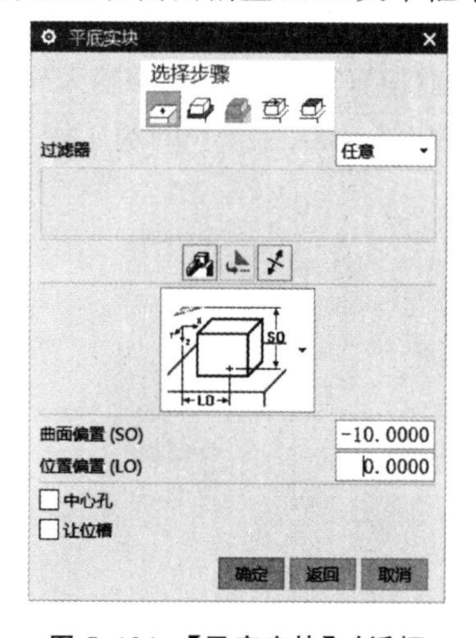

图 5.124　【平底实块】对话框

3)选择 选项,选择图 5.125 所示的位置点;选择 选项,选择图 5.126 所示的定位平面。

4)在【平底实块】对话框中单击【确定】两次,完成平底实块创建,如图 5.127 所示。

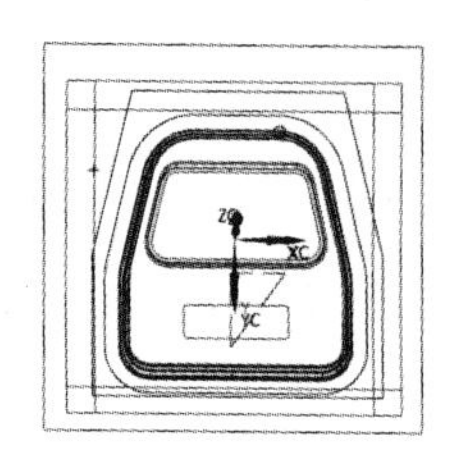

图 5.125　选择位置点

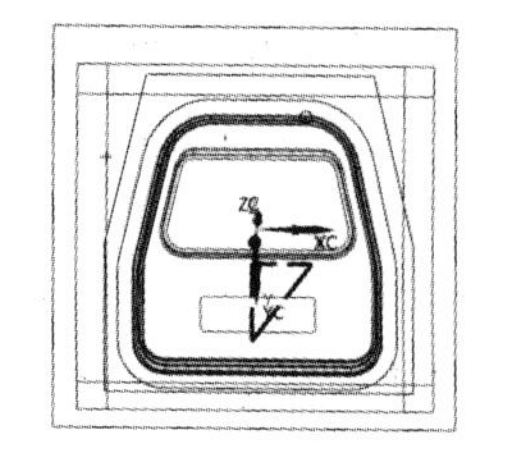

图 5.126　选择定位平面

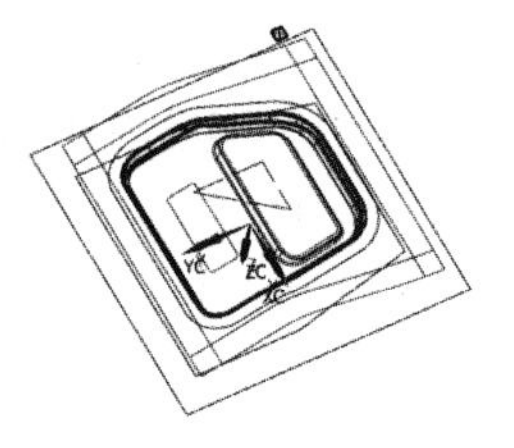

图 5.127　平底实块

5.7.28　创建均衡器垫块

1)设置图层,设置第五层可选,第四层不可见。

2)在图 5.108 所示的【下部压料圈】对话框中选择【均衡器垫块】选项,右击,选择【创建】,弹出【均衡器垫块】对话框。

3)创建均衡器垫块与凹模中创建垫块方法一致,这里不再重复操作,创建结果如图 5.128 所示。

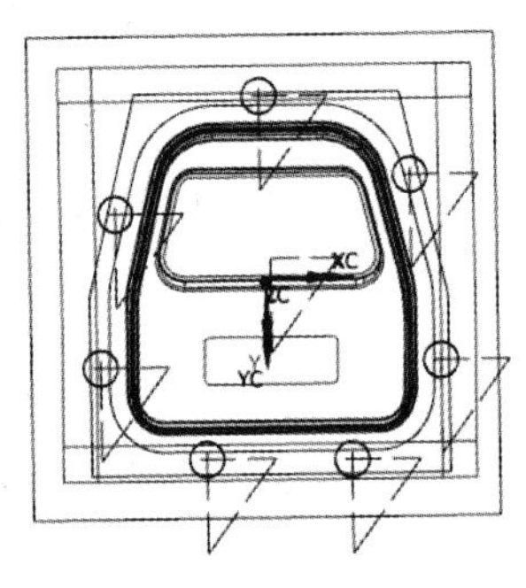

图 5.128　均衡器垫块

5.7.29　创建导销垫块

1)设置图层,设置第六层可选,第五层不可选。

2)在图 5.108 所示的【下部压料圈】对话框中选择【导销垫块】,右击,选择【创建】,弹出【导销垫块】对话框。

3)默认矩形凸垫形状,在曲面偏置(SO)文本框中输入−10,位置偏置(LO)文本框中输入 100;在形状参数中设置长度(L)为 100,宽度(W)为 100,其余采用默认参数,如图 5.129 所示。

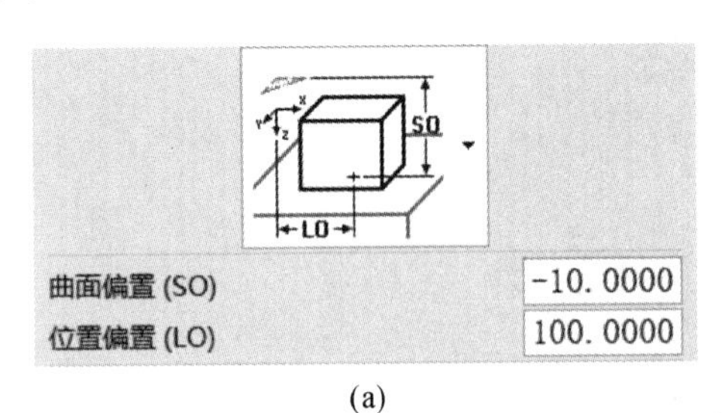

(a)

长度 (L) 100.0000
宽度 (W) 100.0000
高度 (H) 20.0000

(b)

图 5.129　参数设置

(a)位置参数;(b) 形状参数

4)选择选项,选择图 5.130 所示的定位点;选择选项,选择图 5.131 所示的定位平面。

5)在【导销垫块】对话框中单击【确定】两次,完成导销垫块的创建,如图 5.132 所示。

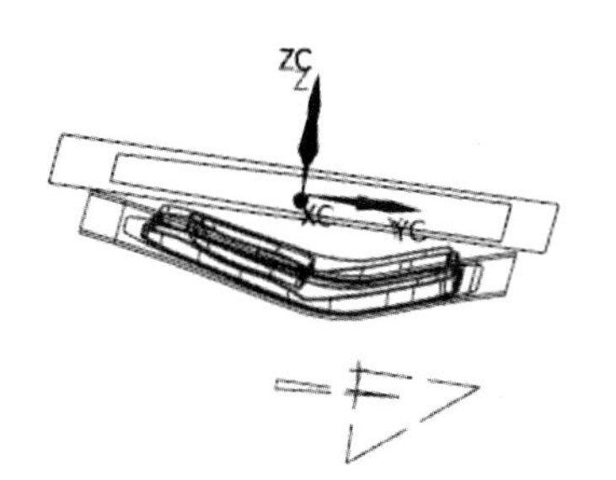

图 5.130　选择定位点

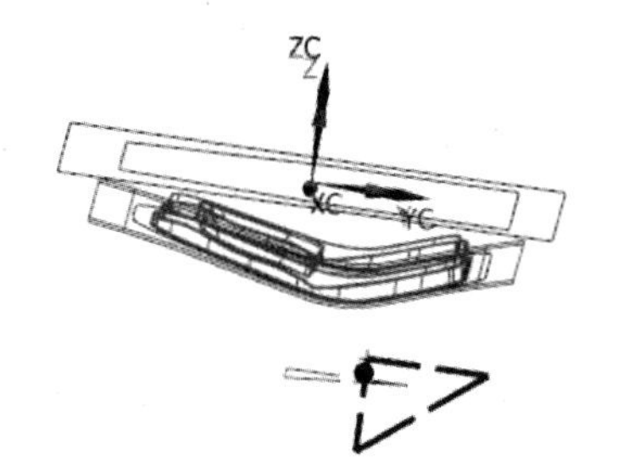

图 5.131　选择定位平面

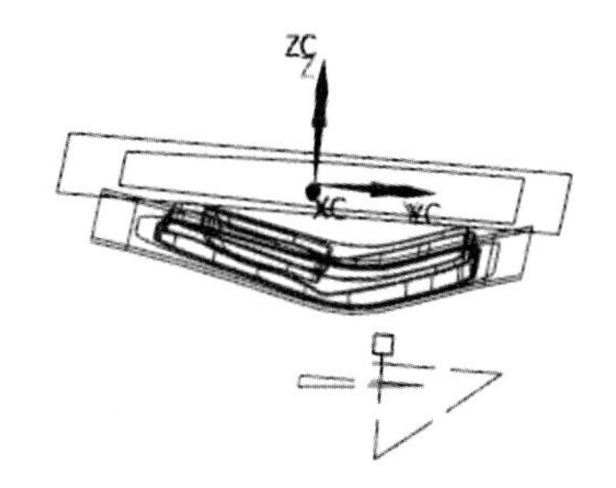

图 5.132　导销垫块

5.7.30　创建导板

1)设置图层,设置第七层可选,第六层不可选。

2)在图 5.108 所示的【下部压料圈】对话框中选择【导板】,右击,选择【创建】,弹出【导板(防磨垫)】对话框;采用默认矩形凸垫形状,在曲面偏置(SO)文本框中输入－10,位置偏置(LO)文本框中输入 100,如图 5.133 所示。

3)选择选项,选择图 5.134 所示的两个定位点;选择选项,选择图 5.135 所示的定位平面。

4)在【导板】对话框单击【确定】两次,完成导板创建,如图 5.136 所示。

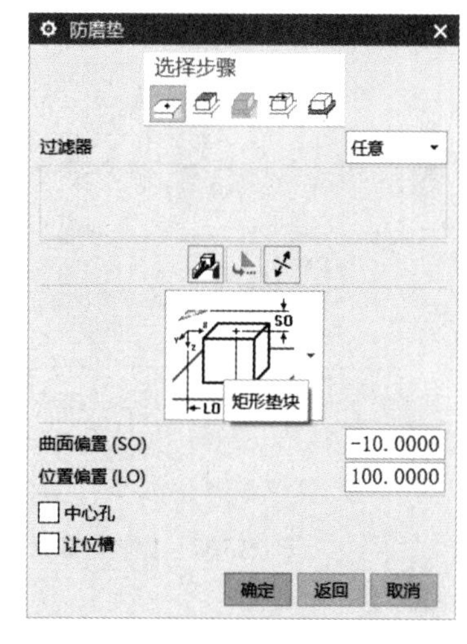

图 5.133　【导板(防磨垫)】对话框

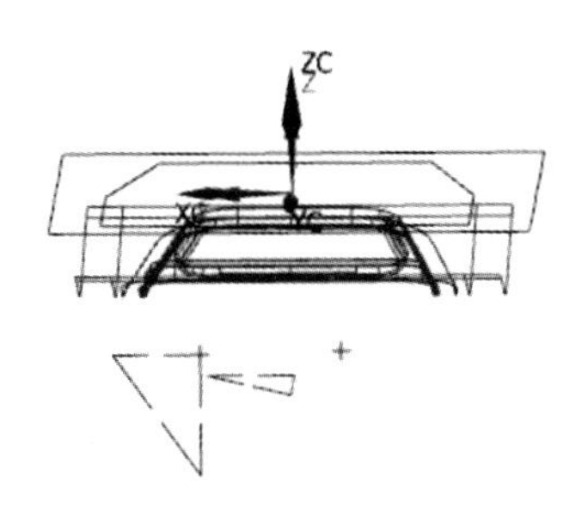

图 5.134　选择定位点

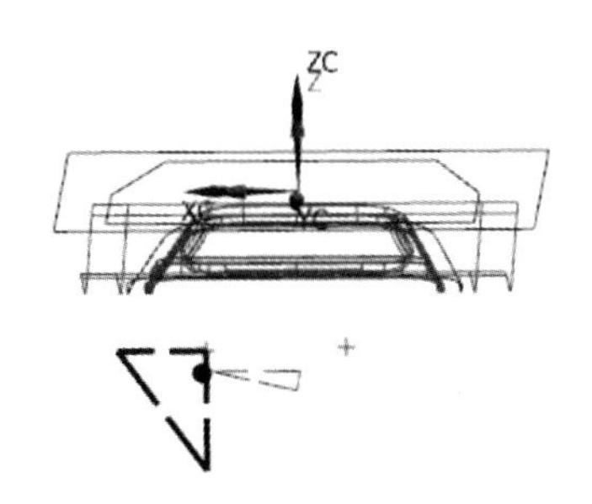

图 5.135　选择定位平面

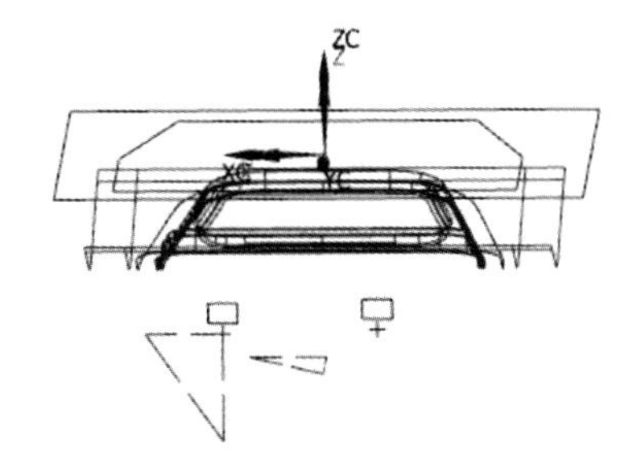

图 5.136　创建导板

5.7.31　创建加强筋

1)在图 5.108 所示【下部压料圈】对话框中,选择【构造筋板】选项,右击,选择【创建】,弹出【构造筋板】对话框,如图 5.137 所示。

2)在【构造筋板】对话框中设置图样。在 X 图样偏置(XO)文本框中输入参数 0,在距离(XD)文本框中输入参数 300;在 Y 图样偏置(YO)文本框中输入参数 0,距离(YD)文本框中输入参数 250。

3)选择选项,弹出【筋板尺寸】对话框,设置筋板尺寸,输入参数 RT=40,RAT=45,其余采用默认参数,如图 5.138 所示。

4)在【构造筋板】对话框中单击【确定】两次,完成加强筋创建,如图 5.139 所示。

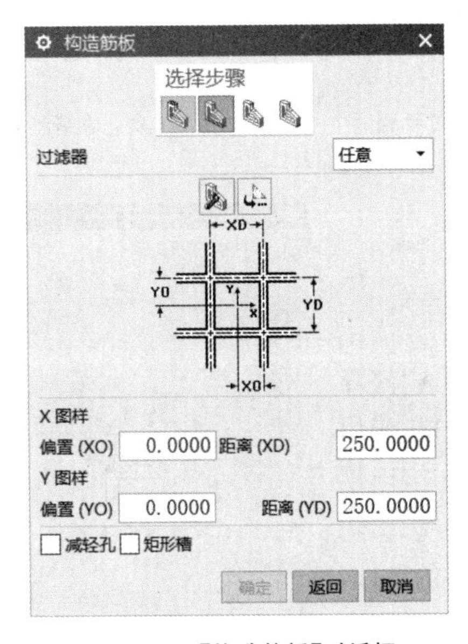

图 5.137 【构造筋板】对话框

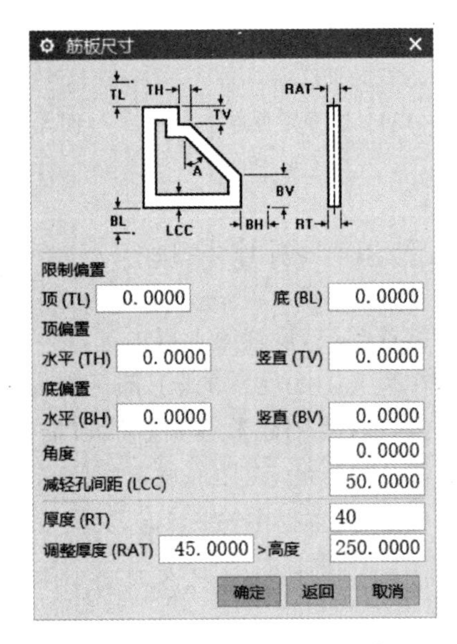

图 5.138 【筋板尺寸】对话框

5.7.32 生成压料圈

完成压料圈上述所有特征创建后,单击图 5.108 所示【下部压料圈】对话框中【应用】,生成压料圈特征,如图 5.140 所示。

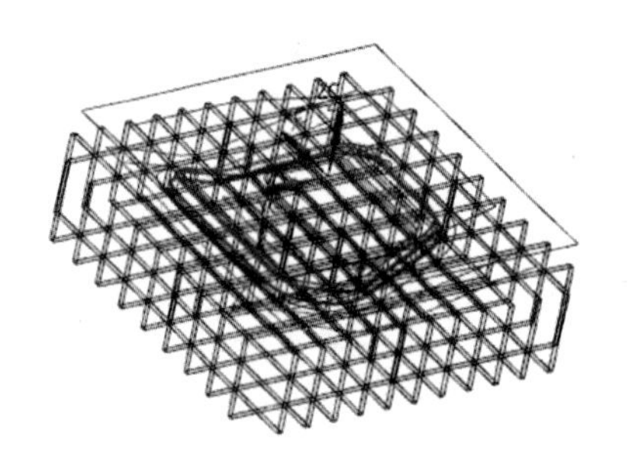

图 5.139 加强筋

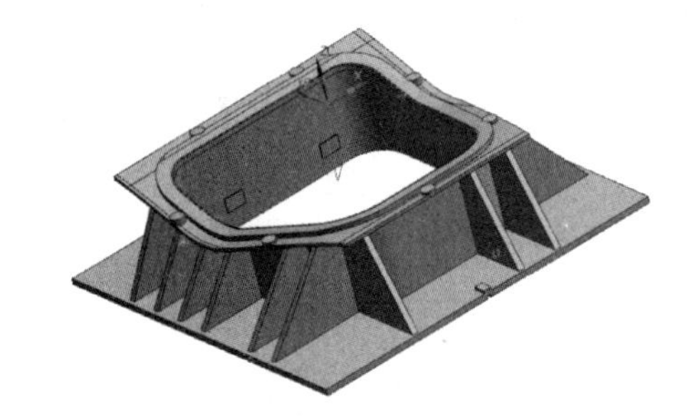

图 5.140 压料圈

至此，生成的凸模和压料圈如图 5.141 所示，完整的拉深模如图 5.142 所示。

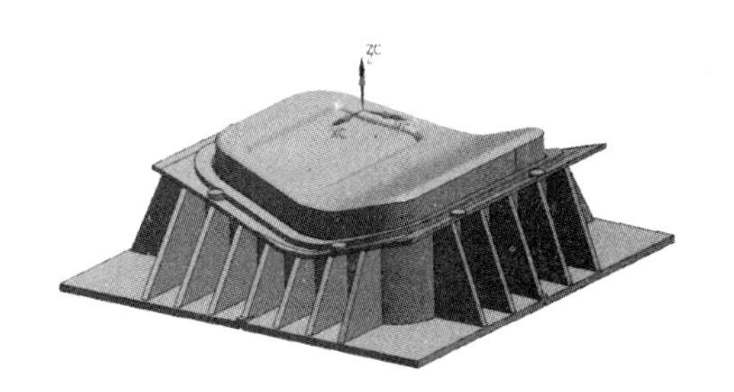

图 5.141　凸模和压料圈

图 5.142　拉深模

习　题　5

5.1　冲压模具 CAD/CAM 系统中的主要模块有哪些？说明各模块的功能。

5.2　冲压模具 CAD/CAM 系统中如何实现工艺性分析？

5.3　如何实现冲压件的计算机毛坯排样？

5.4　简述用于毛坯排样优化的多边形方法和高度函数方法的主要步骤。

5.5　冲压工艺方案设计时应遵循哪些准则？在冲压模具 CAD/CAM 系统中如何实现？

5.6　冲压模具 CAD/CAM 系统中如何进行连续模的工步设计？

5.7　冲压模具结构设计主要内容有哪些？

5.8　冲压模具的凸模和凹模设计主要内容有哪些？

5.9　冲压模具 CAD/CAM 系统中如何进行顶杆布置？

5.10　精冲工艺有何特点？简述精冲模具的结构特点。

5.11　绘制图 5.143 所示的钣金零件。

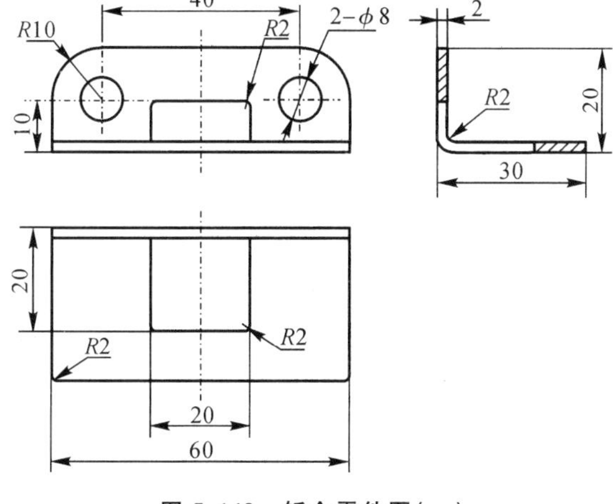

图 5.143　钣金零件图(一)

5.12　绘制图 5.144 所示的钣金零件。

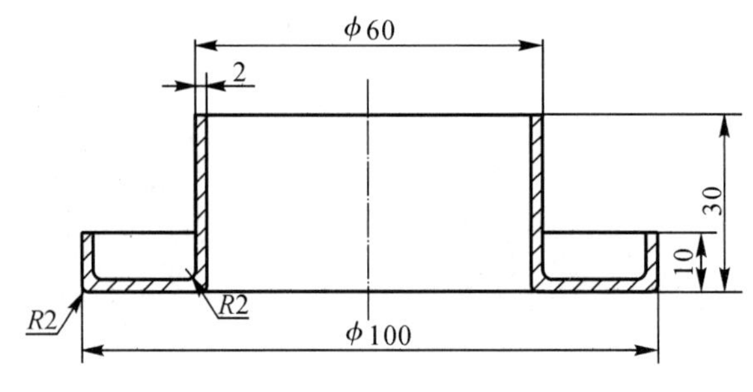

图 5.144　钣金零件图(二)

第 6 章　锻造模具 CAD

6.1　锻造模具 CAD/CAM 系统

锻件生产一般属于多品种、小批量的生产，因而缺乏系统、定量的设计方法。然而计算机辅助设计技术的特点是要求设计具有系统性并且可以量化。成组技术的应用为克服上述难题提供了有效途径。

成组技术(Group Technology，GT)是在零件分类的基础上，按照其结构特点和加工工艺的相似性组织生产的技术。成组技术的应用可以优化工序设计，提高加工设备的使用效率和降低生产成本，促进生产工艺的标准化和规范化。运用成组技术对锻件的分类，可以建立不同种类锻件的锻造模具 CAD/CAM 系统。

应用成组技术是根据锻件的形状、尺寸和材料，对锻件进行分类，针对各类锻件运用相应的工艺和模具设计方法进行生产。成组技术有利于建立系统的设计方法，针对锻件特点，对锻模采用相应的设计准则，从而建立锻造模具 CAD/CAM 系统。

锻造模具标准化是建立锻造模具 CAD/CAM 系统的重要基础。只有运用 CAD/CAM 系统中存储的设计准则、标准模具结构和模具零件信息，才能够提高系统的自动化程度，简化设计过程。

应用成组技术的关键是对锻件进行分类编码。锻件的锻造工艺取决于其形状、尺寸和材料，以及生产批量和企业现有设备。采用成组技术可以为每类锻件制定出一系列的标准工序组合，并根据生产批量和经济性等因素最终优选出合理工序。目前常用的锻件分类方法是以锻件的形状和各部分的尺寸比例为标准，将锻件分为三大类，图 6.1 所示为锻件按照形状和尺寸关系进行的分类。第一类为紧凑形锻件，锻件在三个方向上的主要尺寸近似相等；第二类为盘形锻件，锻件在两个方向上的尺寸近似相等，而且大于第三个方向；第三类为长杆形锻件，锻件在一个方向上的尺寸远大于另外两个方向上的尺寸。根据锻件主要形状是否弯曲或者在几个平面内弯曲，以及是否具有附加形状，长杆形锻件又可以分为相应的组和子组。应用该分类方法，可以使得锻造工艺的设计合理化，便于建立锻造模具 CAD/CAM 系统。在锻件分类的基础上，建立不同类别锻件的锻造模具 CAD 系统，然后将各个类别系统结合起来，能够形成范围更广的综合系统。

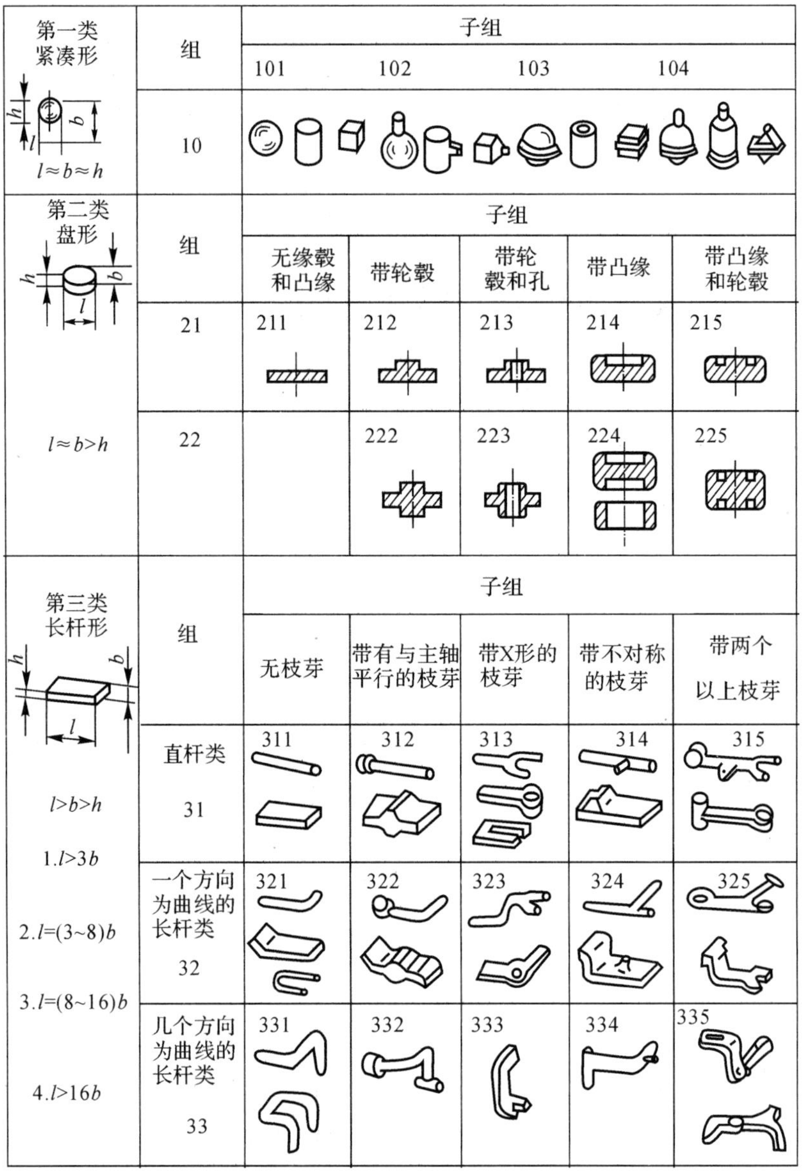

类别	组	子组				
第一类 紧凑形 $l \approx b \approx h$	组	101	102	103	104	
	10					
第二类 盘形	组	无缘毂和凸缘	带轮毂	带轮毂和孔	带凸缘	带凸缘和轮毂
	21	211	212	213	214	215
$l \approx b > h$	22		222	223	224	225
第三类 长杆形	组	无枝芽	带有与主轴平行的枝芽	带X形的枝芽	带不对称的枝芽	带两个以上枝芽
$l > b > h$ 1. $l > 3b$	直杆类 31	311	312	313	314	315
2. $l = (3 \sim 8)b$ 3. $l = (8 \sim 16)b$	一个方向为曲线的长杆类 32	321	322	323	324	325
4. $l > 16b$	几个方向为曲线的长杆类 33	331	332	333	334	335

图 6.1 按照锻件形状和尺寸关系进行分类

6.2 轴对称锻件模具 CAD

轴对称锻件的数量约占锻件总数的 30% ～ 40%，因此，建立轴对称锻件模具 CAD 系统具有十分重要的工程意义。轴对称锻件的几何形状简单，与其他类别的锻件相比，轴对称锻件的模具设计方法相对简单一些。早期的锻造模具 CAD 系统大多从这类锻造模具入手。目前，轴对称锻件模具 CAD 系统已进入实用阶段。轴对称锻件可以在锻锤、热模锻压力机或者平锻机上成形。锤上模锻和热模锻压力机上的模锻工艺设计方法比较相似，可以建立统一的设计方案和算法。本节的模具 CAD 系统适用于锤上模锻和热模锻压力机上的模锻工艺。

轴对称锻件模具 CAD/CAM 系统主要包括零件图形输入、锻件设计、模锻工艺设计计算、锻模设计、数控加工程序(NC) 编程等。其系统框图如图 6.2 所示。

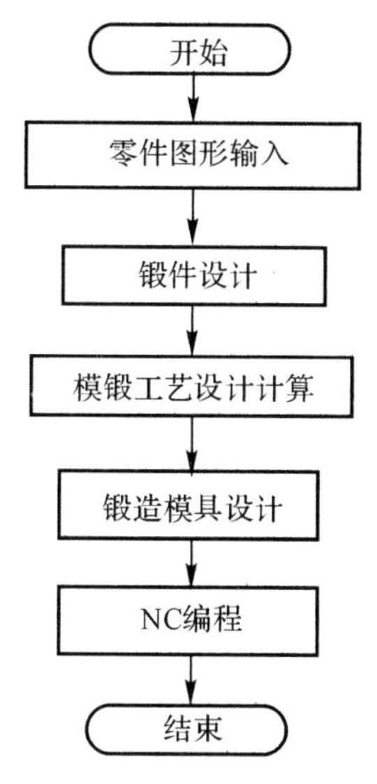

图 6.2　轴对称锻件模具 CAD/CAM 系统

轴对称锻件模具设计的三个主要步骤为根据零件图设计锻件、设计锻造工艺和设计包括预成形模在内的锻造模具。

图 6.3 所示是一个典型的轴对称锻件,设计锻件的依据是产品零件图。轴对称锻件设计包括以下内容:

1) 确定分模面的位置;

2) 添加敷料和机加工余量;

3) 确定拔模斜度;

4) 添加过渡圆角;

5) 确定冲孔连皮;

6) 规定公差。

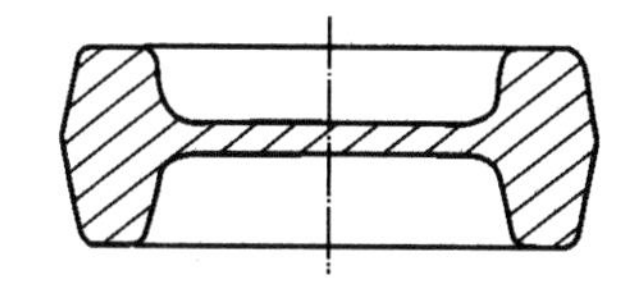

图 6.3　轴对称锻件

模锻工序的成功在一定程度上取决于锻件的设计。锻件设计完毕后,将锻件实体几何模型与模块作布尔减运算就可以得到终锻模具型腔,从分模面处将模块分切为上模块、下模块两部分,再加上毛边槽形状就完成了锻造模具的设计。

对于复杂的轴对称锻件,模锻工序设计的关键是预锻工序的设计。设计预锻工序的目的是分配金属,形成中间过渡形状,合理设计预锻模具对充满终锻模型腔、减小毛边消耗、减轻模具磨损和提高锻件质量影响极大。在传统设计方法中,预锻模具设计是以缺乏定量分析的经验准则为基础,这些设计准则难以在设计程序中应用,所以,建立模具 CAD 系统时,必须解决预锻造模具设计难的问题。成形过程的有限元数值模拟已经成为预锻模具设计的有力工具,常用的方法是通过数值模拟优选预制坯和预锻件的外形尺寸。

模具设计的最终结果是模具的装配图和零件图,为制造模具提供足够的信息。当建立锻造模具 CAD 系统时需要使模具标准化,以便计算机辅助设计易于实现。只有少数的模具零件需要根据不同的锻件进行设计,大部分模具零件只要从锻造模具 CAD 系统的标准数据中调用。

标准化的模具结构提高了设计效率。采用标准的模具结构,只需要根据锻件形状和尺寸设计模芯,再将型槽的形状加上构成完整的模芯图形。系统根据锻件底部的轮廓形状选择合适的顶杆直径,设计人员也可以自行选择合适的顶杆。图 6.4 所示为锻造模具 CAD 系统生成的上模芯、下模芯和顶杆的装配图。

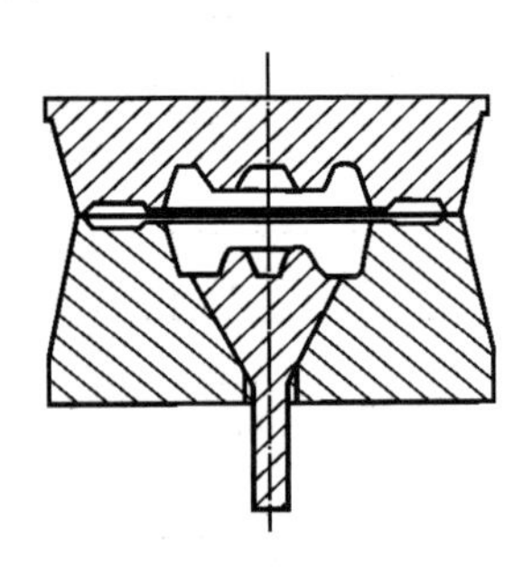

图 6.4　上模芯、下模芯和顶杆的装配图

6.3　长杆形锻件模具 CAD

长杆形锻件是一类广泛使用的锻件,其设计过程中,无论是工序设计、分析计算,还是模具结构设计都比较复杂,因此,建立这类锻造模具 CAD 系统的难度比较大。虽然有不少研究人员致力于开发长杆形锻件模具 CAD 系统,但是目前已经应用的系统仍有很多不足,需要进一步完善。如图 6.5 所示为长杆形锻件模具 CAD/CAM 系统的流程图。

长杆形锻件几何形状比较复杂,需要利用三维实体造型软件建立其几何模型。目前,如 Pro/ENGINEER,UGS,CATIA 等很多种三维实体 CAD 软件都能够进行锻件几何模型的造型,采用这些软件进行锻造模具设计,还可以方便地提取锻件的有关信息,包括体积计算、截面形状生成、截面积计算等。

工艺设计部分是锻造模具设计的重要内容。模锻工艺设计时,首先由已建立的锻件几何模型计算其体积、净重、投影面积、长度和形状复杂系数等。在此基础上,求得质量分布曲线,计算坯料图和方块图,确定锻造工序,计算毛边消耗,设计毛边槽几何形状和毛坯尺寸,计算锻造载荷和能量,并选择锻造设备。工艺设计模块生成的这些数据可以供后续设计使用。

设计预锻型槽时,根据体积不变原理,首先设计若干具有代表性的预锻件截面,再采用几何造型系统的功能,建立预锻件的实体模型,再与模块做布尔减运算生成预锻型腔。由于理论模型有待完善，预锻件的设计是一个难点。

所有的型槽设计完毕后，采用型槽布置程序设计模块的尺寸，确定各型槽的位置。根据工艺计算得到的锻造工序的数目、棒料尺寸、锻造设备吨位和毛边几何形状的数据，以及各个工序型槽轮廓的数据，进行型槽的布置。该模块最后输出的是锻造模具型槽布置图，包括模块的总体尺寸、安装尺寸和各型槽的相对位置尺寸。

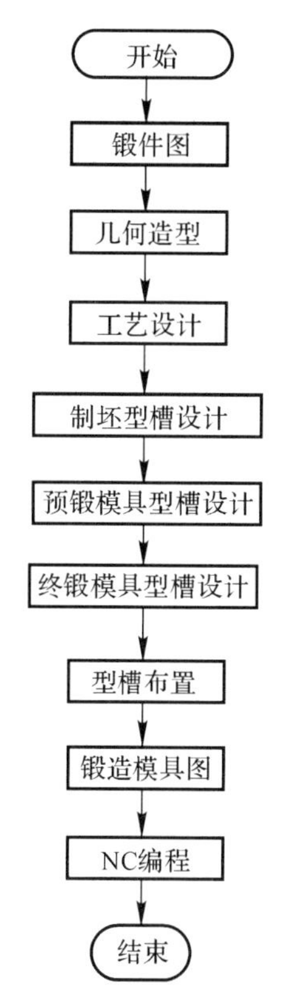

图 6.5　长杆形锻件模具 CAD/CAM 系统的流程图

6.3.1　模锻工艺设计

模锻工艺设计模块的主要任务是确定锻造工序，计算工艺参数，并为后续设计程序准备必要的数据。首先建立锻件的实体几何模型，程序可以计算出毛坯体积、坯料尺寸等参数，确定锻造工序，设计毛边槽尺寸等。另外，设计过程中也提供人机交互功能，允许用户根据实际情况自己确定参数和方案。

毛坯计算是选择制坯工步、设计制坯型槽和确定坯料尺寸的主要依据。将锻件的实体模型用三维 CAD 软件剖切，生成一系列垂直于轴线方向不同位置的横截面，如图 6.6 所示，再利用软件的测量功能获取每个截面的面积，根据测得的各截面的面积，可以绘制出计算毛坯截面图，计算出相应的直径，可以得到质量分布图和计算毛坯直径图，实际的毛坯质量应当加上毛边金属消耗。根据质量分布曲线，可以将锻件分为头、杆等不同部分，为设计拔长和滚挤型槽提供依据。

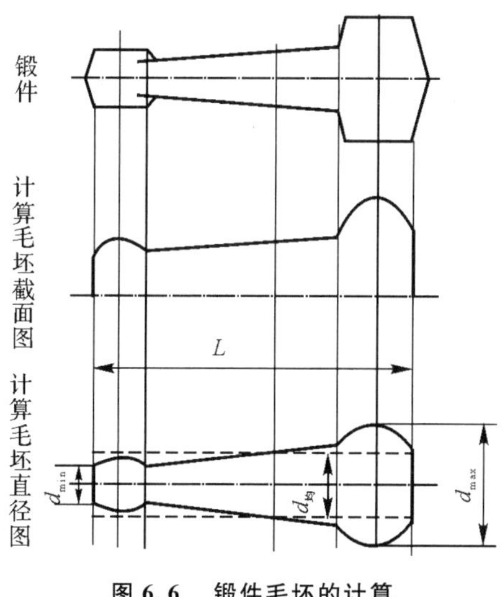

图 6.6　锻件毛坯的计算

模锻工艺设计还包括预成形工序的设计。预成形工序包括拔长、滚挤和预锻。预成形工序受锻件本身形状复杂性、锻造设备、生产批量和经济性等因素的影响,可以由程序确定,也可以由用户进行合理选择。

制坯工步通常按照图 6.7 所示曲线进行选择。图 6.7 中 y 轴为计算毛坯图中最大直径与平均直径之比(即金属流入头部的繁重系数),x 轴为锻件长度与平均直径之比(即金属沿轴向流动的繁重系数),m 为锻件的质量。A,B,C 三条曲线所确定的几个区域,分别表示需要拔长和滚挤制坯、闭式滚挤制坯、开式滚挤制坯和不需要制坯。

将曲线 A,B,C 离散化处理后,采用四次多项式进行拟合,得到曲线的方程分别为

$$y_A = 0.500\ 063 + 6.730\ 503/(x - 2.829\ 102) \tag{6.1}$$

$$y_B = 0.685\ 949 + 2.318\ 586(x - 1.735\ 853) \tag{6.2}$$

$$y_C = -2.029\ 169 \times 10^{-0.2} + 1.660\ 974/(x + 6.568\ 23 \times 10^{-0.2}) \tag{6.3}$$

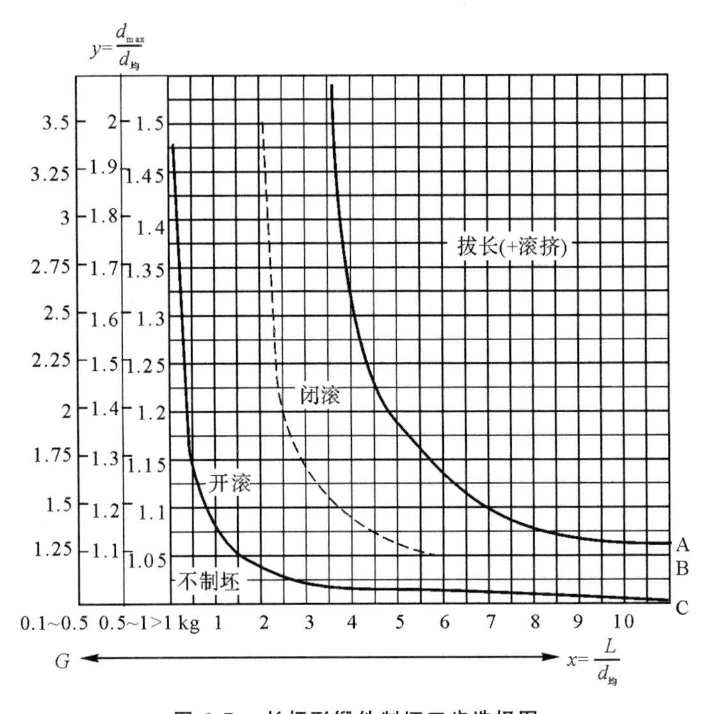

图 6.7　长杆形锻件制坯工步选择图

6.3.2　拔长型槽设计

拔长型槽用于减小毛坯的局部横截面积,增加其长度,如果是第一道变形工序,还兼有清除氧化皮的作用。拔长型槽位置设置在模块边缘,由坎部、仓部和钳口组成,坯料在坎部产生变形,仓部容纳已变形金属。坎部的纵向轮廓有平形和凸圆弧形两种。坎部的横向轮廓有分开式和闭式两种,前者为平形,后者为凹圆弧形。

拔长型槽以计算毛坯为依据设计，拔长型槽有图 6.8 所示的 4 种不同形式，坎部高度 H 和坎部长度 L 是型槽设计的两个最重要参数。

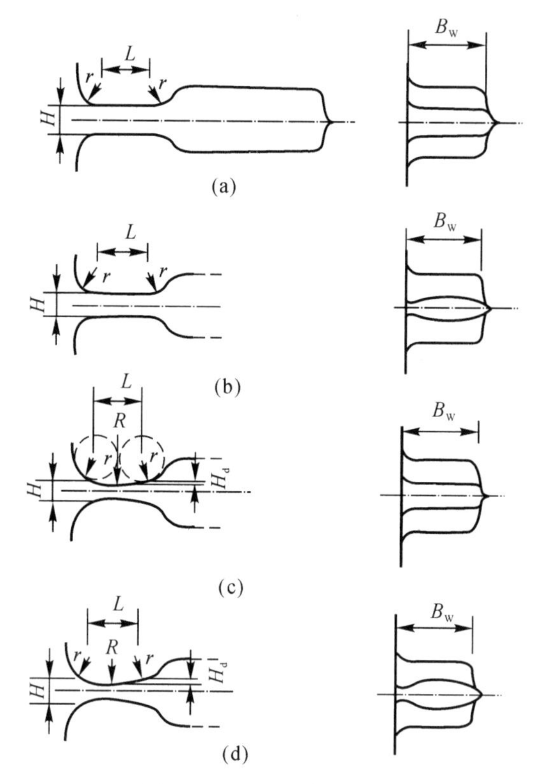

图 6.8　拔长型槽的结构

棒料拔长时的变形程度定义为

$$\delta = \frac{D_0 - H}{D_0} \tag{6.4}$$

式中　D_0—— 拔长之前的棒料尺寸(mm)。

最大的允许变形程度为

$$\delta_{er} = \frac{D_0 - H_{min}}{D_0} \tag{6.5}$$

式中　H_{min}—— 允许的最小坎部高度(mm)。

毛坯拔长后的形状和伸长与其在型槽内的放置位置有关。由于拔长时难以保证准确的放置，因此，设计拔长型槽时，假如两次打击(即翻转 90° 的两次打击）后完成要求的伸长与断面减缩，设计时应当保证在第一次打击之后，毛坯的形状满足镦粗要求，即其高度与宽度之比应当小于 3，以免发生失稳。

拔长型槽的设计分为两步，先确定拔长步骤，再设计型槽几何形状。由锻件的质量分布曲线和计算坯料图，根据截面变化情况将锻件分为头部和杆部，然后计算各段的体积和平均截面积得到方块图。

拔长步骤的选择是以最少的打击次数得到与计算坯料图相近似的形状,主要由毛坯尺寸和方块图中所表示横截面的变化决定。

设计拔长型槽的形状包括确定坎部高度、设计纵向轮廓和横向轮廓。坎部高度 H 的计算如下:

对于平形的纵向轮廓

$$H=\sqrt{A} \tag{6.6}$$

对于凸圆弧形的纵向轮廓

$$H=\sqrt{A}-B,\quad 1.6\leqslant B\leqslant 3.2 \tag{6.7}$$

式中 A—— 不包括毛边在内的锻件截面面积(mm^2)。

因为拔长时不可能得到准确的方形,得到的截面总是比较大。为了防止再次变形时失稳,H 不得小于棒料尺寸的 1/3,否则需要两次拔长。

坎部长度 L 的计算为

$$L=L_f-13 \tag{6.8}$$

式中 L_f—— 拔长长度,即与该段相对应的毛坯长度(mm)。

对于凸圆弧形的纵向轮廓,弧形高度 H_d 和主圆弧半径 R(见图 6.8) 的确定方法为

$$\left.\begin{aligned} H_d&=3.2-1.6\left(\frac{25}{D_0}\right),\quad D_0>25\\ H_d&=1.6,\qquad\qquad\qquad D_0\leqslant 25\end{aligned}\right\} \tag{6.9}$$

$$R=\frac{H_d}{2}+\frac{L_f}{32} \tag{6.10}$$

拔长坎部宽度 B_W 为

$$\left.\begin{aligned} B_W&=0.75\frac{A}{H}\\ B_W&\geqslant(1.4\sim 1.5)D_0\end{aligned}\right\} \tag{6.11}$$

实践表明,拔长时产生的宽展量不会超过平面应变时的 75%,这就是式(7.1) 采用0.75的原因。同时,提供比较宽的坎部可以防止因为毛坯放偏而产生夹缝或者凸起。

6.3.3 滚挤型槽设计

滚挤型槽用于减小坯料某些部位的横截面积,增大另外一些部位的横截面积,在长度方向上分配金属,使得毛坯体积分配接近于计算坯料的形状。滚挤对毛坯有少量的拔长作用,还可以去除氧化皮,滚光拔长时产生的缺陷。

滚挤型槽由钳口、本体和毛刺槽三部分组成,如图 6.9 所示。钳口用于容纳夹钳,本体使得坯料变形,毛刺槽用于容纳滚挤时产生的端部毛刺。滚挤型槽按横截面形状可分为开式、闭式和混合式三种。滚挤型槽的横向轮廓类型通过人机对话方式确定。由于闭式滚挤

时金属的横向宽展比较小，轴向流动比较大，聚料作用比较强，因此，在绝大多数情况下都采用闭式的横向轮廓。

本体部分的设计是滚挤型槽设计的主要内容，同样以坯料图为设计的主要依据，再加上毛边金属消耗。根据计算毛坯直径图利用三维 CAD 软件绘制坯料的外形轮廓线，将外形轮廓中不光滑过渡部分用比较大的圆弧进行光顺，则此外轮廓线即为闭式滚挤型槽的最高纵截面外轮廓线，再从数据库中获得椭圆形闭式滚挤型槽的不同部位的长半轴尺寸，通过一系列的椭圆截面和轮廓线放样扫描就可以得到滚挤型槽本体部分的实体模型，尾部附加上毛刺部分，将其与模块相应部位作布尔减运算，再造型出钳口部分的形状，即得到滚挤型槽。

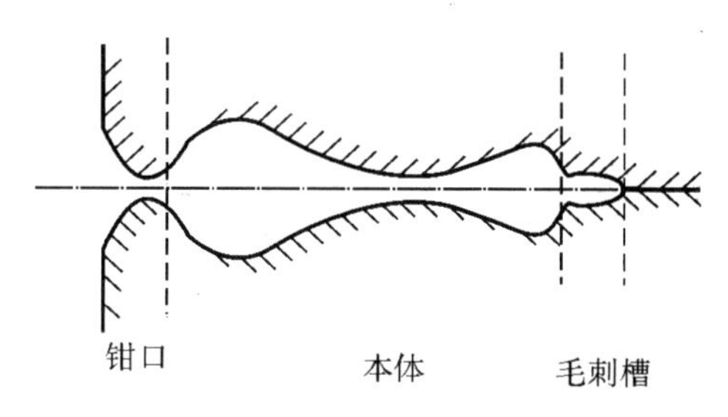

图 6.9　滚挤型槽的结构

6.3.4　预锻型槽设计

预锻是在终锻前对金属进行预分配。其目的如下：

1）确保金属终锻时无缺陷流动，易于充填型腔；

2）减少毛边金属的消耗；

3）减少金属流动量，降低终锻型槽磨损；

4）获得希望的流线和便于控制锻件的力学性能。

但是采用预锻也会带来不利影响，模具上增加预锻型槽后，增大了模块尺寸，容易造成偏心打击，增加了上模与下模错移趋势。

预锻型槽是以终锻型槽或者热锻件为基础进行设计的，设计原则是经预锻型槽成形的坯料，当在终锻型槽中成形时，金属变形均匀，充填性好，产生的毛边最小。

设计长杆形锻件的预锻型槽时必须选择一系列代表性的截面，设计相应的预锻型槽截面形状，并通过这些截面放样扫描生成预锻件的实体模型，再与模块作布尔减运算生成预锻型槽。下面介绍预锻型槽设计的两种方法。

1. H 形截面预锻型槽设计

当设计 H 形截面预锻型槽时，根据肋板的高与宽的比值将截面分为三种，这三种截面及其预成形的设计表示如图 6.10 所示。这些预锻模形状被广泛采用，并为设计复杂的预锻模提供了基础,但是,这种方法缺少定量的计算,因此,设计时需要有足够的工作经验。

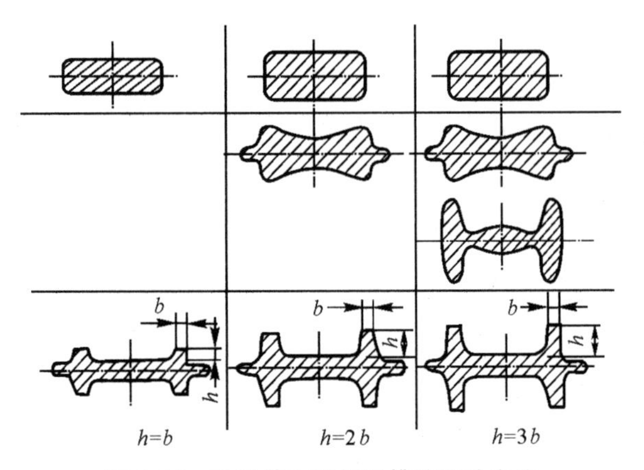

图 6.10　H 形截面预锻型槽的设计方法

H 形截面预锻型槽的定量计算方法可以采用肋板的高、宽比 H_f/b_f 表示,这种计算方法可以分为两种情况(见图 6.11)。

当 $H_f/b_f \leqslant 2$ 时[见图 6.11(a)],预锻型槽的顶部和底部截面宽度为

$$B_m = B_f - C \tag{6.12}$$

式中　B_m—— 终锻模截面宽度(mm);

C—— 截面缩减量(mm)(2 ~ 10 mm,由设计人员选取)。

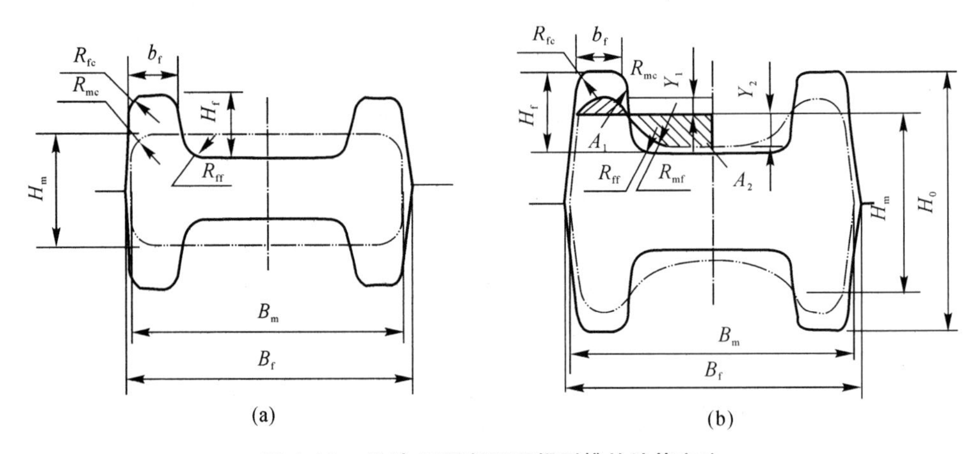

图 6.11　设计 H 形断面预锻型槽的计算方法

预锻型槽的外圆角半径 R_{mc} 和内圆角半径 R_{mf} 分别为

$$R_{mc} = 1.25R_{fc} + 3.2,\quad R_{mf} = 1.25R_{ff} + 3.2 \tag{6.13}$$

截面的高度按照面积相等的原则求得。

当 $H_f/b_f > 2$ 时[见图 6.11(b)],R_{mc},R_{mf} 和截面的平均高度 H_m 均可以按照上述方法求得。尺寸 Y_1 可以按下式计算:

$$Y_1 = 0.25(H_0 - H_m) \tag{6.14}$$

Y_2 由面积 A_1 和 A_2 相等的关系求得。

2. 采用指数曲线定义预锻型槽截面形状

采用指数曲线定义预锻型槽截面形状的方法在锻造模具计算机辅助设计中应用比较多。采用这种方法设计预锻型槽截面时，必须将截面分解为若干 L 形单元进行处理。首先将截面分解为 L 形单元（见图 6.12），然后根据截面所在的变形区域确定 L 形单元的轮廓形状。

当截面处于平面应变区域时（见图 6.13），有

$$x = L\left(\ln\frac{y}{h} + 1\right) \tag{6.15}$$

当截面处于轴对称变形区域时，有

$$x = L\left(0.5\ln\frac{y}{h} + 1\right) \tag{6.16}$$

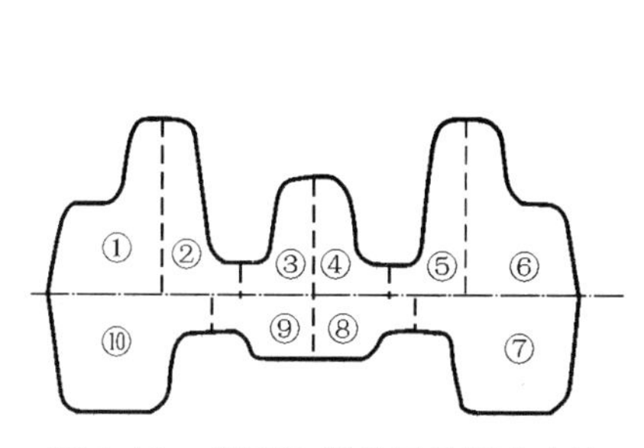

图 6.12　截面 L 形单元的划分方法

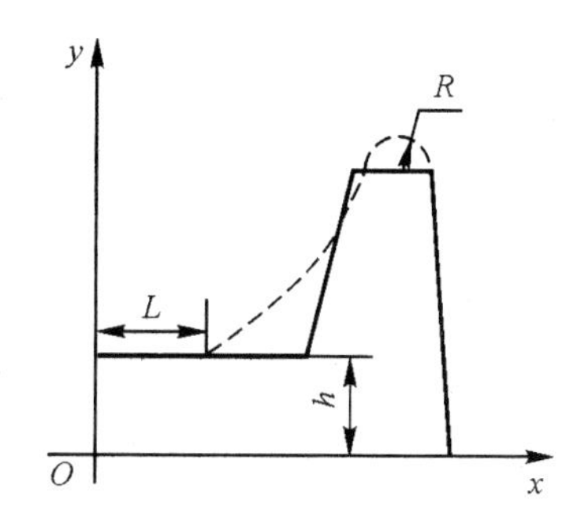

图 6.13　L 形单元的处理方法

采用不同的计算公式设计不同变形区域的预锻型槽截面形状，整个截面的形状是由各个 L 形单元组合而成。图 6.14 所示为用上述方法设计的预锻型槽的截面形状。

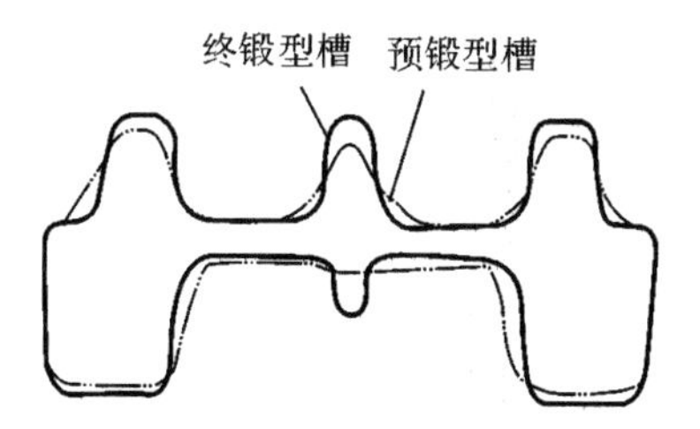

图 6.14　预锻型槽与终锻型槽

6.3.5　型槽布置

型槽在模块上的位置将直接影响锻件的质量、生产效率和作用在锻造设备上的力。如果型槽布置不当，模锻时产生的偏心载荷会使得分模面产生错移，造成锻件超差，同时会加速滑块的磨损。当在模块上布置多个型槽时，通常必须权衡各种因素，尽量使载荷中心与滑

块中心靠近,减小偏心载荷。

从生产率和操作的劳动强度最小的维度考虑,应当按照锻造工步的顺序布置型槽,使得零件移动的距离最短。但是,由于终锻时的载荷最大,通常的做法是将终锻型槽布置在模块的中心附近,使得载荷中心接近滑块中心。图 6.15 所示为多型槽布置的情况,制坯型槽布置在两边,变形载荷大的终锻型槽和预锻型槽安排在中间,终锻型槽比预锻型槽更接近模块中心。

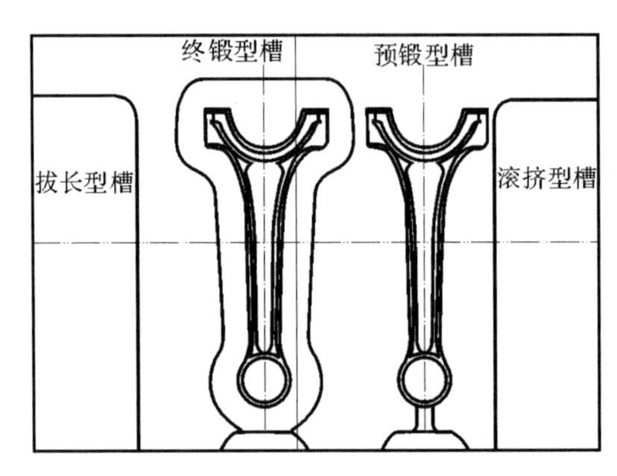

图 6.15　多型槽布置示意图

计算机辅助布置型槽时采用的信息包括锻造工序、打击能量、毛边槽尺寸和毛坯尺寸。此外,各个型槽的轮廓形状和几何尺寸也是型槽布置程序的输入信息。图 6.16 所示为型槽布置流程图。

布置型槽的步骤和算法可以归纳如下:

1) 从设计数据、准备模块和各型槽设计模块产生的文件中输入信息,包括打击能量、锻锤吨位、毛边槽和毛坯尺寸等。

2) 确定型槽的类型和尺寸。

3) 确定型槽在模块上的布置顺序,当包括拔长、滚挤、预锻和终锻工步时,设计人员也可以根据需要,自行选择布置的顺序。

4) 设计各型槽颈部和钳口的几何形状。设计的钳口应当保证操作方便而又不过多占用模块面积,并规整成标准数据。

5) 计算所有型槽的总投影面积,包括毛边桥部和仓部。

6) 计算各型槽的长度。对于终锻型槽应将毛边槽的宽度计算在内,模块在长度方向上的最小尺寸,不应小于最大型槽长度和钳口长度之和。

7) 求各型槽宽度之和。

8) 设计模块的厚度。当设计厚度时,应当保证足够的强度,使得模块不致因承受不了变形力而破裂。由于锻件形状的复杂性,目前尚无好的算法,用于分析应力集中和计算模块的强度。程序中是根据型槽的深度确定模块的最小厚度的。当设计模块厚度时,还应当考虑锻造设备的最小封闭高度和修模余量。修模与否、修模次数及余量大小可以交互输入。最终的设计结果应当保证总厚度在设备的最小和最大闭合高度之间。

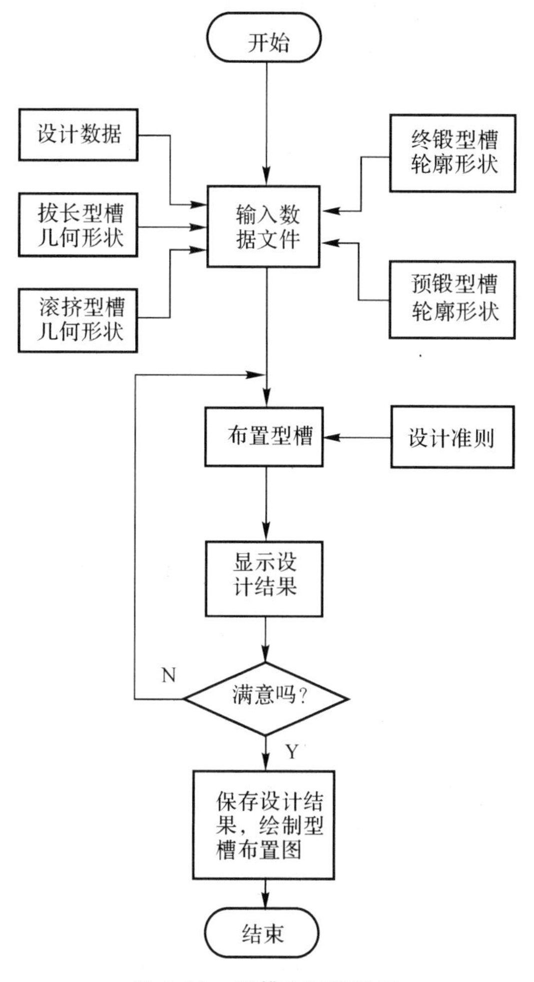

图 6.16　型槽布置流程图

9) 计算相邻型槽间的距离，即壁厚。型槽深度是决定壁厚的主要因素，壁厚与型槽深度的比值一般取为 1.25 ～ 2.0。在预锻型槽的最宽部位，型槽边缘与终锻型槽毛边仓部之间的距离应不小于 6mm。这是因为通常在预锻时会有毛边形成，在型槽间提供一定的间隙可避免产生过大的毛边。

10) 由前面求得的型槽宽度和壁厚求取模块的最小宽度。

11) 由算得的模块长度与宽度，按照尺寸系列选取标准模块尺寸，均匀增加各型槽壁厚，使计算宽度与模块的实际宽度相等。

12) 选择燕尾尺寸。

13) 确定燕尾中心位置。当模块安装在锻造设备上时，燕尾中心与滑块和砧座的中心重合，所以在确定燕尾中心位置时应当使得偏载尽可能小，最理想的情况是各型槽的载荷对燕尾中心线产生的力矩相等，这样可以保证产生的转矩最小，因为拔长和滚挤型槽产生的载荷比终锻型槽的载荷小得多，所以实际应用中一般仅考虑预锻型槽和终锻型槽。

布置型槽的程序中，压力中心的计算是比较重要的一部分。当计算压力中心时，通常采用以下方法。

a. 平衡点方法。采用这种方法计算压力中心时，沿长度方向将锻件划分为若干部分，如图6.17 所示，每一部分的“矢量”V 定义为

$$V=A\sqrt{\frac{b}{T}} \tag{6.17}$$

式中 A—— 投影面积(mm^2)；

B—— 平均宽度(mm)；

T—— 平均厚度(mm)。

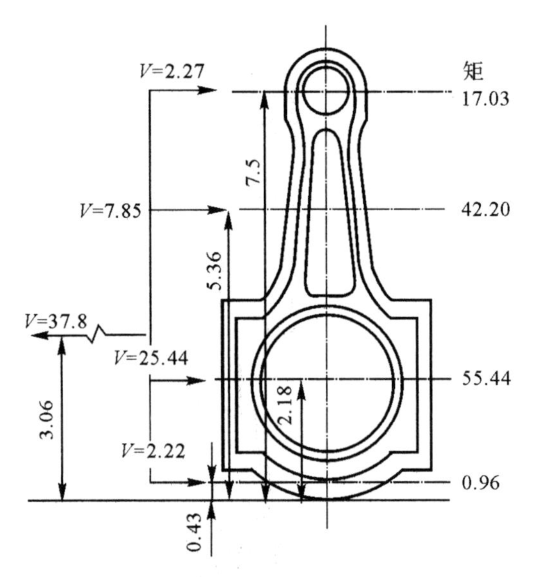

图 6.17 压力中心的平衡点确定方法

“矢量”和作用点距离的乘积为“矩”，平衡点计算为

$$\text{平衡点}=\frac{\sum \text{矩}}{\sum \text{矢量}} \tag{6.18}$$

对于复杂锻件，计算时应当划分比较多的段数。这种方法的计算精度与划分的段数、平均宽度和厚度的计算有关。实际应用表明，平衡点法计算压力中心比较准确。

b. 主应力方法。将锻件分解为具有一定变形方式的若干区域，分别对每一变形区域求解，计算出各部分的压力中心。然后，用力矩平衡法计算整个型槽的压力中心。该方法计算结果比较准确，与实际情况很接近。

6.4　锻件形状复杂系数 CAD

当进行锻造模具的计算机辅助设计时，由于计算机对锻件的形状特点无法直接定量评估，因此，需要建立计算锻件形状复杂性的标准。只有在此基础上，才能够建立计算模锻工艺过程主要参数的算法。例如，在计算毛边槽桥部尺寸和消耗金属的算法中，锻件的形状复杂性系数是计算公式中的主要变量，所以，在锻造模具计算机辅助设计中，锻件形状复杂性的计算非常重要。

模锻工艺过程设计的主要目的是保证金属在模具中的合理流动，成形出无缺陷的合格锻件。金属流动受锻件形状的影响很大。一般来说，形状简单的锻件比较容易锻造成形，而形状复杂的锻件，例如带有分枝、凸起比较多的锻件，则锻造成形比较困难。这是因为形状复杂的锻件的表面积与体积之比比较大，形状的变化影响着金属流动时的摩擦阻力和变形金属的温度，从而影响坯料充满型腔所需的压力。为了对锻件的充填能力进行描述，可以采用计算锻件形状复杂系数的方法。

对于轴对称锻件的形状复杂性系数，首先定义了轴向形状系数 α，计算公式为

$$\alpha = \frac{X_f}{X_c} \tag{6.19}$$

其中

$$X_f = \frac{P^2}{A},\quad X_c = \frac{P_c^2}{A_c}$$

式中　P—— 锻件轴截面的周长(mm)；

A—— 锻件轴截面的面积(mm^2)；

P_c—— 轴截面包络矩形的周长(mm)；

A_c—— 轴截面包络矩形的面积(mm^2)。

因为所包络的矩形也就是锻件包络圆柱体的轴截面，所以，α 的值代表锻件形状与圆柱体形状的差别。

如果轴对称锻件凸起部分距离对称轴越远，则锻造难度越大。因此定义了横向形状系数 β，计算公式为

$$\beta = 2 \times \frac{R_g}{R_c} \tag{6.20}$$

式中　R_g—— 半轴截面的重心与对称轴之间的距离(mm)；

R_c—— 锻件的最大半径(mm)(见图 6.18)。

锻件的形状复杂系数 S_F 表示为

$$S_F = \alpha\beta \tag{6.21}$$

如果锻件为圆柱体，按照式(6.21)计算得到 S_F 等于 1。锻件的形状越复杂，锻造越难，S_F 的值也越大。

毛坯或者预锻件的形状复杂性系数 S_P 也可以采用相同的方法求得，因为预锻件的形状和锻件的形状越接近，则终锻越容易成形。在考虑了毛坯形状的影响因素之后，锻件的形状复杂性系数为

$$S = S_F / S_P \tag{6.22}$$

对于长杆形锻件的横截面(见图 6.19)形状复杂性系数 C_F，计算式为

$$C_F = \frac{P}{\sqrt{A}} = \frac{L}{0.5B} \tag{6.23}$$

式中　P—— 锻件横截面周长(mm);

A—— 锻件横截面面积(mm^2);

B—— 锻件横截面宽度(mm);

L—— $\max(L_1, L_2)$,L_1,L_2 分别为截面的左半部和右半部重心与 y 轴的距离(mm)。

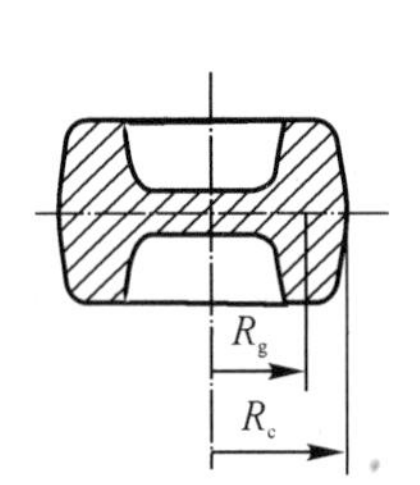

图 6.18　锻件的轴截面

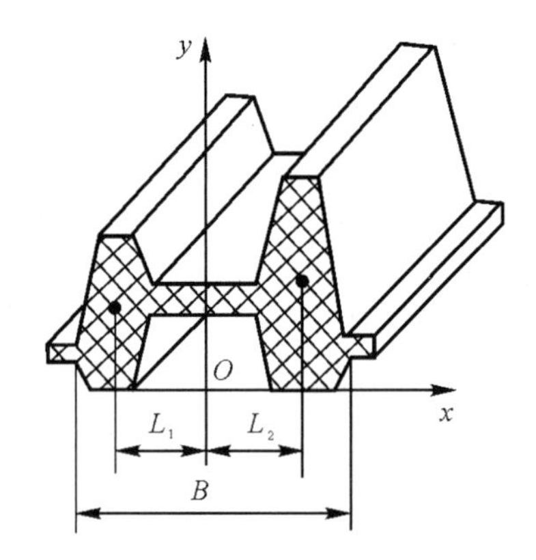

图 6.19　直长轴类锻件的横截面

同样,考虑毛坯的形状影响,综合形状复杂系数为

$$C = C_F / C_P \tag{6.24}$$

式中　C_P—— 毛坯的形状复杂系数,采用与 C_F 类似的公式计算。

上述形状复杂性系数的计算公式已经应用于许多锻造模具 CAD 系统的开发。这种定量计算的形状复杂系数可以用于设计毛边槽桥部尺寸,计算毛边金属消耗,并且能够获得令人满意的结果。很多研究表明,虽然这些公式最初仅适用于轴对称锻件,但是它也可以推广用于计算任意形状锻件的形状复杂性系数。应用时,必须确定锻件所有截面的形状复杂性系数,最大值即为该锻件的形状复杂性系数。

6.5　锻造模具毛边槽 CAD

6.5.1　桥部尺寸计算

毛边槽的结构如图 6.20 所示,分为桥部 1 和仓部 2,桥部阻碍金属流动,仓部容纳多余金属。正确设计毛边槽桥部尺寸对保证金属充满型腔、降低金属消耗和减少模具磨损具有重要意义。

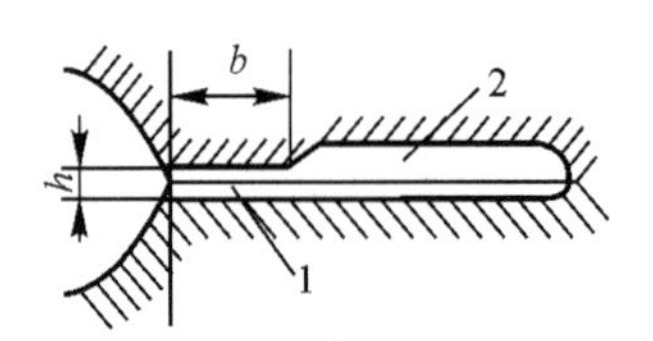

图 6.20　毛边槽的结构

合理的模锻过程是金属完全充满型槽的瞬间,锻件高度恰好等于它的最终高度,即正好打靠。但是,由于毛坯体积和型槽尺寸的波动,这样的过程实际上无法实现,因此,必须合理选择毛边槽的桥部尺寸,使得模锻的

最后阶段不需要很大的作用力就能够保证阻碍坯料向毛边仓部流动所需要的阻力。

由于金属塑性流动过程的复杂性，毛边槽的尺寸确定目前尚无统一的计算方法，国内普遍采用吨位法，按照锻锤吨位确定毛边槽尺寸。这种方法是根据生产经验获得，具有一定的代表性，并且使用方便，但是也存在一定的缺陷，它没有考虑锻件和毛坯的形状复杂性。实际上同一锻件往往能够在不同的设备上锻造，但是所需压力值不变。按照这种方法，如果所选择的设备吨位小，桥部高度也会减小，显然不合理。为此，当开发锻模 CAD 系统时，采用数理统计方法建立计算毛边槽桥部尺寸的计算公式。

对 240 多种锤上模锻资料中众多影响因素统计数据的分布进行分析的结果表明，桥部高度 h 受锻件的轮廓尺寸和质量影响最大。对桥部高度和锻件质量、锻件最大直径进行了相关分析，结果表明锻件质量 $Q_{锻}$ 能够很好地反映计算桥部高度的未知关系式。采用回归分析方法，得到计算桥部高度 h 的关系式为

$$h = -0.09 + 2 \times \sqrt[3]{Q_{锻}} - 0.01Q_{锻} \tag{6.25}$$

确定 h 后，计算 b 的尺寸应当保证金属完全充满型腔所必需的压力。b/h 的值越大，金属向毛边流动的阻力越大。对锤上模锻的统计资料进行相关的回归分析，得到以下关系式：

$$\frac{b}{h} = -0.02 + 0.0038 \times S \times \frac{D_0}{h} + \frac{4.93}{Q_{锻}^{0.2}} \tag{6.26}$$

式中　S—— 锻件形状复杂性系数；

D_0—— 毛坯的最大直径(mm)。

采用类似的方法得到用于热模锻压力机的关系式为

$$h = 2.17 + 1.39Q_{锻}^{0.2} \tag{6.27}$$

$$\frac{b}{h} = -1.985 + 5.258Q_{锻}^{-0.1} + 0.0256\frac{D_0}{h} \tag{6.28}$$

上述计算毛边槽桥部尺寸的公式已在许多锻造模具 CAD 系统开发中应用。它不仅用于轴对称锻件，也用于形状更为复杂的锻件，例如，带薄肋的锻件和航空发动机叶片等。

6.5.2　毛边金属消耗量计算

当计算毛坯质量时，应当考虑毛边金属消耗量和坯料加热时的烧损。毛边损失平均占锻件总成本的 14% 左右，因此，减小毛边消耗量可以提高材料利用率，显著降低锻件成本。毛边的优化设计，是锻造模具计算机辅助设计中的一项关键技术。传统估算毛边金属消耗量时通常采用比较粗略的经验法，它不考虑毛坯形状、分模面位置和毛边桥部尺寸等因素的影响。虽然某些锻造模具 CAD/CAM 系统采用一些粗略的经验公式计算毛边金属消耗量，但是这些计算毛边金属消耗量的方法不科学。研究表明，毛边金属的消耗量与锻件和毛坯的形状复杂性、分模面位置和毛边桥部尺寸有关。另外，锻件质量越大，毛边金属消耗量越多。通过对大量实际生产数据的回归分析得到了以下关系式：

$$\frac{Q_{毛}}{Q_{锻}} = -0.012 + 0.169Q_{锻}^{-0.2} + 0.011S\left(\frac{D_0}{D_{锻}}\right)^2 - 0.011\frac{b}{h} \tag{6.29}$$

式中　$Q_{毛}$和$Q_{锻}$——分别为毛边和锻件的质量(kg);

其余参数同前。

对于内外分模面有偏移的锻件(见图 6.21),应当考虑内外分模面的偏移和毛坯在锻模中的原始位置。则采用下式表示:

$$\gamma=\frac{H}{h_0+h_p} \tag{6.30}$$

式中　H——锻件的高度(mm);

h_0——锻模闭合时上模与下模两平面间的最小距离,毛坯在原始位置时紧靠这两个平面(mm);

h_p——内、外分模面之间的距离(mm)。

假设 $T=S(D_0/D_{锻})^2\gamma^2$,回归分析结果为

$$\frac{Q_{毛}}{Q_{锻}}=-0.54+15.44Q_{锻}^{-0.2}+0.117TQ_{锻}^{-0.2}-0.01383\frac{b}{h}T-0.703\frac{b}{h} \tag{6.31}$$

采用类似的方法得到热模锻压力机上的毛边金属消耗量为

$$\frac{Q_{毛}}{Q_{锻}}=-0.680+12.30Q_{锻}^{-0.2}-0.022T+0.0777TQ_{锻}^{-0.2}-0.130T^{0.5} \tag{6.32}$$

上述算法的计算结果和试验数据相吻合。采用该算法设计的锻造模具不仅可以保证金属充满型槽,而且减少了毛边金属消耗量。由于是建立在回归分析基础上的表达式,这种算法在模具 CAD/CAM 系统中得到了广泛应用。

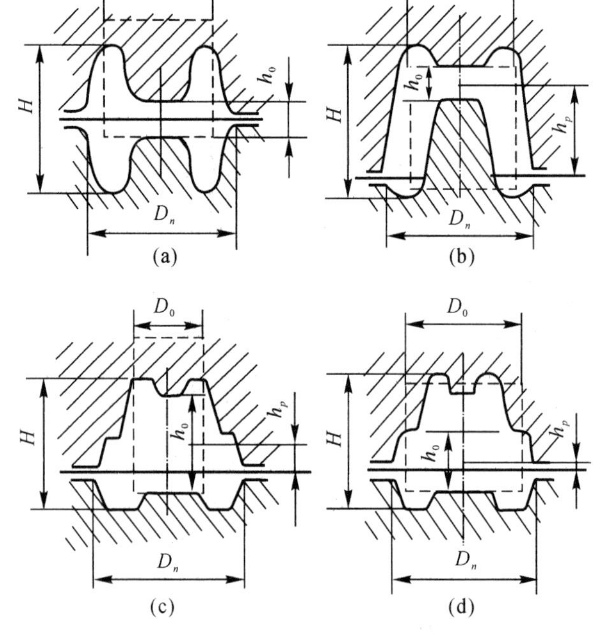

图 6.21　内外分模面的相对偏移

6.6　叶片锻造模具 CAD

叶片工作时承受着非常恶劣的载荷，模锻成形是一种非常重要的加工方法。由于叶片的品种多、数量大、难成形、型面复杂、内部质量和外部质量要求高，而且机械加工难度大，因此，针对叶片这一类特殊零件，投入了大量的人力、物力，发展了多种叶片成形技术。精密锻造成形工艺能够改善零件的微观组织，提高其综合力学性能，因此，在叶片锻造成形中获得了广泛应用。

叶片是锻造生产中最难成形的零件之一，因此，叶片锻造模具的设计制造成为关键。叶片的叶身型面是比较复杂的三维扭转曲面，几何精度要求高，设计制造难度大，其材料一般都是合金化程度比较高的高温合金、钛合金等难变形合金，传统的设计制造方法难以适应上述特点，而且生产制造周期长、工作量大。而 CAD 技术正是在提高生产效率、改善设计制造质量、降低生产成本、减轻劳动强度等方面具有传统设计制造无可比拟的优越性。

叶片锻造工艺设计就是要根据叶片的尺寸形状设计出合理的工序和工艺参数，以制造出合格的叶片锻件。叶片模锻的工艺流程，随着叶片材料、形状和生产条件的不同而不同，特别是各种辅助工艺，一般根据不同类型叶片和具体生产条件进行设计。叶片模锻的锻造工序主要有制坯、预锻和终锻。

6.6.1　叶片锻造模具 CAD 系统

叶片由叶身、榫头、阻尼台和工艺凸台组成，典型叶片锻造模具CAD系统结构如图 6.22 所示。

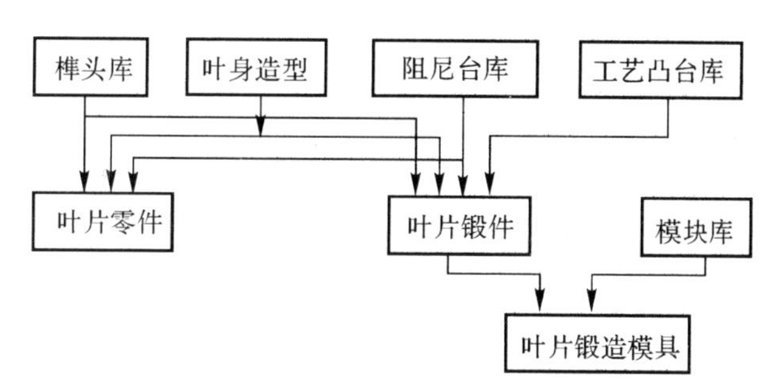

图 6.22　典型叶片锻造模具 CAD 系统结构

叶片锻造造模具 CAD 系统的工作流程如下：

1) 叶身型面数据转化。将叶片零件的型面数据，通过叶尖、叶根延伸，叶身、进排气边加放余量，转换成锻件数据，并在数据文件中输出。

2) 叶身实体造型。根据截面线做样条曲线和进气边、排气边的圆弧，曲线与圆弧光滑连接，过曲线组扫描生成叶身实体。

3) 生成榫头和凸台。从榫头库和凸台库中选定形式给定参数，生成榫头和凸台实体。

4) 叶片锻件的造型。在叶身文件中调入榫头和凸台几何实体，程序根据三者的坐标关系进行拼接，生成叶片锻件实体。

5) 终锻模具造型。将模块与叶片实体作布尔运算，分模面分模，得到终锻上模与下模。

6）预锻模具造型。将模块与叶片预锻件作布尔运算，分模面分模，得到预锻上模与下模。

7）切边模具造型。根据终锻模具型面，放出适当余量，与模块作布尔运算，可得到冲头、切边模具阴模和卸料板。

在叶片锻造模具 CAD 系统中，叶片的锻造工艺计算与实体及工、模具造型于同一环境下进行，完全防止了计算、造型在不同环境下运行时的数据传递错误。

6.6.2 挤杆镦头设计

叶片沿长度方向的材料分布极不均匀，榫头部分体积很大，叶身部分很薄，带阻尼台和工艺凸台的叶片的相应部位体积也比较大，因此必须进行制坯。

叶片锻造的工艺方法很多，目前对于中型、小型叶片采用比较多的是机械压力机挤杆和镦头制坯，以获得叶身型面平均等效圆直径及榫头的尺寸和形状，制坯后由压力机的顶出装置将挤杆或镦头件从模具中顶出，对于带阻尼台和工艺凸台的叶片还需要进行相应部位的聚集工序，然后在螺旋压力机预锻和终锻成形。

采用曲柄压力机挤杆、镦头成形工艺具有以下优点：

1）挤杆是采用尺寸比较大的棒料挤出尺寸比较小的杆部，可以获得高挤压比，以增加叶身部分的变形程度；

2）挤杆和镦头只经一次加热（例如不锈钢）或者两次加热（例如钛合金、高温合金）及两个工步就能成形，不仅减少了工步，节约了材料，而且模具结构比较简单。

1. 挤杆设计

挤杆工序是采用体积和直径一定的圆棒料热挤压成带有可控头部和杆部尺寸的挤杆件，图 6.23 所示为挤杆毛坯图。挤杆毛坯的杆部尺寸由带毛边叶片锻件叶身截面积相等的原则确定。

在挤压比许可的条件下，圆棒料的直径在下述范围内取标准值，即

$$\frac{D_0}{1.3} < d < D_0 - 1 \tag{6.33}$$

式中　D_0—— 挤杆毛坯头部直径(mm)。

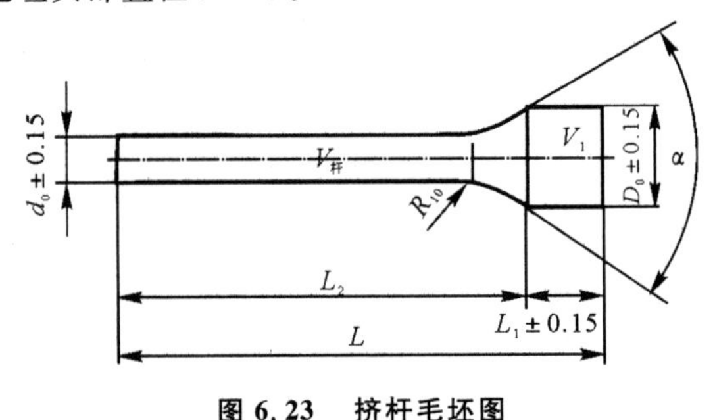

图 6.23　挤杆毛坯图

图 6.24 所示为挤杆组合模具的装配图，在上模中，凸模 4 用螺钉 2 固定在凸模固定板 3 上，在凸模固定板 3 上面装有精调垫板 1。在下模座的圆孔中，装有凹模挤压筒 9、挤压凹模

套 10、垫块 6、顶杆套筒 7、挤压凹模套 5、顶杆 8 和挤压件 11。挤压凹模套由两个半圆组成，外径与模座过渡配合，内径与凹模挤压筒过渡配合，以保证凹模挤压筒被夹紧。

挤杆凹模是由挤压筒和镶块过盈配合而成，在工作过程中镶块的挤压口容易磨损，寿命低，而挤压筒寿命比较高，磨损后只需更换镶块。挤杆模具镶块如图 6.25 所示，角度 α 为 $60^\circ \sim 90^\circ$，细料取小值，粗料取大值。挤压口的直径 d_0 等于热态毛坯杆部直径的中下限尺寸。直孔段 h_1 通常取 2 ～ 3 mm，h_1 过小，挤压口容易磨损；h_1 过大，毛坯杆部表面容易拉伤，而且顶料时，阻力比较大。上端口部直径 $D_1 \leqslant D_0 - 1$，但是不小于 5 mm。

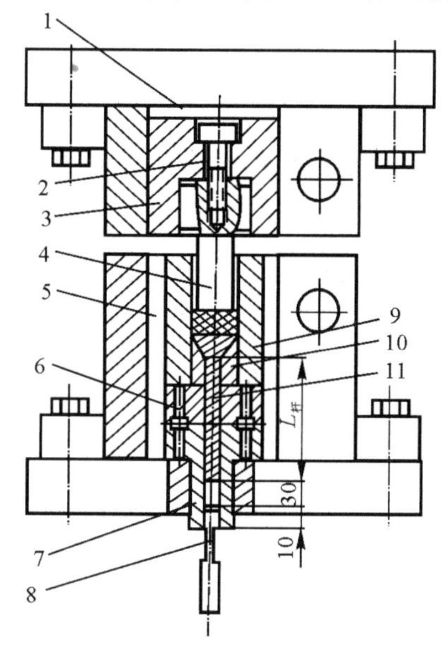

图 6.24　挤杆模具装配图

1— 精调垫板；2— 螺钉；3— 固定板；4— 凸模；
5— 挤压凹模套；6— 垫板；7— 顶杆套筒；8— 顶杆；
9— 凹模挤压筒；10— 凹模；11— 挤压件

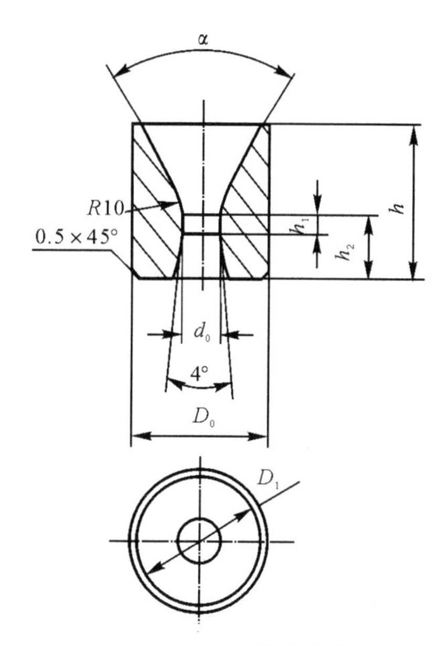

图 6.25　挤杆模具镶块

挤压筒如图 6.26 所示，内孔直径等于热态毛坯头部直径 D_0，下端 5 mm 长度带有 15′ 的斜度，以便压入镶块。内孔在 h 以上也有 15′ 的斜度，以利于毛坯顶出，上端口部 $R3$ mm 给冲头导向用。

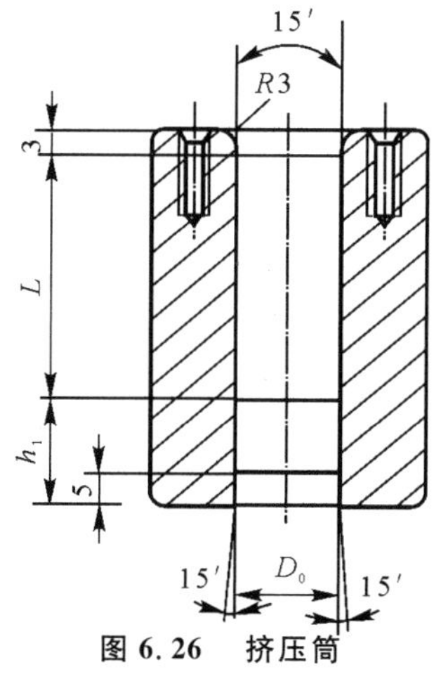

图 6.26　挤压筒

2. 镦头设计

镦头工序是把挤杆件的头部在热态下镦粗成适合于叶片预锻或者终锻成形所需的外形和尺寸,如图 6.27 所示为镦头毛坯图,毛坯尺寸由带毛边叶片锻件相应部位截面积相等的原则确定。镦头模具的结构形式与挤杆模具相似(见图 6.28),在上模中,镦头凸模 4 用螺钉 2 固定在凸模固定板 3 上,在凸模固定板 3 上面安装有精调垫板 1。在下模座中安装有镦头凹模套 5、镦头凹模垫块 6、顶杆套筒 7 和顶杆 8。其中精调垫板、镦头凸模固定板、垫块和顶杆套筒的设计原则与挤杆相同。

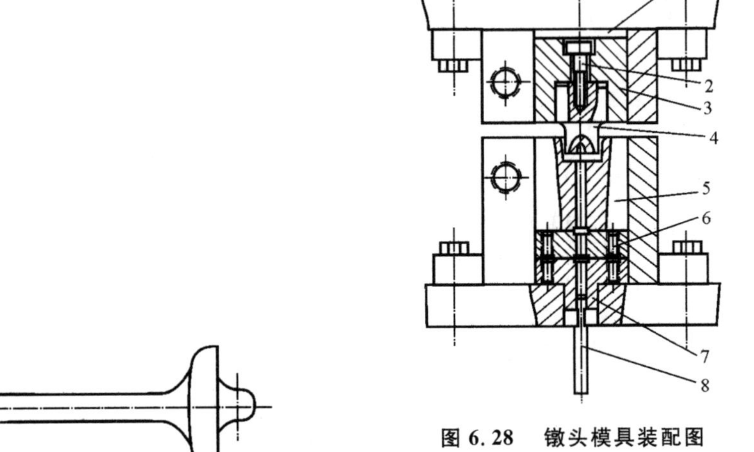

图 6.27　镦头毛坯图

图 6.28　镦头模具装配图

1— 精调垫板;2— 螺钉;3— 凸模固定板;4— 镦头凸模;5— 镦头凹模套;6— 镦头凹模垫板;7— 顶杆套筒;8— 顶杆

镦头模具结构形式分为三类(见图 6.29),其中,图 6.29(a)(b) 所示形式对上模、下模错移公差等级要求比较低,模具制造比较容易,模具的安装调整方便,但是毛坯头部有横向毛边需要切边和打磨,比较少用。图 6.29(c) 所示形式在生产中广泛采用,其优点是头部不产生毛边,但是对挤杆毛坯头部体积公差及对上模、下模的位置公差要求严格。

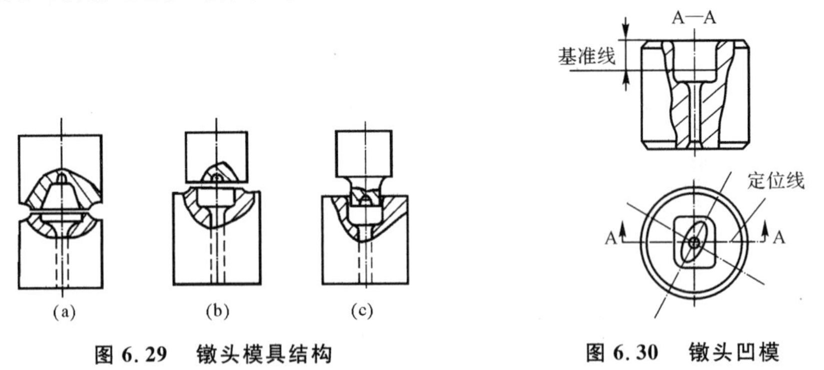

图 6.29　镦头模具结构

图 6.30　镦头凹模

镦头凹模如图 6.30 所示,镦头基准为镦头完成时冲头停止的位置。从镦头基准处向上起有 1° 的斜度,便于镦头件顶出。基准以下的头部型腔尺寸等于热态毛坯头部相应的尺寸。凹模型腔深度等于挤杆毛坯头部高度加上 3 mm。杆部内孔直径比挤杆毛坯杆部直径热态尺寸大 0.15 ～ 0.2 mm,便于挤杆毛坯放入。

6.6.3　卧锻设计

坯料端部或者局部镦粗称为顶镦或者聚集。卧锻机是常用的聚集镦粗设备,叶片制坯也经常在这种设备上进行。卧式锻造机(简称卧锻机)用于叶片榫头和冠部的聚集镦粗以及阻尼凸台的预成形和最终校形。卧锻机的工作原理如图 6.31 所示。模具由固定夹紧模、活动夹紧模以及冲头三部分组成。根据模具的分模方向不同,分为垂直分模卧锻机和水平分模卧锻机两种。坯料顶镦时,如果变形部分的长度 l_0 或者长径比 $\psi = l_0/d_0$ 太大时,由于失稳而产生弯曲,会形成折叠,因此,顶镦时的主要问题是防止坯料的弯曲和折叠。

顶镦是卧锻机上模锻的基本工步,由于坯料是在局部夹紧的情况下进行变形,因此,它具有更大的稳定性。

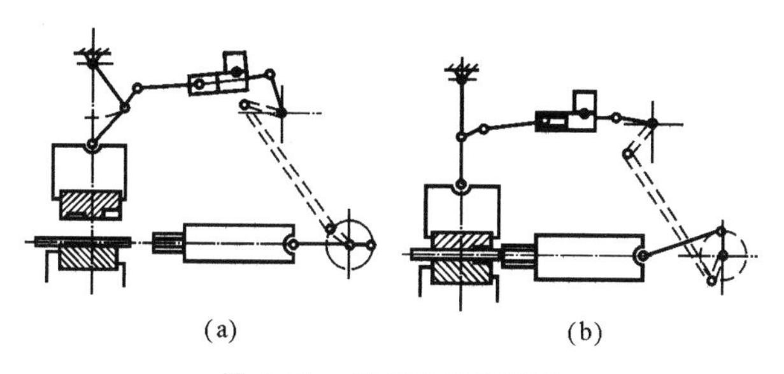

图 6.31　卧锻机工作原理

(a) 冲程开始位置;(b) 夹紧、镦粗开始

顶镦时须遵循以下三个顶镦规则。

1) 顶镦第一规则。当长径比 $\psi \leqslant 3$ 且端部比较平时,可以在卧锻机一次行程中自由镦粗到任意大的直径而不产生弯曲。但是在实际生产中由于端面常常有斜度等,容易引起弯曲,故生产中的 $\psi_{允}$ 可能要小些。

当在卧锻机上顶镦且变形部分的长径比 $\psi > 3$ 时,坯料产生弯曲不可避免,关键是防止纵向弯曲发展成折叠。将坯料放入凹模和凸模内顶镦,如图 6.32 所示,可通过模壁对弯曲加以限制,从而避免形成折叠。模壁型腔的直径 D_m 可以按照受压杆纵向塑性弯曲的临界条件的分析求解。

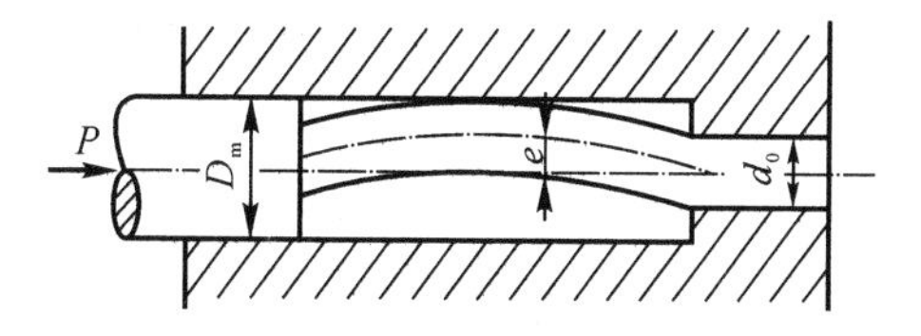

图 6.32　杆件受压纵向塑性弯曲示意图

已知受压杆产生塑性变形的力为

$$P=\sigma_s S \tag{6.34}$$

式中　S—— 毛坯变形部分的截面面积(mm^2)；

σ_s—— 金属塑性变形时的流动应力极限(MPa)。

当在凹模中顶镦并且$\psi>\psi_{允}$时，杆件会发生弯曲。坯料受到模壁限制，并且当塑性变形的外力矩小于杆件内部的抗力矩时，杆件不至于弯曲过大而形成折叠，即其临界条件为

$$Pe=\sigma_s W_p \tag{6.35}$$

亦即

$$e\leqslant\sigma_s W_p/P=\sigma_s W_p/(\sigma_s S)=W_p/S \tag{6.36}$$

式中　e—— 棒料中心线距模具型腔中心线的偏心距(mm)；

W_p—— 抗弯截面模量(kg · mm)。

对于圆形截面杆

$$W_p=1/6\times d_0^3 \tag{6.37}$$

代入式(6.36)得

$$e\leqslant 2/(3\pi)d_0\approx 0.2d_0 \tag{6.38}$$

求得

$$D_m\leqslant 2(d_0/2+e) \tag{6.39}$$

即

$$D_m\leqslant d_0+2e\approx 1.4d_0 \tag{6.40}$$

由此可见，当加载的偏心距$e\leqslant 0.2d_0$时，受压杆不会发生进一步失稳。生产中，经常采用$D_m=(1.25\sim 1.50)d_0$。

由上述原理，得到顶镦第二和第三规则。

2) 顶镦第二规则。当在凹模内顶镦时[见图6.33(a)]，如果$D_m\leqslant 1.5d_0$，则外露的坯料长度$f\leqslant d_0$，或者当$D_m\leqslant 1.25d_0$，$f\leqslant 1.5d_0$时，$\psi>\psi_{允}$，进行正常的局部镦粗而不产生折叠。

当在凹模中顶镦时，金属容易从坯料端部和凹模分模面间挤出形成毛刺，当再一次顶镦时，会被压入锻件内部而形成折叠；而在凸模中顶镦则无此问题，因此，生产中采用在凸模内顶镦。

3) 顶镦第三规则。当在凸模内顶镦时[见图6.33(b)]，如果$D_m\leqslant 1.5d_0$，则镦粗长度$f\leqslant 2d_0$，或者当$D_m\leqslant 1.25d_0$，$f\leqslant 3d_0$时，$\psi>\psi_{允}$，进行局部镦粗而不产生折叠。

每次顶镦的镦缩量有限，当坯料比较长时，需要经过多次顶镦，使得中间坯料尺寸满足第一规则的要求后再顶镦到所需的尺寸和形状。

顶镦第一规则说明了当细长杆局部镦粗时，不发生纵向弯曲的工艺条件。顶镦第二、第三规则说明了细长杆局部镦粗时，虽然发生纵向弯曲，但是不至于引起折叠的工艺条件。

例如某叶片的叶尖是挤杆镦头毛坯杆部在水平分模卧锻机上聚集镦粗而成的，其工序

如图 6.34 所示，经过两次顶镦聚集后再镦冠成形为预制坯。

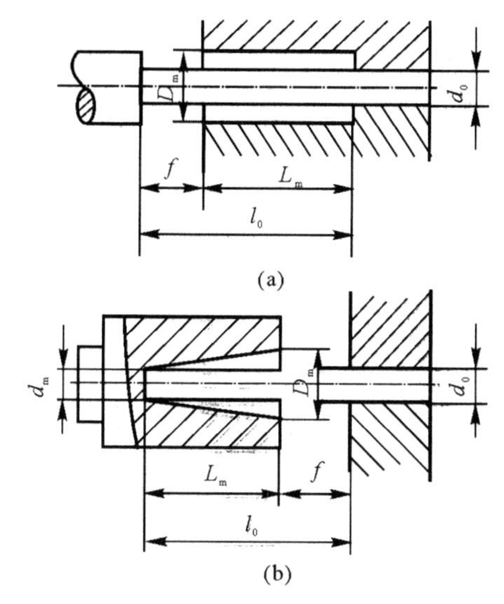

图 6.33　在凹模和凸模型腔中顶镦

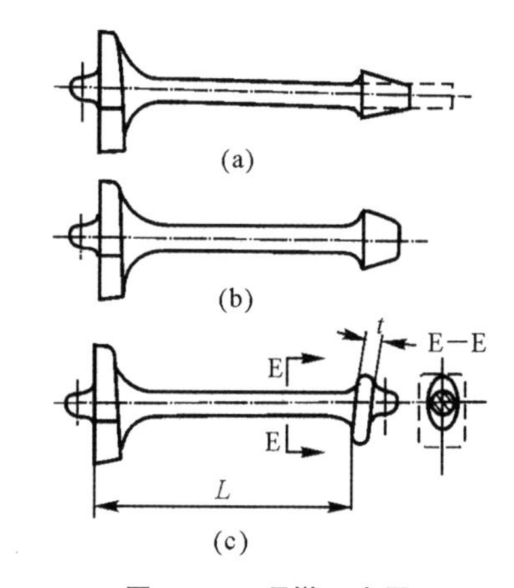

图 6.34　顶镦工序图

(a) 第一次聚集；(b) 第二次聚集；(c) 镦头

6.6.4　终锻模和预锻模设计

1. 终锻模具设计

将造型好的叶身、榫头、叶尖和阻尼台部分合成为终锻件，由终锻件进行终锻模具的设计。进行终锻模具设计时首先要设计分模面，根据叶片的特点，叶片锻件的分模面分为叶身分模面、榫头分模面和叶尖分模面三部分分别进行处理。

1) 叶身分模面。叶身的分模面由三个面缝合而成。首先作出叶身的每一个截面的左边、中间和右边三条分模线，然后分别过所有左边、中间和右边的每一组分模线拟合出三个曲面，其中，中间面 A 是由通过各个截面的叶盆曲线和叶背曲线作出的中间曲线，其将每一个叶身截面面积等分，左边的面 B 过进气边延伸后的边缘圆弧的圆心，右边的面 C 通过排气边延伸后的边缘圆弧的圆心，截面图如图 6.35 所示。最后将三个面 A，B，C 缝合，就是叶身的分模面。

2）榫头分模面。为了方便模具加工，榫头分模面最好是平面，只要确定了组成平面的边界直线，就可以确定榫头分模面。如图 6.36 所示，设计叶身分模面时，作出进排气边缘圆弧的圆心连线与榫头内缘的交点 a'，c'，过点 a'，c' 作平行于锻模平面 x 轴的直线并延长至点 e，f，$a'e$ 与 $c'f$ 成为榫头分模面的两条边界线，$a'c'$ 作为榫头内缘面的分模线，如图 6.37 所示。过点 a' 作平行于锻模平面中 z 轴的直线 $a'e'$，过点 c' 作平行于锻模平面中 z 轴的直线 $c'f'$，延长两条直线，使得它们伸出榫头，并且两条直线等长。过点 a' 的两条直线 $a'e$ 和 $a'e'$ 组成的平面 D 是榫头分模面的左边部分，过直线 $a'c'$，$a'e'$ 和 $a'f'$ 组成的平面 E 是榫头分模面的中间部分，过点 c' 的两条直线 $c'f$ 和 $c'f'$ 组成的平面 F 是榫头分模面的右边部分。把三个平面缝合成一个整体，即形成了榫头的分模面。

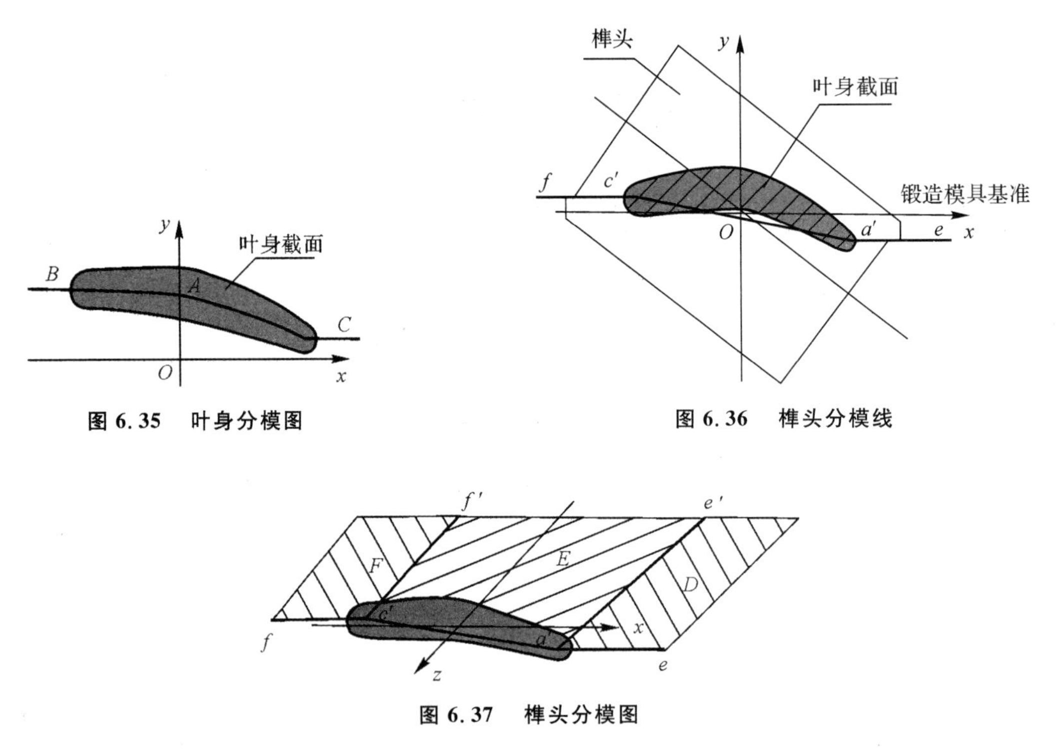

图 6.35　叶身分模图

图 6.36　榫头分模线

图 6.37　榫头分模图

3）叶尖分模面。叶片锻件在叶尖处，由于检测和加工的需要，需要设计定位凸台。叶尖及其定位凸台的分模形式有两种，即折线分模与曲线分模，如图 6.38 所示。这两种分模形式有一个共同的特点，就是分模线上部分与下部分的面积大致相等。如果采用折线分模，确定合适的折线将叶尖截面分成面积相等的两个部分比较困难。采用曲线分模时，可以将作出的各个截面的叶盆曲线和叶背曲线的中间曲线作为叶尖的分模线，这条曲线可以将叶尖截面分成面积相等的两部分。

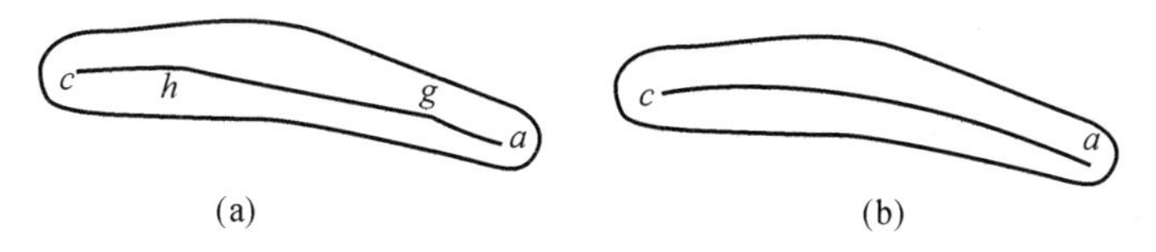

图 6.38　叶尖分模形式

叶尖分模面的做法与榫头分模面的做法相似，只要确定了组成平面的边界直线，就可以确定叶尖分模面。作出叶尖截面的中间锻造模具曲线，这条曲线的端点是此截面进排气边圆弧的圆心 a，c。如图 6.39 所示，过点 a 作平行于锻造模具平面 x 轴的直线 am，过点 c 作平行于锻造模具平面 x 轴的直线 cn，使得这两条直线等长并足够长。过点 a 作平行于锻造模具平面 z 轴的直线 am'，过点 c 作平行于锻造具模平面 z 轴的直线 cn'，使得这两条直线等长并足够长，能伸出凸台。过点 c 的两条直线 cn 和 cn' 组成的平面 I 是叶尖分模面的左边部分，过点 a 的两条直线 am 和 am' 组成的平面 G 是叶尖分模面的右边部分，将叶尖截面的中间曲线沿锻造模具平面的 z 轴的正方向拉伸，形成一个曲面 H，这个曲面就是叶尖分模面的中间部分。把这三个平面缝合成一个整体，形成叶尖的分模面。

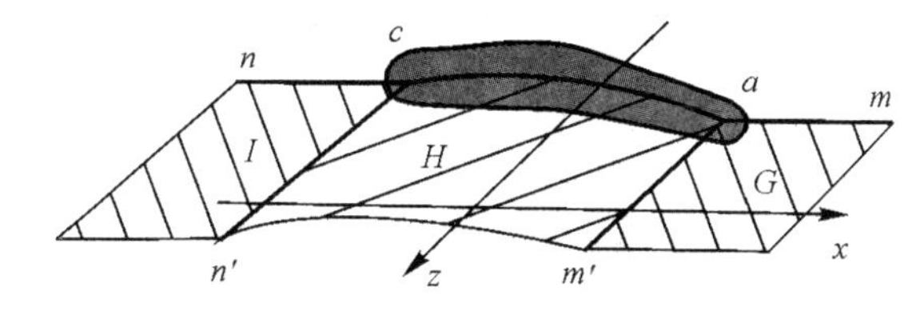

图 6.39　叶尖分模面图

叶身、榫头、叶尖部分的分模面生成后，将它们缝合成一个整体，形成叶片锻件的分模面。

在叶片锻造中，毛边桥控制锻造时的金属流动，因此，毛边桥的设计至关重要。常见的终锻模具叶身进排气边缘毛边桥的形式有两种，分别如图 6.40 和图 6.41 所示。图 6.40(a) 所示的毛边形式是从叶身进排气边缘延伸余量以外沿水平方向延伸(与锻造模具基准平面平行)。其宽度在进排气边缘为 1 ～ 1.5 mm，进气边缘因叶身比较厚，金属流动阻力比较小，需加宽毛边桥，一般取宽度为 4 ～ 7 mm，如图 6.40(b) 所示。即使这样，有时仍然出现进气边缘毛边大而排气边缘毛边小，甚至叶身型面充不满的情况。遇到这种情况，需要在进气边毛边桥的中间开一条宽 1.0 mm、深 0.7 mm 的 V 型槽，进一步增加金属流动阻力，使得进气边、排气边毛边分配均匀。凡是在终锻前未经预锻的毛坯和叶身厚度比较大的叶片的终锻模具，一般都采用这种形式的毛边桥。

另一种形式的毛边桥如图 6.41 所示，从叶身进排气边缘延伸余量的边缘圆弧向外是平面，此平面与叶片截面中心线夹角为 5°，这种毛边桥对金属阻力很小，因而毛坯对模具的变形抗力较小，适用于叶身厚度比较小的叶片终锻模具。但是终锻前的毛坯必须经过预锻，毛坯的形状大致接近终锻件叶身的形状，否则会由于金属分配不均匀，造成毛边一边大一边小,甚至叶身充不满的现象。叶身部分毛边桥的高度,即锻件毛边的厚度,以进排气边延伸余量的边缘圆弧直径计算,取高 h 为 0.3～0.5 mm,这个高度不包括模锻时的欠压量,锻件实际毛边厚度要大于这个数值。

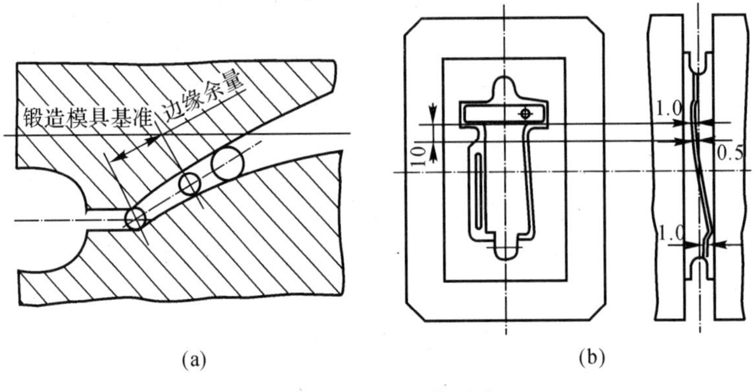

图 6.40 毛边桥结构形式 Ⅰ

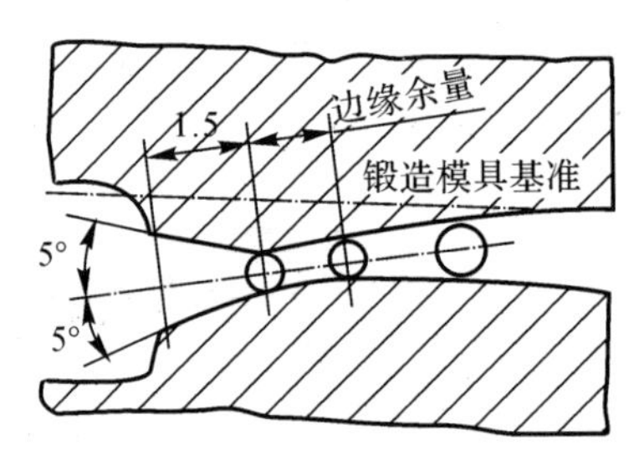

图 6.41 毛边桥结构形式 Ⅱ

榫头和定位凸台周围的毛边桥与一般锻件相同。

毛边桥的外面是毛边槽仓部,上模、下模毛边槽的深度为 5 mm。在毛边槽仓部的外围是平面,榫头、叶身和叶尖的外围平面在同一水平面上,与锻造模具基准面平行,低于仓部,其宽度不小于 25 mm,这是为了装卸锻造模具时,便于叉形铲子托住。

2. 预锻模具设计

预锻是叶片锻造工艺中的重要工序,预锻为终锻工序提供几何形状和内部质量合格的坯料,以保证终锻件成形良好和提高锻造模具寿命。叶片一般都需要进行一次或者多次预锻,以便终锻时获得合适的变形程度,并为终锻提供精确的体积分配,保证终锻时变形均匀,减少缺陷。预锻的质量和精度将直接影响终锻叶片的最终质量与精度。终锻前,如果金属体积得不到均匀和合理的分配,必然引起锻件变形的不均匀,各处所承受的变形应力也必然不一致,会引起锻后锻件的变形。由于叶片锻件的内在微观组织和性能要求严格,要求严格控制其变形程度,因此,预锻工序不可缺少。

叶片预锻模具设计是在预锻件的基础上进行的,叶片型面厚度和材料的工艺塑性直接影响预锻件型面厚度。由于叶片型面面积已知,据此可以设计预锻件型面的形状和具体尺寸。

确定预锻模具的形状是叶片锻造的一个重要环节，因此预锻件必须直接适应终锻工序的要求。当设计预锻件时，必须充分考虑以下几个方面问题。

1）各截面面积与终锻件毛坯的计算面积相当，以使预锻件与终锻件两者的体积相适应。

2）当预锻件放入终锻模具时，必须稳定且位置适中，使得终锻件的金属能够充满模腔，并且毛边均匀对称。

3）预锻件榫头下平面应当与终锻模具平稳接触。

4）在终锻模具中接触面积尽可能小，以降低锻件冷却速度。

5）分模面与终锻件相同。

预锻件叶身的形状多种多样，有弓形、月牙形、椭圆形等。叶身截面是椭圆形的预锻件，散热面积比较小，终锻时，毛坯放入模膛，温度降低的速度比较慢，适用于叶身长度比较短、厚度比较薄、扭角比较小的叶片。对叶身长度比较大、扭角比较大的叶片的预锻件，叶身截面采用月牙形比较合适，使得叶身截面与终锻件的扭角相对应，终锻时毛坯定位准确，金属分配均匀。

预锻叶片的榫头形状基本上与终锻叶片相似，需要控制变形程度，使其大于临界变形度。

以叶身截面采用月牙形为例，预锻模具的具体设计过程如下：

1）读入叶片锻件的叶身型面数据。

2）将叶背型面数据的 y 坐标值加增量 m，叶盆型面数据的 y 坐标值减 m，得到一组新的型面数据。

3）根据以上叶身型面数据构造新的叶身实体。

4）分析此叶身实体的体积为 V_{A1}，终锻件叶身的体积为 V_{A2}，叶身毛边桥体积为 V_{A3}，叶身毛边仓体积为 V_{A4}，对两者进行比较，若 $V_{A1} > V_{A2} + V_{A3} + 0.2V_{A4}$，则将此叶身作为预锻件的叶身。

5）如果 $V_{A1} < V_{A2} + V_{A3} + 0.2V_{A4}$，则将 m 加一个增量 n，即 $m = m + n$，返回第 3）步。

6）循环若干次，直至达到误差范围。

榫头是在终锻件榫头的基础上沿打击方向扩大一个倍数，具体做法如下：

1）调入叶片锻件的榫头。

2）将此榫头沿打击方向放大一个倍数 m，m 大于 1。分析其体积为 V_{B1}，锻件榫头的体积为 V_{B2}，榫头毛边桥体积为 V_{B3}，榫头毛边仓体积为 V_{B4}，对两者进行比较，如果 $V_{B1} > V_{B2} + V_{B3} + 0.2V_{B4}$，则将此榫头作为预锻件的榫头。

3）如果 $V_{B1} < V_{B2} + V_{B3} + 0.2V_{B4}$，则将 m 加一个增量 n，即 $m = m + n$，返回第 2）步。

4）循环若干次，直至达到误差范围。

预锻件的定位凸台是将终锻件的定位凸台沿打击方向放大一个倍数，使得终锻时变形足够大并且能够形成毛边。将叶身预锻件、榫头预锻件和凸台预锻件进行布尔运算即得到叶片的预锻件。

对叶片预锻件做模锻斜度，分模面与终锻模具的分模面相同，步骤也与终锻模具的模锻斜度的步骤相同。

调入预锻模具模块,预锻模具模块的规格和材料与终锻模具相同,打击中心位置与终锻件打击中心位置相同。将模块与叶片预锻件作布尔减运算,再用分模面将锻造模具模块切开,得到叶片预锻模。

6.7 连杆锻造模具 NX 设计案例

6.7.1 连杆锻造设计

图 6.42 所示为连杆零件的三维模型,在此基础上完成锻件设计。

该连杆零件的二维工程图如图 6.43 所示,按照图 6.43 中尺寸进行连杆零件的三维实体造型,创建连杆零件文件 Ex_Connecting_rod.prt。具体造型步骤采用整体造型方法,由毛坯轮廓一次拉伸到实际高度,然后再进行其他粗加工和精加工的特征操作。也可以根据连杆零件的上下对称性,先完成上半部分的造型,再采用镜像方法完成整体造型。后一种方法简称对称造型方法,这种方法更为方便快捷。

图 6.42 连杆零件的三维模型

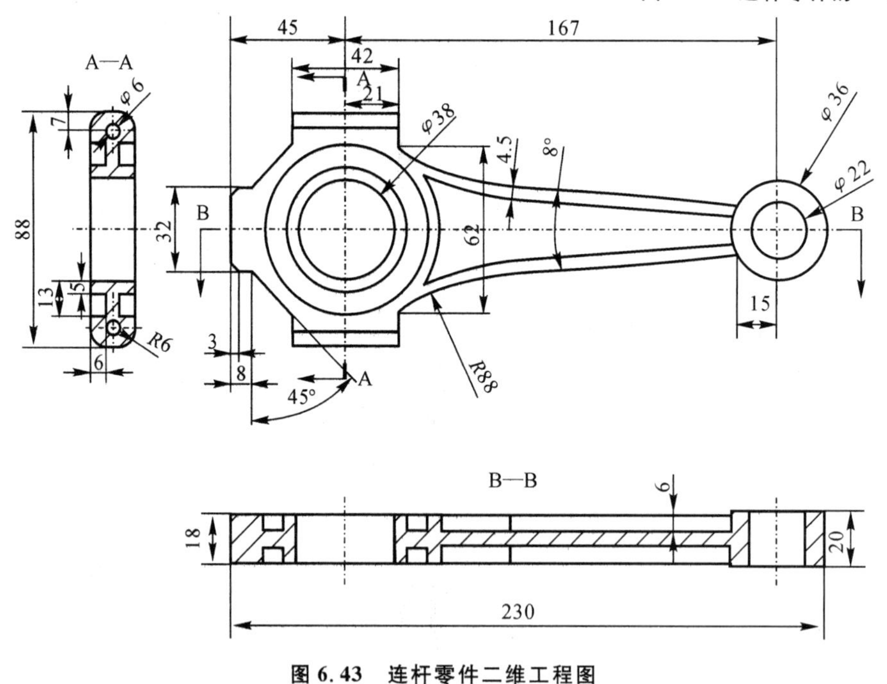

图 6.43 连杆零件二维工程图

按照以下建模的基本步骤进行锻件设计的特征造型:

1)创建连杆锻件文件。打开 Ex_Connecting_rod.prt 文件,另存为连杆锻件文件 Ex_

Connecting_rod_forging. prt。

2)删除孔和槽特征以添加余块。该连杆小头部分的孔直径太小无法锻造,应当添加余块。此外,大头部分的环形槽和螺钉孔也应当作为余块处理。

3)拉伸特征添加余量。该连杆的大头和小头部分的上下表面,以及大头部分的圆孔需要机械加工,因此应当添加余量(本例分别设定为:大头 1.5 mm,小头 2 mm)。

4)模锻斜度设计。连杆侧边的所有面都应当设计模锻斜度(本例分别设定为:外斜度 7°,内斜度 10°)。

5)冲孔连皮设计。在连杆大头部分的中心孔处应当设计冲孔连皮(本例分别设定为:连皮厚度 3 mm,圆角半径 3 mm)。

6)添加圆角。在连杆锻件的所有尖角处分别添加内外圆角(本例分别设定为:内圆角半径设为 2 mm,外圆角半径设为 1 mm)。

7)保存文件 Ex_Connecting_rod_forging. prt。

设计的连杆锻件如图 6.44 所示。

图 6.44　连杆锻件图

如果连杆零件的建模采用的是整体造型方法,可以先切除下半部分;如果连杆零件采用的是对称造型方法,可以先删除镜像生成的下半部分。然后在上半部分完成上述特征造型后,再通过镜像生成下半部分。上述建模步骤只是大概顺序,具体建模步骤应当根据 NX 特征建模的实际过程和要求进行调整。

6.7.2　终锻型槽设计

终锻型槽设计是以热锻件为依据,通过模块与锻件的布尔差运算形成型腔,再添加飞边槽和钳口。首先设计模块。仍然以上述连杆锻模为例,假设采用热模锻压力机模锻。首先对冷锻件加放收缩率 δ,假定 δ 取 1.2%,则热锻件的体积应是冷锻件的 1.012^3(即 1.036 4)倍。

在 NX 中分析计算图 6.44 所示的连杆锻件的体积的方法为:点击【分析(L)】→【质量属性(P)】命令,选择连杆锻件实体,信息栏中显示连杆冷锻件的体积值:$V_{冷锻件}=161\ 264\ \text{mm}^3$。

连杆热锻件的生成方法为:打开 Ex_Connecting_rod_forging. prt 文件,另存为连杆热锻件文件 Ex_Connecting_rod_hot_forging. prt。

选择【插入(S)】→【偏置/比例(O)】→【比例(S)】命令,选用均匀比例因子 1.012。操作结束即获得热锻件三维实体模型。再用上述质量属性方法获得连杆热锻件的体积值:$V_{热锻件}=167\ 139\ \text{mm}^3$。

保存文件 Ex_Connecting_rod_hot_forging. prt。

终锻型槽设计分为以下几个步骤。

1. 型腔设计

首先生成连杆终锻下模块文件 Ex_Connecting_rod_forging_die_ down. prt。

锻模模块选择两端带斜度(10°)的 a 型镶块结构,模块的尺寸为 450 mm×260 mm×100 mm。采用【长方体(Block)】特征操作生成下模块时,定位坐标应为(-155,-130,-101)。以下模为例,采用布尔差运算生成型腔。由于热模锻压力机闭合时,上模块与下模块有间隙(等于飞边桥部高度 $h=2$ mm)。调入文件 Ex_Connecting_rod_hot_forging. prt 进行求差操作,在模块(目标体)与热锻件(工具体)定位时,锻件的分模线应高出 h/2=1 mm。注意到连杆锻件图的坐标原点位于连杆大头部分的圆心处,按照型腔位于模块中央的原则,连杆锻模下模型腔设计如图 6.45 所示。

保存文件 Ex_Connecting_rod_forging_die_down. prt。

2. 飞边槽设计

采用Ⅱ型热模锻压力机飞边槽(见图 6.46),飞边桥部在上模。飞边槽参数:$h=2$ mm, $r=1$ mm, $b=6$ mm, $b_1=28$ mm,$h_1=6$ mm,$R=4$ mm,$R_1=5$ mm。飞边槽面积为 199.4 mm^2。

图 6.45 连杆锻模下模型腔设计图

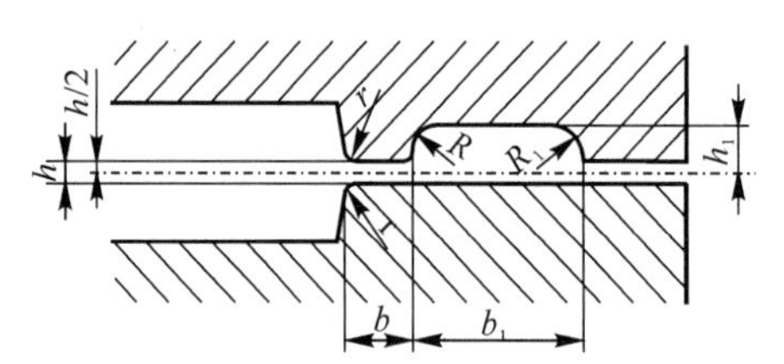

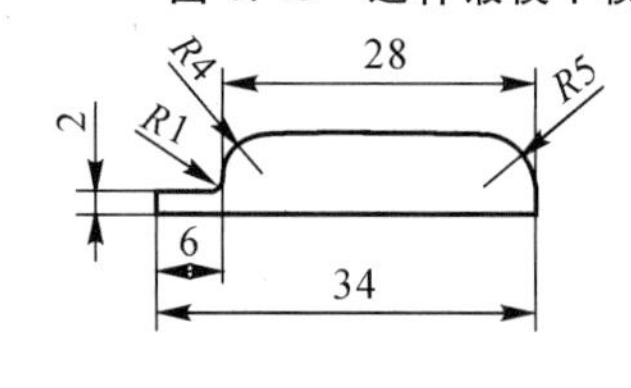

图 6.46 飞边槽尺寸和面积

由于本连杆锻件上部分与下部分对称,可以在上述下模型腔设计的基础上添加飞边槽生成上模。

打开下模块文件 Ex_Connecting_rod_forging_die_down. prt,另存为上模块文件 Ex_Connecting_ rod_forging_die_up. prt。采用带偏置的拉伸特征造型可以成桥部和仓部,拉伸特征操作的编辑参数如下:

起始距离:-5;终止距离:0;第一偏置:6;第二偏置:34。执行布尔差运算。

然后添加圆角 r、R 和 R_1 完成飞边槽桥部和仓部的造型。上模设计的效果如图 6.47 所示。

保存上模块文件 Ex_Connecting_ rod_forging_die_up. prt。

3. 钳口设计

钳口用于容纳夹持坯料的夹钳和便于从型槽中取出锻件。其另一个作用是作为浇注检验用的铅或者盐样件的浇口。本例的连杆锻件在热模锻压力机上锻造,钳口的作用主要为样件的浇口。因此可以采用小尺寸的特殊钳口。钳口宽度取 50 mm,深度取 5 mm,钳口斜度和坡度均取 10°，钳口颈尺寸取 8 mm×2.5 mm。

打开下模块文件 Ex_Connecting_rod_forging_die_down.prt，另存为带钳口模块文件 Ex_Connecting_ rod_forging_die.prt。

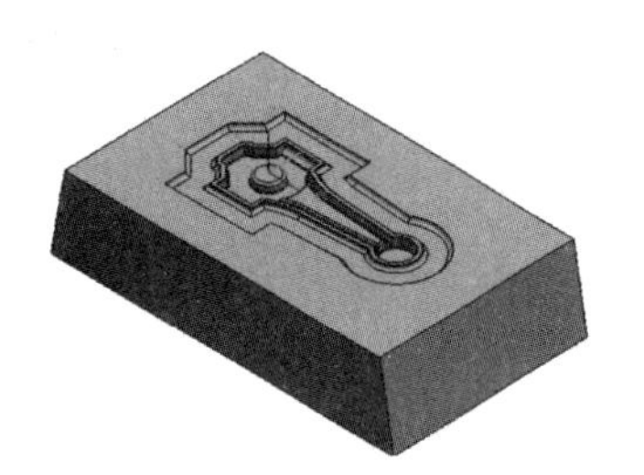

图 6.47　连杆锻造模具上模型槽设计

采用带锥度的拉伸特征操作生成钳口。首先在连杆大头仓部处(距大头端部 24 mm)绘制宽 50 mm、深 5 mm，并带 45°斜边的草图，然后依此草图作拉伸特征操作。拉伸特征操作的参数为：

起始距离：0；终止距离：150；锥度：－10°。执行布尔差运算。

然后在钳口槽底添加 $R5$ mm 的圆角，在钳口与飞边槽仓部交接处添加 $R2.5$ mm 的圆角。

钳口颈采用拉伸特征或腔体特征操作生成。腔体特征操作的参数如下：

长度：40；宽度：8；深度：2.5；拔模角：20°。执行布尔差运算。

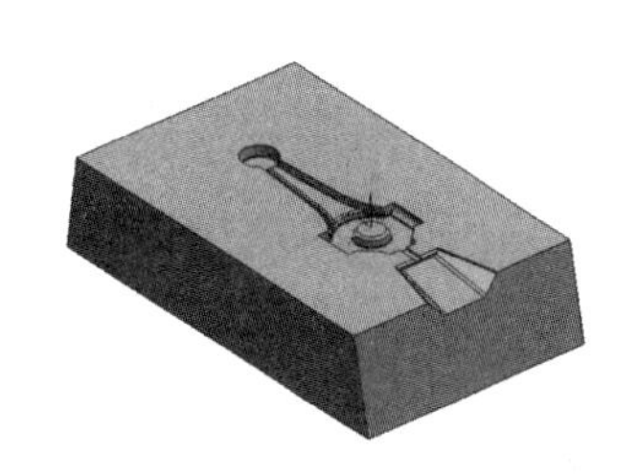

图 6.48　连杆锻造模具下模钳口和型槽设计

完成的连杆锻造模具下模钳口和型槽设计如图 6.48 所示。保存文件 Ex_Connecting_rod_forging_die.prt。

6.7.3　预锻型槽设计

预锻型槽是以终锻型槽或者热锻件图为基础设计，设计的原则是经预锻型槽成形的坯料，在终锻型槽中最终成形时，金属变形均匀，充填性好，产生的飞边最小。为此，结合连杆锻造实例，需具体考虑如下问题。

连杆锻件当预锻后在终锻型槽中应当以镦粗方式成形，取预锻型槽的高度尺寸比终锻型槽大 5 mm，宽度则比终锻型槽小 2 mm，横截面面积比终锻型槽大 3%。

按照上述原则，在 NX 中设计预锻型槽，采用以下步骤进行。

1. 计算预锻件的体积 $V_{预锻件}$

$$V_{预锻件}=V_{热锻件}+V_{飞边} \tag{6.41}$$

式中　$V_{预锻件}$——预锻件的体积(mm^3)；

$V_{热锻件}$——热锻件的体积(mm^3)；

$V_{飞边}$——飞边所占的体积(mm^3)。

$V_{飞边}$根据下式计算：

$$V_{飞边}= KF_{飞边槽}L_{轮廓} \tag{6.42}$$

式中　K——飞边槽充满系数，本例取 0.3；

$F_{飞边槽}$——飞边槽面积，本例参见图 6.46，计算为 199 mm^2；

$L_{轮廓}$——锻件在终锻型槽投影的外轮廓的周长，在热锻件工程图中采用 NX【分析】→【弧长】命令计算出 $L_{轮廓}$为 598 mm。

因此，$V_{飞边}=0.3\times199\ mm^2\times598\ mm=35\ 701\ mm^3$。

$V_{热锻件}$采用 NX【分析】→【质量属性】命令计算出 $V_{热锻件}=167\ 139\ mm^3$。

最后计算出：

$V_{预锻件}=V_{热锻件}+V_{飞边}=(167\ 139+35\ 701)mm^3=202\ 840\ mm^3$

2. 比例因子的确定

预锻型槽的高度尺寸比终锻型槽大 5 mm,热锻件大头部分的高度为 20.24 mm,则预锻型槽高度为 25.24 mm,由此,高度方向的比例因子应是 25.24/20.24=1.25。

终锻型槽的平均宽度的确定方法:首先计算热锻件在终锻型槽上的投影面积。通过 NX【分析】→【面属性】命令,得到终锻型槽承击面的面积为 97 180 mm^2,再计算分模面的面积为 107 900^2,两者相减获得热锻件在终锻型槽上的投影面积为 10 720 mm^2,热锻件的长度为 235 mm,两者相除获得终锻型槽的平均宽度为 45.6 mm,预锻型槽的宽度比终锻型槽小 2 mm,则预锻件的平均宽度为 43.6 mm。因此,宽度方向的比例因子应是 43.6/45.6=0.956。

为了终锻时便于预锻件放入终锻型槽,预锻型槽的长度方向取比终锻型槽短 2 mm,连杆热锻件长度为 235 mm,预锻件长度应为 233 mm。由此可知,长度方向的比例因子是 233/235=0.991。

3. 预锻件的生成

打开连杆热锻件文件 Ex_Connecting_rod_hot_forging.prt 文件,另存为连杆预锻件文件 Ex_Connecting_rod_preforging.prt。

采用 NX 比例特征操作,长、宽、高三个方向的比例因子分别取 0.991,0.956 和 1.25,对热锻件模型进行 NX 比例特征操作,获得预锻件的 NX 三维特征模型。

保存文件 Ex_Connecting_rod_preforging.prt。

4. 体积校核

采用 NX【分析】→【质量属性】命令计算出预锻件 NX 三维特征模型的体积为

$$V_{预锻件模型}=197\ 934\ mm^3$$

上述计算中,应当添加终锻飞边体积的预锻件体积为

$$V_{预锻件}=202\ 840\ mm^3$$

比较预锻件 NX 三维特征模型的体积 $V_{预锻件模型}$和包括终锻飞边体积的预锻件的计算体积 $V_{锻件}$:① 如果两者相当,则预锻型槽无须设计飞边槽仓部;② 如果 $V_{预锻件}$ 明显小于 $V_{预锻件模型}$,说明上述预锻型槽设计过大,即上述长、宽、高三个方向的比例因子设计不合理,应当调整预锻件的长、宽、高尺寸,重新设计长、宽、高度方向的比例因子;③如果 $V_{预锻件}$ 明显大于 $V_{预锻件模型}$,必须设计飞边槽仓部。本例两者的差值为

$$\delta_V=V_{预锻件}-V_{预锻件模型}=(202\ 840-197\ 934)mm^3=4\ 906\ mm^3$$

δ_V 是预锻时向飞边槽充填的金属体积(mm^3)。

计算预锻件在分模面上投影轮廓周长 $L_{预锻件}$(为 587 mm),则预锻时流向飞边的金属截面积为(4 906/587) $mm^2=8.4\ mm^2$,只占飞边槽截面积的 4.2%。故不设计飞边槽仓部,

必要时可以微调预锻件的长、宽、高值。

5. 按照终锻型槽设计方法在 NX 中生成预锻模具型槽

首先生成连杆预锻模具下模块文件 Ex_Connecting_preforging_die_ down. prt。

选取与终锻模具型槽同样大小的模块；然后将预锻模块与预锻件模型进行布尔差运算，生成预锻型腔；加大在型槽分模面转角处的圆弧和型槽内的圆角半径，本例修正增加值为 2 mm，因此圆角半径取 3 mm，其目的是减小金属流动阻力；由于本例中飞边比较小，不设置钳口；必要时设置飞边槽。本例连杆锻件的预锻模具型槽下模最后设计如图6.49 所示。

图 6.49　连杆预锻模模具下模型槽设计图

保存文件 Ex_Connecting_preforging_die_ down. prt。

注意：由于加大型槽分模面转角处和型槽内的圆角半径，使得预锻型槽体积增大，如果增大的体积与 δ_V 相当，则不再设计预锻飞边槽仓部。

6.7.4　制坯型槽设计

制坯型槽设计的主要依据是计算毛坯图，因此，制坯型槽设计的主要任务是计算毛坯图。下面主要介绍计算毛坯设计方法和步骤。

计算毛坯图的设计依据是热锻件图。在热锻件图三维模型的基础上，采用 NX【裁剪(R)】菜单中的【修整(Trim)】命令获取热锻件的横截面；再采用【质量属性(P)】菜单中的【面积(A)】命令获取横截面积；然后加上飞边槽充填面积便是计算毛坯截面面积。根据计算毛坯截面面积可以导出计算毛坯半径值，作出截面位置（X 坐标值）和计算毛坯半径值（Y 坐标值）的样条曲线。最后采用 NX【设计特征(E)】菜单中【回转拉伸(R)】特征操作获得计算毛坯直径图。具体步骤如下：

1)打开连杆热锻件三维实体模型文件 Ex_Connecting_rod_hot_forging. prt ，如图 6.50 所示。调整坐标系的方向，使得锻件的轴线为 Z 轴方向，坐标原点位于锻件左端部，如图 6.51 所示。

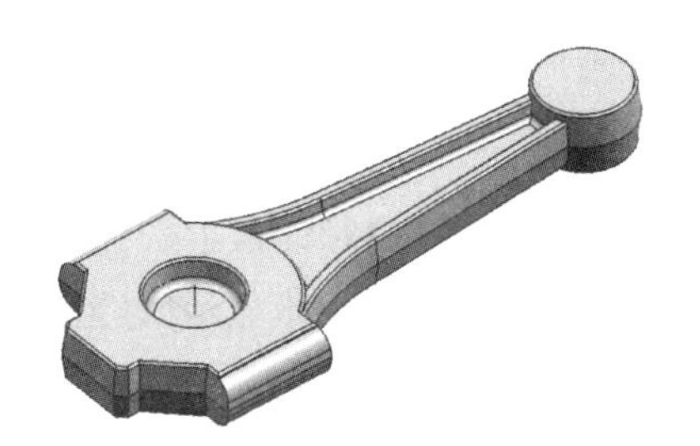

图 6.50　计算毛坯图的设计依据——热锻件图

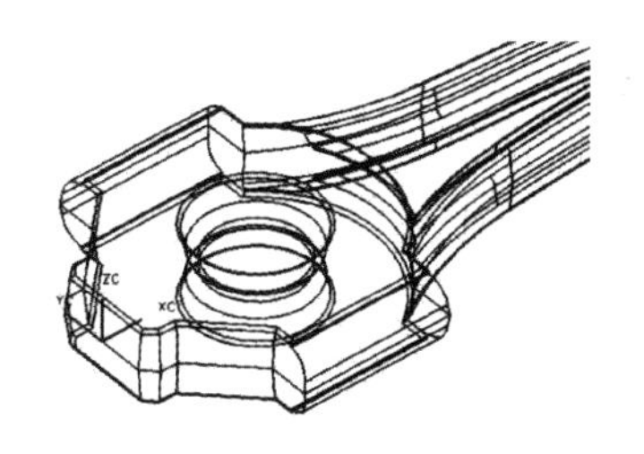

图 6.51　调整锻件图的坐标系

2)定义连杆截面位置尺寸。按照 10 mm 均匀分隔,然后在面积突变处、最大截面处和最小截面处添加截面位置。设计计算毛坯数据,见表 6.1。

表 6.1 计算毛坯数据表

位置 /mm	0	8.86	10	20	24.3	28	30	40	46.8	50	60	65	70
$F_{截面}$/mm^2	0	715	752	1 177	1 364	1 825	1 753	1 267	1 214	1 225	1 448	1 825	1 295
$2F_{飞充}$/mm^2	119	119	119	119	119	119	119	119	119	119	119	119	119
$F_{计}$/mm^2	119	834	871	1 296	1 483	1 944	1 872	1 386	1 333	1 344	1 567	1 944	1 414
$R_{计}$/mm^2	6.2	16.3	16.7	20.3	21.8	24.9	24.4	21.0	20.6	20.7	22.4	24.9	21.2
位置 /mm	80	90	100	120	140	160	180	200	210	216	220	230	236
$F_{截面}$/mm^2	981	402	365	336	319	302	285	505	875	920	898	612	0
$2F_{飞充}$/mm^2	119	119	119	119	119	119	119	119	119	119	119	119	119
$F_{计}$/mm^2	1 100	521	484	455	438	421	404	624	994	1 039	1 017	731	119
$R_{计}$/mm^2	18.7	12.9	12	12.1	11.8	11.6	11	14	17.8	18.2	18	15.3	6.2

3)锻件截面的获取与面积的计算。首先在连杆大头左端建立一个 ZC－ZY 的基准面,然后执行【修整体(Trim)】命令,弹出【修剪体】对话框【见图 6.52(a)】,在选择连杆实体后,需要定义截平面的方向和位置,先选择 ZC－ZY 的基准面,再选择修剪方向反向,然后在【基准面偏置】对话框中输入坐标参数,例如选取表 6.1 中位置坐标值 46.8 mm,获取的锻件截面图如图 6.52(b)所示。

(a)

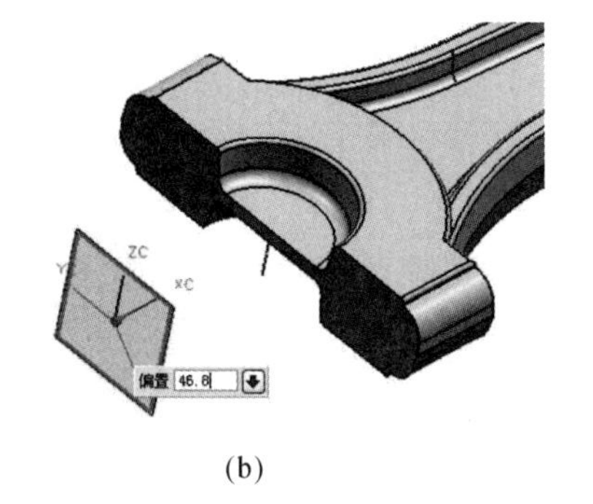

(b)

图 6.52 裁剪锻件的截面图

(a)裁剪体对话框;(b)46.8mm 处的锻件截面图

在【分析】工具栏中执行【面属性(F)】命令。在【选择意向】对话框中选择【单个面】为过滤器,如图 6.53(a)所示。鼠标选取锻件截面,在快捷菜单中会立即显示所选截面面积值的结果数据(为 1 214 mm^2),如图 6.13(b)所示。将面积数据填入表 6.1 中对应位置的 $F_{截面}$ 所在行中。

4)依次按照表 6.1 中的位置数据,重复上述步骤,分别获取其他截面的面积,并填入表中，最后获得的锻件截面面积数据如表 6.1 中的第 3 行 $F_{截面}$ 数据所示。

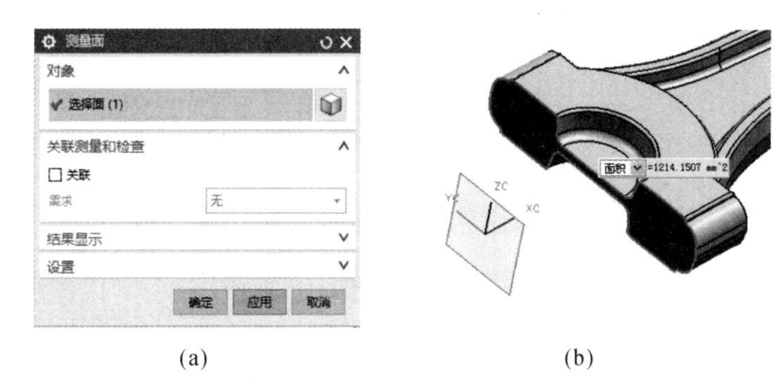

(a)　　　　(b)

图 6.53　计算截面面积

(a)面积选择对话框；(b)面积分析计算结果

5)计算毛坯截面积等于上述热锻件截面积加上 2 倍的飞边槽充填面积。充填系数 η 取 0.3，飞边槽截面面积 $F_{飞}$ 为 199 mm^2，则计算毛坯截面面积的公式为

$$F_{计}=F_{截面}+2\times F_{飞充} \tag{6.43}$$

而 $$2\times F_{飞充}=2\times\eta\times F_{飞}=2\times0.3\times199\ mm^2=119\ mm^2$$

将该数据填入表 6.1 中 $2F_{飞充}$ 所对应的行中。然后依次计算 $F_{计}$，数据填入表 6.1 中 $F_{计}$ 对应的行中。

6)计算毛坯半径值。计算毛坯半径 $R_{计}$ 的计算公式如下：

$$R_{计}=0.5\times1.13\times\sqrt{F_{计}} \tag{6.44}$$

根据表 6.1 中 $F_{计}$ 的数据依次计算 $R_{计}$，结果填入表 6.1 中 $R_{计}$ 对应的行中。

7)生成计算毛坯直径图。首先编辑样条曲线的数据文件“Ex_Spline.dat”。文件格式和部分数据如下：

```
   0     6.2   0
8.86    16.3   0
  10    16.7   0
  20    20.3   0
24.3    21.8   0
  28    24.9   0
  30    24.4   0
   ⋮      ⋮    ⋮
```

其中，每一行为样条曲线数据点的坐标值(X,Y,Z)，X、Y 的数据取自表 6.1 中的位置值和计算毛坯半径值 $R_{计}$，数据之间用空格分隔。

新建计算毛坯直径图文件 Ex_Preform_Configuration_D_dwg.prt。执行 NX【曲线】菜单中的【样条(S)】命令，在【艺术样条】对话框中选择【通过点】选项，接着在【通过点生成样条】对话框中选取【指定点】选项(见图 6.54)。在文件浏览对话框中打开样条曲线的数据文件 Ex_Spline.dat，最后生成的计算毛坯直径图的样条曲线如图 6.55 所示。

图 6.54 【艺术样条】对话框

图 6.55 计算毛坯直径图的样条曲线

8)生成计算毛坯直径图。执行【回转拉伸(R)】特征操作,在【回转体】对话框中选择【曲线】选项,然后再选择【轴和角】选项,轴选择 XC 轴,起始角为 0°,终点角度为 360°。最后生成的计算毛坯直径图的三维模型如图 6.56 所示。接着采用“分析”下拉菜单中【质量属性(P)】命令获得计算毛坯的体积为 194 099 mm^3。

保存计算毛坯直径图文件 Ex_Preform_Configuration_D_dwg. prt。

图 6.56 计算毛坯直径图的三维模型

9)计算毛坯直径图的修正。为了便于金属坯料充填锻模型槽,应当对计算毛坯直径图中大头中部由于锻件孔腔造成的凹部进行修正。修正的原则是修正前后的计算毛坯直径图体积不变。修正方法为调整凹部附近的样条曲线控制点,然后查询计算毛坯直径图体积与原值是否相当。修正后的样条曲线(作为计算毛坯半径值曲线)和计算毛坯直径图如图 6.57 所示。其体积 $V_{毛坯}$ 为 194 102 mm^3。

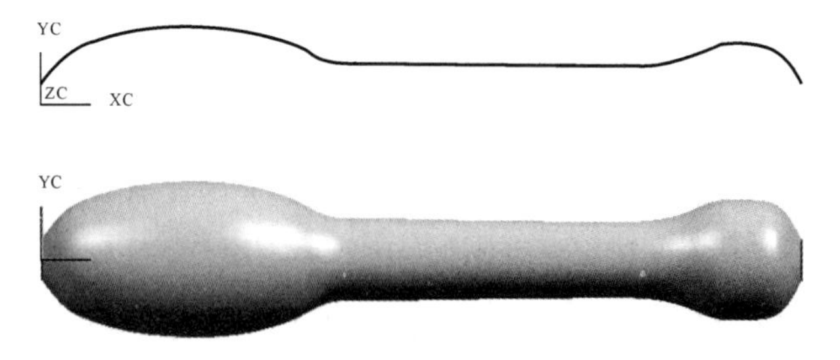

图 6.57 修改后的计算毛坯直径图

将计算毛坯直径图文件另存为 Ex_Preform_Configuration_D_Modified. prt。

10)制坯工步选择。首先计算相关参数。

a. 毛坯平均直径：

$$d_{均}=1.13\times\sqrt{\frac{V_{毛坯}}{L_{计}}}=1.13\times\sqrt{\frac{194\ 102}{236}}\ \mathrm{mm}=32.4\ \mathrm{mm}$$

式中　$L_{计}$——计算毛坯的长度(mm),本例中等于锻件的长度。

b. 计算毛坯最大直径 d_{max}：通过 NX 的信息查询命令在修正后计算毛坯直径图中获得，其值为 46.8 mm。

c. 繁重系数的计算：

$$\alpha=\frac{d_{max}}{d_{均}}=\frac{46.8}{32.4}=1.44,\quad \beta=\frac{L_{计}}{d_{均}}=\frac{236}{32.4}=7.28$$

锻件质量 m 通过连杆锻件的体积 $V_{冷锻件}=161\ 264\ \mathrm{mm}^3$ 计算,或者直接在 NX 软件中查询锻件模型,可得 $m=1.26$ kg。

采用以上繁重系数查找相关锻模设计手册,并考虑该锻件为双头一杆,可以对计算毛坯进行简化等,最后选用闭式滚挤为制坯工步。由于热模锻压力机上不能进行滚挤制坯操作,因此可以采用辊锻制坯,或者改在模锻锤上进行闭式滚挤制坯。无论哪种方式制坯,都应当根据上述求得的计算毛坯直径图作为设计依据。下面以锤上模锻为例,说明采用 NX 软件设计闭式滚挤型槽的方法。

11)坯料尺寸的确定。采用闭式滚挤制坯时,有

$$d_{坯}=(1.05\sim1.2)d_{均} \tag{6.45}$$

本连杆锻件为两头一杆,取比较小的系数,假设为 1.08,$d_{均}$ 为 32.4 mm,则 $d_{坯}$ 为 34.99 mm,最后选定 $d_{坯}$ 为 35 mm。

12)闭式滚挤型槽设计。

a. 闭式滚挤型槽的宽度 B 按照下式计算：

$$B=1.15\frac{F_0}{h_{min}} \tag{6.46}$$

式中　F_0——坯料截面积(mm^3),按照 $d_{坯}=35$ mm 计算,$F_0=962\ \mathrm{mm}^2$；

h_{min}——杆部最小高度(mm)。

在 NX 环境中查询上述计算毛坯半径值的样条曲线可得 R_{min} 为 11.38 mm,因此 $h_{min}=2R_{min}=22.76$ mm。所以求得型槽宽度 $B=48.61$ mm。

B 值的校核。B 值应当满足下列公式：

$$1.1d_{max}\leqslant B\leqslant1.7d_{坯} \tag{6.47}$$

在 NX 环境中查得 $d_{max}=46.85$ mm, $1.1d_{max}=51.5$ mm, $1.7d_{坯}=59.5$ mm。最后取 $B=52$ mm。

b. 闭式滚挤型槽高度计算公式为

$$h_{杆}=0.75d_{计},\quad h_{头}=1.1d_{计},\quad h_{拐}=d_{计} \tag{6.48}$$

实际设计中无须计算每点的型槽高度,只需要分别计算头部的 h_{max} 和杆部的 h_{min} 的半径值,然后在 NX 软件环境中,保证计算毛坯半径值的样条曲线中对应点的高度,其他点按

照便于金属流动充型的原则进行光顺调整。

本例计算毛坯图中大头部分 $R_{max}=23.4$ mm,小头部分 $R_{max}=18.2$ mm ,杆部 $R_{min}=11.4$ mm。因此滚挤型槽大头部分 $R_{max}=25.8$ mm;小头部分 $R_{max}=20.0$ mm ,杆部 $R_{min}=8.54$ mm。

在计算毛坯半径值的样条曲线(文件 Ex_Preform_Configuration_D_Modified.prt)的基础上【见图 6.18 (a)】,维持拐点处的半径值不变,按照上述计算结果修改头部和杆部三个关键点的半径值,其他控制点进行光顺处理。调整处理后的样条曲线作为闭式滚挤型槽的高度母线,如图 6.58(b)所示。

将调整后的样条曲线作为闭式滚挤型槽高度母线,文件另存为 Ex_Edge_Rolling _H_Spline.prt。

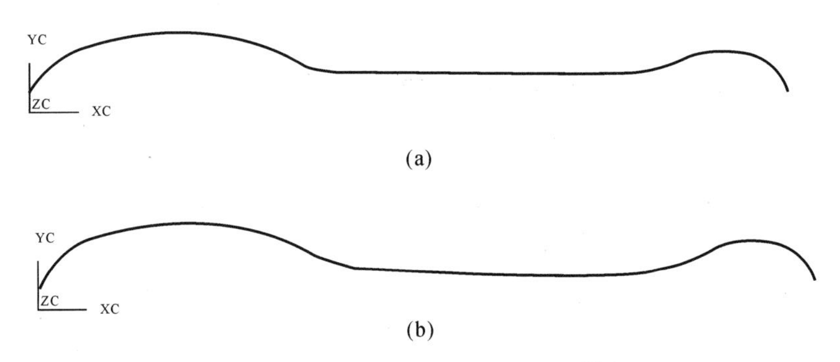

图 6.58　计算毛坯半径曲线和闭式滚挤型槽高度母线

(a)计算毛坯半径值的样条曲线;(b)闭式滚挤型槽高度母线

c.闭式滚挤型槽的生成。进一步完善闭式滚挤型槽的高度母线。在图 6.58(b)的基础上,增加钳口部分的高度母线。钳口高度 $h_{钳}$ 按照公式 $h_{钳}=0.6d_{坯}+6$ 计算,计算结果为 $h_{钳}=27$ mm,则钳口半高为13.5 mm。钳口斜度为 45°,钳口圆角 R 按照公式 $R=(1.5-3)\times(R_{max}-R_{min})$计算,最后取 $R=25$ mm。最终生成图 6.59 所示的闭式滚挤型槽高度母线。

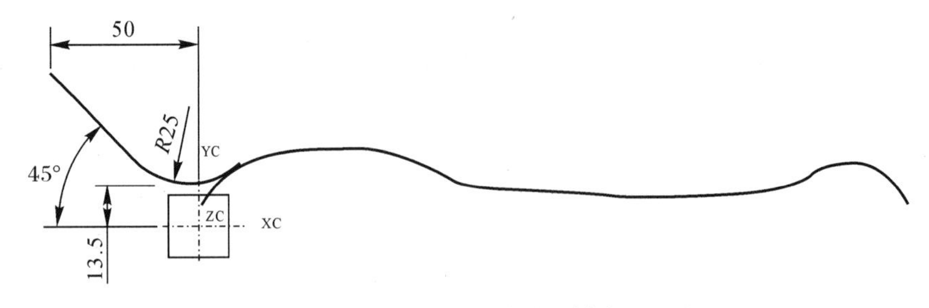

图 6.59　带钳口的闭式滚挤型槽高度母线

将添加了钳口的样条曲线文件另存为 Ex_ Edge_Rolling _H_Spline_Modified.prt。

闭式滚挤型槽的截面形状按照椭圆设计。截面椭圆长轴径即为型槽的宽度 B,其值为 52 mm;截面椭圆短轴半径即为型槽的高度 h,其值可以根据高度母线确定。根据上述原则制订闭式滚挤型槽的截面数据表，见表 6.2。表 6.2 中的(x，y)值是采用 NX 的【信息(I)】【点(P)】命令在图 6.58 中的闭式滚挤型槽截面高度母线上采点获得。

表 6.2　闭式滚挤型槽截面数据表

序号	1	2	3	4	5	6	7	8	9	10	11	12	13	14	15
位置(z)/mm	−50	−2.78	9.77	45.3	79.0	90.0	125	154	176	194	205	216	226	236	240
短半轴(y)/mm	50.1	13.5	17.0	25.8	18.1	12.9	10.2	8.56	9.80	12.1	16.7	20.0	18.1	6.16	0.001
长半轴(x)/mm	50	26	26	26	26	26	26	26	26	26	26	26	26	26	26

再新建闭式滚挤型槽曲面片文件 Ex_edge_rolling_face_sheet.prt。

根据表 6.2 中的数据，采用 NX【曲线(C)】【椭圆(P)】命令，起始角为 0°，终止角为 180°，构建图 6.60 所示的闭式滚挤型槽截面椭圆曲线。然后采用 NX 中【曲面(F)】【通过曲线组】命令(见图 6.61)，构建图 6.62 所示的闭式滚挤型槽曲面片。

保存文件 Ex_edge_rolling_face_sheet.prt。

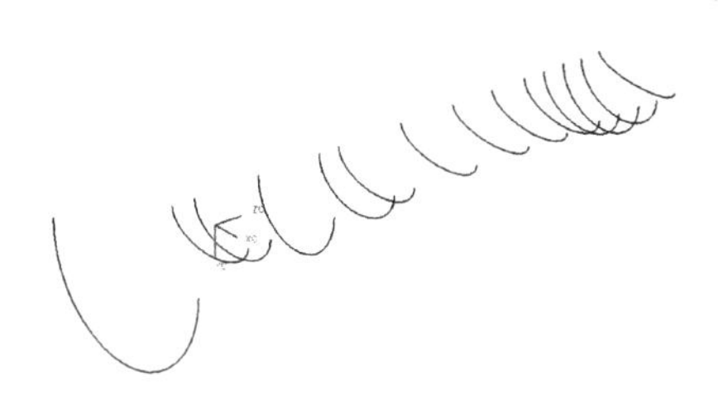

图 6.60　闭式滚挤型槽截面椭圆曲线

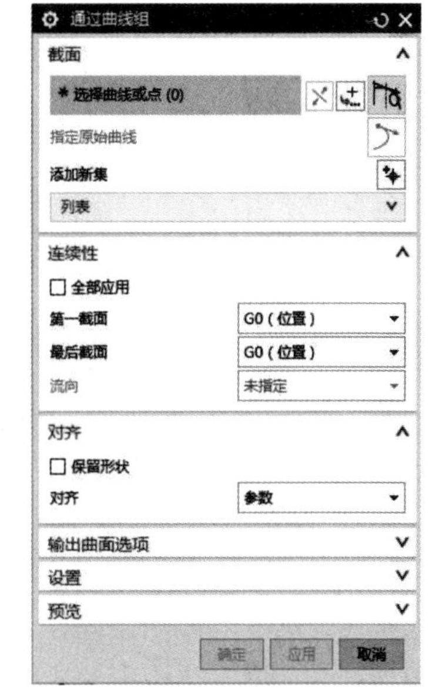

图 6.61　【通过曲线组】对话框

d. 连杆锤锻模闭式滚挤型槽部分模型的生成。创建闭式滚挤型槽部分模型的部件文件 Ex_edge_rolling.prt，依据上述滚挤型槽的尺寸，采用 NX【长方体(B)】命令，起始点为(−60，−50，0)，长宽高(z、x、y 方向)尺寸 350 mm×120 mm×80 mm，构建锤锻模闭式滚挤型槽部分的坯料。然后采用 NX【裁剪(T)】【修剪体(T)】命令,目标体选择坯料,刀具体选择型槽曲面片,生成图 6.63 所示的闭式滚挤型槽三维模型的雏形。在此基础上,采用 NX【成形特征】下【腔体】命令,生成型槽尾部的毛刺槽,最后添加圆角特征。生成的闭式滚挤型槽的模具如图 6.64 所示。

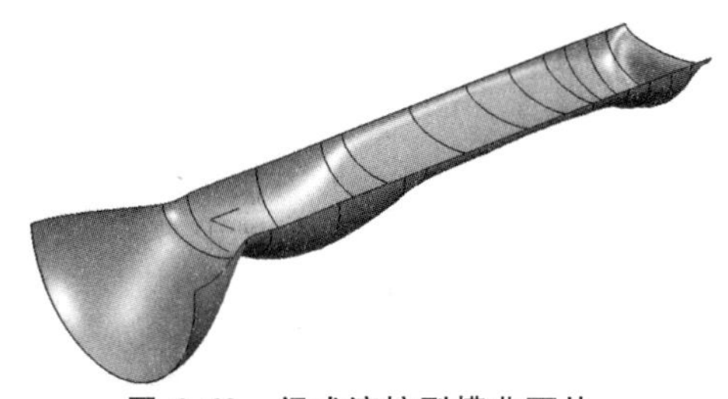
图 6.62 闭式滚挤型槽曲面片

保存文件 Ex_edge_rolling.prt。

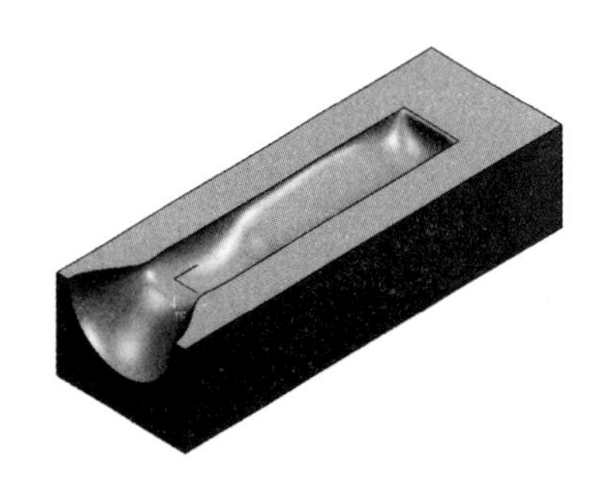
图 6.63 闭式滚挤型槽三维模型的雏形

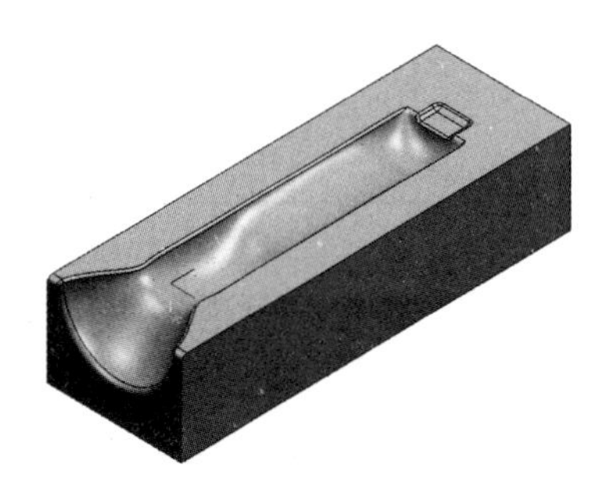
图 6.64 闭式滚挤型槽模具

必须指出的是,图 6.64 只是连杆锤锻造模具整体上的制坯型槽的一部分,整块锻造模具还包括终锻型槽和预锻型槽以及燕尾、键槽等部分。完整的连杆锤锻模具如图 6.65 所示。

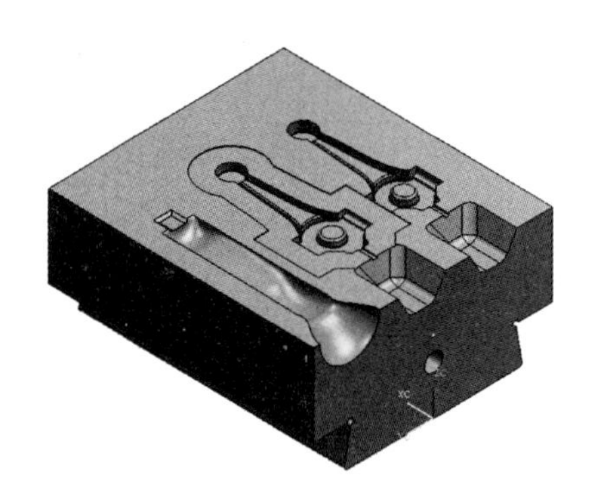
图 6.65 连杆锤锻模具

习 题 6

6.1 什么是成组技术?如何将其应用于锻模设计?

6.2 轴对称锻件锻模的计算机辅助设计步骤是什么?

6.3 叙述长轴类锻件模锻工艺计算机辅助设计的方法和步骤。

6.4　分别叙述预锻模具型槽截面的设计方法。

6.5　锻造模具型槽布置应当遵循哪些规则?

6.6　布置锻模模具型槽时,压力中心如何计算?

6.7　在模具 CAD 系统中,如何计算锻件的形状复杂系数?

6.8　在模具 CAD 系统中,如何设计毛边槽和计算毛边材料消耗?

6.9　叶片模锻的工艺流程是什么? 叶片制坯的工艺方法有哪些?

6.10　叙述应用叶片锻造模具 CAD 系统设计叶片锻模的主要步骤。

6.11　依据图 6.43 的连杆零件图,参照本章介绍的方法和步骤,完成以下设计:

1)连杆零件的三维设计;

2)连杆锻件的三维设计;

3)热模锻压力机上模锻的终锻模具型槽设计;

4)热模锻压力机上模锻的预锻模具型槽设计。

6.12　在 6.11 题设计的基础上,构造锤锻模具。采用普通飞边槽形式,设定飞边桥部在上模。

6.13　圆头连杆锻件图如图 6.66 所示,完成以下设计:

1)圆头连杆的三维锻件模型;

2)按照本章介绍的方法,设计锤锻模具。

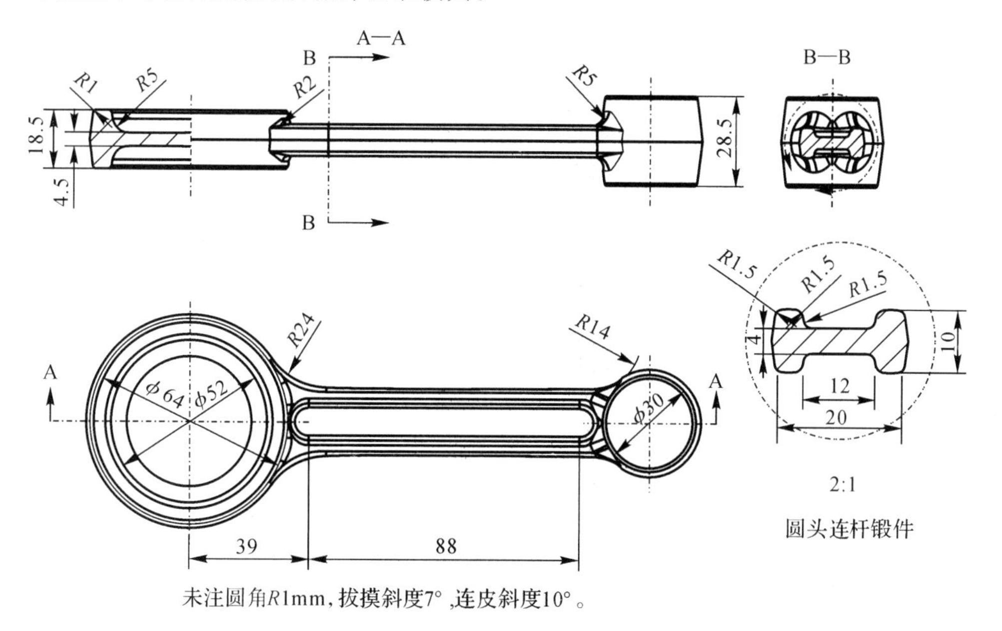

图 6.66　圆头连杆锻件图

第7章　注塑模具CAD

7.1　注塑模具CAD/CAM系统

7.1.1　注塑模具设计制造特点

注塑模具是成型塑料制品的一种重要工艺装备，其结构与精度直接影响制品的质量及精度。传统的注塑模具设计方法主要是依赖人的经验设计，并且将主要的时间和精力用于大量繁杂的计算、查阅资料及绘图等，从而导致模具设计周期长，设计质量不高，精确性和可靠性受到很大限制，因此也影响了塑料制品的质量。

随着塑料工业的飞速发展，注塑模传统设计与制造方法已无法适应当前的需求。实践表明，应用模具CAD/CAM技术是缩短模具设计与制造周期、提高塑料制品精度与性能的重要途径之一。现代科学技术的发展，特别是塑料流变学、计算机技术、几何造型和数控加工技术的迅猛发展为注塑模具设计与制造采用新技术创造了条件。

采用注塑模具CAD/CAM系统中的几何造型技术，制品形状可以显示在计算机屏幕上，不需要再进行原型试验。应用CAD技术的自动绘图可以取代人工绘图，自动检索可以代替查阅手册，快速分析可以取代人工计算，因此，模具设计人员可以从繁重的绘图和计算工作中解放出来，集中精力从事方案构思和结构优化等创造性工作。

模具制造前，可以采用注塑模具CAD/CAM系统的分析模块对注射成型工艺及模具结构参数的正确性与合理性进行分析。例如，可以采用流动分析软件模拟塑料熔体在模具型腔中的流动过程，以此改进流道与浇口的设计；采用保压和冷却分析软件模拟塑料熔体在型腔中的压实和冷凝过程，以此改进模具的冷却系统设计，调整注塑成型工艺参数，提高制品的质量与生产效率；采用应力分析软件预测制品成型后的翘曲和变形情况。

采用CAM软件，模具型腔的几何数据不仅能够交互转换为加工机床刀具的曲面运动轨迹，而且能够自动生成数控加工指令，从而提高模具型腔的表面加工精度和效率。

因此，注塑模具CAD/CAM技术是高科技、高效率的系统工程，为设计人员提供一种有效的辅助工具，借助于计算机对塑料制品、模具结构、加工等进行设计和反复修改，最终达到最优化的结果。采用模具CAD/CAM技术能够显著缩短注塑模具的设计与制造周期，降低生产成本，大幅度提高塑料制品的质量。

7.1.2　注塑模具CAD/CAM的主要内容及设计流程

目前，注塑模具CAD/CAM的工作内容主要包括以下方面：

1)注塑零件的几何造型。采用几何造型系统，例如线框造型、表面造型和实体造型，在计算机中生成注塑零件的几何模型，这是注塑模具结构设计的第一步。由于注塑零件大多是薄壁件且具有复杂的表面，因此，采用实体造型和自由曲面造型相结合的方法构建零件的几何模型。

2)成型零部件的生成。注塑模具中，零件的外表面由凹模生成，而零件的内表面由型芯生成。由于塑料的成型收缩、模具磨损及加工精度的影响，零件的内外表面尺寸并不是模具型腔的尺寸，两者之间需要经过复杂的换算，目前流行的商品化注塑模具 CAD/CAM 软件一般采用同一收缩率进行整体缩放，例如 UG 软件中的 MoldWizard 模块。同时成型部分的形状结构与零件密切相关，需要进行复杂的分型处理。由零件方便、准确、快捷地生成模具的成型部件是当前注塑模具 CAD/CAM 系统的重要课题。

3)模具结构方案设计。采用计算机软件计算最佳的型腔数目，引导模具设计人员布置型腔，并进行模具流道系统设计、顶出机构设计、侧抽芯机构设计、冷却系统设计等，为选择标准模架和设计动模和定模的部件装配图做准备。

4)标准模架的选择。为了缩短模具的制造周期，注塑模具常采用标准模架。采用计算机软件设计模具的前提是尽可能多地实现模具标准化，包括模架标准化、模具零件标准化、结构标准化及工艺参数标准化等。一般而言，标准模架选择的设计软件应当具有两个功能：一是引导模具设计人员输入本企业的标准模架，建立专用的标准模架库；二是方便从已经构建的专用标准模架库中选出本设计中所需的模架类型及全部模具标准件的图形和数据。

5)部件装配图及总装图的生成。根据选定的标准模架及已完成的型腔布置方案，注塑模具 CAD/CAM 系统以交互方式引导模具设计人员生成动、定模部装图及总装图。

6)模具零件图的生成。注塑模具 CAD/CAM 系统引导设计人员根据模具部件装配图、总装图以及相应的图形库完成模具零件的设计、绘图和尺寸标注等。

7)常规计算和校核。模具设计软件可以将理论计算和行之有效的设计经验相结合，为模具设计人员提供对模具零件全面的计算和校核，以验证模具结构等有关参数的正确性，例如模具型腔的壁厚和底板的厚度、顶出机构的强度等。

8)数控加工。注塑模具 CAD/CAM 系统能够生成机床所需的数控线切割指令，曲面的三轴、五轴数控铣削刀具运动轨迹以及相应的 NC 代码。当加工复杂曲面时，为了检验数控加工软件的正确性，在计算及屏幕上模拟刀具在三维曲面上的实时加工并显示有关曲面的形状数据。

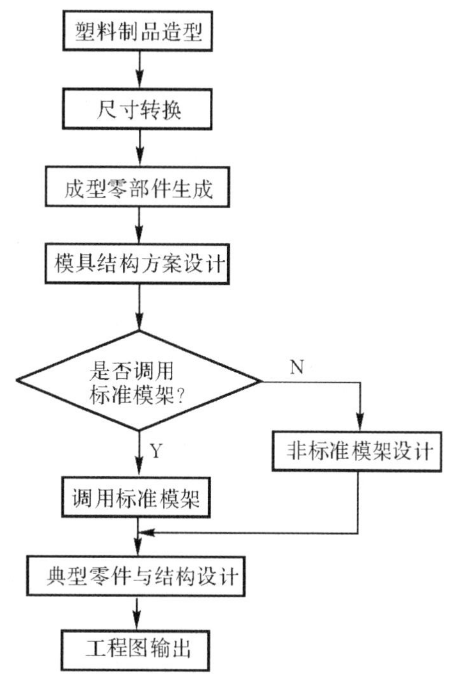

图 7.1　注塑模具的设计流程

注塑模具的设计流程如图 7.1 所示。

7.1.2 注塑模具 CAD/CAM 系统流程图

注塑模具 CAD/CAM 的工作流程如图 7.2 所示。注塑模具 CAD/CAM 工作的第一步是建立塑料零件的几何模型。传统设计中,零件的形状采用二维视图表达,这对表征一些制品的复杂部位十分困难,因此,必须首先制作模型或者样板,供模具设计人员正确地设计模具结构图,或者供产品设计人员对零件的外观和功能进行考核。采用 CAD/CAM 系统可以在计算机中建立零件的三维模型,在显示屏中显示几何模型,省去模型或者样板的制作工序。

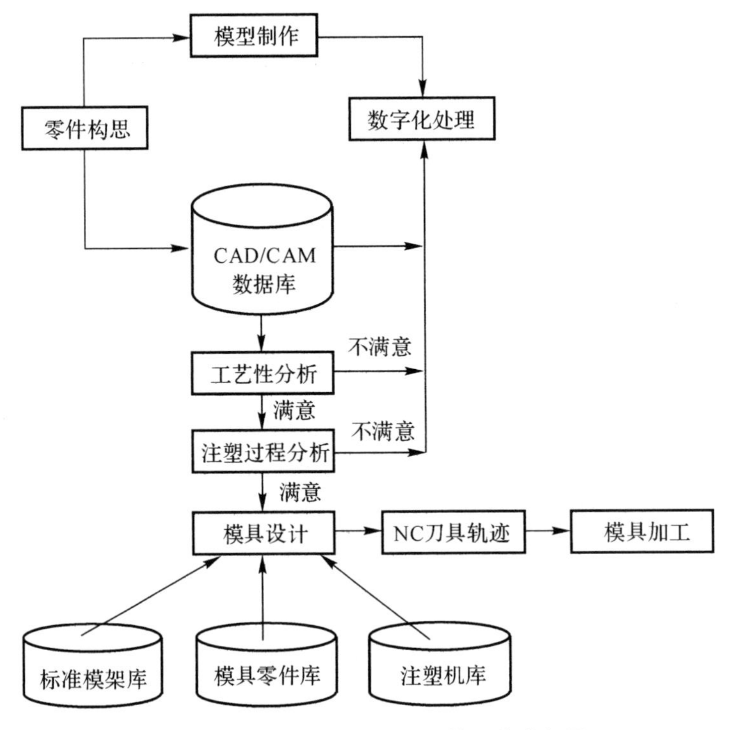

图 7.2 注塑模具 CAD/CAM 的工作流程图

塑料零件的三维模型建立后,可以采用工艺分析软件对零件的注塑成型工艺进行考核。例如,检查零件的壁厚是否均匀,零件的流动比是否太大,零件的塑料注塑量是否超过了所用注塑机的额定值。如果零件的结构工艺性或者成型工艺参数不满足设计要求,再对零件的几何模型或者成型工艺参数进行修改,直至得到最优结果。

零件的注塑成型工艺性检验正确后,开始设计浇注系统,例如浇口的形式、数量和浇注系统的布排等。传统的手工设计只能凭借经验或者简单公式进行粗略计算,设计人员对设计方案的正确性不能做到胸有成竹,稍有差错可能导致无法挽回的损失。流动分析软件可以对浇注系统的设计方案进行分析,当确定浇注系统方案时帮助设计人员得到理想的塑料熔体流动状态,控制熔接痕的形成位置,减小零件某些敏感区域的残余应力,防止零件脱模后翘曲变形。另外,流动分析软件还可以选择最佳的注塑成型工艺参数,例如塑料熔体的注射温度和模具温度等。

零件的浇注系统方案确定后,开始设计模具的总体结构方案。模具尺寸首先取决于一副模具内安排的型腔数目,型腔数目的确定与许多因素有关,例如注塑机的最大注塑量、锁模力、制品精度及经济性等,模具设计人员可以借助专用软件选择合适的型腔数目。基于型腔数目、排列方式和浇注系统的布置,注塑模具 CAD/CAM 系统可以用于选择最合适的标准模架,其判断准则是所选用模架中的推出板必须完全包容各个型腔,且又是所有可选模架中尺寸最小者。模架尺寸确定后,模具设计人员能够方便从模架库中调出该模架的所有零件以及它们之间的装配关系。

标准模架确定后,将零件几何模型转换为型腔几何模型和型芯几何模型,并将它们与模架几何模型合并以构成模具的装配图。零件与型腔、型芯形状之间的转换是借助于塑料的收缩率补偿计算来完成的。手工设计时,尺寸转换工作是一件十分烦冗的工作,采用注塑模具 CAD/CAM 软件后,这项工作变得非常简易,可以直接对零件尺寸进行收缩率补偿,既可以赋予相同的收缩率,也可以对各类尺寸赋予不相同的收缩率,这取决于塑料的收缩特性等。

将型腔和型芯的几何形状并入模架对应的模板后,可以采用注塑模具 CAD/CAM 系统提供的图形编辑功能划分出型腔组合模块(又称定模部装)和型芯组合模块(又称动模部装)。需要采用侧抽芯机构时,还应当划分出滑动模块。不同类型的模块应当放置在不同的图层中,可以将各个模块形状分别提取出来,以便后续的模具零件图设计与绘制。

在模块的划分工作完成后,可以进行浇注系统结构设计。此时,可以再次采用流动分析软件平衡一模多腔的浇注系统,或者通过调整各级分流道和浇口尺寸优化制品的成型压力。

冷却系统的设计应当紧接着浇注系统之后进行。在注塑模设计中,冷却系统中冷却管道的布排常与推出机构中的推杆布置发生冲突。在传统的手工注塑模设计中,设计人员只重视推出机构的设计,而冷却管道只能在推杆布置后的剩余空间里安放,冷却效率与质量无法保证,因此,必然导致模具冷却时间过长,零件脱模时温度分布不均。模具 CAD/CAM 技术应用到注塑模具设计过程中后,可以采用冷却分析软件来对冷却回路进行分析,根据分析结果选择出最佳冷却回路,避免推杆与冷却管道发生冲突,并确定该冷却回路合适的水流速度、水温、模具温度等参数。

冷却系统设计完成后,可以将各个部装图与标准模架合并在一起,再加入推杆等模具零件,然后采用注塑模具 CAD/CAM 系统中的动画功能进行模拟,以此检查模具的运动情况,以及滑块、推杆等运动零件是否按规定的次序和行程动作。在模具开合过程中,如果运动零件与固定零件产生干涉,系统将在屏幕上显示产生干涉的部位,模具设计人员分析后再进行几何模型的修改。

上述设计工作完成后,可以生成刀具轨迹供加工使用。

7.1.3 标准模架建库与选用

装配体零件之间的关系是复杂的图形关系,可以采用装配树的形式表达,通过自顶向下的设计过程,将装配体构成一棵树,表示装配体的组成。装配模型可采用基于广义环图树的数据模型,其特点就是对装配数据进行环划分,产生抽象的元件,这种抽象的元件不是普通的零件节点或者子装配体节点,而是零件节点之间的关系,即可以将零件之间的约束关系自然加入到装配体的层次结构中。这种装配模型与一般的层次结构装配模型显著的差别在于取消了元件之间的配合约束网络,变成了元件的属性,整个装配模型是一棵具有相同结构的同构树,这就是装配模型的实例。如图 7.3 所示为装配模型的总体结构,在该装配模型中,只有子装配体和零件是实元件,而配合关系、变量约束等都是实节点的属性节点,装配设计的约束求解或者其他方面的计算也可以通过属性节点得到。

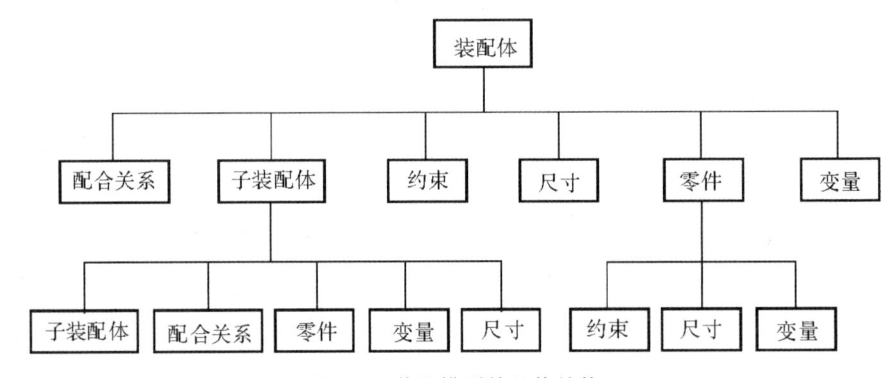

图 7.3 装配模型的总体结构

注塑模具的设计制造过程中,选用标准模架简化了模具设计和制造,缩短了模具的生产周期,方便了维修,而且标准模架精度和动作可靠性容易保证,因此可以降低模具的整体价格。目前标准模架已被模具行业普遍采用,例如日本的 FUTABA 标准模架、美国的 DME 标准模架、欧洲的 HASCO 标准模架等。我国注塑模具标准化工作也取得了一定的进展,由全国模具标准化委员会联合龙记集团、浙江亚轮塑料模架有限公司等修订了注塑模国家标准,新的国家标准为《塑料注射模架》(GB/T 12555—2006)。新标准将模架基本结构分为直浇口型和点浇口型两种。其中,直浇口型分为 A、B、C、D 四种,点浇口型分为 DA、DB、DC 和 DD 四种,按照结构特征模架可以分为 36 种结构。模架组成零件符合《塑料注射模模架技术条件》(GB/T 12556—2006)和《塑料注射模零件》(GB/T 4169.1～GB/T 4169.23—2006)的规定。模架以模板的每一宽度尺寸为系列主参数,各配以一组尺寸要素,组成 62 个尺寸系列,按照同品种、同系列所选用的模板厚度 A、B 和垫块高度 C 划分为每一系列中的规格,供设计时任意组合使用,因此标准模架数据非常庞大。

标准模架装配模型库的建立过程如图 7.4 所示,并如下所述。

1)对组成模架的各零件造型。

2)标注零件图尺寸,设置设计变量。

3)将零件图放入零件库中。

4)输入零件的标准尺寸数值,完成零件数据库。

5)从零件库中提取零件,并在数据库中查询数据,完成零件的参数化,得到新的零件。

6)完成所有零件的参数化并装配成模架,存入模架库中。

对每一品种的标准模架建立一个装配模型存储在模架库中,建立装配模型采用 CAD 系统装配功能组装零件库中的零件完成。

建立标准模架库首先要建立模架的零件库,同时企业常用的一些非标准零件和结构也可以通过建库实现系列化,以便进一步提高设计的效率,因此,零件建库功能是注塑模具 CAD/CAM 系统的关键功能,也是设计人员和开发人员共同关心的基本模块。建立零件库首先必须绘制零件的初始图形。零件图形不仅描述了拓扑结构,而且还包含了尺寸变量信息,这些尺寸变量是连接零件图形与数据库间的纽带,所有需要的尺寸必须采用变量的方式全部标出。零件初始图形设计完毕后,提取出零件图形中的所有尺寸变量,并通过数据库软件(例如 Access 等)建立相应的数据库表,其中的每一个字段与图形中的一个尺寸变量对应。零件初始图形及其对应的数据库表准备完毕后,还需要开发程序实现数据库与图形库的联结,这与相关的数据库接口和 CAD 软件有关。

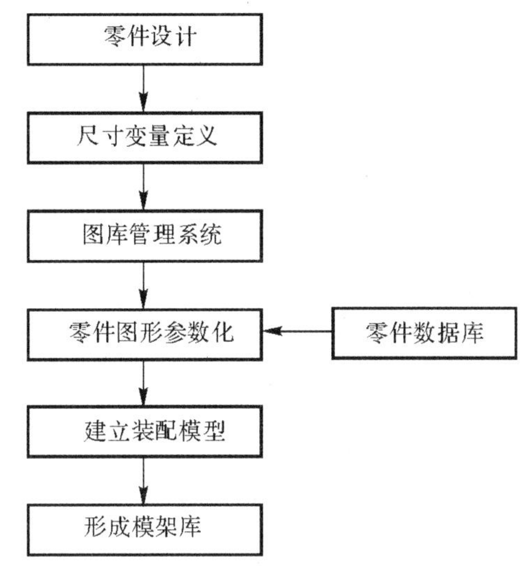

图 7.4　标准模架装配模型库建立过程

7.1.4　典型结构与零件设计

典型结构是指虽然没有形成国家标准,但是在实际生产中普遍采用的结构形式,包括多个零件组成的子装配体和单个的零件,例如拉料杆、主流道衬套及定位圈等都可以认为是典型结构。除此之外,注塑模具设计中常用的典型结构还有侧抽芯机构以及推出机构,流道系统、冷却系统也可当做典型结构处理。

参数化设计是提高典型结构设计效率的关键技术,通过总结工程上常用的典型结构形式并以参数化的形式放入零件库中,当设计模具时只需选择合适的结构形式,输入相应的尺寸数值即可完成设计。由于典型结构自身的复杂性及其与模架之间的复杂关系,完全自动设计比较难以实现,通常提供一个交互设计的环境,根据各种结构的自身特点提供一些辅助工具,例如自动计算推杆长度等。主流道衬套、定位圈和拉料杆虽是非标准零件,但是在实际生产中,其结构、形状都比较固定、简单,因此 CAD 系统通常将这几种典型结构放入图形库中,只需输入合适的尺寸值。下面分别介绍浇注系统、推出机构、冷却系统的设计。

1. 浇注系统设计

浇注系统指注塑模中从主流道的始端到模腔之间的塑料熔体进料通道,由主流道、分流道、浇口及冷料穴四部分组成,如图 7.5 所示。浇注系统是获得优质塑料零件的关键因素,其详细形状、尺寸及位置设计除依赖于模具设计人员的经验外,还可以采用计算机辅助工程 CAE 软件进行分析确定。

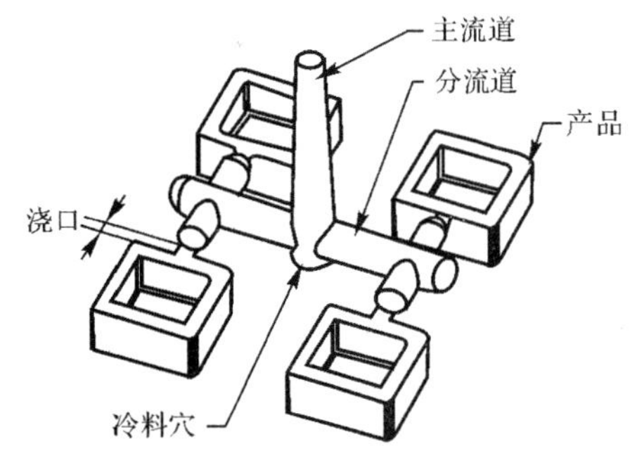

图 7.5 浇注系统

浇注系统是在分型面定义完成后进行设计,先将浇注系统按实体模型进行设计,即在系统实体造型的功能的基础上,根据浇注系统的特点由 CAD 软件提供一些辅助功能引导用户创建浇注系统分流道、浇口等的实体模型,再将其实体模型与模腔模型作布尔差集运算,从而在模具中设计出浇注系统。

2. 侧向抽芯机构设计

如果塑料零件的侧面有凸凹部分或者孔,需要采用侧向成型和抽芯机构。在模具总体设计阶段应当确定是否需要使用侧向抽芯机构及选用的类型,在此基础上详细设计侧抽芯机构的零件,例如斜导柱、滑块等,选择零件种类、约束尺寸,并将零件模型约束到模具的装配模型上。

3. 脱模和顶出机构设计

顶出机构的作用主要是在模具开模后从模具型腔中将成型的塑件顶出,另外还包括流道凝料脱出机构及复位机构的设计。脱模/顶出机构的设计必须考虑塑料制件的形状、大小和浇注系统的形式、位置、比较多的结构变化,这对脱模/顶出机构的 CAD 设计环境提出了比较高的要求。良好的脱模/顶出机构设计环境应当提供下列场景:

1)直观、容易使用的用户界面;

2)一组预定义的脱模/顶出机构结构形式,可以用于一般注塑模具的设计;

3)一种开放式的结构,使得模具设计人员可以根据需要设计出尚未定义的脱模/顶出机构。

分析不同模具的结构可知,虽然脱模/顶出机构的结构形式可以不同,但是其基本组成相同,包括顶出零件(推杆、推管、推件板)、推杆固定板、推板、导向零件(导柱和导套等)、复位零件(复位杆、复位弹簧等)、定距零件(定距拉板、定距螺杆等)、拉料杆等。

脱模/推出机构要求能够提供足够的脱模力,以克服由于塑件冷却收缩产生的对型芯的包紧力,使塑件顺利脱出。CAD 系统具有交互式设计环境,提供各类顶出零件和一些机械标准件，以设计人员为主导确定顶出零件的尺寸、数量和安放的位置，构成脱模/顶出机构，同时由系统进行必要的计算与校核。设计使用的所有零件模型、子装配模型一般取自系统的零件模型库和子装配模型库。对顶杆设计，CAD 系统应当提供优化功能，自动计算出需要的长度，并决定顶杆的安装位置。

4. 冷却系统设计

冷却系统的作用是缩短模具的冷却时间，提高生产效率，并调节和控制模具的温度，保证成型产品质量。常用的冷却方法是将冷水通入模具中以带走热量。

CAD 系统可以提供一组标准的冷却水道和冷却系统的布置方案，以简化常用的模具设计。同时提供交互式冷却水道设计环境，用于设计形状特殊的水道。在 CAD 系统中，可以采用折线表示水道的走向，折线经过的路径就是水道中心的轨迹。冷却系统设计第一步是确定该折线各部位的精确位置，并通过计算得到水道的最佳直径；第二步对水道折线分段产生水道段；第三步设置水道附属零件，例如出入水管接头、锥螺塞、密封垫等。对于型芯的冷却，CAD 提供一些预定义冷却结构以简化设计。

7.2　注塑成型过程和冷却过程 CAE

7.2.1　充模过程的数学描述

塑料熔体充模过程的数学描述以一维流动分析为例进行介绍。一维流动分析指塑料熔体流动过程的速度场可以采用单方向的流速表示。一维流动的基本形式有三种：圆管流动、矩形板流动和径向流动，如图 7.6 所示。为了建立熔体的一维流动数学模型，采用带有中心浇口的薄圆盘型腔表示径向流动的基本单元，采用带有端部浇口的薄长板型腔表示矩形板流动的基本单元，如图 7.7 所示。

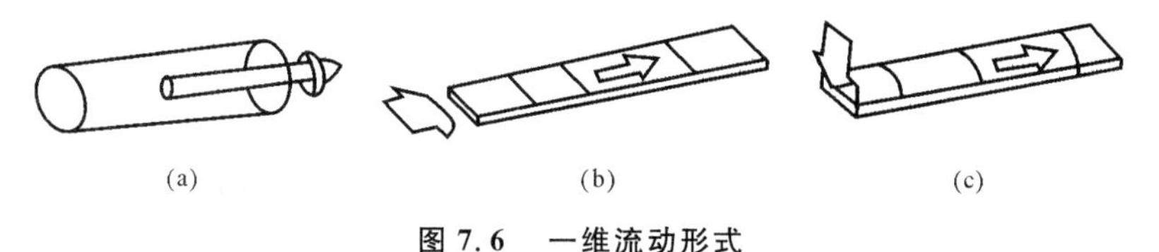

图 7.6　一维流动形式

(a) 圆管流动；(b) 矩形板流动；(c) 径向流动

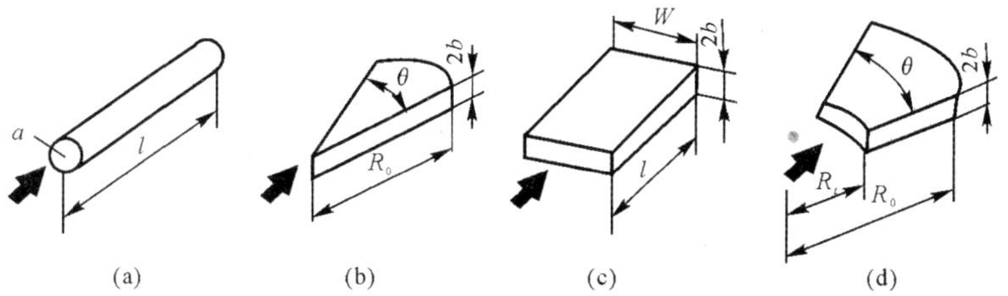

图 7.7　常用的流动单元

(a) 圆形管；(b) 中心浇口圆板；(c) 边缘浇口平板；(d) 中心浇口圆环板

根据流体动力学、塑料流变学和传热学的基本方程,通过合理简化,对于薄圆盘型腔和薄长板型腔的热塑性塑料熔体的充模过程,可以得到一组控制方程。

充模过程的数学模型在一维流动中可以简化为

$$\frac{\partial}{\partial y}\left(\eta\frac{\partial v}{\partial y}\right)-\frac{\partial p}{\partial z}=0 \tag{7.1}$$

$$\rho c_p\left(\frac{\partial T}{\partial t}+u\frac{\partial T}{\partial x}\right)=\lambda\frac{\partial^2 T}{\partial z^2}+\eta\left(\frac{\partial u}{\partial z}\right)^2 \tag{7.2}$$

$$\Gamma(x)\int_{-b}^{b}u\,\mathrm{d}y=Q \tag{7.3}$$

式中 z—— 厚度方向的坐标值(mm);

η—— 剪切黏度(Pa·s);

u——x 方向的流速(mm/s);

p—— 型腔内压力(Pa);

ρ—— 塑料熔体密度(g/mm^3);

c_p—— 熔体比热容[J/(kg·K^{-1})];

T—— 熔体温度(K);

t—— 时间变量(s);

λ—— 热导率(导热系数)[W/(m·K)];

Q—— 恒定的熔体注射流量(mm^3/s)。

式(7.1) 由本构方程 $\tau=\eta\frac{\partial u}{\partial z}$ 代入流体动力学方程

$$\rho\left(\frac{\partial u}{\partial t}+u\frac{\partial u}{\partial t}\right)=-\frac{\partial p}{\partial x}+\frac{\partial \tau}{\partial z}+\rho g_x$$

中简化后得到。式中忽略了惯性项 $\rho\left(\frac{\partial u}{\partial t}+u\frac{\partial u}{\partial t}\right)$ 以及熔体的自重力 ρg_x,此时视熔体在型腔内的流动为"蠕动"。

式(7.2) 由热传导的普遍微分方程

$$\rho c_p\left(\frac{\partial T}{\partial t}+u\frac{\partial T}{\partial x}\right)=\lambda\left(\frac{\partial^2 T}{\partial x^2}+\frac{\partial^2 T}{\partial y^2}+\frac{\partial^2 T}{\partial z^2}\right)+\phi$$

简化得到。式(7.2) 忽略了流动方向的热导率 $\lambda\left(\frac{\partial^2 T}{\partial x^2}+\frac{\partial^2 T}{\partial y^2}\right)$,假定热传导仅沿着模壁方向进行,其黏性热项 $\phi=\eta\left(\frac{\partial u}{\partial z}\right)^2$。

式(7.3) 为流量积分方程,其中 Γ_x 为型腔形状函数,对于圆盘型腔,$\Gamma_x=2\pi x$;对于矩形型腔,$\Gamma_x=W$,W 为型腔宽度(mm)。

流场的边界条件为

$$\left.\begin{aligned} u&=0, & z&=b \\ \frac{\partial u}{\partial z}&=0, & z&=0 \end{aligned}\right\} \tag{7.4}$$

温度场的边界条件为

$$\left.\begin{array}{ll} T=T_e, & x=x_1 \\ \dfrac{\partial T}{\partial x}=0, & x=x_i(t) \\ T=T_c, & z=\pm b \\ \dfrac{\partial T}{\partial z}=0, & z=0 \end{array}\right\} \tag{7.5}$$

对于式(7.4)，因为熔体沿型腔厚度方向上呈对称流动，故在厚度的中心($z=0$) 处，有$\dfrac{\partial u}{\partial z}=0$。

式(7.5) 中的 x_1 为浇口附近温度测量点，该处温度可以视为熔体的入口温度 T_e；在模壁($z=\pm b$) 处，可以近似认为熔体温度为模壁温度 T_c，由于温度沿型腔厚度方向对称分布，因此，在厚度的中心($z=0$) 处有$\dfrac{\partial T}{\partial z}=0$，在熔体的流动前沿 $x=x_i(t)$，假设熔体热量不传至空气中，故有$\dfrac{\partial T}{\partial x}=0$。

熔体的黏度模型采用克罗斯(Cross) 经验公式，即

$$\eta(\dot{\gamma},T)=\frac{\eta_0(T)}{1+(\eta_0\gamma\cdot\tau^*)^{1-n}} \tag{7.6}$$

$$\eta_0=B\exp(T_b/T) \tag{7.7}$$

式中　η—— 剪切黏度(Pa·s)；

η_0—— 零剪切速度黏度(Pa·s)；

$\dot{\gamma}$—— 剪切速率(s^{-1})；

T—— 绝对温度(K)。

η, T_b, B, τ^* 是与塑料性质有关的 4 个参数，可以根据测定黏度的实验，采用曲线拟合的方法得到。对热塑性塑料，$\eta<1$，η 和 τ^* 描述了热塑性塑料熔体的黏度随着剪切应力增加而减小的特性，而 B 和 T_b 描述熔体剪切速率时的黏度。

为了采用数值解法求解流动数学模型，由上述公式可以推出下列公式：

$$\Lambda=\frac{Q}{2\Gamma S} \tag{7.8}$$

$$S=\int_0^b \frac{y^2}{\eta}\mathrm{d}y \tag{7.9}$$

$$\dot{\gamma}=\frac{|\Lambda|y}{\eta} \tag{7.10}$$

$$u=\int_y^b \dot{\gamma}\,\mathrm{d}y \tag{7.11}$$

$$\phi=n\dot{\gamma}^2 \tag{7.12}$$

式中　Λ—— 压力梯度，$\Lambda=-\dfrac{\partial P}{\partial z}$(Pa/m)；

ϕ—— 黏性热(J/m^3)。

因为在一维流动中型腔形状局限于圆盘类和矩形类，因此，采用有限差分法求解。其计

算步骤为:如果已知某一时刻的温度场 T(假设开始计算时温度场恒定,且 $T=T_e$),可以采用上一时刻的黏度 η 和式(7.9)求出流动率 S。采用式(7.8)求出压力梯度,可以获得该时刻的压力场。然后采用式(7.6)、式(7.10)、式(7.12)求出该时刻的黏度 η、剪切速率 $\dot{\gamma}$ 和黏性热 ϕ,再采用式(7.11)求出速度场 u。至此,可以采用式(7.2)求出下一时刻的温度场 T,依次循环,直至整个圆盘单元或者矩形单元被塑料熔体充满。

建立圆盘单元和长板单元的一维流动数学模型和算法后,按照熔体在型腔内的流动路径,将一维单元组合,分析任意形状的二维型腔内熔体的流动。该方法需要模具设计人员根据经验,事先划分出熔体在型腔内的流动路径,然后再根据流动路径,将型腔分解成若干串联的一维流动单元进行计算。

7.2.2 温度场数值求解

熔体温度在流动平面内以及沿型腔壁厚方向均发生变化,因此,在求解温度场时需沿后向(y 向)划分差分网格,即

$$y_j=(j-1)\Delta y,\quad j=1,2,\cdots,N_{y+1} \tag{7.13}$$

单元内的温度分布采用线性插值。例如,对三角形单元,有

$$T^{(l)}(x,y,z,t)=\sum_{k=1}^{3}L_k^{(l)}(x,y)T_k^{(l)}(y,t) \tag{7.14}$$

式中 $T_k^{(l)}(y,t)$——t 时刻三角单元节点处的温度分布。

$L_k^{(l)}$——插值函数,其表达式为

$$L_k^{(l)}(x,y)=(b_{1k}^{(l)}+b_{2k}^{(l)}x+b_{3k}^{(l)})/(2A^{(l)}),k=1,2,3 \tag{7.15}$$

其中 $A^{(l)}$——三角形单元 l 的面积(m^2)。

由于式(7.15)中的热传导项、热对流项和黏性热项在单元边界不连续,采用加权平均方法求解。

图 7.8 所示为三角形单元和圆柱单元沿厚度方向和径向的分层。热传导项、热对流项和黏性热项在各层单元的重心处计算后,再加权平均。权函数取相应层(如第 j 层)上单元 l 对节点 N 的分层控制体积的体积贡献($V_{i,j}^{(l)}$),各项的处理过程如下:

1) 瞬态项。瞬态项采用向后差分近似,即

$$\rho c_p\frac{\partial T}{\partial t}=\rho c_p\frac{T_{N,j,t+1}-T_{N,j,t}}{\Delta t} \tag{7.16}$$

2) 热传导项。对三角形单元,有

$$\lambda\frac{\partial^2 T}{\partial y^2}\bigg|_{N,j,t+1}=\frac{1}{\sum\limits_l V_{i,j}^{(l)}}\sum_l\frac{V_{i,j}^{(l)}K}{3\Delta y_j^2}\Big[\sum_{m=1}^{3}(T_{N,j+1,t+1}-2T_{N,j,t+1}+T_{N,j-1,t+1})\Big]$$

$$j=2,3,\cdots,N_y \tag{7.17}$$

其中,l 遍历所有包含节点 N 的单元,N'=NOD(l,m),NOD表示单元局部节点号与总体节点号的关系数组。

3) 热对流项。为了保证数值计算过程的稳定性,在流动分析中,通常采用“上风法”处

理对流项。上风法是指对热对流项加权平均计算时，仅考虑来自节点上游单元的贡献，而不考虑节点下游单元的贡献。

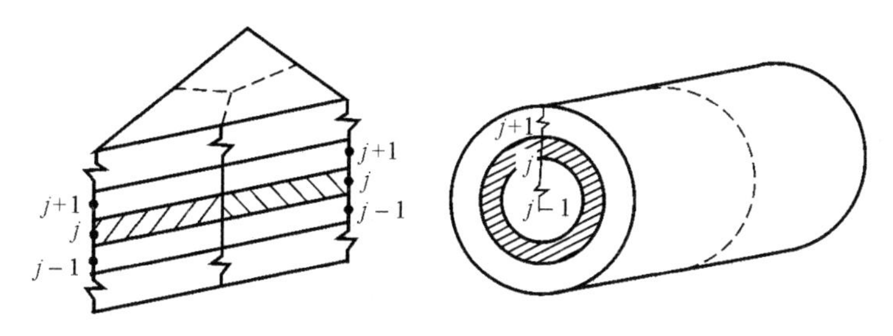

图 7.8　三角形单元和圆柱单元的分层

如图 7.9 所示，**CN** 表示从单元重心到节点 N 的向量，**V** 表示单元重心处的速度矢量。

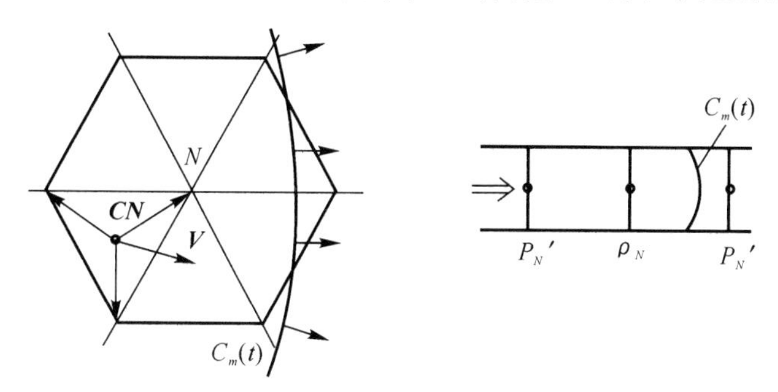

图 7.9　节点上游单元判断

引入函数

$$\mathrm{DOT}=\begin{cases}\boldsymbol{CN}\cdot\boldsymbol{V}, & \text{对于三角形单元}\\ P_N{}'-P_N, & \text{对于圆柱单元}\end{cases}$$

于是，加权函数定义为

$$V_{i,j}^{(l)}=\begin{cases}V_{i,j}^{(l)} & \mathrm{DOT}>0\\ 0 & \mathrm{DOT}\leqslant 0\end{cases}$$

对三角形单元，热对流项的加权平均计算公式为

$$\rho c_p\left(\mu\frac{\partial T}{\partial x}+\mu\frac{\partial T}{\partial y}\right)\Big|_{N,j,t+1}=\frac{\rho c_p}{\sum\limits_l V_{i,j}^{(l)}}\sum_l V_{i,j}^{(l)}\frac{\int_{-b}^{z_j}\left(\frac{\tilde{y}-y_0}{\eta}\right)^l\mathrm{d}\tilde{y}}{2A^{(l)}}\times\sum_{m=1}^{3}(\Lambda_x^{(l)}b_{2m}^{(l)}+\Lambda_z^{(l)}b_{3m}^{(l)})\cdot T_{N,j,t+1},\quad j=2,3,\cdots,N_y \tag{7.18}$$

在模壁（$j=1$ 及 $j=N_y+1$）处，所有单元的热对流项均为零。

4）黏性热项。黏性热项的处理方法与热对流项相同，即

$$\eta\gamma^2\,|_{N,j,t+1}=\frac{1}{\sum\limits_l V_{i,j}^{(l)}}\sum_l V_{i,j}^{(l)}\frac{(\Lambda^{(l)}Z_j)^2}{\eta^{(l)}},\quad j=1,2,\cdots,N_y+1 \tag{7.19}$$

对于每个节点,写出式(7.16) ～ 式(7.19),并代入温度控制方程式(7.2),则得到以各节点温度为未知量的方程组

$$\boldsymbol{\lambda T}=\boldsymbol{F} \tag{7.20}$$

7.2.3 数值计算过程

采用有限元 / 有限差分法分析注塑成型流动过程的数值计算过程如图 7.10 所示。开始时,需要读入的初始数据包括型腔形状、网格单元、塑料材料特性数据及成型工艺条件等参数。分析时,假定塑料熔体入口的第一个控制体积已被熔体充满,此时近似认为,熔体仍然处于等温状态,其温度即为熔体的入口温度 T_e,可以获得初始时刻熔体的前沿位置和温度场,然后求解压力场。根据压力场的计算结果,更新熔体流动前沿位置(增加一个控制体积),确定时间增量,求解新时刻的温度场、压力场,然后进行循环计算,直至整个型腔被熔体充满为止。

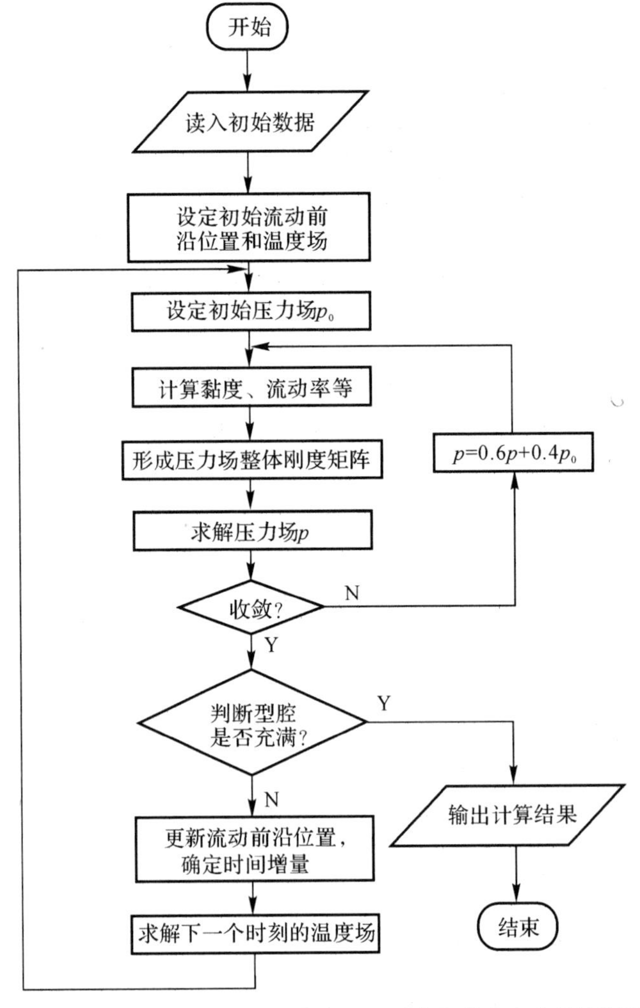

图 7.10　注塑成型流动过程的有限元 / 有限差分法分析流程图

7.2.4　二维冷却过程

注塑模的冷却过程具有非稳态性，模具内某点的测量温度在循环注塑过程中呈周期性变化，但是这种非稳态温度波动比较小，并且主要表现在型腔表面区域。在二维冷却模拟过程中，经常忽略温度的周期性变化，认为温度场稳定。

二维稳态传热在数学上归结为求解拉普拉斯方程：

$$\nabla^2 T = \frac{\partial^2 T}{\partial x^2} + \frac{\partial^2 T}{\partial y^2} = 0, \quad x \in \Omega \tag{7.21}$$

其边界条件为

$$\begin{aligned} T &= T_0, \quad x \in \Gamma_1 \\ \frac{\partial T}{\partial n} &= 0, \quad x \in \Gamma_2 \end{aligned} \tag{7.22}$$

$$-\lambda \frac{\partial T}{\partial n} = h(T_{1\max} - T_0), \quad x \in \Gamma_3 \tag{7.23}$$

式中　T—— 绝对温度(K)；

λ—— 模具材料的热导率[W/(m・K)]；

h—— 塑料与模具之间的传热系数[W/(m^2・K)]。

Γ_1，Γ_2 和 Γ_3 分别对应不同的边界条件，例如，模具与空气接触的部分属于 Γ_1，也可以认为模具外壁温度恒定，等于室温 T_0。边界条件 Γ_2 常用于对称模具，此时因为模具的对称性可以只分析半个模具，模具的对称面成为模具边界的一部分，因为在对称面上热流量为零，故温度的法向梯度 $\frac{\partial T}{\partial n} = 0$。边界条件 Γ_3 分别对应以下三种情况：

1）模具与空气的边界，此时认为模具外壁温度不恒定，式(7.23) 中的 h 为模具与室温 T_0 之间空气的传热系数。

2）模具与冷却孔道的边界，此时 h 为水管壁与冷却水交界面的传热系数，T_0 为冷却水的温度。

3）塑料零件与型腔壁的边界，此时 h 为塑料与模具之间的传热系数，T_0 为塑料零件冷却时的温度，因此，传热系数 h 定义为

$$h(t_c) = \frac{\int_0^{t_c} q(t)\,\mathrm{d}t}{t_c(T_{1\max} - T_{2\min})} \tag{7.24}$$

式中　$q(t)$—— 随着时间变化的塑料零件的热流量(J/s)；

t_c—— 冷却时间(s)；

$T_{1\max}$—— 熔体注入绝对温度(K)；

$T_{2\min}$—— 型腔壁最低绝对温度(K)。

由式(7.24) 可知，$h(t_c)$ 是零件与型腔壁之间在一个冷却周期内传热系数的平均值。式(7.21) 既可以采用有限元法求解，又可以采用边界元法求解。当求解冷却问题时，常用边界元法，因为边界元法仅需要离散二维截面的边界而不是整个截面，能够简化操作，节省

计算时间。

边界元积分公式借助格林第二公式得到，格林第二公式为

$$\int_D (T - \nabla^2 K - K\ \nabla^2 T)\mathrm{d}t = \int_\Omega \left(T\,\frac{\partial K}{\partial n} - K\,\frac{\partial T}{\partial n}\right)\mathrm{d}A \tag{7.25}$$

式中　T,K—— 任意两个在区域 D 内二次可微函数；

Ω—— 区域 D 的边界。

如果选择函数 T 和 K 均满足拉普拉斯方程，即$\nabla^2 K = \nabla^2 T = 0$，则有

$$\int_\Omega \left(T\,\frac{\partial K}{\partial n} - K\,\frac{\partial T}{\partial n}\right)\mathrm{d}A = 0 \tag{7.26}$$

T 选择满足拉普拉斯方程式(7.21) 的温度场函数，K 满足拉普拉斯方程的“自由空间格林函数”，K 称为基本解。

在选定基本解后，通过积分计算，由式(7.26) 得到

$$C(P)T(P) = \int_\Gamma [K_n(P,Q)T(Q) - K(P,Q)T_n(Q)]\mathrm{d}S \tag{7.27}$$

其中，P,Q 分别是区域中和边界上的任意点，如图 7.11(a) 所示；$K(P,Q)$ 为基本解，二维分析时，$K = \ln|PQ|$；$T_n = \dfrac{\partial T}{\partial n}$；$K_n = \dfrac{\partial K}{\partial n}$；$\boldsymbol{n}$ 为在点 Q 的单位法向向量；$C(P)$ 为 P 点内角；S 为边界 Γ 的弧长。

式(7.27) 可以改写为

$$C(P)T(P) = \int_\Gamma \left(T\,\frac{\partial \ln r}{\partial n} - \ln r\,\frac{\partial T}{\partial n}\right)\mathrm{d}S \tag{7.28}$$

其中，$r = |PQ|$，假定边界 S 平滑，当 P 在边界上时 $C(P) = \pi$，当 P 在区域内时 $C(P) = 2\pi$。

式(7.28) 表明，区域内任一点温度 $T(P)$，皆可以采用边界积分项定义，即已知边界上的 T 和$\dfrac{\partial T}{\partial n}$，便由此可以求得区域内任一点的温度。

如图 7.11(b) 所示，如果将 P 点移至 N 个线性单元组成的边界上，假定 T 和$\dfrac{\partial T}{\partial n}$ 在每个单元内为常数，则式(7.28) 改写为

$$\pi T_i(P) = \sum_{j=1}^{N}\left[T_j \int_\Gamma \frac{\partial \ln r_i}{\partial n}\mathrm{d}S - \left(\frac{\partial T}{\partial n}\right)_j \int_\Gamma \ln r_i\,\mathrm{d}S\right] \tag{7.29}$$

式(7.29) 的积分项可以采用图 7.11 所示的局部坐标系(η,ξ) 求出。此时，随着点 P 在边界上的移动，得到 N 个代数方程，加上 N 个边界条件，即可以确定 $2N$ 个未知数(T 和$\dfrac{\partial T}{\partial n}$)。

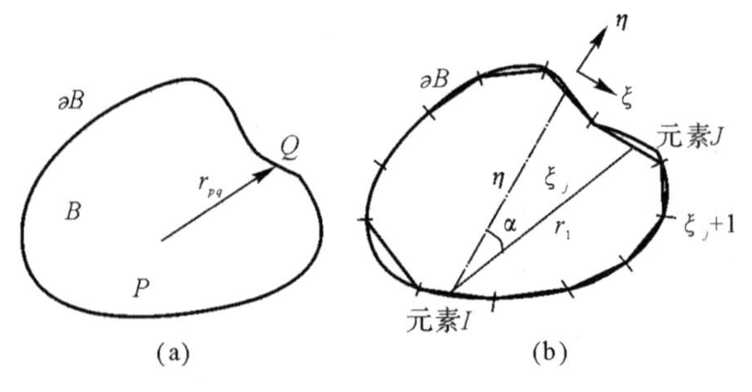

图 7.11　二维区域及其离散

二维冷却分析软件可以将模拟结果(温度场和热流量场)采用图形的方式显示在模具边界上,同时可以输出冷却时间,冷却水孔进、出口温度等数据。模具设计人员采用二维冷却模拟软件,可以采用交互设计方式改变冷却水孔尺寸和位置,或者改变冷却介质的流速和温度,或者改变零件推出温度等,由此选择合理的冷却系统设计方案,以获得均匀的温度场分布和比较短的模具冷却时间。

7.2.5　三维冷却过程

采用二维典型截面代替三维模具进行冷却模拟,具有编程简单、计算量小等优点,但是并非所有的模具都能用二维典型截面代替,尤其是大型的精密注塑模具,需要更精确的模拟结果,此时应当采用三维冷却模拟。

当三维冷却模拟时,采用边界元法除了能够将三维问题转化为二维问题处理外,还能够与三维注塑流动模拟程序共用同一个几何模型,简化几何造型和图形处理的工作量。

1. 三维稳态冷却过程

考虑稳态传热时,三维边界积分方程与二维相同,不同之处仅仅是三维基本解 $K=-|PQ|^{-1}$。但是与二维模拟相比,三维冷却模拟的数值求解更困难,具体表现为:

1) 模具尺寸相差悬殊。例如,模具外表面比冷却管道内表面尺寸大若干个数量级,冷却管道本身长度比管道直径大许多倍,型腔厚度和长度的尺寸也相差甚远,除非将单元划分得很细,否则边界元法无法适应单元尺寸的大幅度变化。

2) 离散管道圆周一般需要8个单元。由于模具冷却管道很长,当划分管道表面网格时,必然会产生大量单元。

3) 边界元法产生非对称满矩阵。对于型腔复杂的模具,计算量过大。一种解决方法是将模具分解为若干子区域,然后分别对各子区域进行三维冷却模拟,采用化整为零的方法减小数值计算的工作量。但是,对于复杂的冷却管道布置和不规则的模具型腔,三维子区域的划分方法很难实现。

由于注塑模具内的封闭型腔与金属零件内的封闭裂纹相似,常用的解决方法是采用断裂力学的研究方法,采用型腔的中心面代替封闭表面克服上述数值求解的困难。这种简化方法意义很大,不仅成倍减少了计算量,而且其几何模型及网格划分能与三维流动分析软件共用。如果忽略温度和热流量沿冷却管道圆周方向上的变化,还可以避免沿冷却管道表面划分网格的困难。

如图7.12所示的注塑模具,外表面为 S_E,型腔上表面为 S^+,型腔下表面为 S^-,$S_I=S^++S^-$,Γ 为中心面。假设型腔边界光滑,将 S^+,S^- 面分别向 Γ 面无限接近,则趋近后的各面上满足拉普拉斯方程的基本解相同,即

$$K(P,Q^+)=K(P,Q^-) \tag{7.30}$$

$$K_n(P,Q^+)=-K_n(P,Q^-) \tag{7.31}$$

将式(7.30)和式(7.31)代入式(7.27),并将点 P 从区域 V 内移至中心面 Γ 上,可得

$$\int_{\Gamma}[K(P,Q)\sum T_n(Q)-K_n(P,Q)\Delta T(Q)]\mathrm{d}S_E+\int_{S_E}[K(P,Q)\sum T_n(Q)-K_n(P,Q)\Delta T(Q)]\mathrm{d}S_E=$$
$$T(P^+)-C(P^+)[T(P^+)-T(P^-)] \tag{7.32}$$

求解式(7.32),得到 $\sum T_n(Q)$ 和 $\Delta T(Q)$,它们分别是两型腔面 S^+ 与 S^- 热通量的和及两型腔面的温差。为了求解型腔的温度和热通量,需要补充公式。为此,采用断裂力学中常用的微分法,可得

$$\int_{\Gamma}[K_m(P,Q)\sum T_n(Q)-K_{mn}(P,Q)\Delta T(Q)]\mathrm{d}S_E+\int_{S_E}[K_m(P,Q)\sum T_n(Q)-$$
$$K_{mn}(P,Q)\Delta T(Q)]\mathrm{d}S_E=T(P^+)-C(P^+)[T(P^+)-T(P^-)] \tag{7.33}$$

其中
$$K_m=\frac{\partial K}{\partial m_1},\quad K_{mn}=\frac{\partial^2 K}{\partial m\partial n}$$

冷却管道也可以采用类似方法简化,如图 7.13 所示。设 S_C 为冷却管道表面,将点 P 移置到管道轴线上,并将管道沿轴线划分为 M 段,采用柱面坐标系,由式(7.27) 有

$$\int_{l_j}\int_{S_E}[K(P,Q)T_n(Q)-K_n(P,Q)T(Q)]\mathrm{d}S\mathrm{d}l+\int_{l_j}\sum_{i=1}^{M}\int_{l_i}\int_0^{2\pi}[K(P,Q)T_n(Q)-$$
$$K_n(P,Q)T(Q)]R\mathrm{d}\theta\mathrm{d}l(Q)\mathrm{d}l(P)=0 \tag{7.34}$$

其中 l_j—— 第 j 段圆柱管道长度,由于一般冷却管道之间的距离大于管道直径,因此式(7.34) 中可以忽略 T 和 T_m 沿 θ 角的变化。

在模具中,同时考虑型腔和冷却管道,采用类似的推导,可以得到一组点 P 在模具外表面,点 P 在型腔中心面,点 P 在冷却管道轴线上的方程式,然后用数值方法求解。

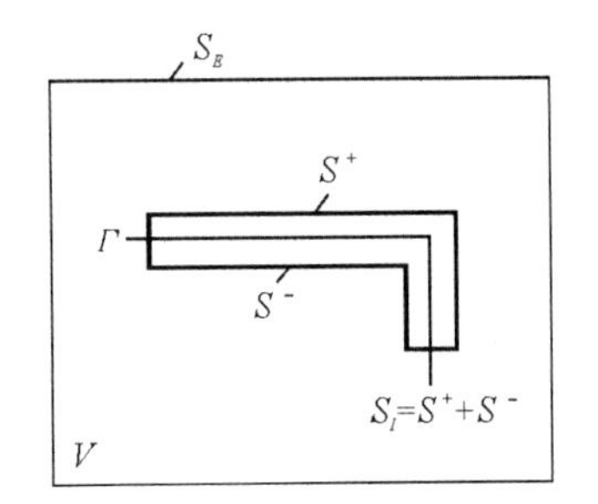

图 7.12 表面 S_E 和 S_I 围成的区域

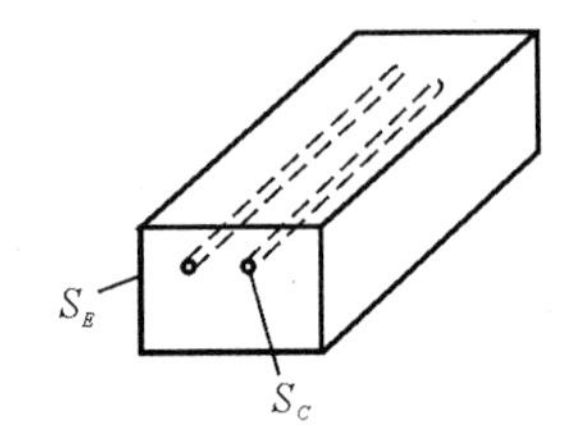

图 7.13 表面 S_E 和 S_C 围成的区域

2. 三维非稳态冷却过程

对精密注塑模作冷却系统模拟时,需要考察型腔壁各点温度随着时间变化的情况,此时需要采用三维非稳态冷却模拟,非稳态问题的求解比稳态问题的求解更复杂。

非稳态分析的传热方程为

$$\frac{\lambda}{\rho c}\nabla^2 T=\frac{\partial T}{\partial t} \tag{7.35}$$

式中 T—— 绝对温度(K);

λ—— 热导率[W/(m · K)];

ρ—— 密度(kg/m^3)；

c—— 比热容[$J/(kg \cdot K)$]。

对于式(7.35)的计算机求解，最早采用有限差分法，采用差分和差商代替微分和微商。为了提高求解精度，20 世纪 60 年代又采用有限元法。从理论上讲，将非稳态热传导微分方程转化为泛函变分问题，将温度对时间的微分用差分法展开，采用数值方法求出各时间步长的温度场可行。但是，有限元法需要对整个模具进行三维网格划分，会导致数据量过大、计算时间过长、操作复杂等问题。

对于三维非稳态传热问题，国外学者在 20 世纪 70 年代提出用直接边界元法求解，采用了与时间有关的基本解。但是采用与时间有关的基本解进行边界元计算时需要进行三维网格划分，失去了边界元法中计算边界积分和只划分网格的优越性。

美国 SDRC 公司的三维非稳态冷却分析软件，在求解式(7.35)时采用了傅里叶变换消去其时间变量，然后采用边界元法求解。对应于不同的傅里叶函数的温度场，该方法或者由于精度问题，或者由于计算量大，在实际使用中仍然受到一定限制。

在国内，采用特解边界元法将非稳态传热问题转化为完全边界积分的形式，开发了实用可靠的三维非稳态冷却分析软件。其具体的处理过程如下：

引入满足式(7.34)的基本解

$$K(P,Q)=\frac{\rho c}{4\pi\lambda r(P,Q)} \tag{7.36}$$

式中　r—— 计算点 P 与积分点 Q 的距离(m)；

λ—— 热导率[$W/(m \cdot K)$]；

ρ—— 密度(kg/m^3)；

c—— 比热容[$J/(kg \cdot K^{-1})$]。

根据格林公式，由式(7.32)得到边界积分方程为

$$\int_V \frac{\partial T}{\partial t}K(P,Q)=\int_\Gamma [K_n(P,Q)T(Q)-K(P,Q)T_n(Q)]dS_\Gamma - C(P)T(P) \tag{7.37}$$

式中　V—— 体积(m^3)；

Γ——V 的边界；

S_Γ—— 弧长(m)；

T—— 绝对温度(K)；

$C(P)$——P 点内角。

等式左边包含体积分，为了将体积分化为面积分，将温度对时间的微分表示为一系列与空间有关的函数 f 和与时间有关的函数 α 的乘积，即

$$\frac{\partial T}{\partial t}=\sum_{j=1}^{N}\left[f\gamma(x)\frac{\partial \alpha_j(t)}{\partial t}\right] \tag{7.38}$$

假定 f 为某函数的二阶倒数 $f=\nabla^2\Psi$，式(7.37)左端的体积分可以表示为

$$\int_V\left(K\frac{\partial T}{\partial t}\right)dv=\sum_{j=1}^{N}\frac{\partial \alpha_j}{\partial t}\int_V(f_jK)dv=\sum_{j=1}^{N}\frac{\partial \alpha_j}{\partial t}\int_V\nabla^2\Psi K\,dV \tag{7.39}$$

将式(7.38)用格林公式变换,整理后得到

$$\int_V \nabla^2 \Psi_j(Q) K(P,Q) \mathrm{d}V = -\int_\Gamma [K(P,Q)\Psi_j(Q) + K_n(P,Q)\Psi_j(Q)] \mathrm{d}S_\Gamma - C_j(P)\Psi_j(P) \tag{7.40}$$

式中,$\Psi = \dfrac{\partial \Psi}{\partial n}$。将式(7.40)代入式(7.37),可得

$$C(P)T(P) + \int_\Gamma [K(P,Q)T_n(Q) - K_n(P,Q)T(Q)] \mathrm{d}S_\Gamma = \frac{\rho c}{\lambda} \sum_{j=1}^{N} C_j(P)\Psi_j(P) + \int_\Gamma [K(P,Q)\Psi_j(Q) + K_n(P,Q)\Psi_j(Q)] \mathrm{d}S_\Gamma \tag{7.41}$$

通过式(7.41),将与温度对时间的微分有关的体积分转化为面积分,因此可以采用纯边界积分求解。

在冷却过程中,塑料零件与模具不断进行热交换。理想的非稳态分析应当同时考虑四方面的热交换:零件内部、零件与模具之间、模具内部、模具与冷却介质之间。由于在零件和模具的冷却分析过程中分别采用了不同的数值分析方法,采用迭代法对零件和模具的冷却进行耦合分析,其计算步骤如下:

1) 选定时间步长。由于在零件及模具计算中采用有限差分格式皆为无条件稳定,因而该时间步长的确定主要以考虑计算精度为主,例如,选取时间步长为 0.5 s。

2) 读入流动分析结果。以流动结束时刻的温度作为非稳态冷却分析的初始温度。

3) 对零件进行一维非稳态传热的有限差分计算,确定该时间步长内零件与模具界面的热通量。

4) 根据特解边界元法,对模具进行三维非稳态冷却分析,求出模具内的温度分布。

5) 根据模具内温度的分布,重复步骤 3) 和步骤 4),直至零件与模具上的每一节点温度值满足收敛条件

$$\frac{T_i^{(n)} - T_i^{(n-1)}}{T_i^{(n)}} < 0.01 \tag{7.42}$$

式中,$T_i^{(n)}$,$T_i^{(n-1)}$ 分别为第 n 次和第 $n-1$ 次迭代时求出的节点 C 的温度值。

7.3 注塑成型工艺和模具

7.3.1 注塑成型工艺

1. 注塑成型过程

注塑成型是注塑机将塑料原料加热到一定温度,使其成为熔融的液态,再高压注射到密闭的模腔内,经过冷却定型,开模后顶出得到所需塑料零件的生产过程。

注塑过程一般包括加料、塑化、注射等步骤。

(1)加料

由于每次注射所需用料的量都是固定的,因此需要定量加料,以保证操作稳定,塑化均匀,最终获得良好的塑件。

(2)塑化

加入的塑料在料筒中进行加热,由固体颗粒或者粉末加热转变成熔融态,并且具有良好的可塑性的过程称为塑化。

(3)注射

注射的过程可分为充模、保压、浇口冻结后的冷却和脱模等4个阶段。

1)充模。塑化好的熔体被柱塞或者螺杆推挤至料筒前端,经过喷嘴及模具浇注系统进入并填满型腔,这一过程称为充模。

2)保压。模具中熔料冷却收缩时,柱塞或者螺杆继续施压,迫使浇口附近的熔料不断补充到模具型腔中,使得型腔中的塑料能成型出形状完整而致密的塑料零件,这一过程称为保压。

3)浇口冻结后的冷却。当浇注系统的塑料凝固后,可以退回柱塞或者螺杆,卸除料筒内塑料的压力,并加入新料,同时向模具中通入冷却水、油或者空气等冷却介质,对模具进行进一步的冷却,这一过程称为浇口冻结后的冷却。

4)脱模。塑料零件冷却到一定的温度即可开模,在推出机构作用下把塑料零件推出模具。

2. 注塑成型工艺参数

注塑成形工艺的核心问题是采用一切措施获得利于充型的塑化熔料,并把它注塑到型腔中去,在一定条件下冷却定型,得到符合质量要求的塑料零件。影响注塑成型工艺的主要参数是塑化流动和冷却的温度、压力以及相应的作用时间。

(1)温度

注塑成型过程需控制的温度有料筒温度、喷嘴温度和模具温度。前两种温度主要影响塑料的塑化流动,后一种温度主要影响塑料的流动和冷却。

料筒温度的选择与各种塑料的特性有关,每一种塑料都具有不同的黏流态温度。喷嘴温度一般略低于料筒最高温度,以防止熔料在直通式喷嘴中发生“流涎现象”;模具温度对塑料熔体和充型能力及塑料零件的内在性能和外观质量影响很大,通常是由通入定温的冷却介质来控制,也有时靠熔料注入模具自然升温和自然散热达到平衡而保持一定的模具温度。

(2)压力

注塑过程的压力包括塑化压力和注射压力两种,它们直接影响塑料的塑化和零件质量。

塑化压力又称背压,是柱塞或者螺杆头部熔料在柱塞或者螺杆后退时所受到的压力。这种压力的大小可以通过液压系统中的溢流阀来调整。注射压力是指柱塞或者螺杆充模时对熔料所施加的压力,一般为40～130 MPa。其作用是克服熔料从柱塞或者螺杆头部,经过浇注系统流向型腔时的流动阻力,给予熔料一定的充型速率以及对熔料进行压实等。为了保证塑料零件的质量,对注射速度(熔融塑件在喷嘴处的喷出速度)常有一定的要求,直接影响注射速度的因素是注射压力。

(3)时间

完成一次注塑成型过程所需的时间称为成型周期,它包括充模时间、保压时间、模内冷却时间、其他时间(指开模、脱模、喷涂脱模剂、安放嵌件和合模时间)等。

成型周期直接影响到生产率和注塑机的使用率,因此在生产中,在保证质量的前提下,应当尽量缩短成型周期中各个阶段的时间。整个成型周期中,以注射时间和冷却时间最重要,它们对塑料零件的质量均有决定性的影响。

7.3.2 注塑模结构与分类

注塑模的典型结构如图 7.14 所示,主要组成零件分为八大部分。

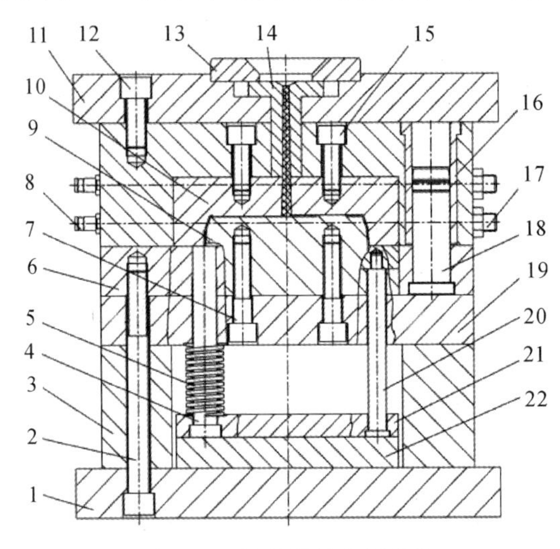

图 7.14 注塑模的典型结构

1—定模座板;2、7、12、15—螺钉;3—垫块;4—复位杆;5—弹簧;6—动模板;8—水嘴;9—型芯;10—型腔镶块;11—动模座板;13—定位圈;14—浇口套;16—导套 17—连接管;18—导柱;19—垫板;20—推杆;21—推板固定板;22—推板

1)成型零件:组成封闭型腔的零件,包括型芯、型腔、镶块等。

2)合模导向机构:对模具中的运动部件进行精确导向,以提高塑料零件精度,避免模具零件的碰撞干涉,包括导柱、导套及其他导向装置。

3)浇注系统:熔料从喷嘴进入型腔流过的通道,包括主浇道、分浇道、冷料穴、浇口。

4)侧向分型与抽芯机构:用于成型塑料零件上非开模方向的凹凸形状,常见的有滑块、斜顶等结构。

5)推出机构:开模后把塑料零件从模具中推出、合模时回复原位的装置,包括推板、顶杆、推管、拉料杆、复位杆等。

6)温控系统:为满足注射成型工艺的温度要求而设置的加热或者冷却装置,包括冷却水道,以及各种加热元件。

7)排气系统:在注射成型中,为了及时排出型腔中的空气,避免造成气孔或者充不满缺陷而设置的排气沟槽。

8)支撑零部件:用于支承以上结构的部件,也就是整个模具的骨架。

注塑模的分类方法很多,根据所成型原料,分为热塑性塑料注塑模和热固性塑料注塑模;按照注塑机类型,分为卧式注塑机用注塑模、立式注塑机用注塑模及角式注塑机用注塑模;按照流道形式,分为普通流道注塑模和热流道注塑模;按照分型面数量,分为单分型面注塑模(两板模)和双分型面注塑模(三板模)。

7.3.3　注塑机

1. 注塑机结构

图 7.15 为卧式注塑机基本组成结构图，随着计算机软硬件的发展，注塑机的结构、功能和操作也在不断改善，但是一般都由以下几个部分组成。

(1)注射装置

注射装置的主要作用是使固态的塑料颗粒均匀塑化呈熔融状态，并以足够的压力和速度将熔料注入闭合的模具型腔中。注射装置包括料斗、料筒、加热器、计量装置、螺杆(柱塞式注射机为柱塞和分流梭)及其驱动装置、喷嘴等部件。

(2)合模装置

合模装置的作用有两个：一是实现模具的开闭动作，二是在成型时提供足够的夹紧力使模具锁紧。合模装置可以是机械式，也可以是液压式或者液压机械联合式。

(3)液压和电控装置

由注塑成型过程可知，注射成型由塑料塑化、模具闭合、熔体充模、压实、保压、冷却定型、开模推出零件等多道工序组成。液压传动和电器控制系统是保证注塑成型过程按照预定的工艺要求(压力、速度、时间、温度)和动作程序准确进行而设置的。液压传动系统是注塑机的动力系统，而电控系统是各个动力液压缸完成开启、闭合、注射和推出等动作的控制系统。

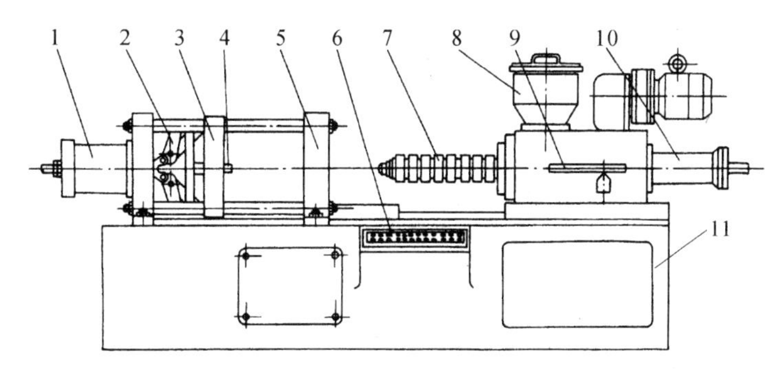

图 7.15　卧式注塑机结构

1—锁模液压缸；2—合模机构；3—动模安装板；4—顶杆；5—定模安装板；6—控制系统；7—料筒；8—料斗；9—定量供料装置；10—注射液压缸；11—机身

2. 注塑机参数

(1)注塑机的注射装置主要技术参数

1)螺杆直径：螺杆的外径尺寸(mm)，用 D 表示。

2)螺杆的有效长度：螺杆上有螺纹部分长度(mm)，用 L 表示。

3)螺杆长径比：L/D。

4)螺杆压缩比：螺杆加料段第一个螺槽容积 V_2 与计量段最末一个螺槽容积 V_1 之比，即 V_2/V_1。

5)注射行程:螺杆注射移动的最大距离,即螺杆计量时后退的最大距离(cm)。

6)理论注射体积:螺杆(或者柱塞)头部截面积与最大注射行程的乘积(cm^3)。

7)注射量:螺杆(或者柱塞)一次注射物料的最大质量(g)或最大容积(cm^3)。

8)注射压力:注射时螺杆(或者柱塞)头部给予塑料的最大压力(MPa,N/m^2)。

9) 注射速度:注射时螺杆(或者柱塞)移动的最大速度(cm/s)。

10)注射时间:注射时螺杆(或者柱塞)走完注射行程的最短时间(s)。

11)塑化能力:单位时间内可塑化物料的最大质量(kg/h)。

12)喷嘴接触力:喷嘴与模具的最大接触力,即注射座推力(kN)。

13)喷嘴伸出量:喷嘴伸出前模板(即模具安装面)的长度(mm)。

此外,还有料筒和喷嘴加热方式和加热分段,螺杆驱动方式、螺杆头和喷嘴结构、喷嘴孔径和球面半径等。

(2)注塑机合模部件的主要技术参数

1)锁模力:为了克服塑料熔体胀模,给模具的最大锁模力(kN)。

2)成型面积:型腔和浇注系统在分型面上的最大投影面积(cm^2)。

3)开模行程:模具的动模可移动的最大距离(mm);

4)模板尺寸:定模板和动模板安装平面的外形尺寸(mm)。

5)模具最大(最小)厚度:注塑机上能够安装闭合模具的最大(最小)厚度(mm);

6)模板最大(最小)开距:定模板与动模板之间的最大(最小)距离(mm)

7)拉杆间距:注塑机拉杆的水平方向和垂直方向内侧的间距(mm)。

8)顶出行程:顶出装置顶出时的最大位移(mm)。

9)顶出力:顶出装置顶出时的最大推力(kN)。

此外,还有合模方式和调模方式等。

(3)注塑机整机的性能参数

1)泵电机的额定功率(kW)。

2)电耗:单位时间耗能(kW·h)。

3)空循环周期或者空循环次数:注塑机在不加入塑料时一次循环的最短时间或者每小时循环次数。

4)料斗容量:料斗内储料的有效容积(dm^3)。

5)体积:整机外形长(m)×宽(m)×高(m)。

3. 注塑模和注塑机

注塑模的定模和动模通过压板或螺栓,分别固定在注塑机的定模安装板和动模安装板上,所以模具的结构尺寸和产品的注射工艺必须与注塑机的技术参数相匹配,通常模具设计完成后需对注塑机的以下工艺参数和安装参数进行校核。

(1)注射量、锁模力和注射压力校核

注射量和锁模力反映了注射机的生产能力,一般要求一次注射所需实际容积 V' 与注射机的理论注射量 V 满足:

$$0.25V < V' < (0.75 \sim 0.85)V$$

注塑机的锁模力 F 与计算的塑料零件的胀模力 F' 之间满足:

$$F \geqslant (1.1 \sim 1.2)F'$$

成型时所需最大压力 p_0 与注塑机能提供的最大压力 p_{max} 满足：

$$p_{max} \geqslant (1.25 \sim 1.4) p_0$$

成型过程中的注射压力可以通过数值模拟软件计算获得。

(2)安装参数校核

为了使得模具顺利安装在注塑机上，并生产出合格零件，模具尺寸和注塑机的安装尺寸必须匹配，包括喷嘴尺寸、定位圈尺寸、最大与最小模厚、螺孔尺寸等。

(3)开摸行程

无论是液压注塑机、机械注塑机还是液压-机械注射机，其最大开模行程必须满足模具的开模行程需要，如图7.16所示，单分型面模具开模行程为 H_1+H_2。若是双分型面模具，还需再加第二个分型面的分型距离，注塑机动模板的开模行程 H 应满足：

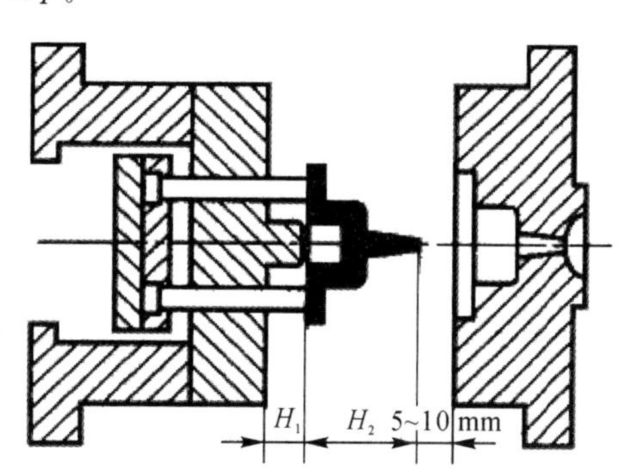

图7.16　单分型面模具开模行程校核

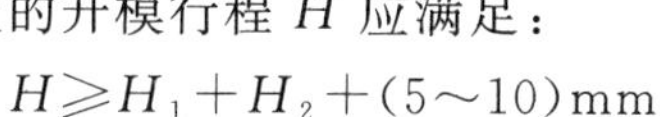

$$H \geqslant H_1 + H_2 + (5 \sim 10)\text{mm}$$

7.4　注塑模具NX设计

7.4.1　NX注塑模设计模块简介

1. Mold Wizard 简介

Mold Wizard 是 NX 软件用于设计注塑模、压铸模或者类似模具的模块，使用该模块可以创建以下三维实体：

1)成型产品的型腔和型芯；

2)小镶块；

3)侧抽芯机构；

4)模架；

5)各种标准件；

6)加工复杂型腔所用电极。

应用 Mold Wizard 模块，必须熟练掌握注塑工艺、材料、设备及注塑模结构，还需要熟悉 NX 软件的以下功能和概念：

1)建模模块；

2)曲线创建；

3)曲面创建；

4)层；

5)装配;

6)在装配体中创建组件;

7)引用集;

8)WAVE 几何链接。

2. Mold Wizard 模具设计流程

Mold Wizard 模具设计流程如图 7.17 所示。

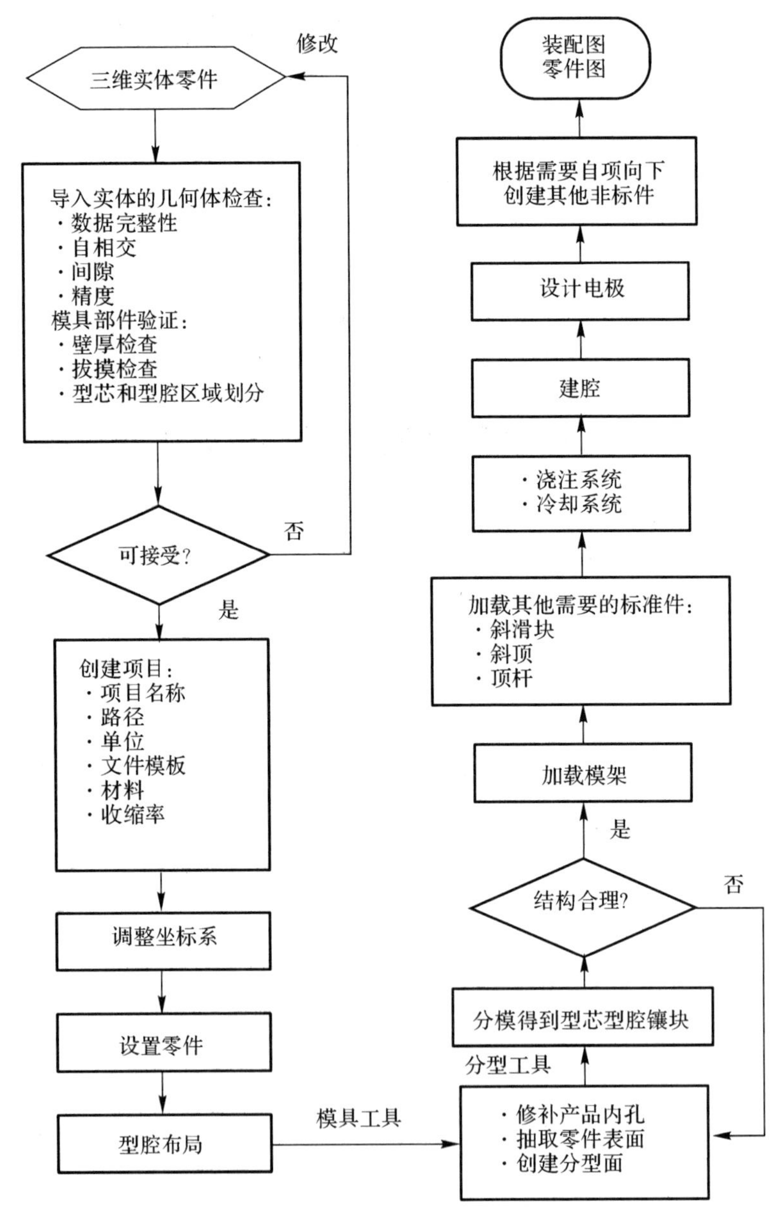

图 7.17 Mold Wizard 模具设计流程

3. Mold Wizard 工具条

(1)注塑模向导工具条(简称【注塑模向导】)

单击【启动】→【所有应用模块】→【注塑模向导】,弹出注塑模向导工具条,工具条上所有命令名称如图 7.18 所示。

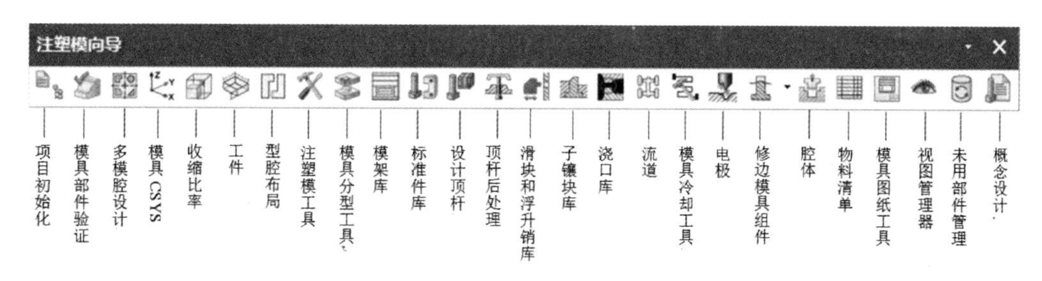

图 7.18　注塑模向导工具条

(2)注塑模工具工具条(简称【注塑模工具】)

单击【注塑模向导】→【注塑模工具】,弹出注塑模工具工具条,工具条所有命令名称如图 7.19 所示。

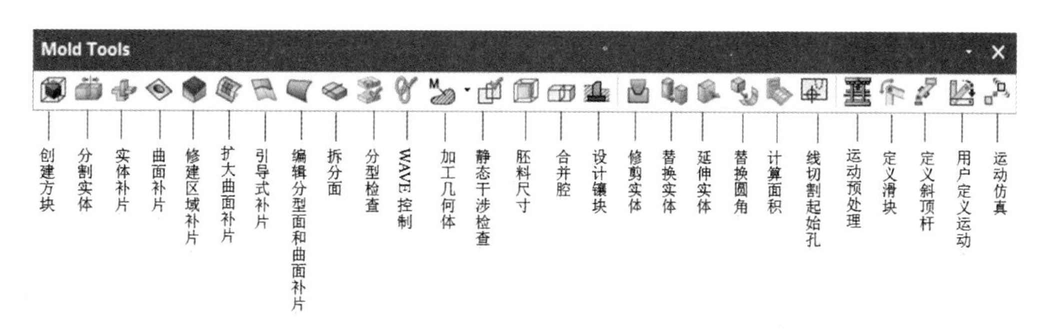

图 7.19　注塑模工具工具条

(3)模具分型工具工具条(简称【模具分型工具】)

单击【注塑模向导】→【模具分型工具】,弹出模具分型工具工具条,工具条上所有命令名称如图 7.20 所示。

(4)模具部件验证工具条(简称【模具部件验证】)

单击【注塑模向导】→【模具部件验证】,弹出部件验证工具条,工具条上所有命令名称如图 7.21 所示。

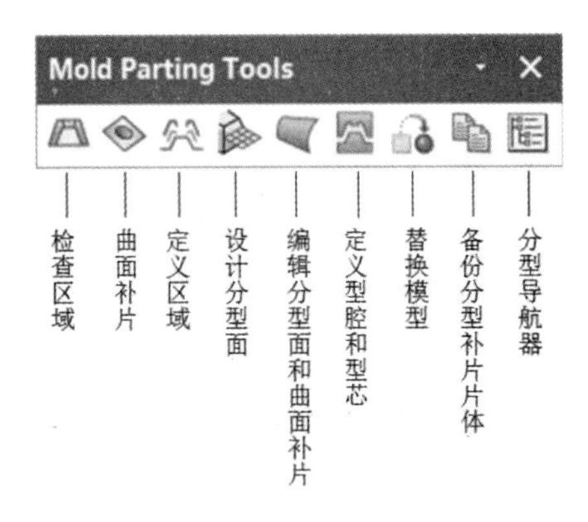

图 7.20　模具分型工具工具条

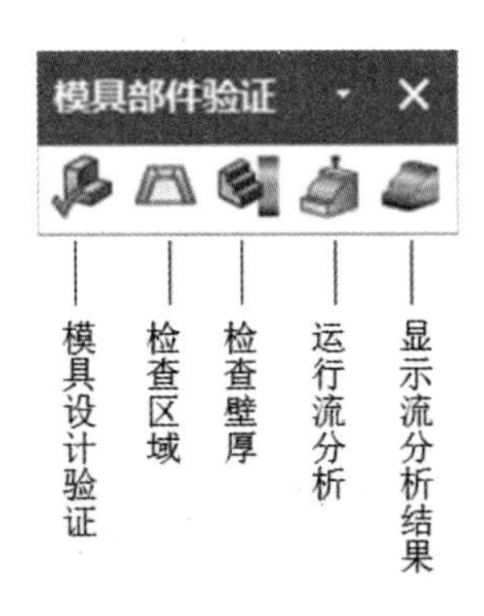

图 7.21　模具部件验证工具条

7.4.2　产品分析与预处理

1. 模具设计验证

1)单击【模具部件验证】→【模具设计验证】,弹出【模具设计验证】对话框,如图 7.22(a)所示,该检查包含以下三项内容:

a. 组件验证:检查组件之间是否有干涉和重叠。

b. 产品质量:检测产品的数据结构、一致性、面的自相交、边的公差和极小的体;检测实体的底切面(需要侧抽芯的面)和拔模角等。

c. 分型验证:检测需要分割的跨越面(跨越型芯区域和型腔区域的面)、重叠的补片体、片体边界等。

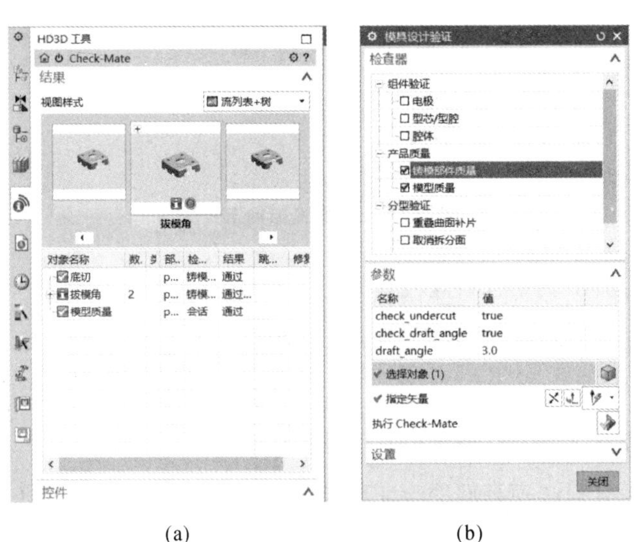

(a)　　　　　　(b)

图 7.22　【模具设计验证】对话框和结果显示

选择需要的检测项后，单击【执行 Check_Mate】，执行检测后，在资源条的 HD3D 工具中查看检测结果，如图 7.22(b)所示。

2)检查区域。单击【模具部件验证】→【检查区域】，弹出【检查区域】，如图 7.23 所示，包含以下 4 个选项页：

a. 计算：设置检查实体和开模方向。

b. 面：根据设定的拔模极限面，通过颜色设置，显示合格和不合格面。

c. 区域：定义型芯区域面和型腔区域面。

d. 信息：可以显示实体或者选定面的信息，也能够根据定义的界限，搜索和显示产品上的尖角。

图 7.23　【检查区域】对话框

3)检查壁厚。单击【模具部件验证】→【检查壁厚】，弹出【检查壁厚】，如图 7.24(a)所示，点选需要检查的体，单击【计算厚度】，计算完成后，在图形区采用不同颜色渲染实体，在对话框中显示平均壁厚和最大壁厚，如图 7.24 所示。对话框有三个选项页，【计算】选项卡可以选择要分析的型腔、分析所需的精度级别和计算方法，【检查】选项卡可以交互查看所有面或者选定面的结果，【选项】选项卡可以管理显示哪些结果及如何显示。

(a)

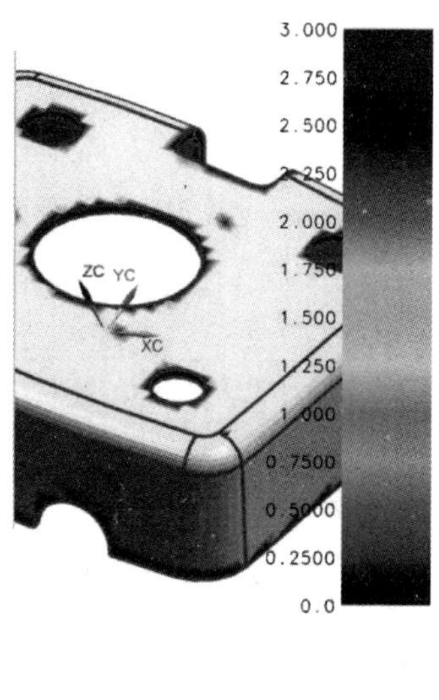

(b)

图 7.24　【检查壁厚】对话框和结果显示

2. 注塑产品预处理

模具设计前，首先要了解注塑成型产品的结构、材料、尺寸、精度等要求，再通过模具设计验证工具的检查，找出不合理的部位并做适当修改，通常包括以下三个方面：

(1)结构修改

产品中不符合注塑成型工艺性的地方，例如壁厚、尖角、孔位、筋板、侧抽等，通常造成产品无法成型或者难成型，在设计者允许前提下，可以适当修改尽量简化模具结构。

(2)实体修补

产品的造型如果采用其他软件创建，在导入 NX 软件后，由于精度和计算方法的不同，在转换过程中会有数据的丢失，造成实体或者曲面的破损，可以采用 NX 的建模工具对破损部位进行修补。

(3)侧壁拔模

对产品上没有拔模角或者拔模角度没有达到要求的侧壁，需要进行拔模处理，确保产品成型后能够顺利脱模。

7.4.3 创建项目

1. 功能简介

打开产品文件，单击【启动】→【所有应用模块】→【注塑模向导】→【初始化项目】，弹出【项目初始化】对话框，如图 7.25 所示。项目初始化是采用模板文件创建一个装配体文件及其所有组件文件，该装配体文件名称为 * _top_ * . prt，打开一个装配体项目就是打开其中带“top”的装配体文件。单击对话框【确定】后，在装配导航器中可以看到项目装配体的文件结构，如图 7.26 所示。

图 7.25 【初始化项目】对话框

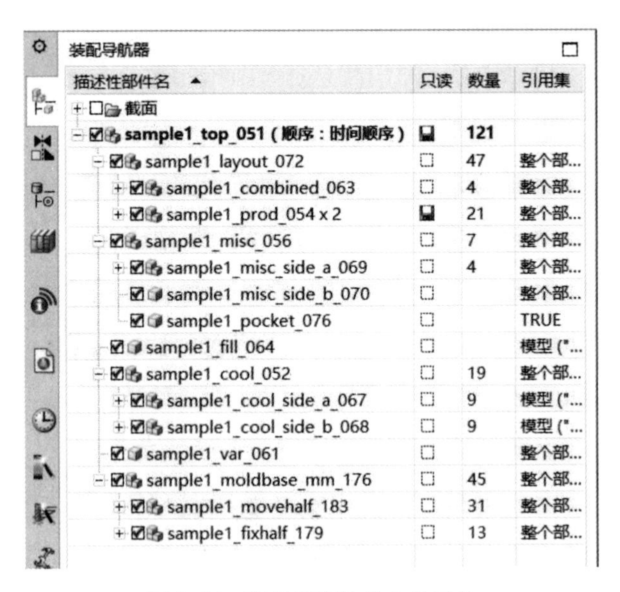

图 7.26 项目装配体的文件结构

2. 对话框主要设置

【初始化项目】的主要设置内容如下：

1)选择体：选择产品，只有一个实体时，系统自动选中；

2)路径：设置项目放置路径；

3)名称：项目名称；

4)材料：选择产品材料；

5)收缩：设置收缩率

6)配置：有 Mold V1、ESI、Original 三个项目模板。ESI 是做模流分析的模板；Mold V1 和 Original 两个模具设计模板的主要区别是：Mold V1 可以将多个型芯镶块或者型腔镶块合并成一个整体零件，工件的创建采用草图拉伸，装配体包含一个 parting_set 子装配体，可以在分型后改变模具坐标系；Original 工件创建采用距离容差法。Mold V1 模板的所有文件及文件内容见表 7.1。项目中各文件命名时，系统会在表格中的文件名称前加上产品名称，后面加上数字。

表 7.1　Mold V1 配置模板文件

文件名称	文件内容	文件名称	文件内容
top	项目顶层文件	comb-cavity	合并后的型腔镶块
var	设计参数	prod	产品
cool	冷却系统	workpiece	零件
cool_side_b	动模侧	parting-set	分型组件
cool_side_a	定模侧	product	原始产品
fill	浇注系统	parting	分型对象
misc	标准件	shrink	增加收缩率的产品
misc_side_b	动模侧	molding	修改后的产品
misc_side_a	定模侧	core	型芯镶块
layout	产品布局	cavity	型腔镶块
combined	镶块合并	prod_side_a	动模侧产品
comb-wp	合并后的工件	prod_side_b	定模侧产品
comb-core	合并后的型芯镶块	trim	分型曲面

7)编辑材料数据库：单击后自动打开 Excel 文件，可以修改或者添加材料及其收缩率，保存文件后，在【材料】菜单中可以看到添加或者修改结果。

3. 练习

将文件 sample1. prt 放入新建文件夹并打开该文件，单击【启动】→【所有应用模块】→【注塑模向导】→【项目初始化】，按照图 7.25 所示设置对话框，确定后创建项目，保存文件以备后用。单击【注塑模向导】→【模具部件验证】,练习该工具条上的【模具设计验证】【检查区域】【检查厚度】三个命令,结束后不保存文件退出。

7.4.4 调整模具方位

1. 功能简介

在一个项目中,系统以总装配文件的绝对坐标系为参照设计模具,该绝对坐标系与模具的方位关系如下:

1)Z 轴垂直指向定模一侧。在装配模架时,如果一模一腔,Z 轴就是模架的中心,也是定位圈、浇口套的中心;如果一模多腔,在布局时,系统可以移动模腔位置,将多模腔的中心调整到坐标系的中心。

2)XY 面为模架动、定模的分模面,亦即 A 板和 B 板的接触面。

3)X 轴和 Y 轴方向为模架加载时的长度和宽度方向。

如果产品的坐标方位不符合以上要求,需要进行调整。初始化项目后,图形区看到的工作坐标系是产品的原始坐标系,双击该工作坐标系,使其处于动态调整状态,将坐标原点、坐标系三个方向按照上述要求调整到需要的方位,单击滚轮推出调整状态,再用【模具 CSYS】命令变换产品方位,使得产品工作坐标系与装配文件的绝对坐标系对齐。

2. 对话框主要设置

单击【注塑模向导】→【模具 CSYS】,弹出【模具(SYS)】,如图 7.27 所示。其主要设置内容如下:

1)当前 WCS:调整产品方位,使其随当前工作坐标系一起转到与绝对坐标系对齐。

2)产品实体中心:调整产品方位,使包络产品的长方体中心与绝对坐标系中心重合。

3)选定面的中心:调整产品方位,使包络选定面的长方形中心与绝对坐标系中心重合。

4)锁定 X 位置:产品位置变化时,X 方向保持不变。

5)锁定 Y 位置:产品位置变化时,Y 方向保持不变。

6)锁定 Z 位置:产品位置变化时,Z 方向保持不变。

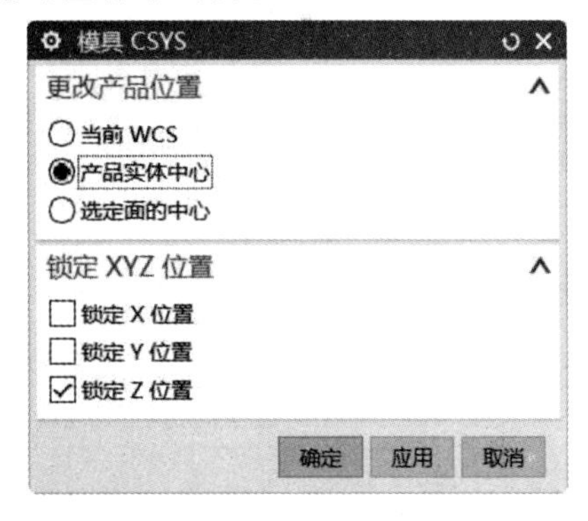

图 7.27 【模具 CSYS】对话

3. 练习

打开项目文件 sample1_top_*.prt,双击图形区工作坐标系,如图 7.28 所示,原点处于激活状态,选择图中棱边 1 上任意一点,将坐标中心放置在该棱边上。

单击 Z 轴箭头,点选图中上表面,使得 Z 轴指向面的法线方向。

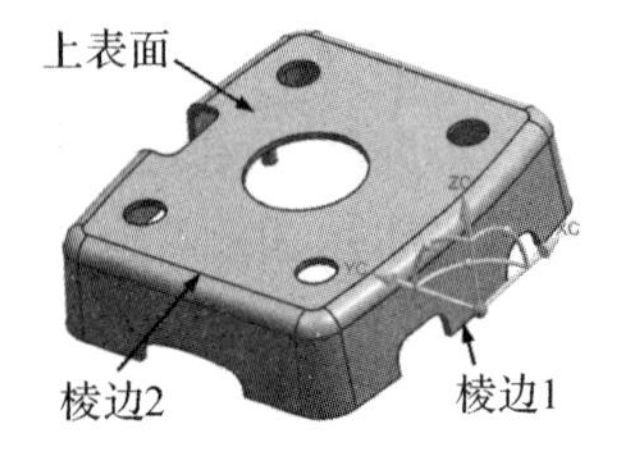

图 7.28 调整坐标系

单击 Y 轴箭头,点选图中棱边 2,使得 Y 轴与棱边同向,如果与要求的方向相反,双击箭头反向。完成后如图 7.28 所示,点击滚轮退出设置。

单击【注塑模向导】→【模具 CSYS】,默认【当前 WCS】,单击【应用】后观察产品实体的调整。在对话框中勾选【选定面的中心】单选按钮和【锁定 Z 位置】复选框,点选图 7.15 中的上表面,确定后观察产品实体的调整。保存文件。

7.4.5 设置工件

1. 功能简介

工件是型芯和型腔镶块分型前的坯料,所以设置工件形状尺寸就是设置型芯和型腔镶块的形状尺寸。工件设置有以下方法:

1)采用系统默认的拉伸或者偏置的方块作为工件。

2)在工件库中选择方形或者圆柱形标准件作为工件。

3)自创建实体作为工件。

4)采用模架的模板作为工件。

2. 对话框主要设置

单击【注塑模向导】→【工件】,弹出【工件】对话框,其主要设置内容如下。

(1)类型

a. 产品工件:为当前产品创建工件。

b. 组合工件:为一模多个不同产品创建工件。

(2)工件方法

a. 用户定义块:自定义工件,型芯和型腔工件一样。

b. 型芯-型腔:所定义型芯和型腔工件一样。

c. 仅型芯:只定义型芯工件。

d. 仅型腔:只定义型腔工件。

(3)尺寸

工件方法为“用户定义块”,初始化模板为“Original”时用距离偏置创建工件;初始化模板为“Mold V1”时采用草图方法创建工件,如图 7.29 所示。

(4)型腔/型芯标准件库

工件方法为“型芯-型腔”“仅型芯”“仅型腔”时,在图形区点选实体,确定后完成把实体转换为工件,如图 7.30 所示。实体得到方法有三条途径:一是单击工件库图标,从库中选择和设置方形或者圆形标准件实体;二是在 *_parting_*.prt 文件中提前创建实体;三是用 WAVE 几何连接器提前关联复制其他实体到 *_parting_*.prt 文件中。

3. 练习

打开调整坐标系的项目文件 sample1_top_*.prt,单击【注塑模向导】→【工件】,默认草图选项和尺寸,确定后完成工具创建,保存项目文件备用。

重新打开项目文件,在装配导航器中双击 * _parting_ *. prt 文件,设为工作部件,采用造型工件创建一个包含产品的实体,或者用 VAVE 几何链接器关联复制其他实体到图形区,然后单击【注塑模向导】→【工件】,采用其他方法创建工件,退出时不保存文件。

7.4.6 型腔布局

1. 功能简介

型腔布局是对一模多腔的模具进行模腔的布局,该功能可以完成线性或者圆形布局,平衡或者平行布局;增加或者删除型腔;单独调整一个型腔的方位;将多型腔的中心调整到绝对坐标系的中心;创建镶块的建腔体。

2. 对话框主要设置

单击【注塑模向导】→【型腔布局】,弹出【型腔布局】,其主要设置内容如下:

1)产品:要布局的工件和产品。

2)布局类型:分为矩形和圆形两类,矩形又分为平衡布局[见图 7.32(a)]和线性布局[见图 7.32(b)]。平衡布局是把型腔旋转 180°布局,需要指定布局方向;线性布局的型腔平行,布局方向为 X 轴或者 Y 轴方向;圆形分为径向布局[见图 7.32(c)]和恒定布局[见图 7.32(d)]。径向布局的型腔方位指向直径方向,恒定布局的型腔平行,圆形布局需要指定一个参考点。

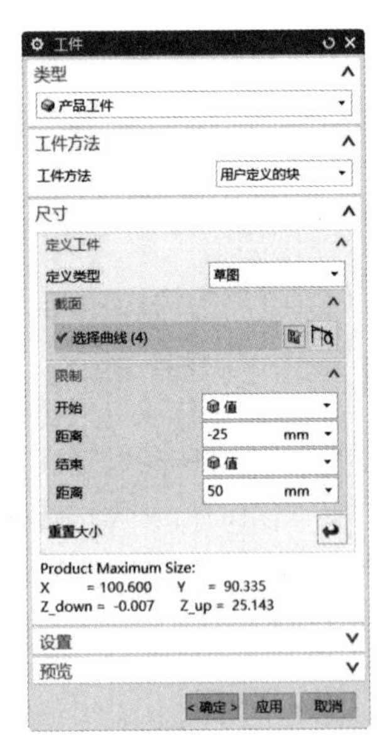

图 7.29 用草图定义【工件】对话框

图 7.30 选择【工件】对话框图

图 7.31 【型腔布局】对话框

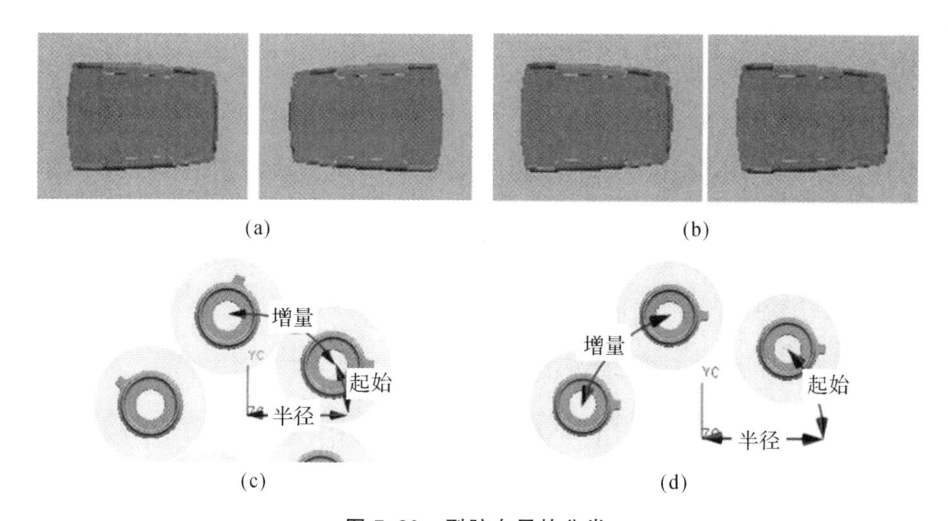

(a)　(b)　(c)　(d)

图 7.32　型腔布局的分类

(a)矩形平衡布局；(b)矩形线性布局；(c)圆形径向布局；(d)圆形恒定布局

3)布局设置：设置内容根据布局类型的不同而不同，线性布局设置型腔数量和距离；圆形布局设置型腔数量、起始角度、半径等。

4)生成布局：单击开始布局图标，系统按照设置完成布局。

5)编辑插入腔：创建镶块的建腔体。

6)变换：选中一个型腔进行平移或者旋转操作。

7)移除：删除选中的型腔。

8)自动对准中心：移动所有型腔，把布局的中心调整到绝对坐标系中心。

3. 练习

打开文件 sample1_top_ * . prt，单击【注塑模向导】→【型腔布局】，默认系统选中的型腔，设定“矩形”“平衡”布局，型腔数量为 2，点击对话框中的【指定矢量】，选择 X 方向的临时矢量，单击【开始布局】完成布局，如图 7.33 所示，单击【自动对准中心】，将两腔的中心移动到绝对坐标系中心。单击【编辑插入腔】，在弹出对话框中设置 R 为 5、type 为 1，确定后创建镶块建腔体，关闭【型腔布局】对话框，保存文件备用。

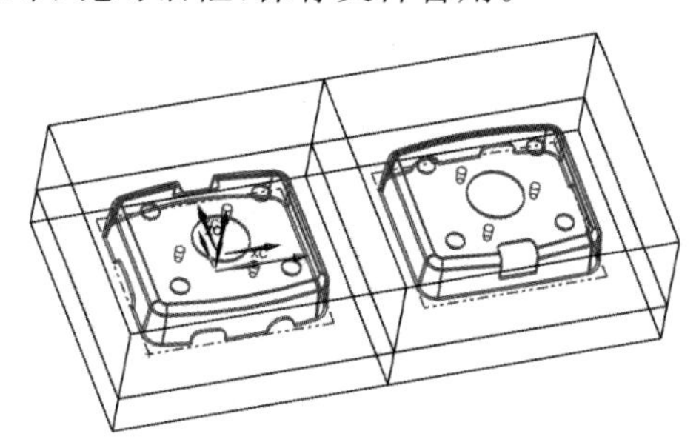

图 7.33　型腔布局

7.4.7 分型原理

分型也称分模,是分别采用型芯分型曲面和型腔分型曲面修剪型芯工件和型腔工件,得到型芯镶块和型腔镶块的过程,如图 7.34 所示。为了保证零件留着动模,一般型芯设置在动模一侧,因此动模侧的镶块称为型芯镶块,定模侧的镶块称为型腔镶块。

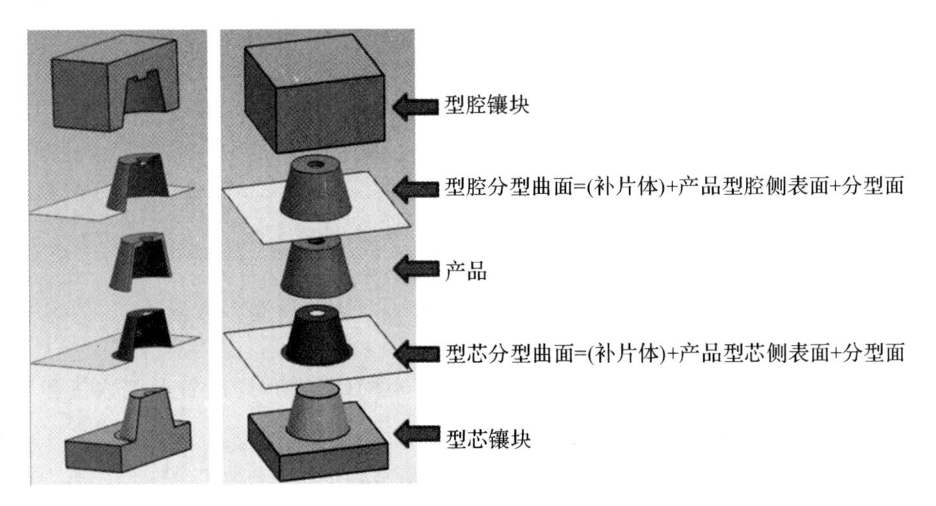

图 7.34 分型原理

型芯和型腔分型曲面由三部分组成,抽取的产品内表面或者外表面、补片体(如果产品没有内孔则没有)、分型面,如图 7.35 所示。该片体需要满足两个条件:一是片体完整,中间不能有空隙,即片体只能有一个封闭边界;二是片体比工件大,即做分型面时,一定要延伸到工件以外。分型过程实质上是创建分型曲面三个部分的过程,完成后系统自动将三个部分缝合成一个整体,并修剪工件得到型芯和型腔镶块。图 7.35 的分型线是产品内外表面,即型芯区域与型腔区域的分界线。

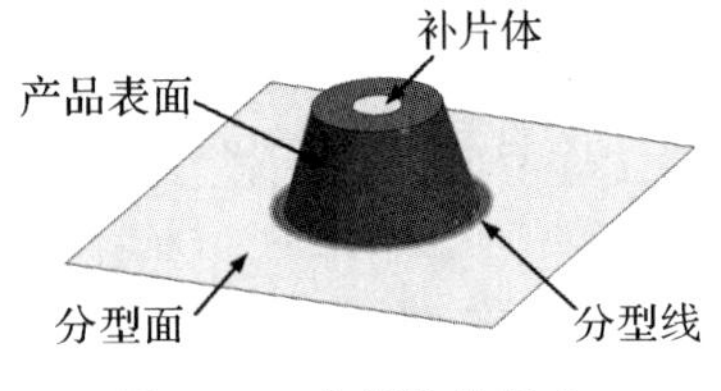

图 7.35 分割片体组成

型芯和型腔分型曲面除了一个采用产品内表面,一个采用产品外表面外,其余两部分,即补片体和分型面完全相同,也就是创建的补片体和分型面都有相同的两份,它们也是分型完成后型芯和型腔镶块接触的部分。补片体和分型面的位置和形状决定了模具镶块的结构形状,对于有多孔、复杂孔、复杂分型面的产品,需要掌握注塑成型工艺的要求,不断积累软件操作技巧,才能做出合理的补片体和分型面。

分型一般步骤是【定义区域】→【修补内孔】→【设计分型面】→【定义型芯和型腔镶块】,分型过程是在 * _parting_ * . prt 文件中完成的,分型前先进入 * _parting_ * . prt 文件中,可以单击【注塑模向导】→【模具分型工具】,弹出【模具分型工具】,并自动转到 * _parting_ * . prt 文件,也可以在装配导航器中右键单击 * _parting_ * . prt 文件,在快捷菜单中选择【设为显示部件】。

7.4.8　定义区域

1. 功能简介

定义区域用于创建分型曲面的产品表面部分，将产品表面定义为型芯区域和型腔区域，以便系统按照定义抽取其表面。如果产品表面有跨越型芯和型腔区域的面，需要采用【注塑模工具】→【拆分面】命令将该面分割开，如图 7.36 所示。

图 7.36　分割跨越面

2. 对话框主要设置

单击【模具分型工具】→【检查区域】，弹出【检查区域】对话框，如图7.37 所示，其主要设置内容如下：

1)产品实体与方向：之前对产品及其方位已经设置，此处默认即可。

2)计算："保持现有的"就是按照之前的产品和方位计算，"仅编辑区域"用于编辑已经分析计算过的型芯和型腔区域，不执行分析计算。单击【计算】图标，系统开始对产品表面进行检查计算。

3)定义区域：在【区域】选项页中，设置型芯、型腔或者未定义区域的颜色、透明度。在上一步检查计算完成后，单击设置区域颜色图标，系统设置各区域的颜色。

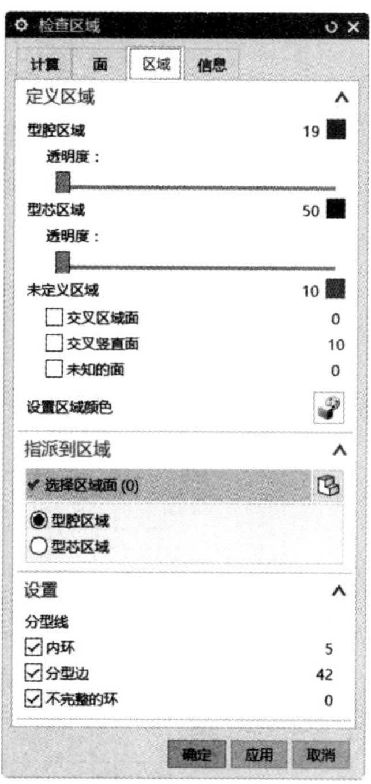

图 7.37　检查区域对话框

4)指派到区域:单击激活该设置后,勾选了哪个区域,在图形区选中产品表面,单击【确定】或者【应用】后,所选面就被指派为哪个区域。

5)设置:在图形区高亮显示内外环,也就是单选按钮需要补片或者做分型面的部位。

3. 练习

打开文件 sample1_top_ * . prt,单击【注塑模向导】→【模具分型工具】,如果模具分型工具条已经打开,就在【注塑模向导】工具条上单击两次【模具分型工具】,进入 * _parting_ * . prt 文件,如果弹出【分型导航器】,先关闭。

单击【模具分型工具】→【检查区域】→【计算】选项页中的【计算】,完成计算后,单击【区域】选项卡中的【设置区域颜色】,系统将产品表面设为型芯、型腔和未定义区域;单击【选择区域面】,选中【型芯区域】单选按钮,选中【交叉竖直面】复选框,将未定义区域全部选中,如图 7.38 所示,应用后将所有交叉区域定义为型芯区域;选中【选择区域面】【型腔区域】单选按钮,点选图 7.39 中箭头所指三个面,指定为型腔区域,确定后退出对话框,保存文件。

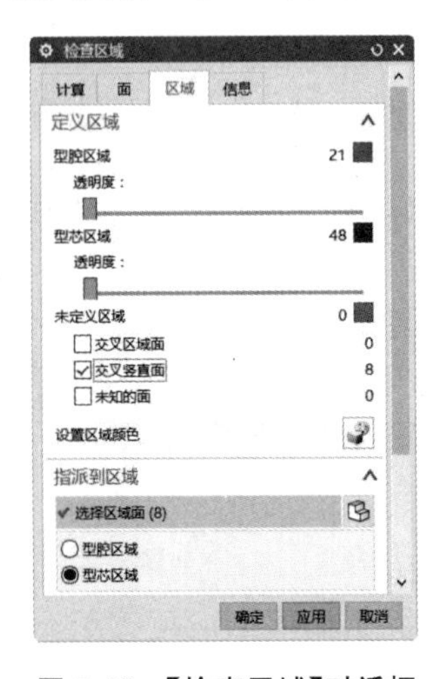

图 7.38 【检查区域】对话框

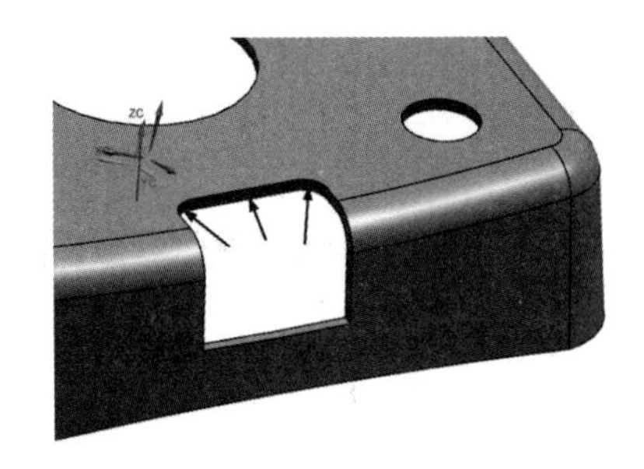

图 7.39 定义型腔区域

7.4.9 修补内孔

根据分型的原理,如果产品有内孔,需要采用曲面修补内孔,称为补片体,它是分型曲面的第一个组成部分。不同复杂程度的内孔常用修补方法如图 7.40 所示。

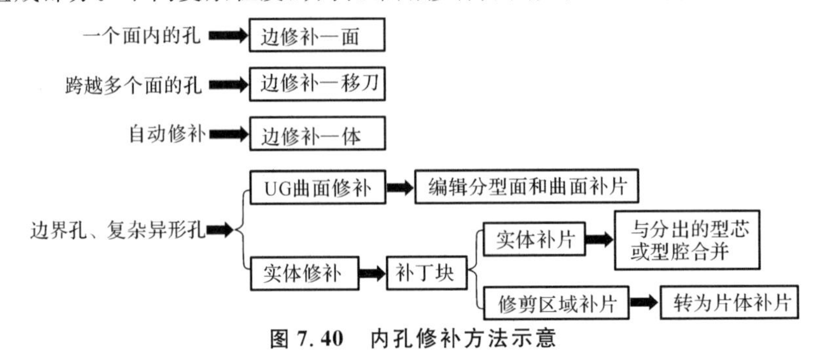

图 7.40 内孔修补方法示意

1. 曲面补片(边修补)

(1)功能简介

采用曲面修补产品内孔,其原理是延伸孔周围的面填补内孔,如果孔的形状过于复杂则无法发完成修补。

(2)对话框主要设置

单击【注塑模工具】→【曲面补片】,弹出【边修补】对话框,如图 7.41 所示,其主要设置内容如下:

1)类型:分为【面】、【体】、【移刀】(应翻译为“遍历”)。【面】是选择产品的一个表面,系统采用自动延伸该面修补面内的孔;【体】是选中一个体,系统自动修补体内的所有内孔;【移刀】是采用手动遍历孔的边缘补孔。

2)遍历环:当类型设为【移刀】时,手动遍历孔的封闭环的工具。

3)环列表:列出需要填补的孔的封闭环,并在图形区高亮显示。

4)选择参考面:在图形区高亮显示需要延伸补孔的面。

5)切换面侧:任何一个内孔的环都有两侧面,该按钮切换延伸某一侧面补孔。

(3)练习

打开文件 sample1_top_ * . prt,进入 * _parting_ * . prt 文件,单击【注塑模工具】→【曲面补片】,类型设为【面】,点选图选中 7.42 所示上表面,单击对话框中的【应用】,系统自动修补该面上的所有孔;把类型设为【移刀】,选中【按面的颜色遍历】复选框,如图 7.42 所示,在图形区点选图示两种颜色交界的棱边,单击【选择参考面】,在图形区高亮显示需要延伸的面,确保需要延伸的是橙色型腔面,否则单击【切换面侧】,确定后完成对边缘环的修补,保存文件。

图 7.41　【边修补】对话框

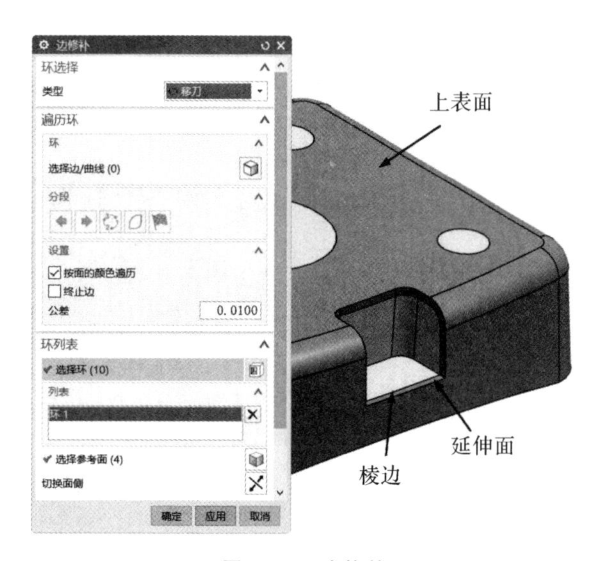

图 7.42　边修补

打开 sample2. prt 或者 sample5. prt 文件，不需创建项目，直接在该文件中各种修补内孔的方法。注意，如果没有设置产品表面的颜色，遍历孔时不能选中【按面的颜色遍历】复选框，否则无法选中棱边。

2. 曲面修补

产品中的复杂内孔或者边缘孔通常用【曲面补片】命令无法修补，可以采用 NX 的曲面造型功能，根据设想的模具结构补孔，如图 7. 43 所示，修补原则是尽量采用【扩大曲面】延伸孔周围的面，再采用【修剪片体】对延伸的面进行修剪，必要时采用其他创建曲面的命令。

图 7. 43 曲面修补示例

由于修补的曲面不是采用 Mold Wizard 的补面工具创建的，无法识别为补片体，因此补完后需单击【注塑模工具】→【编辑分型面和曲面补片】，图形区中所有分型面和补片体都会高亮显示，点选采用曲面造型工具补好的、未高亮显示的曲面，确定后系统将其识别为补片体。如果想删除补片体，也可以单击该命令，在图形区按下＜shift＞键点选需要删除的补片体，确定后即可删除。

打开 sample3. prt 文件，单击主菜单【编辑】→【曲面】→【扩大】，对图 7. 44 中 1～5 曲面进行扩大，先依次点选 2、4 两个圆角面，只扩大上下方向，高度大于孔即可，左右方向不需要扩大，再依次扩大 1、3、5 面，确保面和面、面和体之间不能有间隙，完成后如图 7. 44(b)所示；单击主菜单【插入】→【修剪】→【修剪片体】，采用相邻面的棱边依次修剪每个扩大的面，完成后如图 7. 44(c)所示；单击【注塑模工具】→【编辑分型面和曲面补片】，点选修剪好的 5 个曲面，确定后转化为补片体。

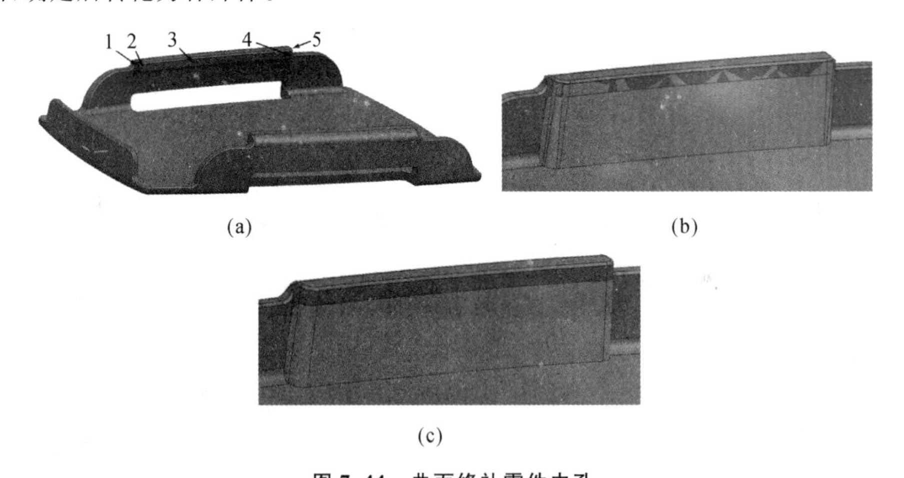

图 7. 44 曲面修补零件内孔

(a)要延伸的面；(b)面延伸后结果；(c)面修剪后结果

3. 实体修补

(1)功能简介

实体修补是一种采用实体方块修补内孔的方法，补完后实体补丁可以转化为曲面补到孔上,也可以与产品求和,完成分型后,关联到型芯镶块或者型腔镶块上。

(2)设计步骤

1)采用【注塑模工具】→【创建方块】命令,创建一个将孔完全包络的方块。

2)采用【注塑模工具】→【分割实体】命令修剪方块,得到补丁块。

3)补丁块处理方法 1,采用【注塑模工具】→【修剪区域补片】命令,将补丁块的表面复制出并补在孔上。

4)补丁块处理方法 2,采用【注塑模工具】→【实体补片】命令,将补丁块与产品求和,分型后,在型芯或者型腔镶块中有链接的补丁块,可以将该补丁块与镶块求和成为一个整体,也可以单独作为一个小型芯镶块。

(3)练习

打开 sample2. prt,创建项目、调整坐标系、设置工件,完成后进入 * _parting_ * . prt 文件。

单击【注塑模工具】→【创建方块】,点选零件中心孔的圆柱面,创建一个方块。

单击【注塑模工具】→【分割实体】,分别用卡扣底面和圆柱面修剪方块,得到补丁块,如图 7.45 所示。采用曲面修剪方块时,选中对话框中【扩大面】复选框。

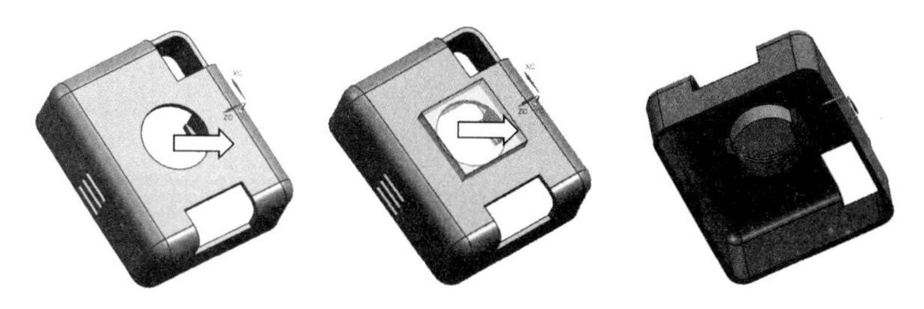

图 7.45　创建补丁块

单击【注塑模工具】→【修剪区域补片】,如图 7.46 所示,选择补丁块为目标体,选择产品为边界,保留区域选择下部,系统将下半部分补丁块的表面复制出并补在孔上。

撤销上一步操作,单击【注塑模工具】→【实体补片】,如图 7.47 所示,选择补丁块为补片实体,选择 cavity 为目标组件,确定后系统将补丁块与产品求和。分型后,在型腔镶块一侧有链接的补丁块,可以将该补丁块与镶块求和成为一个整体,也可以单独作为一个小型芯镶块。

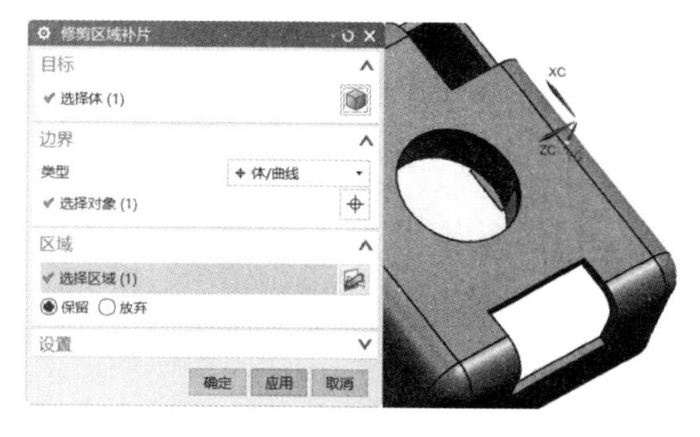

图 7.46　补丁块转为补片

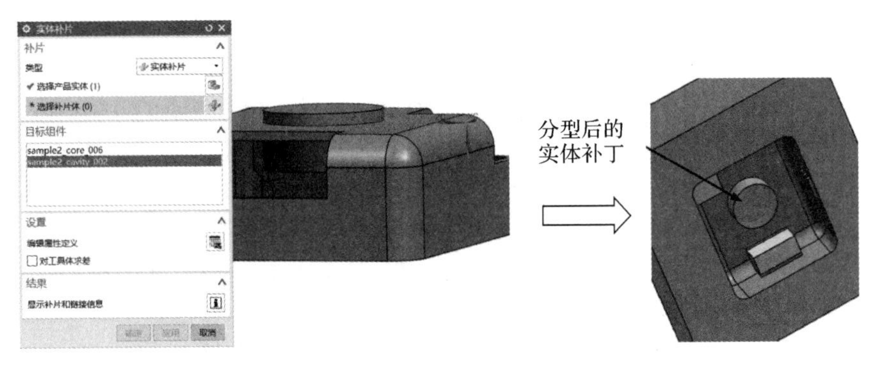

图 7.47　补丁块与产品求和

7.4.10　抽取产品表面

1. 功能简介

抽取产品表是将之前定义的型芯和型腔区域复制，创建出分型曲面的第二个组成部分。

2. 对话框主要设置。

单击【模具分型工具】→【定义区域】，弹出【定义区域】，如图 7.48 所示，其主要设置内容如下：

1)定义区域：如果前面采用【检查区域】对产品表面已做了设置，此处默认即可，单击【新区域】，可以创建多个新的区域。

2)设置：选中【创建区域】复选框，系统复制型芯型腔区域，否则不复制；选中【创建分型线】复选框，系统创建分型线，否则不创建。分型线是型芯型腔区域在产品外轮廓处的边界线，也是向外延伸用于创建分型面的曲线。

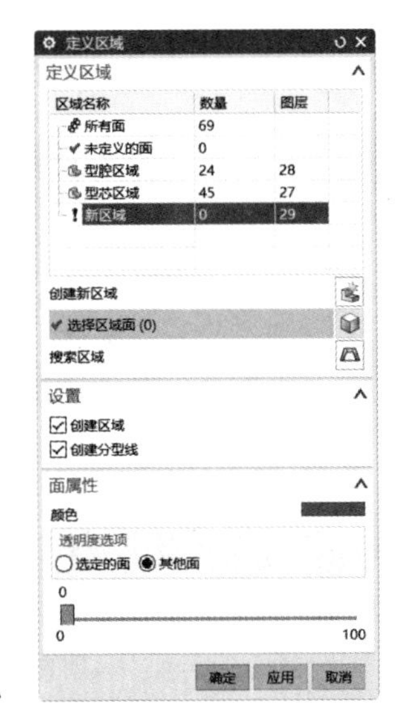

图 7.48　【定义区域】对话框

3. 练习

打开文件 sample1_top_ * . prt，单击【模具分型工具】→【定义区域】，选中【创建区域】和【创建分型线】复选框，确定后退出对话框，保存文件。

7.4.11　设计分型面

1. 功能简介

设计分型面将分型线向外延伸，用于创建分型面，也就是创建分型曲面的第三个组成部分。如果分型线是平面曲线或者是在一个曲面上的曲线，则延伸分型线所在的平面或者曲面即可得到分型面；如果分型线是复杂的空间曲线，无法简单延伸得到分型面，则需要把分型线分段延伸，并且确保各段之间的过渡分型面简单、光滑。

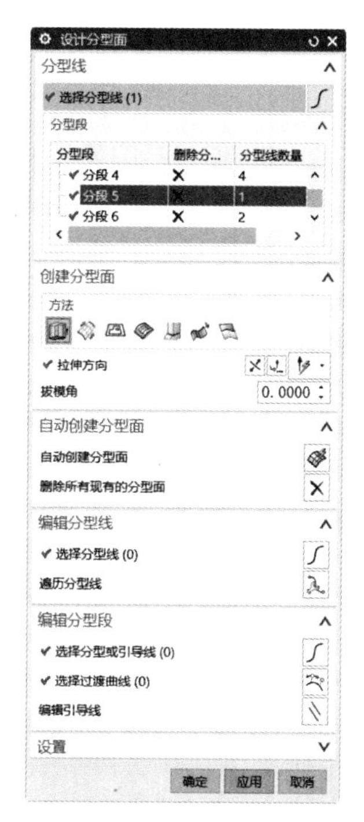

图 7.49 【设计分型面】对话框

2. 对话框主要设置

单击【模具分型工具】→【设计分型面】，弹出【设计分型面】，如图 7.49 所示，其主要设置内容如下：

1）分型线：列出分型线的所有分段。

2）创建分型面：选中分型线列表中的一段，方法下方列出能够应用的创建方法。创建方法有：

a. 拉伸：将分型线段沿着引导线或者指定方向向外拉伸得到分型面。

b. 有界平面：当分型线段位于同一平面时，扩大分型线段所在的平面。

c. 扫掠：采用分型线段沿引导线扫掠而成。

d. 扩大曲面：扩大与分型线段相邻的产品一侧表面，选中【扩大其他面】复选框用于选择扩大与分型线相邻的产品另外一侧表面。

e. 条带曲面：采用引导线沿分型线段扫掠而成（可以借助引导线修剪）。

f. 修剪和延伸：将分型线所在的型芯或者型腔区域向外延伸（可以借助引导线修剪），根据延伸面延伸。

g. 引导式延伸：与修剪和延伸类似，根据分型段延伸。

3）编辑分型线：在图形区点选曲线增加手动编辑分型线，或者按下＜shift＞点选已有分型线。

4）编辑分型段：创建引导线，其作用如下：

a. 对分型线分段。

b. 定义拉伸面的方向。

c. 作为扫描分型面的轨迹。

d. 修剪其他类型分型面。

单击激活【选择分型或引导线】，靠近某段分型段时，自动出现引导线创建箭头，单击可以创建一条引导线。单击【编辑引导线】按钮，可以编辑引导线的方向、长度，也可以部分或者全部删除引导线。

3. 练习

打开文件 sample1_top_*.prt，单击【模具分型工具】→【设计分型面】，系统自动转到 *_parting_*.prt 文件，关闭【设计分型面】，双击坐标系，按照图 7.28 所示将工作坐标系调整到与绝对坐标系方位对齐，这样在做引导线时，其方向可以与工作坐标系对齐。单击【模具分型工具】→【设计分型面】,单击对话框中【选择分型或引导线】,按照图 7.50 所示把分型线分段,然后在分型段列表中依次单击每段分型线,按照图 7.50 方法创建分型面,完成后退出对话框,创建好的分型面如图 7.51 所示,保存文件。

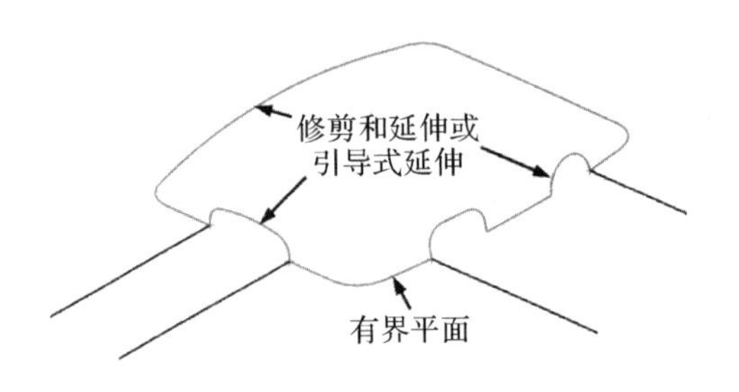

图 7.50 分型线的分段和创建方法

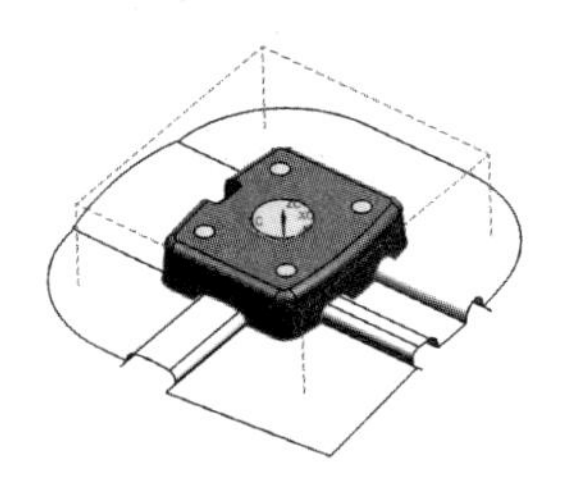

图 7.51 创建好的分型面

7.4.12 定义型腔和型芯

1. 功能简介

定义型腔和型芯可以对创建的补片体、产品表面、分型面进行缝合,采用缝合好的分型曲面分割工件得到型芯镶块和型腔镶块。单击【模具分型工具】→【分型导航器】,取消所有勾选,即隐藏所有对象,只勾选【工件线框】和【型芯】,在图形区观察用于创建型芯的分型曲面是否完整,是否比工件大,同样,只勾选【工件线框】和【型腔】,观察型腔分型曲面是否符合要求。

2. 对话框主要设置

单击【模具分型工具】→【定义型芯和型腔】,弹出【定义型腔和型芯】,如图 7.52 所示,其主要设置内容如下:

1)选择片体:列出已定义的区域。单击某个区域,图形区会高亮显示该分型曲面。单独选中一个区域,确定后只创建该区域镶块,如果点击【所有区域】,确定后创建所有镶块。每次完成后,系统都会弹出【查看分型结果】,用于确认分割保留部分。

2)拟制分型:拟制已完成分型,回到分型前的状态,可以对分型对象进行编辑修改。

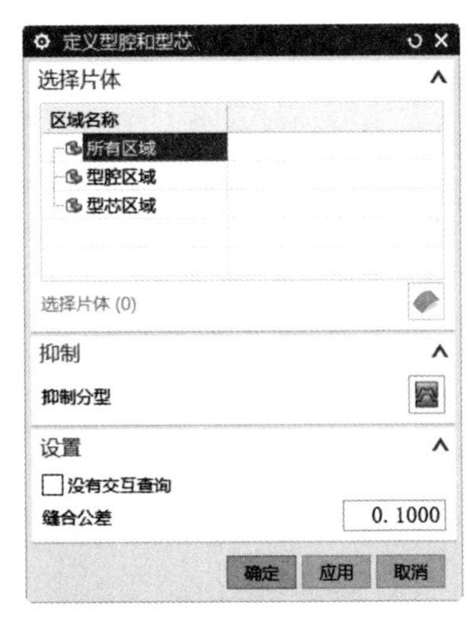

图 7.52 【定义型腔和型芯】对话框

3. 练习

打开文件 sample1_top_ * . prt，单击【模具分型工具】→【定义型芯和型腔】，单击对话框中【所有区域】，确定后创建镶块，弹出【查看分型结果】时，直接确认默认分割保留部分，完成后，在主菜单【窗口】中切换 core 和 cavity 文件，观察创建的型芯和型腔镶块，最后切换到 top 装配图文件，在装配导航器中双击 top 文件，分型结果如图 7.53 所示，保存文件备用。

7.4.13　加载标准模架

1. 功能简介

单击【启动】→【所有应用模块】→【注塑模向导】，展开资源条上【重用库】→【MW Mold Base Library】列表，可以看到不同生产商提供的不同规格的标准模架，选中一个生产商名称，在【成员选择】列表中双击某个规格模架，会弹出【模架库】和【信息】窗口，如图 7.54 所示，分别用于设置模架参数和显示模架结构，设置模架参数，确定后系统加载标准模架。

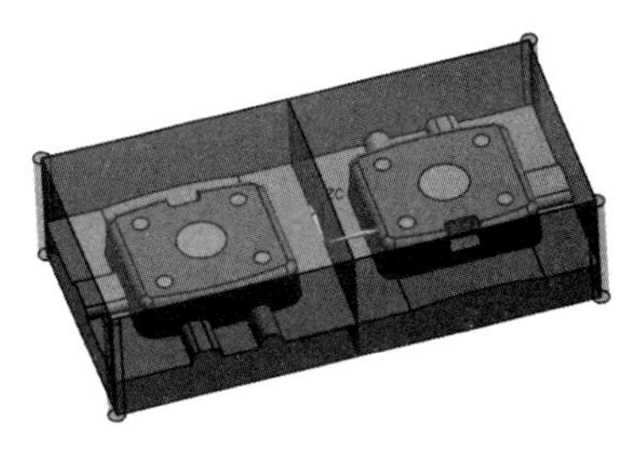

图 7.53　分型结果

如果修改已加载的模架，单击【注塑模向导】→【模架库】，重新弹出【模架库】和【信息】，在参数列表中修改数值或者选项，也可以将模架旋转 90°。

2. 练习

打开文件 sample1_top_ * . prt，展开资源条上【重用库】→【MW Mold Base Library】→【LKM_SG】，在【成员选择】列表中双击 C 型模架，在【模架库】的详细信息中设置以下参数（如果在列表中修改了尺寸，按<Enter>键确定）。

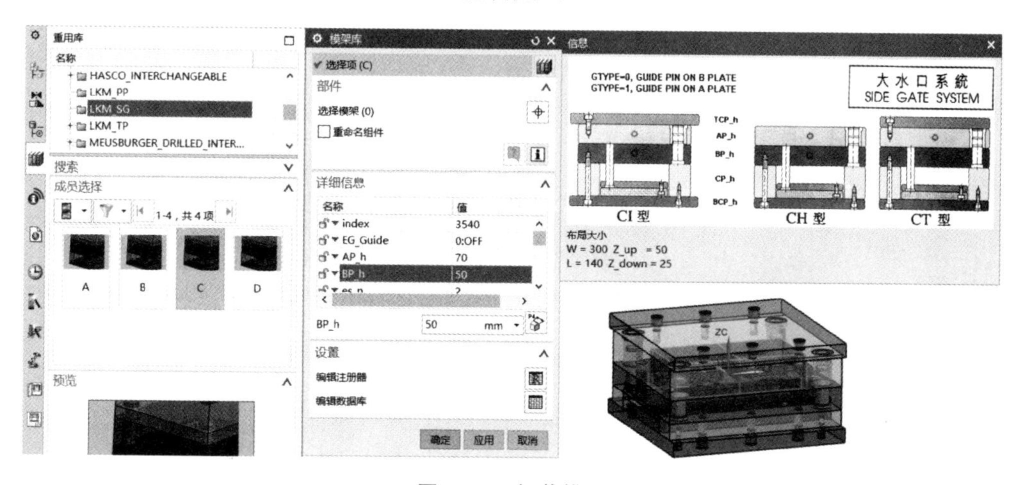

图 7.54　加载模架

index:	3040(X 方向长 300,Y 方向长 400)
Ap_h:	70
Bp_h:	50
Mold_type:	350:I
Cp_h:	80

确定后完成模架加载,单击【注塑模向导】→【模架库】,在【模架库】中单击【旋转模架】图标,将模架旋转 90°,完成后保存文件。

7.4.14 加载顶杆

1. 功能简介

展开资源条上【重用库】→【MW Standard Part Library】列表,可以看到不同生产商提供的不同规格的顶杆,展开一个生产商名称,单击【Ejection】类别,在【成员选择】列表中双击某个规格顶杆,会弹出【标准件管理】和【信息】,如图 7.55 所示,参照【信息】对话框中顶杆各部位尺寸的意义,在【标准件管理】对话框的详细信息列表中双击尺寸修改数值,确定后系统加载顶杆标准件。【标准件管理】对话框中【添加实例】单选按钮是添加的多个顶杆在修剪后完全一致,一般用于顶出面为平面;【新建组件】单选按钮是添加的多个顶杆修剪时逐个修剪,每个的顶出面都不一样,一般用于顶出面为曲面的情况。顶杆长度参数 CATALOG_LENTH 设置要超出型芯镶块,然后用【顶杆后处理】功能将多余部分修剪掉。

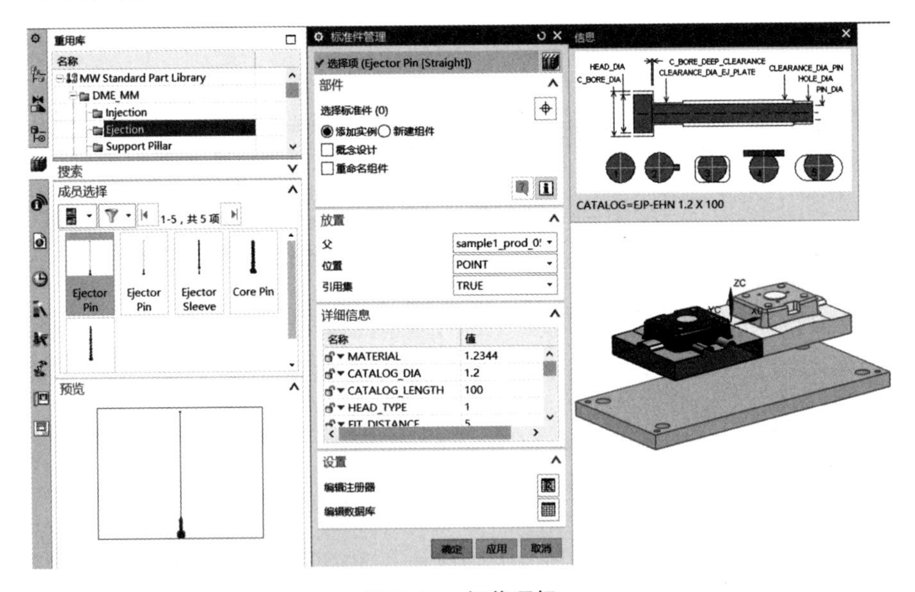

图 7.55 加载顶杆

【顶杆后处理】对话框如图 7.56 所示,在目标列表中选中需要修剪的顶杆,确定后系统采用分型曲面把顶杆修剪成与型芯镶块上表面一致。

顶杆的加载步骤如下：

1)在prod子装配体下预先做好顶出位置点。

2)单击【重用库】→【MW Standard Part Library】→选择供应商→双击选择规格，打开【标准件管理】。

3)设置对话框中各选项和顶杆参数设置。

4)转到XY面，选择顶杆位置点。

5)单击【注塑模向导】→【顶杆后处理】，修剪顶杆。

6)如果修改已加载的顶杆，单击【注塑模向导】→【标准件库】，单击激活【标准件管理】中的【选择标准件】，在图形区点选需要修改的顶杆，可以添加、修改、删除、重定位顶杆。

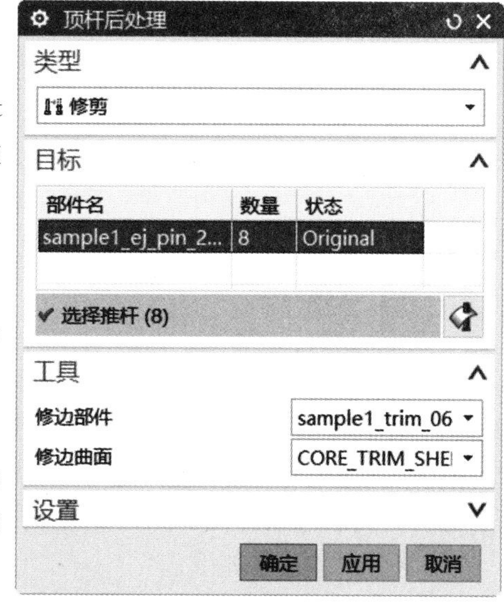

图7.56　【顶杆后处理】对话框

2. 练习

打开文件sample1_top_ *. prt，单击【注塑模向导】→【视图管理器】，取消勾选moldbase，隐藏模架，关闭【视图管理器】；隐藏型芯镶块和建腔体，显示推杆固定板，如图7.57所示。

在装配导航器中双击prod文件，使其成为工作部件，将选择条上的选择范围设为【整个装配】，选择型芯镶块中心圆的上表面作为草绘面，草图原点设置到大孔的圆心，绘制图7.58所示的8个对称点。

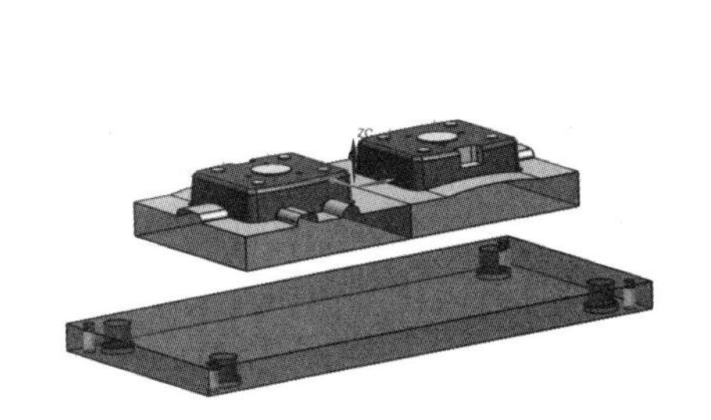

图7.57　隐藏其他组件

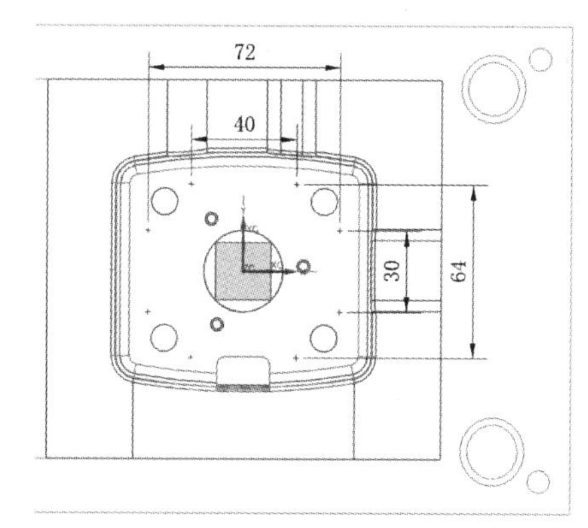

图7.58　绘制顶杆定位点

展开资源条上【重用库】→【MW Standard Part Library】→【DME_MM】→【Ejection】，在【成员选择】列表中双击第一个规格顶杆，在【标准件管理】中设置添加方法为【添加实例】，引用集设为【TRUE】，CATALOG_DIA设为6，CATALOG_LENTH设为160，确定后转到XY面方向。在高亮显示的型芯镶块一侧依次点选8个做好的草图点，点完最后一个单击对话框中的【取消】，完成顶杆加载。

单击【注塑模向导】→【顶杆后处理】，在目标列表中选中需要修剪的顶杆，确定后完成修剪,如图 7.59 所示。显示所有组件,保存文件备用。

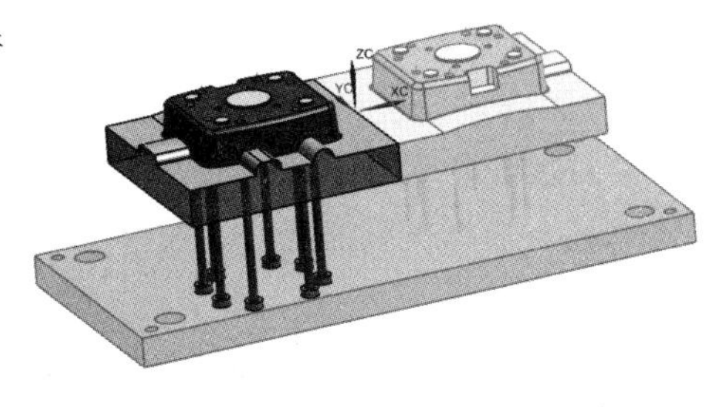

图 7.59 修剪顶杆

7.4.15 滑块抽芯

1. 功能简介

展开资源条上【重用库】→【MW Slide and Lifter Library】→【SLIDE_LIFT】→【Slide】,在【成员选择】列表中双击某个规格滑块,会弹出【滑块和浮升销设计】和【信息】,如图 7.60 所示,参照【信息】中滑块各部位尺寸的意义,在【滑块和浮升销设计】的详细信息列表中设置尺寸数值,滑块定位以工作坐标系为参照确定,【信息】中显示了原点位置和 Y 轴方向。

滑块的设计步骤如下:

1)展开资源条上【重用库】→【MW Slide and Lifter Library】→【SLIDE_LIFT】→【Slide】,在【成员选择】列表中双击一种规格滑块。

2)设置对话框选项和滑块参数。

3)双击坐标系,调整坐标系原点到侧抽型芯端面,Z 轴指向定模,Y 轴指向滑块闭合方向,单击滚轮退出。

4)单击【滑块和浮升销设计】中的【确定】按钮,完成滑块加载。

5)如果需要修改已加载滑块的参数,单击【注塑模向导】→【滑块和浮升销库】,单击激活对话框中的【选择标准件】,在图形区点击滑块任意部位,可以在对话框中添加、修改、删除、重定位滑块。

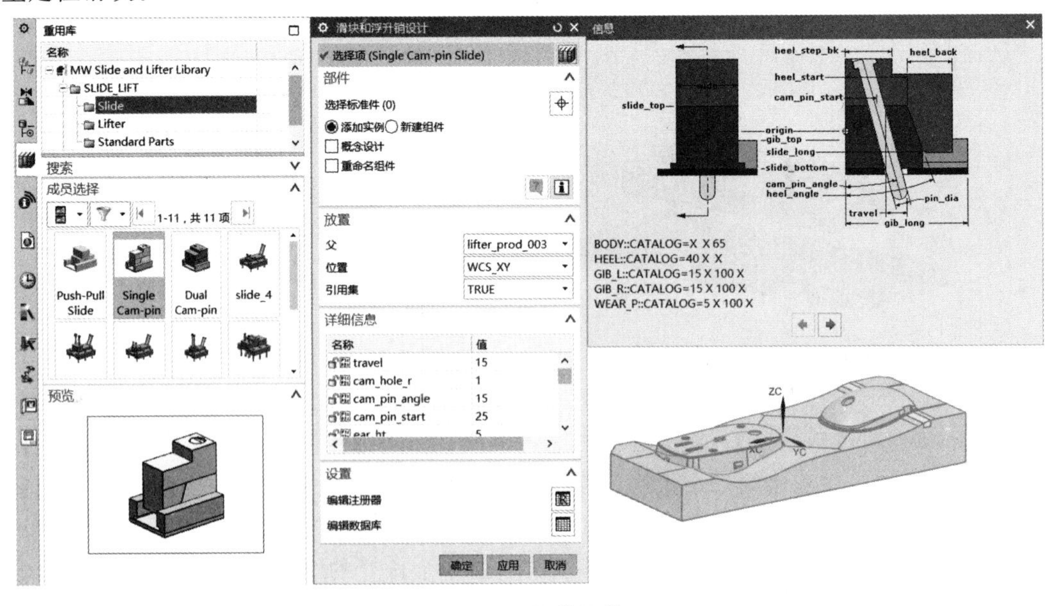

图 7.60 加载滑块

2. 练习

打开文件 lifter_top_010. prt，展开资源条上【重用库】→【MW Slide and Lifter Library】→【SLIDE_LIFT】→【Slide】，在【成员选择】中双击 Single Cam_pin Slide 类型。在对话框设置如下尺寸参数(如果在列表中修改了尺寸，按下<Enter>键确定)：

travel：　5

cam_ pin_angle：　10

gib_long：　70

gib_top：　slide_top - 10

heel_back：　25

heel_tip_lvl：　slide_top - 20

slide_bottom：　slide_top - 30

slide_long：　55

在图形区双击工作坐标系，调整原点到侧抽芯端面中心，Z 轴指向定模，Y 轴指向侧抽闭合方向，如图 7.61 所示，单击滚轮退出坐标系调整，单击【滑块和浮升销设计】中的【确定】按钮，完成一侧滑块加载。

单击【注塑模向导】→【滑块和浮升销库】，单击激活对话框中的【选择标准件】，在图形区点击滑块任意部位，在对话框中勾选【新建组件】，调整坐标系到另一侧的侧抽型芯端面，Z 轴指向定模，Y 指向侧抽闭合方向，确定后加载另一侧滑块，完成后如图 7.62 所示。

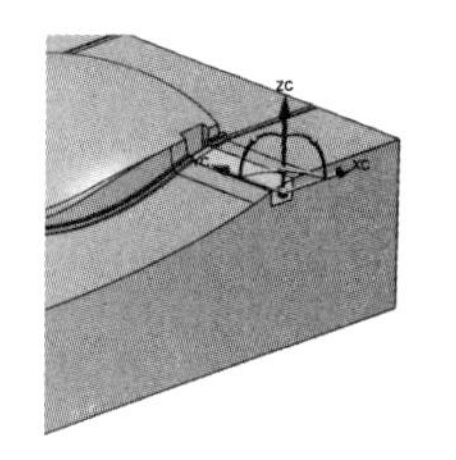

图 7.61　调整坐标系

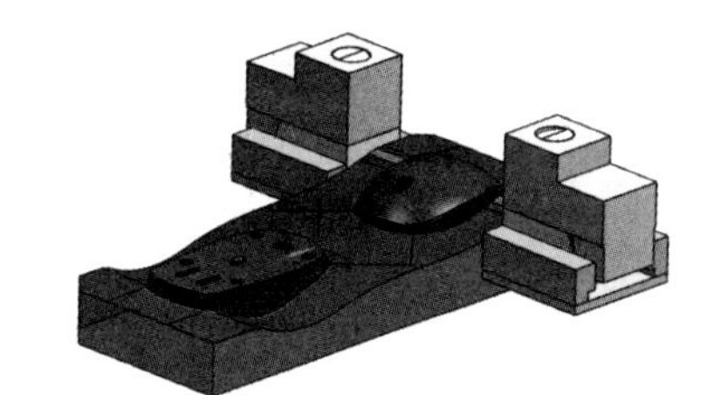

图 7.62　加载滑块

7.4.16　斜顶抽芯

1. 功能简介

斜顶是一种向内抽芯的结构，展开资源条上【重用库】→【MW Slide and Lifter Library】→【SLIDE_LIFT】→【Lifter】，在“成员选择”列表中双击某个规格的斜顶，会弹出【滑块和浮升销设计】和【信息】，如图 7.63 所示，参照【信息】中斜顶各部位尺寸意义，在【滑块与浮升销设计】详细信息列表中设置尺寸数值。注意，斜顶是以工作坐标系为参照定位，【信息】中显示了原点位置和 Y 轴方向。

斜顶上端需要修剪成与镶块一致，因此设置斜顶尺寸时，上端一定高出镶块，斜顶加载后,单击【注塑模向导】→【修剪模具组件】,单击需要修剪的斜顶组件,完成修剪。

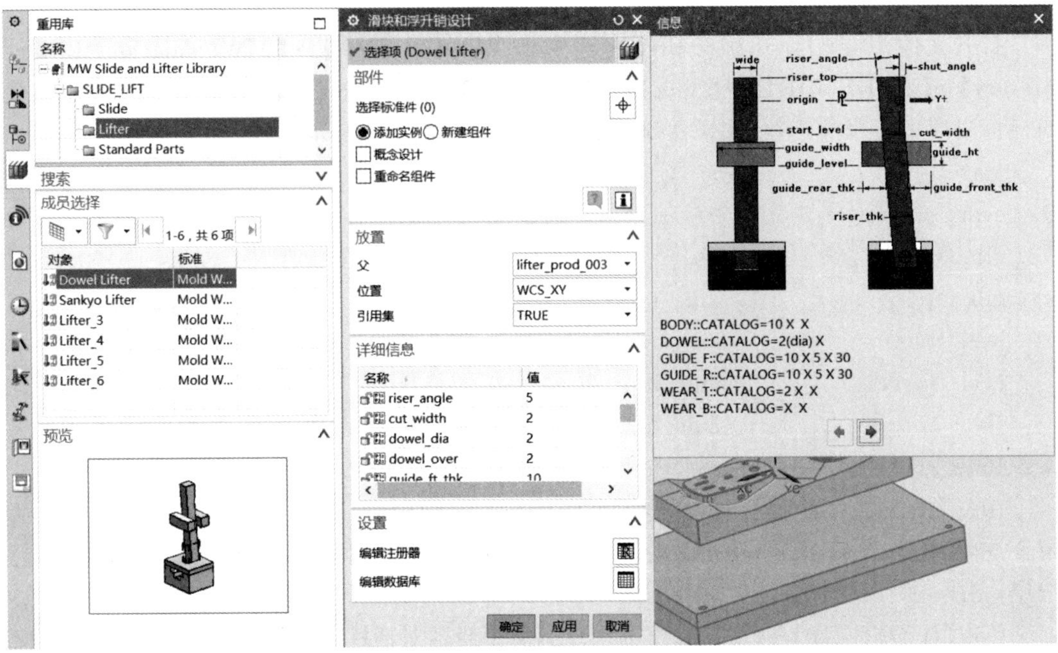

图 7.63 加载斜顶

斜顶的设计步骤如下:

1)展开资源条上【重用库】→【MW Slide and Lifter Library】→【SLIDE_LIFT】→【Lifter】,在【成员选择】列表中双击一种规格。

2)设置对话框选项和斜顶参数。

3)双击坐标系,调整坐标系原点到内抽型芯端面,Z 轴指向定模,Y 轴指向斜顶闭合方向,单击滚轮退出。

4)单击【滑块和浮升销设计】中的【确定】,完成斜顶加载。

5)如果需要修改已加载斜顶的参数,单击【注塑模向导】→【滑块和浮升销库】,单击激活【选择标准件】,在图形区点击斜顶机构任意部位,可以在对话框中添加、修改、删除、重定位斜顶机构。

6)单击【注塑模向导】→【修剪模具组件】,单击需要修剪的斜顶组件,完成修剪。

7)单击【注塑模向导】→【腔体】,选择型芯镶块为目标、斜顶为工具,确定后在型芯镶块上做出空腔,也可以在所有实体设计完成后再建腔。

2. 练习

打开文件 lifter_top_010. prt,由于是一模两腔不同零件,加载哪个零件上的组件,就需要切换到哪个零件,单击【注塑模向导】→【多模腔设计】,点选 mouse_case_lower,如图 7.64 所示,确定后退出。

展开资源条上【重用库】→【MW Slide and Lifter Library】→【SLIDE_LIFT】→【Lifter】,

在【成员选择】列表中双击 Dowel Lifter 类型。设置如下尺寸参数(注意,如果在列表中修改了尺寸,按下<Enter>键确定:

Riser_top　　10

Start_level:　　−8

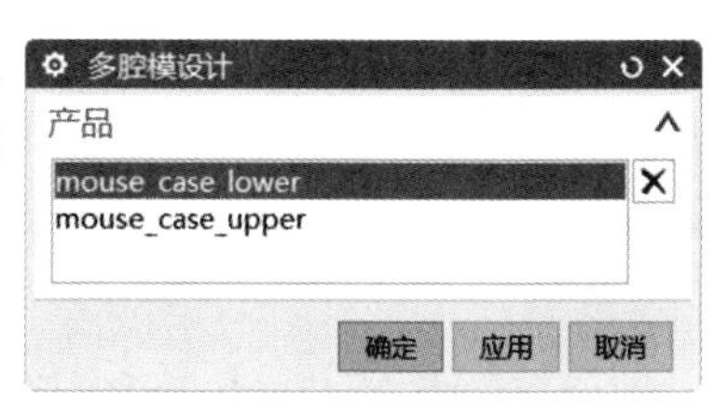

图 7.64　切换零件

在图形区双击工作坐标系,调整原点到内抽芯端面中心,单击 Y 轴箭头,点选图 7.65 所示棱边作为 Y 轴方向,完成后如图 7.65 所示,单击滚轮退出坐标系调整,单击【滑块和浮升销设计】中的【确定】,完成一侧滑块加载。

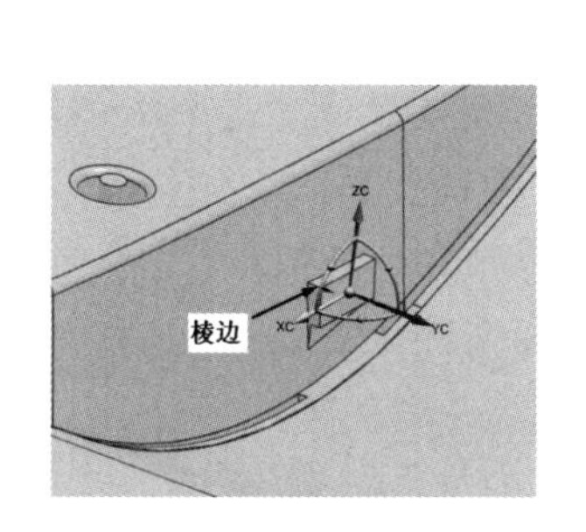

图 7.65　调整坐标系

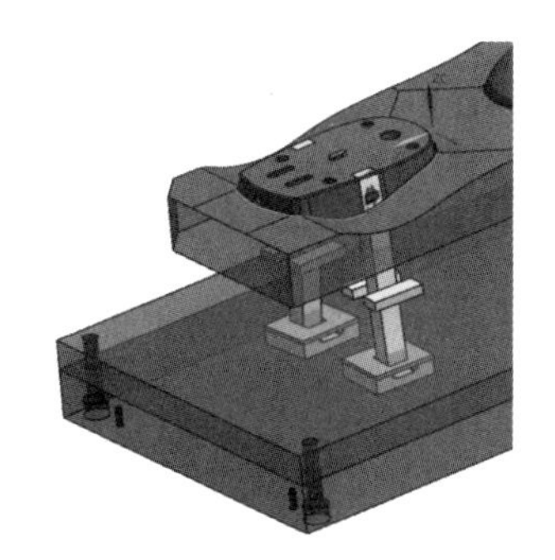

图 7.66　修剪后的斜顶

单击【注塑模向导】→【滑块和浮升销库】,单击激活【选择标准件】,在图形区点击斜顶任意部位,在对话框中勾选【新建组件】,同上类似调整坐标系,确定后加载另一侧滑块。

单击【注塑模向导】→【修剪模具组件】,在图形区点选需要修剪的两个斜顶杆,确定后完成修剪,如图 7.66 所示。

单击【注塑模向导】→【腔体】,选择型芯镶块为目标、斜顶为工具,确定后在型芯镶块上做出空腔。

7.4.17　其他标准件

展开资源条上的【重用库】→【MW Standard Part Library】,可以看到不同的供应商提供的浇口套、定位圈、螺钉、弹簧、顶杆等各种标准件,不同标准件的加载对话框类似,如图 7.67 所示,主要有两点不同:一是详细信息中的参数不同,二是定位方法不同。该对话框中的【位置】显示标准件的定位方法,需要根据不同的定位方法选择不同的定位对象。标准件的加载步骤如下:

1)单击【重用库】→【MW Standard Part Library】→选择供应商→双击选择标准件规格,打开【标准件管理】。

2)设置对话框中各选项和参数。

3)根据定位方法选择定位对象。

4)需单击【标准件管理】对话框中的【确定】完成加载。

5)如果要修改已加载的标准件,单击【注塑模工具】→【标准件库】,单击激活【标准件管理】中的【选择标准件】,在图形区点选需要修改的标准件,可以添加、修改、删除、重定位顶杆。

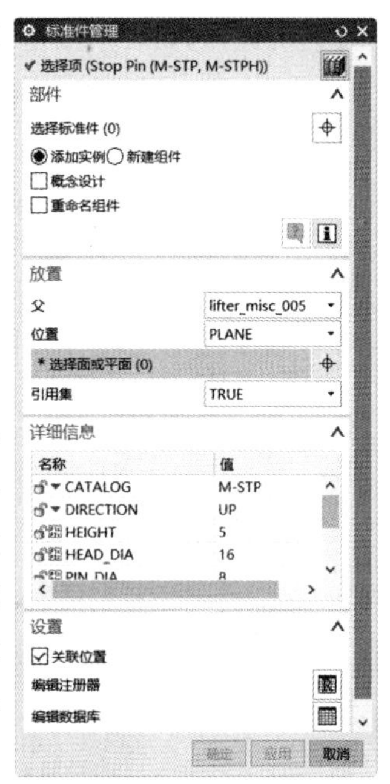

图 7.67 【标准件管理】对话框

7.4.18 浇注系统设计

1. 主浇道

主浇道外一般都有浇口套,因此只需要加载浇口套标准件即可。打开文件 sample1_top_ * . prt,展开资源条上【重用库】→【MW Standard Part Library】→【DMS_MM】→【Injection】,在【成员选择】列表中双击 Locating Ring(LRS)规格,默认尺寸数值,双击对话框中的【确定】完成定位圈加载;在【成员选择】列表中双击 Sprue Bush(SBF、SBR)规格,修改 TYPE 为 SBR_15,L 为 84,点击对话框中的【确定】完成浇口套加载,保存文件。

2. 浇口

(1)功能简介

单击【注塑模向导】→【浇口库】,弹出【浇口设计】,如图 7.68 所示,可以设置是否平衡浇口、浇口位置、方法等,浇口的类型有扇形、圆柱形、矩形、点浇口等,类型下方显示所选类型浇口的形状、尺寸、定位点,单击某个尺寸在编辑框里可以修改数值,重新定位和删除可以对已做好的浇口进行旋转、平移和删除。

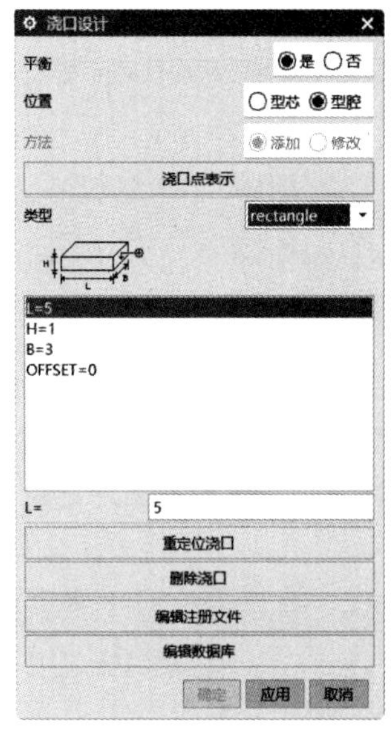

图 7.68 【浇口设计】对话框

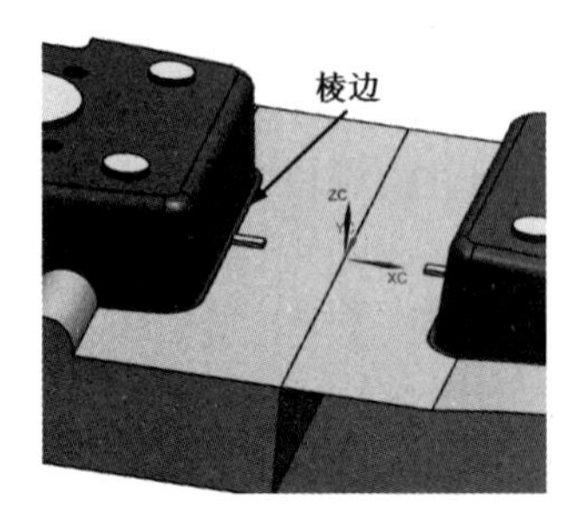

图 7.69 捕捉棱边

(2)练习

打开文件 sample1_top_*.prt，单击【注塑模向导】→【视图管理器】，取消勾选 moldbase，injection，ejection，隐藏这些选项，再隐藏型腔镶块，单击【注塑模向导】→【浇口库】，平衡设置为“是”，位置为“型腔”，类型选“rectangle”(矩形)，修改 L=7、H=2、B=4，注意修改完按下<Enter>键确认，单击【应用】，在高亮显示的镶块上捕捉图 7.69 所示棱边的中点为定位点，确定后弹出【矢量】，选择－X 为进胶方向，确定后完成浇口设计，退出【浇口设计】，在装配导航器中显示 fill 组件。

3. 分浇道

(1)功能简介

分浇道设计的原理是选择曲线作为引导线，采用设置的形状作为截面线，扫掠得到分浇道实体。单击【注塑模向导】→【流道】，弹出【流道】，如图7.70 所示。引导线可以直接选择图形区已有的曲线，也可以单击【绘制截面】草绘曲线；截面类型有圆形、半圆形、梯形、六边形、抛物线形等；指定矢量用于指定流道在型芯侧还是型腔侧；双击参数列表中的数值后，可以修改数值。

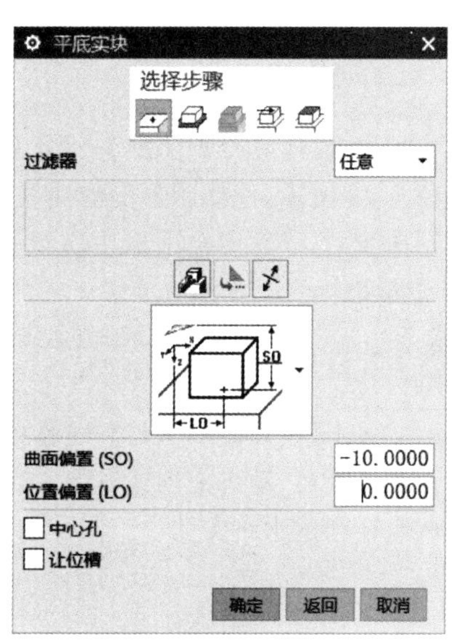

图 7.70　【流道】对话框

(2)练习

打开文件 sample1_top_*.prt，单击【注塑模向导】→【流道】，单击对话框中【绘制截面】，选择图 7.71 所示平面为草绘面，选择条上的选择范围设为【整个装配】，连接两个浇口宽度棱边中点，绘一条线段，退出草图。

在对话框中设置截面类型为半圆形(semi_circle)，D=8，offset=0.5，调整指定矢量方向，使得分浇道位于型腔一侧，完成后如图 7.72 所示，显示所有组件，保存文件。

图 7.71　绘制草图

图 7.72　创建分浇道

7.4.19 冷却系统设计

单击【注塑模向导】→【模具冷却工具】，弹出冷却水路设计工具条，采用工具条上的命令，能够方便设计出冷却水路及其附件。在一模多腔布局中，如果每个型腔都需要有一个相同的回路，即平衡布局，将回路设计在 core 或者 cavity 文件中；如果是每个型腔回路不一致，或者一个回路跨越多个型腔，将回路设计在 cooling 文件中。冷却设计工具各命令功能如下。

1. 水路图样

单击【模具冷却工具】→【水路图样】，弹出【水路图样】，如图 7.73 所示，选择图形区的曲线，或者单击【绘制截面】创建草图曲线，完成后用对话框中所置直径的圆，沿着曲线扫掠得到水路实体。

图 7.73　图样通道对话框

2. 直接水路

单击【模具冷却工具】→【直接水路】，弹出【直接水路】，如图7.74 所示，先指定起点，再通过输入距离、动态拖动或者指定终点，在起点与终点之间根据设定的直径创建水路实体。

3. 定义水路

单击【模具冷却工具】→【定义水路】，弹出对话框，直接选择图形区中用建模工具创建好的实体，确定后识别为水路。

4. 连接水路

单击【模具冷却工具】→【连接水路】，弹出【连接水路】，在图形区选择两段水路，系统自动延伸将其连接，如图 7.75 所示。

图 7.74　直接水路对话框

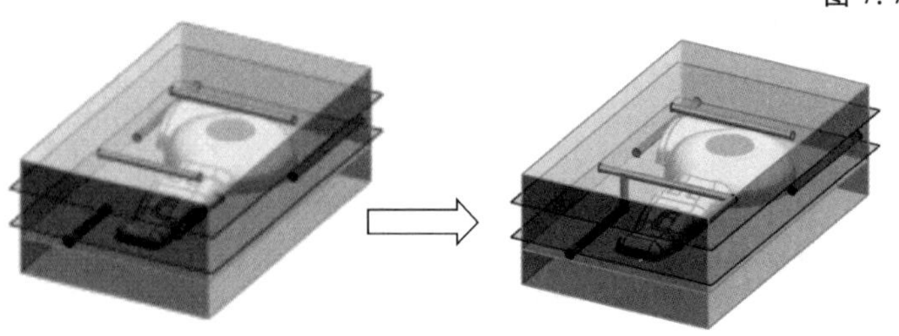

图 7.75　连接水路示意

5. 延伸水路

单击【模具冷却工具】→【延伸水路】，弹出【延伸水路】，根据设置的边界限制和末端形状，延伸设计完成的水路。

6. 冷却连接件

单击【模具冷却工具】→【冷却连接件】，弹出【冷却连接件】，如图 7.76 所示，在图形区选择水路，再选择连接体，系统自动列出连接点处需要添加的堵头、O 形密封圈、水嘴等标准件，选中要添加的标准件，确定后系统自动完成添加。

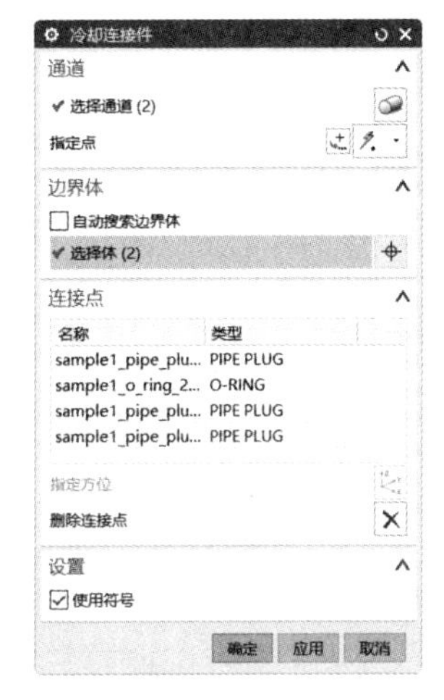

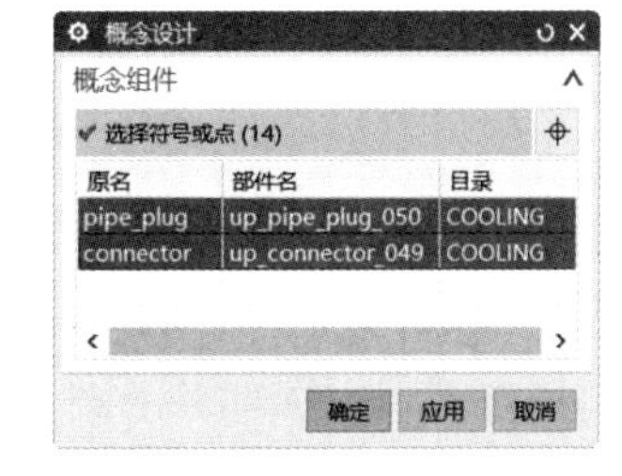

图 7.76　【冷却连接件】对话框　　图 7.77　【冷却回路】对话框　　图 7.78　【概念设计】对话框

7. 冷却回路

单击【模具冷却工具】→【冷却回路】，弹出【冷却回路】，如图 7.77 所示，在图形区选择回路的起点，转折点选回路流向箭头，直到回路终点，系统自动在连接点处列出需要添加的标准件，确定后完成回路设置；单击【注塑模向导】→【概念设计】，弹出【概念设计】，如图 7.78 所示，选中列表中所有标准件，确定后系统自动在回路加载标准件，整个冷却回路创建流程如图 7.79 所示。

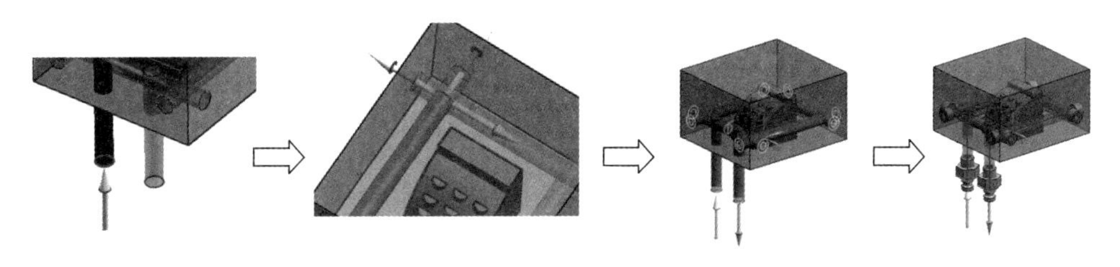

图 7.79　冷却回路创建流程

8. 冷却标准件库

单击【模具冷却工具】→【冷却标准件库】,弹出【冷却标准件库】,手动加载水道相关的标准件,这与其他标准件的加载方法和步骤相同,不再赘述。

9. 练习

打开文件 sample1_top_ *. prt,隐藏除型芯型腔镶块和 A 板、B 板以外的其他组件。

在装配导航器中双击 sample1_cool_side_a 文件,设为工作部件,单击【模具冷却工具】→【水路图样】,单击对话框中【绘制截面】,选择型腔镶块上表面向下偏置 15 为草绘面,选择条上的选择范围设为【整个装配】,绘制图 7.80 所示草图,然后关于 Y 轴镜像所绘草图,退出草图,默认直径为 8,确定后完成型芯侧水道实体创建。

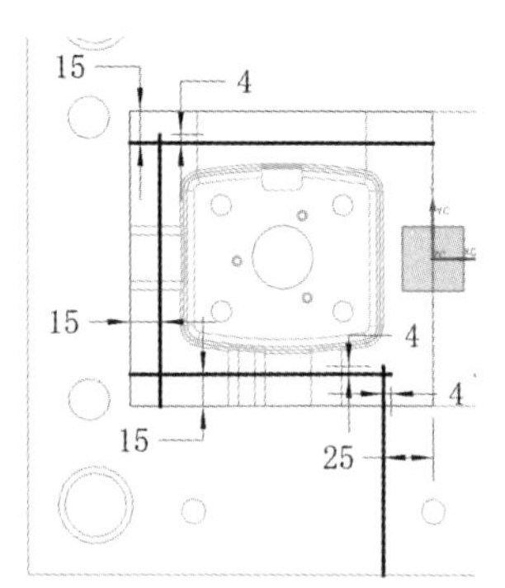

图 7.80　绘制草图

单击【模具冷却工具】→【冷却回路】,在图形区选择 A 板端面处任意一个水路为起点,转折处选择回路流向箭头,直到 A 板端面的另一个回路为终点,确定后完成回路设置。

单击【注塑模向导】→【概念设计】,按下<Ctrl>键,选中对话框中列出的所有标准件,确定后系统自动在回路加载标准件。

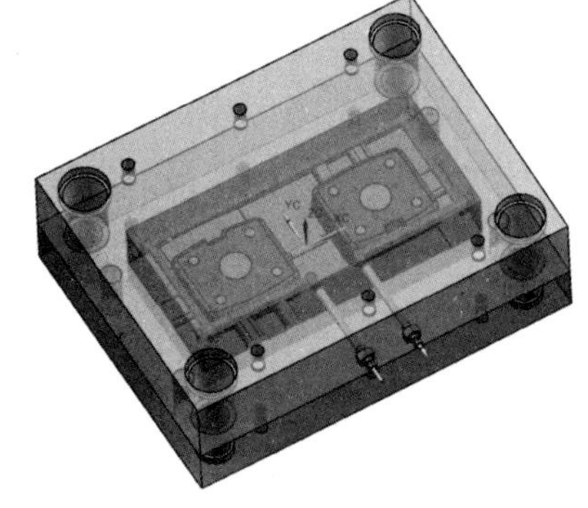

图 7.81　完成冷却回路创建

单击【注塑模向导】→【模具冷却工具】→【冷却连接件】,选择跨越 A 板和型腔镶块的两根冷却水道,在对话框中单击激活【选择体】,选择 A 板和型腔镶块,在连接点列表中选择 A 板和型腔镶块连接处的两个 O 形密封圈标准件(O-Ring),取消勾选【使用符号】,确定后在 A 板和型腔镶块连接处添加 O 形密封圈,完成后如图 7.81 所示。

类似地,在装配导航器中双击 sample1_cool_side_b 文件,设为工作部件,创建型芯侧冷却水道。

7.4.20　合并腔

合并腔是将多型腔的多个相同的型芯或者型腔镶块合并,以简化结构和方便加工。打开文件 sample1_top_ *. prt,在视图管理器中隐藏 moldbase,injection,ejection,cooling 等组件,只显示镶块。单击【注塑模工具】→【合并腔】,弹出【合并腔】如图 7.82 所示,单击组件列表中 sample1_comb-cavity 组件，在图形区中选中上方两个型腔镶块，单击【应用】完成型腔镶块合并，类似地在列表中选中 sample1_comb－core 组件，在图形区选择两个型芯镶块，确定后完成型芯镶块合并，在装配导航器的 sample1_prod 组件下，右击 sample1_core 和 sample1_cavity，点击快捷菜单中的【关闭】，关闭合并前的单个镶块，完成后的镶块如图 7.83 所示。显示所有组件，保存文件。

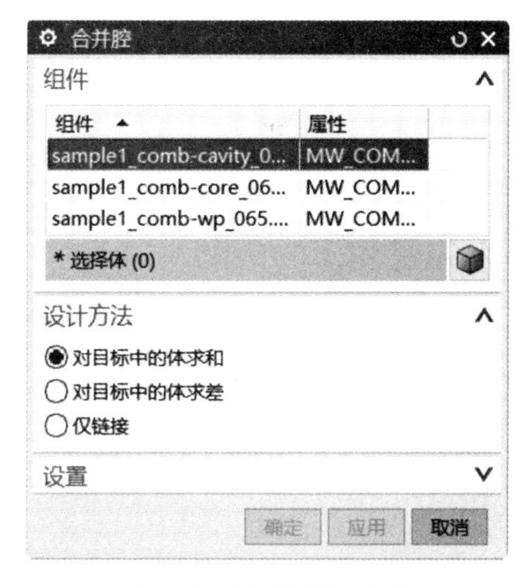

图 7.82　【合并腔】对话框

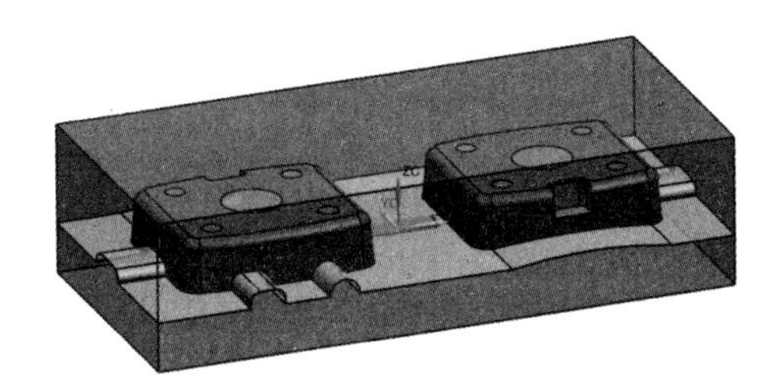

图 7.83　合并后的镶块

7.4.21　建腔

1. 功能简介

建腔的功能可以理解为在装配体中对不同组件实体进行求和或者求差。

完成模具实体设计后，凡有重叠的实体，例如加载的堵头、水嘴、螺钉、浇口套、定位圈、顶杆等标准件，以及创建的镶块、浇注系统、冷却系统等实体，与其他模板或者零件有重叠的地方，都要在相应位置创建孔、槽或者腔容纳以上零件。标准件一般都包含零件实体和建腔体，图 7.84 所示为顶杆标准件示意图，中间部分是零件实体，在装配体中的引用集是 true，外侧红线是建腔体，引用集是 false，建腔体的形状是在模板中创建的容纳顶杆的孔的形状。

单击【注塑模向导】→【腔体】，弹出【腔体】，如图 7.85 所示，可以同时选择多个目标体，工具体可以是组件(用建腔体求差)，还可以是实体(用实体求差)，还可以根据选择的目标体，单击【查找相交】，让系统自动寻找与目标体重叠、需要建腔的零件。

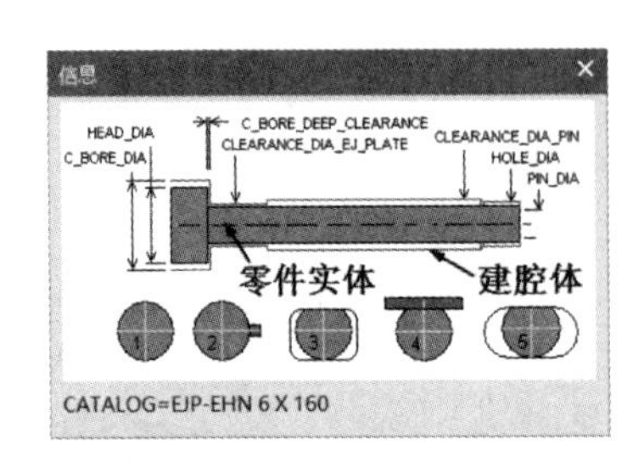

图 7.84　顶杆实体和顶杆建腔体

图 7.85　【腔体】对话框

2. 练习

打开文件 sample1_top_ * . prt,确保显示所有组件。

单击【注塑模向导】→【腔体】,弹出【腔体】,目标体选择定模固定板、A 板、B 板、推杆固定板、推板,工作类型选【组件】,单击【查找相交】,系统自动查找重叠组件,单击对话框中的【确定】,完成各模板上的建腔。

在视图管理器中隐藏 moldbase,单击【建腔】,在图形区点选型芯镶块为目标体,单击【查找相交】和应用;在图形区点选型腔镶块为目标体,激活工具体选项,点选冷却水道组件、浇口、浇口套为工具体,单击对话框中的【应用】;点选型腔镶块和浇口套为目标体,工具类型设为【实体】,激活工具体选项,选择分浇道实体为工具体,确定后完成所有建腔,显示所有组件,隐藏分流道、浇口、冷却水道以及其他不需要的曲线,保存文件。

7.5　注塑模具 NX 设计案例

7.5.1　结构分析

以阀体塑料零件为例,产品的三维模型如图 7.86 所示,壁厚比较均匀,主要有三个内孔难成型,如果以垂直方向为开模方向,其中孔 1 外侧有螺纹,必须水平放置,孔 2 垂直放置无法成型,因此只能是孔 3 垂直放置,孔 1 和孔 2 水平放置侧抽。此外孔 2 被孔 3 分为两段,也就是成型孔 2 的型芯要穿过孔 3 的型芯,在分型和设计时要注意。分模面采用图 7.87 所示水平面。

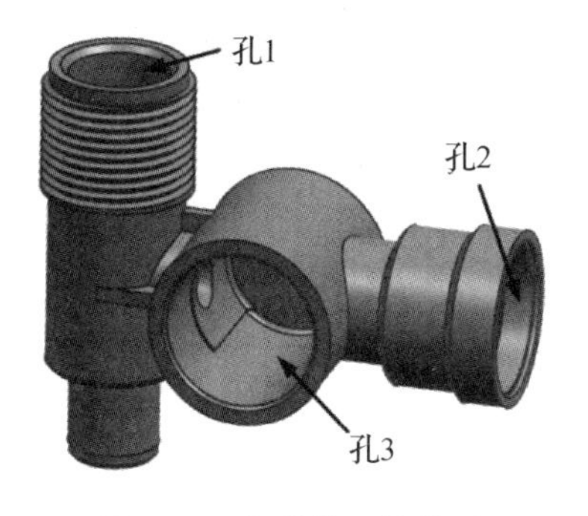

图 7.86　塑件的三维模型

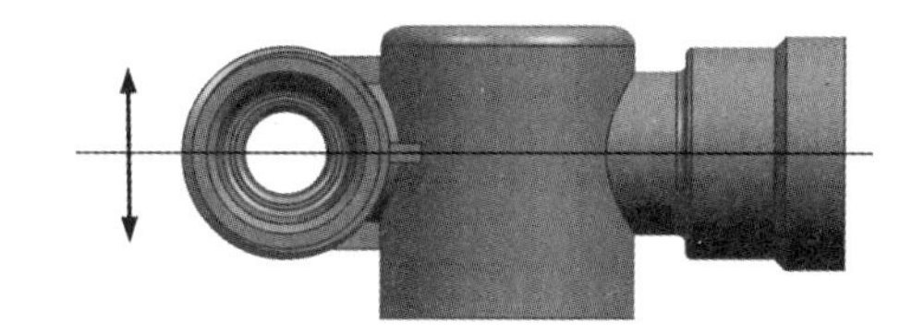

图 7.87　分模面

7.5.2　拔模处理

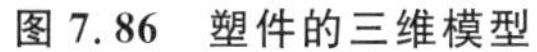

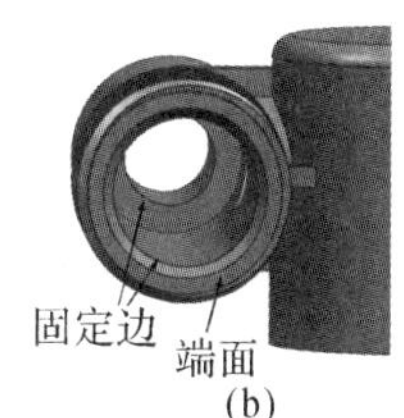

(a)　　(b)

图 7.88　侧孔 1 拔模

(a)删除圆角;(b)脱模方向参考端面和固定边

打开 fati. prt 文件,单击主菜单【插入】→【同步建模】→【细节特征】→【调整圆角大小】,在图形区单击图 7.88(a)中的圆角,可以测量出两圆角半径为 0.75 mm,退出对话框。单击主菜单【插入】→【同步建模】→【删除面】,选择图 7.88(a)中两个圆角,确定后删除圆角。

单击主菜单【插入】→【细节特征】→【拔模】,选择【从边】拔模类型,脱模方向选择图 7.88(b)中所示端面,固定边选择如图所示棱边,拔模角设为 1°,确定后完成拔模。单击主菜单【插入】→【细节特征】→【边倒圆】,对图中两个固定边重新倒圆角 0.75 mm。在对产品进行拔模时需要注意,为了不降低产品强度,应当尽量加材料而不要减材料。

类似地,如图 7.89 所示,对其他两个内孔进行拔模,图 7.89(b)中棱边有圆角的,如前所述先测量圆角的半径,然后删除圆角,拔模完成后再倒圆角。

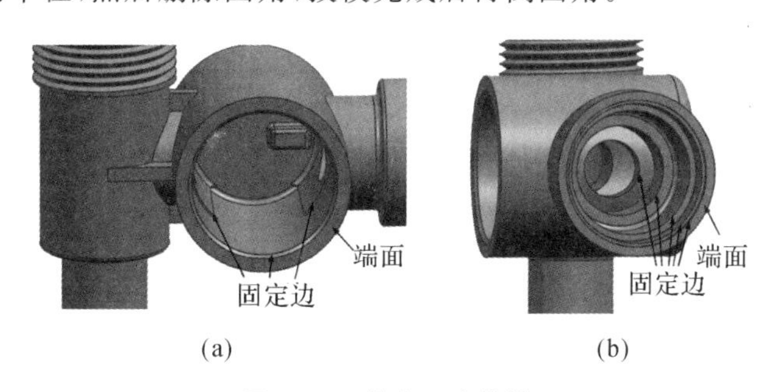

(a)　　(b)

图 7.89　其余两孔拔模

(a)下孔拔模　(b)侧孔 2 拔模

在图 7.90(a)中,面 1 已完成拔模,面 2 与面 1 属于用一个型芯成型,但是由于两个面不相连,无法同时拔模,所以用其他方法处理。单击主菜单【插入】→【同步建模】→【调整面大小】,选择面 2,把对话框中的直径数值改为 6,单击【确定】退出;单击主菜单【编辑】→【曲面】→【扩大】,单击面 1,拖动滑块至图 7.77(b)所示长度;单击主菜单【插入】→【修剪】→【修剪体】,采用扩大的曲面修剪产品,将面 2 中间部分减去,面 2 和面 1 便属于同一个型芯,完成后保存文件。

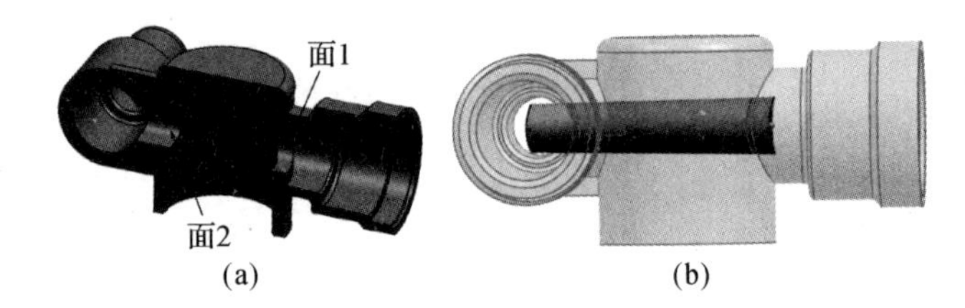

图 7.90 侧孔 2 拔模

(a)产品断面;(b)扩大曲面

7.5.3 初始化项目

单击【启动】→【所有应用模块】→【注塑模向导】→【初始化项目】,设置或者默认项目路径、名称、材料和配置,如图 7.91 所示,确定后完成项目初始化。

图 7.91 【初始化项目】对话框

7.5.4 产品方位调整

双击工作坐标系,变成图 7.92 所示动态后,单击 Z 轴箭头,再单击图 7.92 中参考面,Z 轴和该面法向对齐,单击滚轮退出坐标系调整。单击【注塑模向导】→【模具 CSYS】,默认其选项,确定后完成零件方位调整。

7.5.5　工件设置

单击【注塑模向导】→【工件】，单击【绘制截面】进入草绘截面。尺寸名称有“offset”的为工件向外的偏置量，双击尺寸，在【线性尺寸】中，尺寸值由表达式确定，无法修改，单击尺寸值右侧【＝】（启动公式编辑器），选择【设为常量】，即可以修改尺寸值。按照图 7.93 所示尺寸修改偏置值，产品外形尺寸不变，完成后退出草图，回到【工件】，设置 Z 轴方向－40 和 35 偏置，确定后完成工件设置。

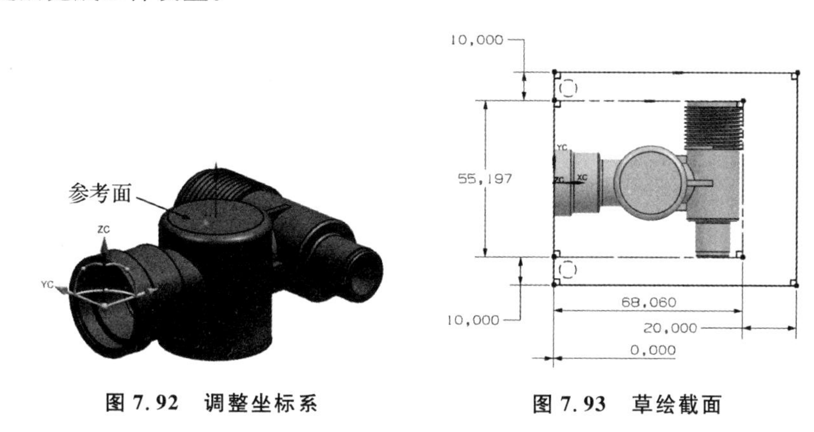

图 7.92　调整坐标系　　　图 7.93　草绘截面

7.5.6　型腔布局

单击【注塑模向导】→【型腔布局】，默认系统自动选择的体，以及矩形布局和平衡布局选项。单击【指定矢量】，在图形区选择 X 方向的临时矢量，如图 7.94(a)所示，单击【开始布局】右侧图标完成布局。单击【自动对准中心】，系统将坐标系设置到另一个型腔的中心。单击【编辑插入腔】，设置 R 为 5，type 为 1，确定后完成建腔体创建，如图 7.94(b)所示。

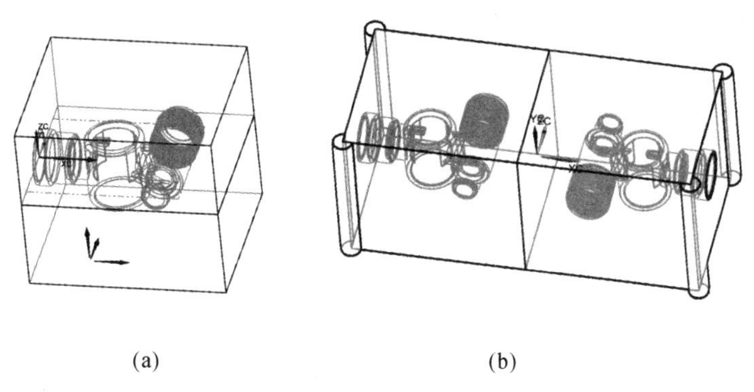

(a)　　　(b)

图 7.94　型腔布局

(a)型腔布局；(b)完成布局和建腔体

7.5.7　分模

1)单击【注塑模向导】→【注塑模工具】→【模具分型工具】，进入 * _parting_ * . prt 分型文件,弹出【模具分型工具】工具条,如果弹出【分型导航器】,暂时关闭该窗口。

2)单击【注塑模工具】→【拆分面】,弹出【拆分面】对话框类型选择【平面/面】,单击【添加基准平面】右侧图标,创建过 YC - ZC 的基准面,如图 7.95 所示。单击激活对话框中【选择面】,在图形区点选与基准面相交、除内孔以外的所有产品外表面,特别是螺纹部分的面,完成后单击【确定】完成面的分割,如图 7.95 所示。

图 7.95 拆分面

3)以 XY 面为草绘面创建草图,将图 7.96 中所指棱边投影到草绘面上,退出草图后,采用拉伸命令拉伸投影的曲线,拉伸的起始设为 0,结束设为直至延伸部分,选择图 7.96 中面 2 作为延伸界限,布尔运算设为无,单击【确定】退出【拉伸】。

单击主菜单【编辑】→【曲面】→【扩大】,单击图 7.96 中面 1,单击【确定】退出对话框。

隐藏零件,启动修剪体命令,采用扩大的曲面对拉伸体进行修剪,如图 7.97 所示。

启动拔模命令,对拉伸体进行拔模,拔模类型设为从边,拔模方向选择 Z 轴方向,固定边选择被修剪一侧的棱边,角度设为 1°,单击【确定】完成拔模。

将以上创建的所有草图、基准面、曲面都移到 256 层,并关闭该层,以隐藏所有不再需要的特征。

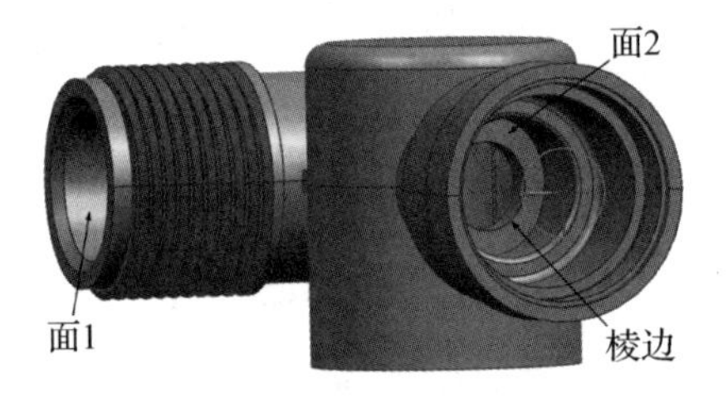

图 7.96 拉伸草图

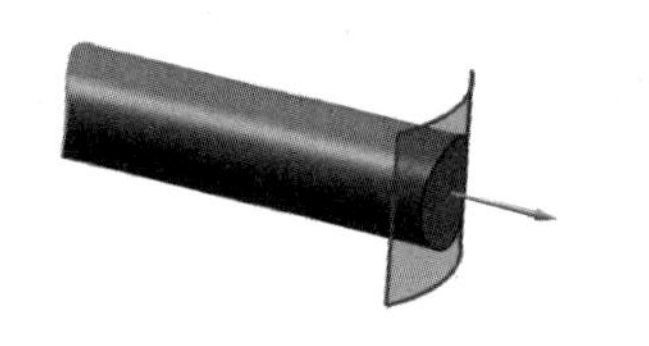

图 7.97 修剪体

4)单击【注塑模工具】→【实体补片】弹出【实体补片】,如图 7.98 所示,在对话框中默认系统自动选中的产品实体,单击【选择补片实体】,在图形区选择上一步做的拉实体,在目标组件列表中单击选中“fati_core”,单击【确定】完成实体补片,该功能是将拉实体作为一个实体补丁补到产品上,完成分模后,补丁作为独立的体可以加到侧抽型芯上。

5)单击【模具分型工具】→【检查区域】→【计算】选项页,默认系统自动选中的产品实体和脱模方向,单击【计算】右侧的图标,完成区域检查计算后,单击【区域】选项页中的【设置区域颜色】图标,产品在分型面以上部分为橙色的型腔区域,分型面以下部分为蓝色的型芯区域,分型面以内孔为未定义区域,单击【确定】退出对话框。

6)单击【注塑模工具】→【曲面补片】,弹出【边修补】,如图 7.99 所示,选择图示孔的上半部分棱边，单击对话框分段设置中的【关闭环】，如图所示，单击【应用】，再单击孔的下半部分棱边，单击【关闭环】，单击【确定】完成补片。这里不把孔补成一个完整的圆，是因为分型面从孔中间穿过，孔的一半在型腔区域，一半在型芯区域，所以需要补成两半。

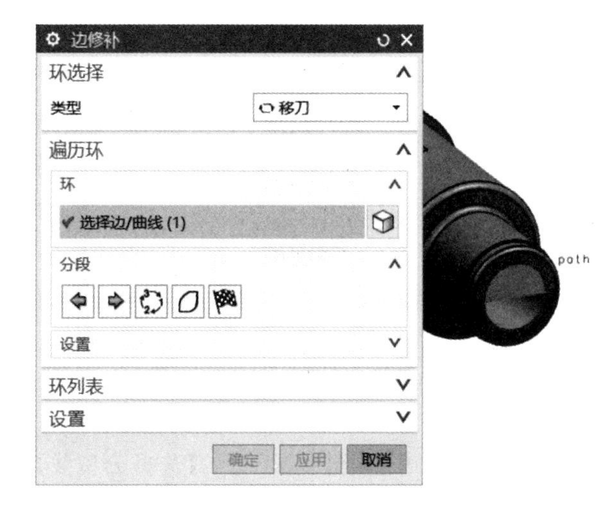

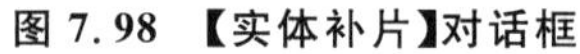
图 7.98　【实体补片】对话框

图 7.99　边缘修补侧孔

7）单击【模具分型工具】→【定义区域】，弹出【定义区域】，双击区域列表中的【新区域】，改名为【slide1】，单击【创建新区域】，在列表中双击新创建的区域，改名为【slide2】，如图 7.100 所示。在列表中点选【slide1】，单击【搜索区域】，弹出【搜索区域】，在产品内孔中任意点选一个面作为【种子面】，单击【选择边界边】，选择孔口的上下两个棱边，拖动下方的滑块，可以看到高亮显示的侧抽型芯 1 的区域；类似地，点选列表中的【slide2】，定义另外一个侧孔的区域，完成后，勾选对话框中的【创建区域】和【创建分型线】复选框，确定后退出对话框。

图 7.100　设置侧抽芯区域

8)单击【模具分型工具】→【设计分型面】,弹出【设计分型面】并提示分型线不封闭,单击对话框中【选择分型线】,在图形区点选图 7.101 所示片体棱边;单击【选择分型或者引导线】,分别在两个侧孔的两侧靠近孔口的地方单击分型线,创建引导线如图 7.102 所示。

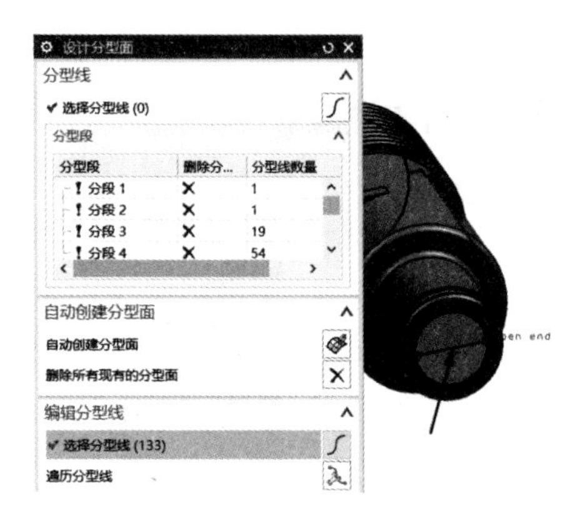

图 7.101　选择分型线

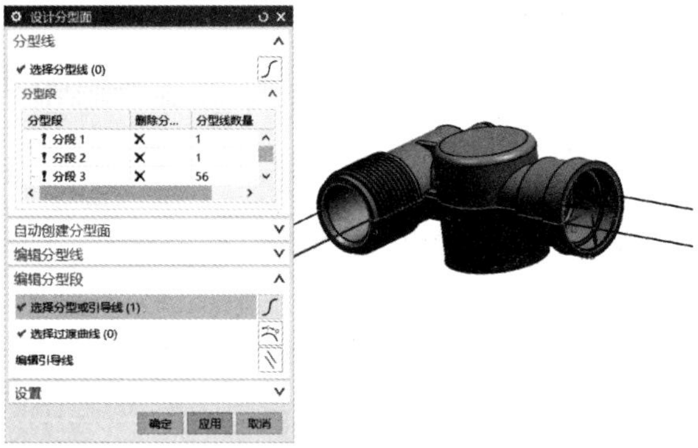

图 7.102　创建引导线

单击激活对话框【分型线】下方的【选择分型线】,在图形区依次点选两个孔口的上下分型段,方法都选择"拉伸",系统默认的拉伸方向是蓝色引导线的方向,拖动延伸距离的箭头改变拉伸距离,调整好后单击对话框的【应用】,完成两个孔口四段分型段的延伸,如图 7.103(a)所示。

其余两个分型段采用"有界平面",可以拖动圆球滑块改变延伸大小,完成后如图 7.103(b)所示,注意各分型段向外延伸的距离要大于工件,如果需要看到工件大小,单击【模具分型工具】→【分型导航器】,勾选其中的【工件线框】复选框,可以虚线显示工件轮廓。

在分型导航器中取消勾选【产品实体】,分别勾选【型芯】【型腔】【slide1】【slide2】,可以依次看到分割型芯、型腔和另一个侧型芯的曲面,无误后关闭导航器。

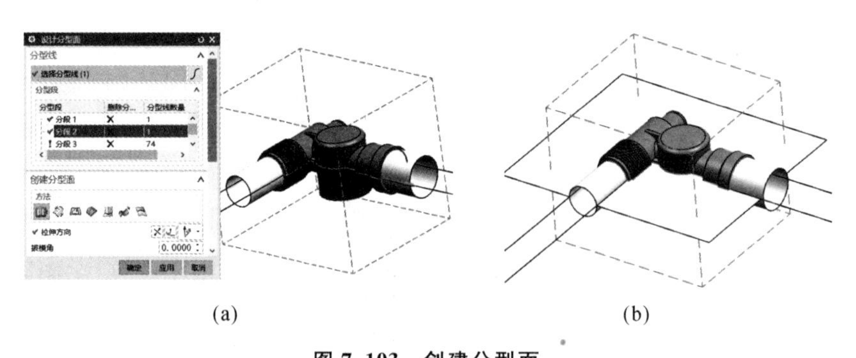

(a)　　(b)

图 7.103　创建分型面

(a)两个孔的延伸;(b)完成后的分型面

9)单击【模具分型工具】→【定义型芯和型腔】,在对话框的区域名称列表中点选【所有区域】,单击对话框中的【确定】,系统自动完成分模,每分出一个组件后会弹出【查看分型结果】,只需单击【确定】。

完成分模后，单击主菜单【窗口】，可以看到 core，cavity，slide1，slide2 四个文件，单击文件可以在独立窗口中打开该文件，最后回到带 top 的总装配文件，并在装配导航器中双击激活该文件，观察分模的结果，如图 7.104 所示。

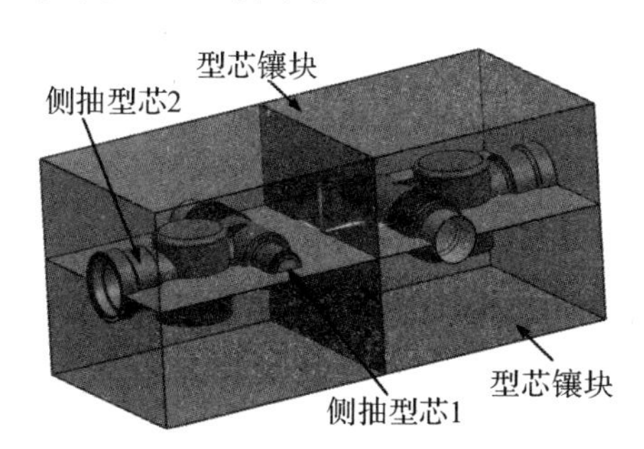

图 7.104　分模结果

7.5.8　设计工作零件

1）隐藏图形区中的镶块建腔体、两个型腔镶块以及两个产品零件，单击【注塑模向导】→【腔体】，模式设为【添加材料】，工具类型设为【实体】，如图 7.105 所示，选择 slide2 为目标体，实体补丁为工具体，确定后二者合并为整体侧型芯。

将型芯镶块设为工作部件，将其中的实体补丁移动到 256 层并关闭该层。

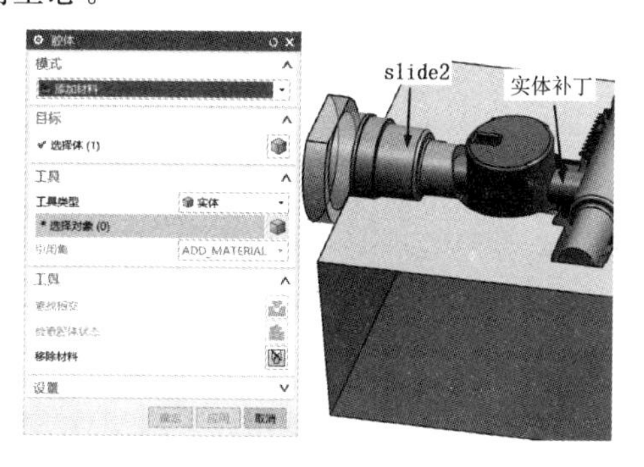

图 7.105　侧抽型芯 2 设计

双击合并后的 slide2，将其设为工作部件，单击【拉伸】，拉伸左侧端面的棱边，拉伸长度为 5，布尔运算设为求和，目标为 slider2，单击【拉伸】中【应用】。

选择刚拉伸的体的左侧端面棱边，拉伸长度为 5，单侧偏置 3，采用求和布尔运算，目标为 slider2，单击【拉伸】中【确定】，退出【拉伸】。

单击主菜单【插入】→【修剪】→【修剪体】，目标选择 slider2，工具选项选【新建平面】，单击第一次拉伸的圆柱面，确定后采用与圆柱面相切的基准面切除台阶，目的是防止型芯转动，完成后如图 7.105 所示。

2）与上一步类似，双击侧抽型芯 1，激活为工作部件，拉伸左侧端面的棱边，拉伸距离为 5，应用后再次拉伸新的左侧端面棱边 5，单侧偏置 3，由于该型芯是旋转体，不必止转，因此不需要修剪台阶。

由于型芯过长，单侧固定类似悬臂，在高压熔料冲击下容易变形，因此用主菜单【插入】→【偏置/缩放】→【偏置面】，将型芯右侧端面偏置 3，完成后如图 7.106 所示。

在装配导航器中双击 top 文件，激活为工作部件，单击【注塑模向导】→【腔体】，模式设为【减去材料】，工具类型设为【实体】，选择型芯镶块和型腔镶块为目标体，侧型芯 2 为工具体,确定后减出侧型芯 2 延长部分的避让孔。

3)双击型芯镶块,设为工作部件,单击主菜单【插入】→【修剪】→【拆分体】命令,目标选择型芯镶块,工具选项设为【拉伸】,单击【选择曲线】,点选图 7.107 所示棱边,确定后完成分割。

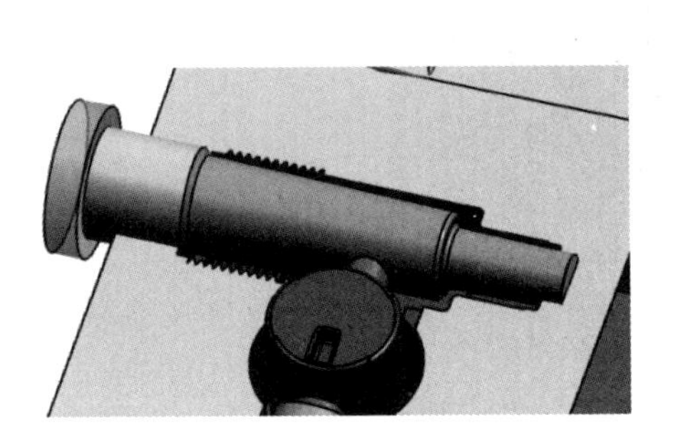

图 7.106　侧抽型芯 1 设计

图 7.107　小型芯设计

拉伸分割的小型芯的下端面棱边,拉伸方向向上,拉伸距离 5,单侧偏置 3,采用求和布尔运算,求和目标体选择分割出的小型芯。

单击主菜单【插入】→【修剪】→【修剪体】,目标选择分割出的小型芯,工具选项选【新建平面】,点击分割出的小型芯圆柱面,确定后用该面修剪下面的台阶,做出止转缺口。

用布尔求差命令,从型芯镶块中减去小型芯(注意勾选保留工具体),在镶块体中做出固定小型芯的台阶孔;采用【偏置面】命令,对台阶孔的圆柱面向外偏置 0.5,做出固定台阶和台阶孔之间的间隙,完成后如图 7.107 所示。

7.5.9　加载模架

展开资源条上的【重用库】→【MW Mold Base Library】→LKM_SG,在【成员选择】列表中双击 C 型模架图片。

如图 7.108 所示,在【模架库】中,修改或者设置详细信息列表中的参数数值如下:

Index	3035
AP_h	70
BP_h	70
Mold_type	350:I
ps_n	2
CP_h	100

其他参数默认系统数值,单击对话框中的【确定】按钮加载模架。

单击【注塑模向导】→【模架库】,在重新弹出【模架库】中,单击“旋转模架”,把模具旋转 90°,单击对话框中【取消】退出。

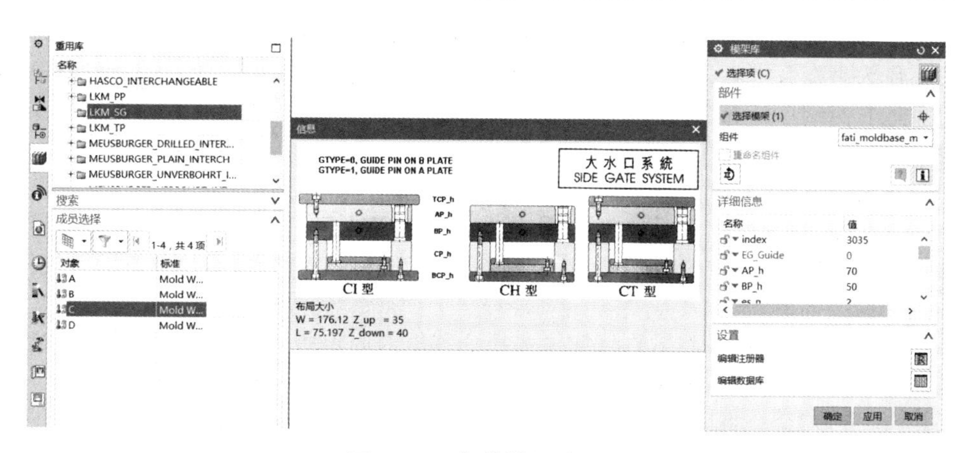

图 7.108　加载模架对话框

7.5.10　加载侧抽芯机构

1)单击【注塑模向导】→【视图管理器】,取消勾选 Moldbase,暂时隐藏模架。

展开资源条上的【重用库】→【MW Slide and Lifter Library】→【SLIDE_LIFT】→【Slide】,在【成员选择】列表中双击 Single Cam_pin Slide 规格,弹出【信息】和【滑块和浮升销设计】,如图 7.109 所示。修改或者设置详细信息列表中的参数数值如下:

travel　　54
cam_pin_angle　　22
cam_pin_start　　30
gib_top　　slide_top－35
gib_wide　　18
gib_long　　119
heel_angle　　23
heel_ht_1　　45
pin _dia　　16

其他参数默认系统数值。

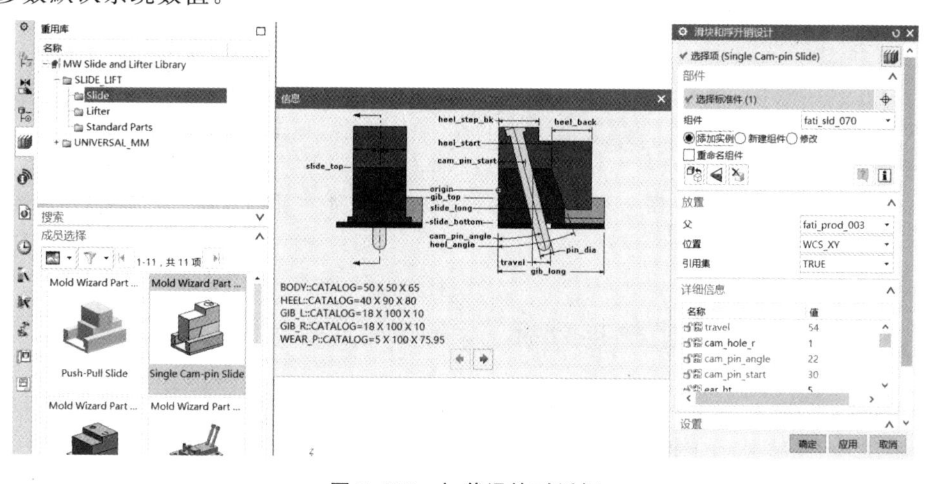

图 7.109　加载滑块对话框

双击图形区工作坐标系,在图形区高亮显示的镶块上,点选图 7.110 中箭头所指镶块棱边的圆心作为坐标系中心;单击 Y 轴箭头,点选图示棱边作为 Y 轴方向,注意点选棱边时点击棱边靠近右侧端点的部分,完成后单击滚轮退出编辑状体,单击【滑块和浮升销设计】对话框中的【确定】加载侧抽芯机构。

2)隐藏其他零件,只显示滑块体和侧抽型芯 1。

右击滑块体,在快捷菜单中选择【设为工作部件】,单击【拆分体】命令,目标选择滑块,工具体选择【新建平面】,点选滑块右端面,向左偏置 10 作为分割面,将滑块分割为滑块体和侧抽芯固定板两个部分。

单击【注塑模向导】→【腔体】,目标体选择分割出的固定板,工具类型设为【实体】,工具选择侧抽芯 2,确定后在固定板上做出固定侧抽芯 2 的腔。

采用【修剪体】命令将固定板带 T 形槽的部分切除。

在固定板上创建 4 个 M6 沉头孔,在滑块体对应位置创建 M6 螺纹孔,用于连接滑块体和固定板,完成后如图 7.111 所示。

双击装配导航器的顶层 top 文件回到装配体文件,显示除模架外的其他组件。

3)类似地,按照下面数据加载侧抽型芯 2 的抽芯机构,并设计修改滑块,完成后如图 7.112 所示。双击装配导航器的顶层 top 文件回到装配体文件。

travel	60
cam_pin_angle	22
cam_pin_start	30
gib_top	slide_top - 35
gib_wide	18
gib_long	125
heel_angle	23
heel_ht_1	45
pin _dia	16

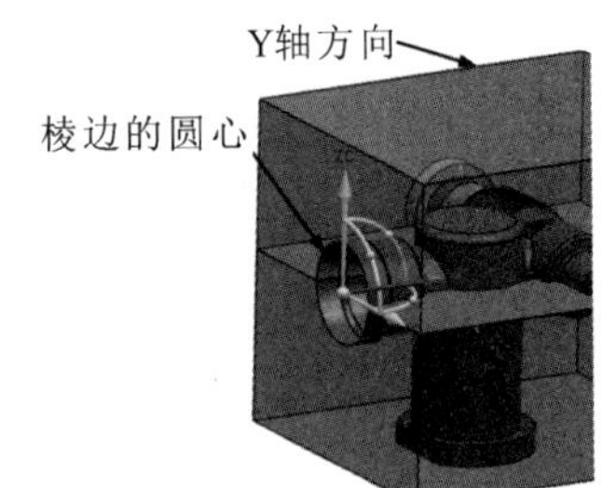

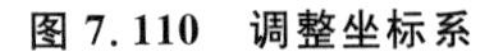
图 7.110　调整坐标系

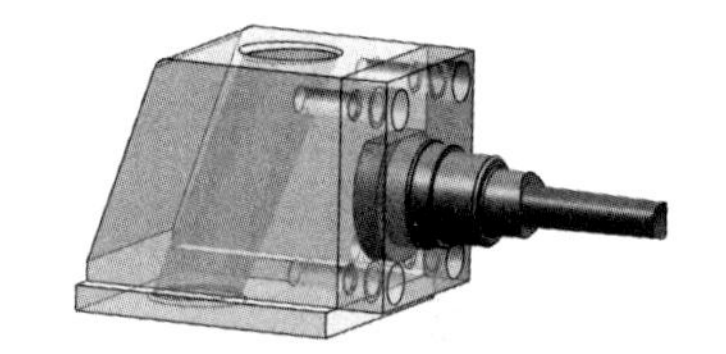
图 7.111　侧抽芯 1 滑块结构设计

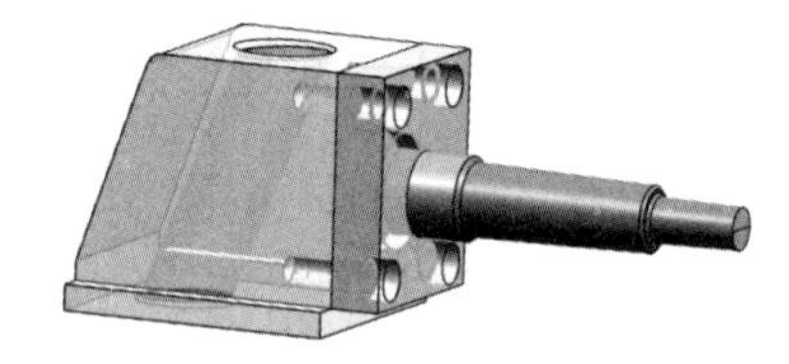
图 7.112　侧抽芯 2 滑块结构设计

7.5.11　加载顶杆和拉料杆

1)单击【注塑模向导】→【视图管理器】,取消勾选 Moldbase 和 slider/lifter,暂时隐藏模架和侧抽机构,隐藏其他工作零件,只显示型芯镶块。

2)将【选择条】工具条上的【选择范围】设为【整个装配】,选择 X 轴负方向一侧的型芯镶块上表面为草绘面，创建草图，绘制三个点，如图 7.113 所示，完成后退出草图。

3）展开资源条上的【重用库】→【MW Standard Part Library】→【FUTABA_MM】→【Ejector Pin】，在【成员选择】列表中双击 Ejector Pin Straight 规格，弹出【信息】和【标准件管理】，选择标准件设为【新建组件】，修改 CATALOG_DIA，CATALOG_LENGTH，CATALOG_TYPE 数值如图 7.114 所示，确定后弹出【点选择】，点选三个草图点，单击对话框【取消】，完成顶杆加载。

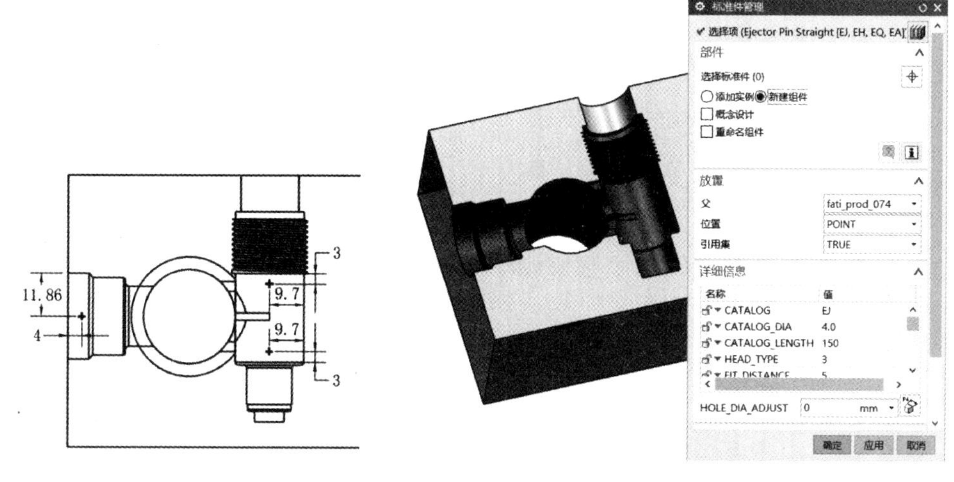

图 7.113　草绘顶杆定位点　　　　图 7.114　加载顶杆

单击【注塑模向导】→【顶杆后处理】，弹出【顶杆后处理】在目标列表中，按下＜Ctrl＞键选中三个顶杆，确定后完成对顶杆的修剪。双击 top 文件回到顶层装配。

4）展开资源条上的【重用库】→【MW Standard Part Library】→【FUTABA_MM】→【Sprue_Puller】，在【成员选择】列表中双击 Sprue Puller(M-RLA)规格，弹出【信息】和【标准件管理】，详细信息列表中 CATALOG_LENGTH 改为 142，确保对话框中的【选择面或平面】处于激活状体，点选任意一个顶杆的下端面，确定后，弹出【标准件位置】，直接单击【确定】默认坐标中心位置，系统自动加载拉料杆，如图 7.115 所示。

7.5.12　浇注系统设计

1）单击【注塑模向导】→【视图管理器】，显示所有组件。

2）展开资源条上的【重用库】→【MW Standard Part Library】→【FUTABA_MM】→【Sprue_Bushing】，在【成员选择】列表中双击第一个 Sprue_Bushing 图片，弹出图 7.116 第一个对话框，详细信息列表中设置如下参数，确定后加载浇口套。

CATALOG　　M-SBD

CATALOG_LENGTH1　　95

HEAD_DIA　　36

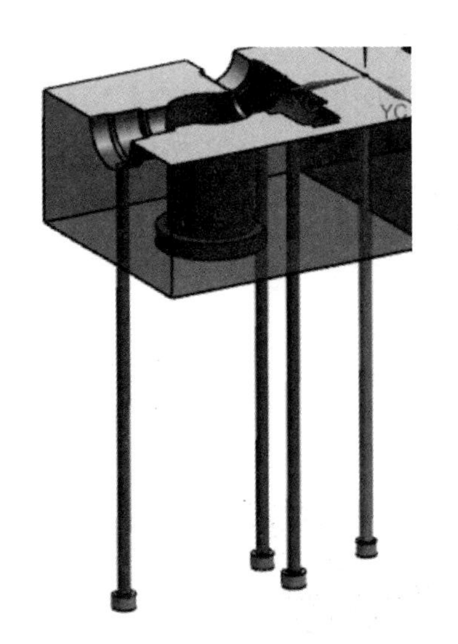
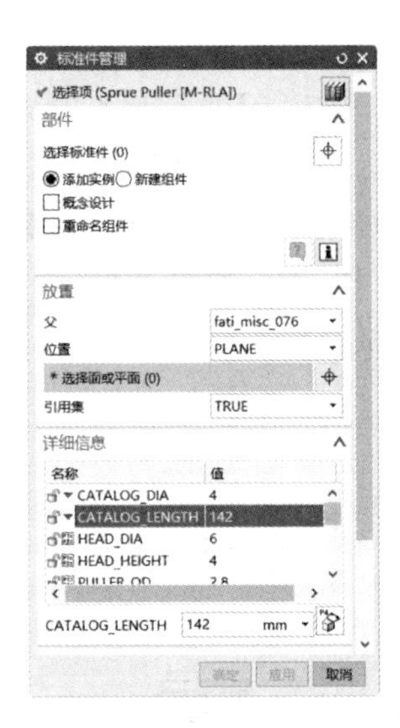

图 7.115　加载拉料杆

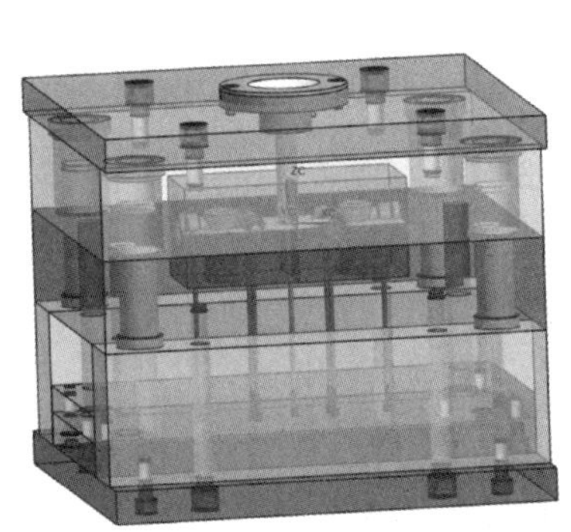

图 7.116　加载浇口套和定位圈

单击【重用库】→【FUTABA_MM】→【Locating Ring Exchangeable】,在【成员选择】列表中双击第一个 Locating Ring 图片,弹出图 7.116 中第二个对话框,详细信息列表中设置 TYPE 为 M－LRB,BOLT_CIRCLE 改为 80,单击确定加载定位圈。

3)只显示型芯镶块,隐藏其他所有组件,在装配导航器中双击“＊_fati_fill_＊”文件,设为工作部件,以镶块上表面为草绘面,绘制弹出图 7.117 所示草图,沿 X 轴负方向绘制直线,并关于 Y 轴镜像该线,沿 X 轴负方向做一个点,完成后退出草图。

4)单击【注塑模向导】→【浇口库】,弹出【浇口设计】,按照图 7.118 设置选项和数值后,单击【应用】,弹出【点选择】,选择上一步草图中的点,确定后选择－X 方向为浇口的进胶方向,完成浇口创建,单击【取消】退出对话框。

单击【注塑模向导】→【流道】,弹出【流道】,选择上一步创建的两段线段,按照图 7.119

对话框设置其他选项和数值，单击指定矢量的方向图标，改变流道位置，确定后完成分浇道创建，如图 7.119 所示。双击 top 文件回到顶层装配。

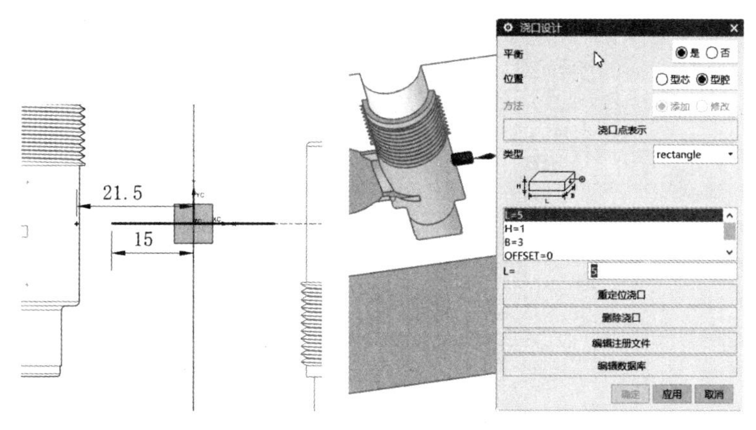

图 7.117　绘制草图　　　　**图 7.118　创建浇口**

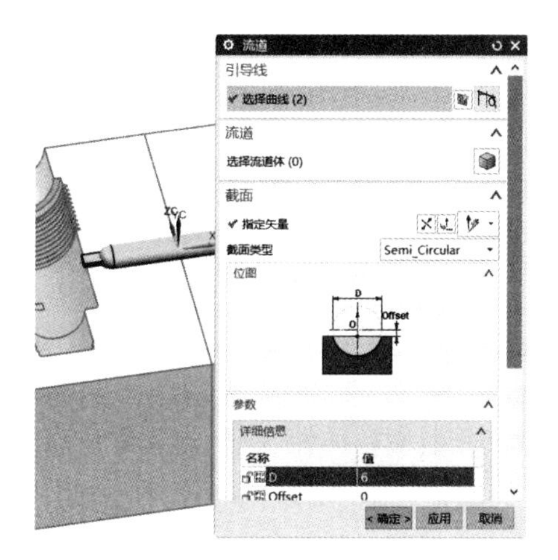

图 7.119　创建分浇道

7.5.13　冷却水路设计

1)在视图管理器中取消勾选 moldbase，injection，ejection，slider/lifter，隐藏这些组件，然后显示 A 板和 B 板。

2)在装配导航器中双击总装配文件下的“fati_cool_＊”→“fati_cool_side_a_＊”文件，将该文件设为工作部件，单击草图绘制命令，平面方法设为【创建基准坐标系】，单击【创建基准坐标系】，单击 Z 轴箭头，向上偏移 20，如图 7.120 所示，确定后回到创建草图对话框，确定后进入草绘平面，选择条上的选择范围设为【整个装配】，绘制图 7.121 所示草图，完成后退出草图。

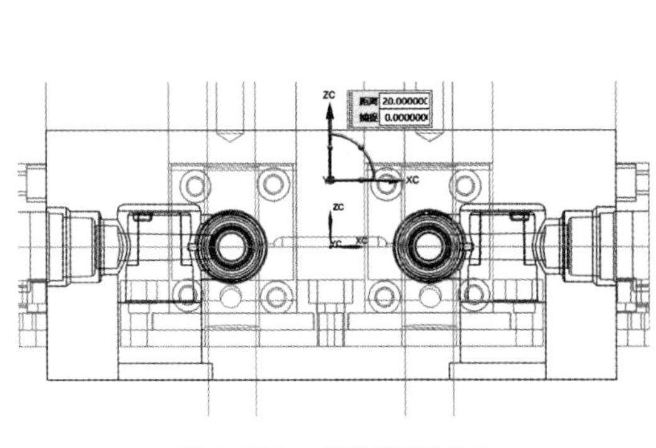

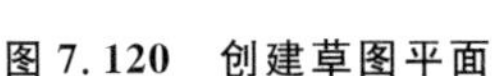

图 7.120　创建草图平面

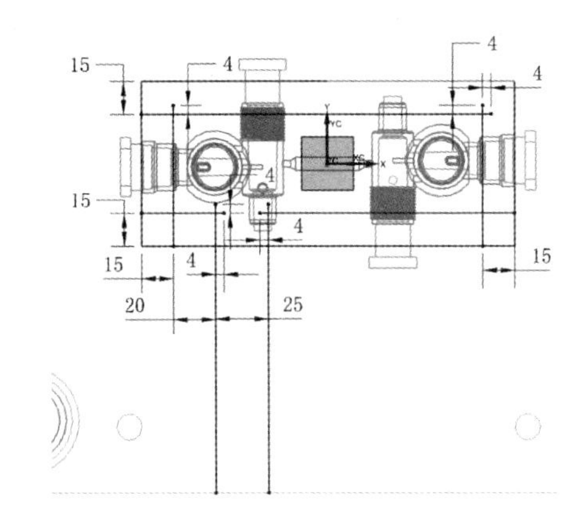

图 7.121　创建草图

3)单击【注塑模向导】→【模具冷却工具】→【水路图样】,点选上一步创建的草图,通道直径设为 8,确定后完成型芯镶块中冷却水道实体的创建。

4)单击【注塑模向导】→【模具冷却工具】→【冷却回路】,在图形区选择 A 板端面处任意一个水路为起点,转折处选择回路流向箭头,直到 A 板端面的另一个回路为终点,确定后完成回路设置。

5)单击【注塑模向导】→【概念设计】,选中对话框列表中所有标准件,确定后系统自动在回路加载标准件,如图 7.122 所示。

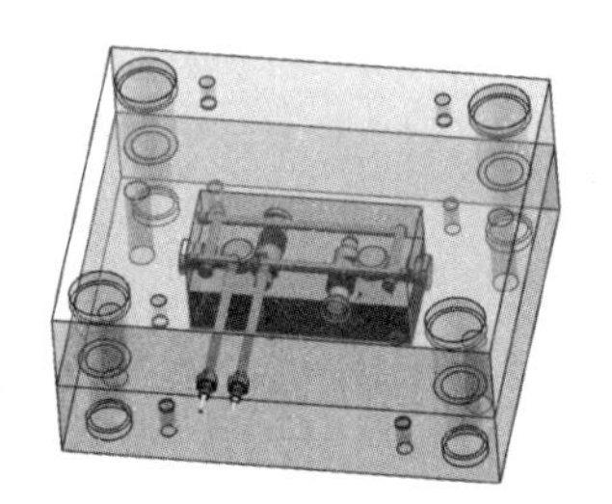

图 7.122　完成后的冷却水道

6)单击【注塑模向导】→【模具冷却工具】→【冷却连接件】,选择跨越 A 板和型腔镶块的两根冷却水道,在对话框中单击激活【选择体】,选择 A 板和型腔镶块,在连接点列表中选择 A 板和型腔镶块连接处位置的两个 O 形密封圈标准件(O-Ring),取消勾选【使用符号】,如图 7.123 所示,确定后添加 O 形密封圈。

7)类似地,在装配导航器中双击总装配文件下的“fati_cool_ * ”→“fati_cool_side_b_ * ”文件,设为工作部件,创建型芯镶块中的冷却水道实体,加载相关标准件。完成后保存文件。

7.5.14　合并镶块

单击【注塑模工具】→【合并腔】,在【合并腔】对话框的【组件】列表中点选 fati_comb_cavity,如图 7.124 所示,在图形区选择两个型腔镶块,单击对话框中的【应用】,再点选【组件】列表中 fati_comb_core,在图形区选择两个型芯镶块,单击对话框中的【确定】,完成型芯和型腔镶块的合并。

在装配导航器中右击“fati_layout_ * ”→“fati_prod_ * ”→“fati_cavity_ * ”文件,单击【替换引用集】→【空】,以隐藏合并前的型腔镶块,类似地,替换 fati_core_ * 文件引用集,隐藏合并前的型芯镶块,完成后如图 7.124 所示。

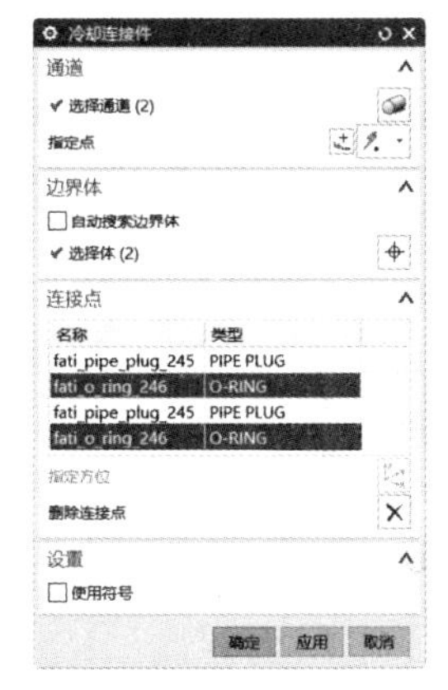

图 7.123 【冷却连接件】对话框

图 7.124 合并镶块

7.5.15 建腔

1)显示出模具所有组件,单击【注塑模向导】→【腔体】,图形区选择图 7.125 所示定模固定板、A 板、型腔镶块、型芯镶块、B 板、垫板(两个)、推杆固定板为目标,工具类型设为【组件】,单击【查找相交】,系统自动找到与目标相交的组件,单击对话框【应用】按钮。再选择浇口套为目标,分浇道组件为工具,确定后完成建腔。

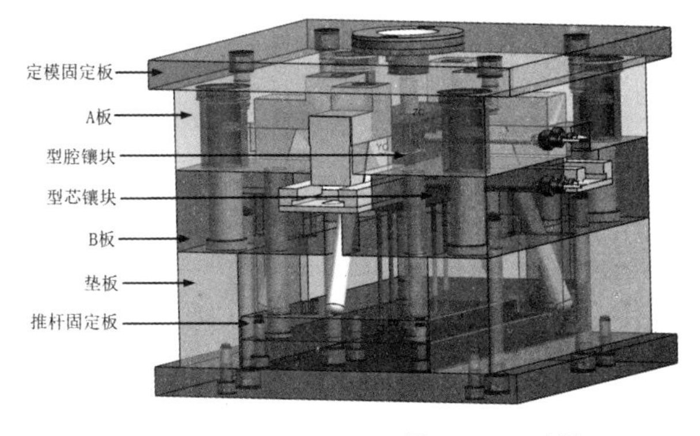

图 7.125 建腔

2)隐藏冷却水道、分浇道、浇口等不需要的实体。

7.5.16 创建或者加载其他零件

滑块导滑槽和型芯型腔镶块上的固定螺钉、侧抽芯机构上的限位装置以及其他必要的装置,请读者自行练习加载和设计。

习 题 7

7.1 为什么在注塑模具 CAD/CAM 中采用标准模架和标准结构?

7.2 标准模架的建库过程是什么?

7.3 三维非稳态冷却过程的数值计算如何进行?

7.4 流动和冷却分析的计算结果能够从哪些方面帮助模具设计人员?

7.5 典型结构注塑模主要由哪些零件组成?

第 8 章　铸造模具 CAD

8.1　铸造模具 CAD/CAM 系统

8.1.1　铸造技术特点

铸造是发展历史十分悠久的一种金属热成型工艺。将特定成分的金属液浇入铸型型腔内，待其在一定条件下完成凝固、结晶，可以获得具备特定外部尺寸和内部微观组织的金属构件，同时满足零件在外部形状和机械性能方面的需求。

早在 5 000 多年前我国就开始了铸造技术的实践。受当时生产条件的限制，早期的铸造生产主要基于石范及泥范而开展，经过长期的发展，形成了包括砂型铸造、熔模铸造、金属型铸造在内的多种铸造方法。

铸型是铸造模具的重要组成部分，同时也是铸造过程实现的重要条件。熔融金属液在浇入铸型并完成凝固成形的过程中，与铸型之间会产生包括热作用、机械作用、化学作用在内的不同类型的相互作用，从而对铸件质量及铸型寿命产生重要影响。在不同的铸造方法中，对铸型的功能及性能方面的要求是不同的。根据使用次数的不同，常见的铸型可以分为一次型和永久型两大类，前者为一次性使用，例如砂型、熔模型壳等，而后者可以多次反复使用，例如金属型、压铸型等。根据模具的定义，金属型以及压铸型均属于铸造中常见的模具类型。

在铸型制作过程中使用的铸造模样和制作型芯的芯盒同样也属于铸造模具。在一次型的制作过程中，为了简化造型工艺，往往使用与铸件尺寸相近、结构相似的模样翻制铸型，以形成具有特定内部腔体的铸型结构；芯盒则用于制作型芯，以便成形铸件中的内腔或者管道结构。图 8.1 所示给出了一种典型的铸型结构范例。

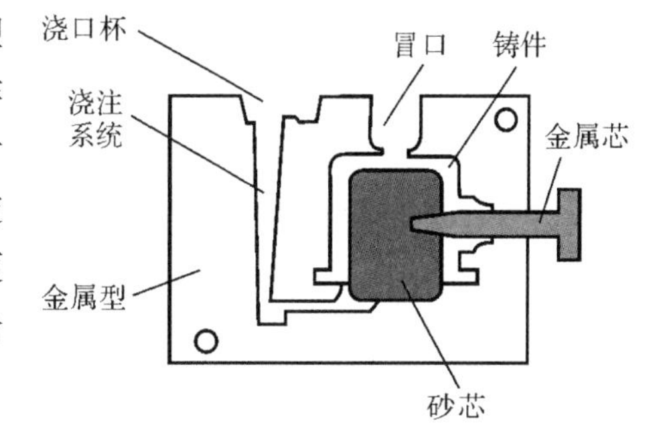

图 8.1　铸型的典型结构

铸造模具的材质性能、结构合理性、尺寸精度、表面质量等指标对铸件产品的质量控制都至关重要，是铸造模具设计制造中需要特别重视的问题。早期生产的铸件主要是利用铸造手段来获得普通器具或者零件毛坯，产品在外形及尺寸准确性方面要求并不严格，因而对于铸造模具精确程度的要求也相应比较低，甚至通过简单的手工制作可以获得可用的铸造模具。进入 20 世纪后，随着大工业时代的发展，铸件生产规模不断扩大，铸件结构变得更为复杂，尺寸精度要求不断提高，同时零件互换性也成了铸件制造过程中的重要指标，在这种情况下，对铸造模具性能及尺寸精度的要求更加严格。

大规模工业化生产所强调的另一个问题是产品的性价比。如何以最低的生产成本获得符合要求的铸件,是包括铸造行业在内的各个产业追求的目标。提高生产效率有利于降低生产成本,而通过提高模具及铸件生产过程的自动化程度来减少人力资源的消耗和占用,也是降低生产成本的重要途径之一。

为了实现上述目标,通过 CAD 和 CAE 系统实现铸造模具的设计、复核和评估,进而采用 CAM 加工手段获得满足要求的铸造模具,已经成为目前铸造行业中模具制造的重要发展趋势。

8.1.2 铸造模具 CAD/CAM 的主要内容

一般来说,铸造模具 CAD/CAM 应当包括如下几个方面的内容。

1. 铸件的结构设计及造型

铸造模具加工的第一个步骤是建立铸件造型。

铸造工艺流程中,铸件的结构设计及几何形状是否合理,对铸件零件的品质、生产率及成本具有重要的影响。因此,为了设计出合理的铸件结构,应当充分考虑金属铸造性能的需求,以避免出现各种缺陷。尽量简化操作流程,提高尺寸精度和形状精度,减少产品报废为铸造模具设计的基本考虑。所设计的铸件结构和几何形状特征不仅应当有利于保证铸件品质,而且应当考虑模样制造,使得造型、制芯、合型和清理等操作方便,有利于简化铸造成形工艺过程,稳定产品品质,提高生产率和降低成本。

几何造型的具体操作方面,首先应当根据零件形状、结构和精度要求,通过添加工艺余量和加工余量获得铸件的结构和尺寸,进而采用数字化造型系统在计算机中生成铸件的几何模型,为后续模具的加工成型提供方案和数据。

2. 铸造模样的放样与造型

对于一次型铸造,需要使用铸造模样翻制铸型;永久性铸造中,虽然不存在模样实体,但是为了方便造型,通常根据铸件设计虚拟模样,进行下一步的铸型造型。

金属液充填型腔和降温凝固的过程中,根据凝固顺序以及凝固条件的不同,铸件通常会发生一定程度的尺寸变化和结构变形,这包括因温度降低而产生的整体尺寸变化,以及非均匀温度场及凝固顺序所造成的铸件变形。为了补偿这些方面的尺寸差异,制作铸造模样时需要对铸件进行放样处理。仅考虑铸件冷却收缩的情况下,可以通过对铸件尺寸进行一定比例的放大得到模样尺寸;在要求比较高的情况下,考虑到铸件在铸型约束条件下的尺寸收缩及变形问题,还需要对铸件凝固过程中的变形情况进行分析和预估,从而得到更为精确的模样尺寸。

3. 铸型结构方案设计

铸造模具设计时，型腔内部的封闭型腔是形成铸件的部位。但是为了便于组合铸型及型芯，简化铸件取出工序，在大多数的情况下，铸型并不设计为整体形式，而是由多个分型构成。除此以外，铸型中通常还需要设置冒口、浇注系统，这些都属于铸型结构设计的范畴。

铸型结构设计时，首先需要根据铸件的结构及尺寸选择适当的铸件浇注位置，进而设计浇注系统和冒口的结构和尺寸，设置通气孔及挂钩，并根据预先确定的分型面对铸型做分块构造。在某些情况下需要采用开合型机构完成铸造过程中的部分操作，此时铸型的结构设计还需要考虑铸型本身的安装工位。在使用标准设备驱动的金属型铸造及压力铸造中，安装工位设计更需要得到重视。

4. 铸造模样和铸型的材料选择

铸造模样在使用过程中与造型材料直接接触并多次反复作用，而永久型铸型则直接与金属液接触，在生产过程中受到金属液的反复机械冲刷和循环的热冲击作用。这些过程会对铸造模样和永久型铸型的尺寸精度、使用性能及服役寿命造成重大影响。

由于铸造模样在常温条件下工作，服役条件相对比较好，对模样材料的性能要求比较低，因此，中小批量的生产中可以使用木料、塑料、树脂等材料制作铸造模样，而大批量的生产则需要使用兼顾耐磨性加工性能的铝合金制作铸造模样。由于永久型铸型的服役条件十分恶劣，因此其所使用的材料多为铸铁、铸钢及锻钢，在某些情况下还需要使用成本比较高的合金结构钢制作铸型。

为了控制生产成本，金属型和压铸型制作时，在不直接与金属液接触、不产生明显磨损的位置也可以使用普通碳钢。铸型中对激冷能力要求比较高的部位，可以使用铜合金形成相应的铸型壁面。

5. 模具的复核、评估与制造

通过 CAD 系统对所设计的模具结构及尺寸进行复核，以保证模具各部位不存在交叉、干涉现象，能够充分保证铸件完成预期的成形目标。为了保证铸件冶金质量达标，可以通过 CAE 系统对模具的使用效果进行评价，分析模具存在的问题并进行修正。经过确认后的模具 CAD 模型即可以提交给下一步的加工流程，通过 CAM 系统完成模具的制造。

8.2　铸造模样及芯盒 CAD/CAM 系统

8.2.1　铸造模样分类与结构

铸造模样是一次型铸造，尤其是在砂型铸造生产中，用于模拟铸件形状、形成铸型型腔的工艺装备或者易耗件。为了保证形成符合要求的型腔，模样应当具有适当的表面精度和尺寸精度,同时具有足够的强度及刚度。

按照其使用特点,模样可以分为消耗模和可复用模两大类。消耗模只用一次,制成铸型后,按照模样材料的性质,用溶解、熔化或者汽化的方式将其破坏而自铸型中脱除。这类模样常见于某些特种铸造工艺,例如熔模铸造用的熔模、实型铸造用的泡沫塑料汽化模等。可复用的模样常见于砂型铸造,按照生产批量、生产方式和铸件的特点,可以采用木材、塑料、金属等制作。

翻制铸型所使用的模样通常与模底板配合使用。图 8.2 所示是一种比较简单的可复用铸造模样的实例,根据铸件的结构特点,将模样拆分为两个半模。为了便于模样的组合定位,将形成上型腔和下型腔的两个半模,分别固定在两块模底板上,并做出浇注系统和冒口,装设与砂箱配合的定位销,形成模板。将模板与砂箱可靠定位后,即可以在砂箱与模板之间的空间填充造型材料从而获得铸型。使用模板可以简化造型操作,减少铸件尺寸的偏差,特别适合于机器造型。

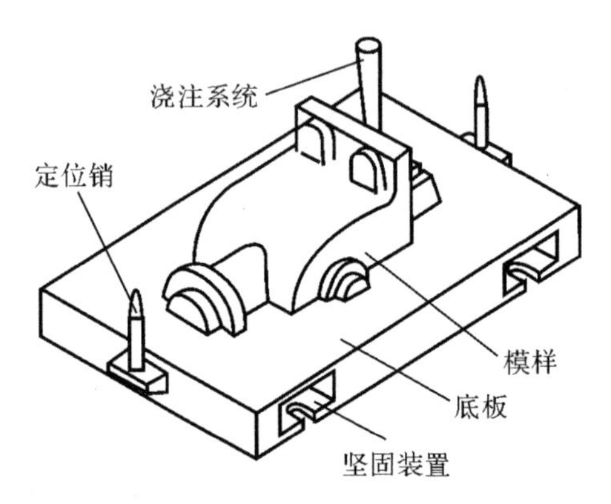

图 8.2　铸造模样及模板

根据生产批量及使用频次的不同,铸造模样及芯盒可以采用不同性能的木料、塑料或者金属等制作。在小批量铸造生产中,可以采用木制模样或者塑料模样翻制铸型或型芯;在大中批量铸造生产中,需要考虑采用金属的模样,从而提高模样的尺寸稳定性和耐用性。常规使用的金属模样,在形状复杂且难以加工的情况下,采用精密铸造方法获得;在冷加工过程中,金属模样应当尽量采用机床加工,减少钳工量,从而保证模样尺寸的精确性。

8.2.2　铸造模样结构设计

1. 模样结构设计

对于铸造模样,结构设计的原则是在满足铸造工艺要求的前提下,便于加工制造。消耗模的制作中由于不涉及取模过程,模样结构设计相对简单,将模样的结构与铸件本体和浇冒系统组合设计为一个整体即可加以使用。典型的例子是熔模铸造中的蜡模以及实型铸造中的消失模,它们都不需要考虑分模面的设计。但是,在可复用模的设计中,还需要考虑模样如何由铸型中取出以提供铸件成形的空间,此时需要考虑如何对模样进行拆分,使得脱模操作能够顺利完成。生产复杂铸件时，根据需求甚至可能使用到多个分模面。分模面的设置通常与铸型的分型面保持一致，同时也与模样与模板之间的结合面相对应。

模样与模底板的装配应当兼顾定位和紧固两方面的可靠性，如图 8.3 所示。通常采用的装配方式包括平放式和嵌入式两种类型。采用平放式装配时，尽量利用模样上的外凸缘和凸耳等位置安装定位销和紧固螺钉[见图 8.3(a)]；模样上不存在现成的凸耳可用时，应当在模样内腔的侧壁设计凸耳、定位孔和螺钉孔，以便安装定位销和紧固螺钉[见图 8.3(b)(c)]。嵌入式装配结构中模样上一般都设计出凸缘或凸肩供装配使用。图 8.3(d)(g)(h)所示属于浅嵌入式装配，适用于分模面处有圆角、细薄凸缘或者要求定位稳定的模样；图 8.3(e)所示属于上深嵌入式装配，适用于分型面以下虽有深凹坑，但是有现成凸耳可以用于定位固定的模样；图 8.3(f)所示属于下深嵌入式装配，适用于分型面以下虽有深凹坑，但是没有现成凸耳可以用于定位固定的模样；图 8.3(i)所示的模样为圆柱体结构，可以直接采用同轴圆柱面定位装配，不必采用销钉定位。

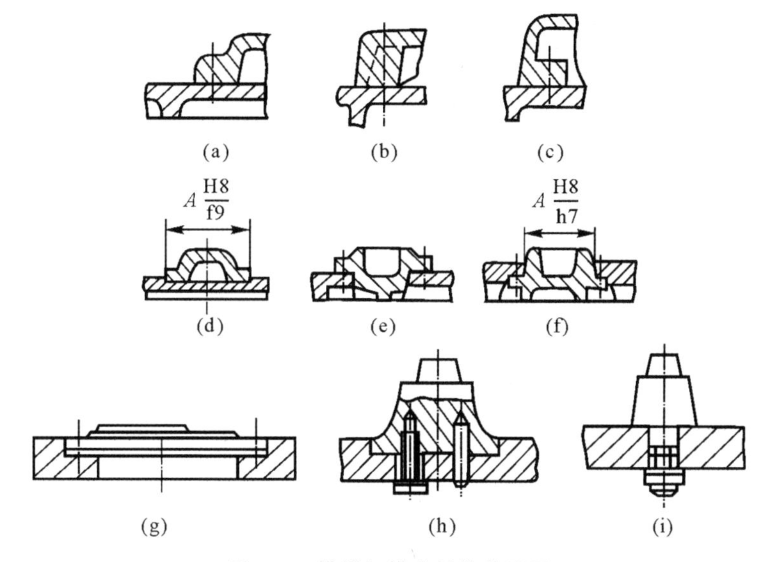

图 8.3　模样与模底板的装配图

(a)～(c)平放式装配的凸耳结构；(d)～(h)嵌入式装配结构；(i)圆柱体芯头模样装配

按照是否使用分模面，以及模样如何与模底板连接，模样本体结构可以分为不同的类型，具体生产中可以根据零件的复杂性，参照表 8.1 进行选择。

表 8.1　模样本体结构类型

分类方法	模样名称	主要特点	适用范围
类型有无分模面	整体式	模样为一个整体，无分模面	极其简单的铸件
	分块式	模样分成两半或者多块	各种铸件
是否装配	整体式	模样与模底板采用整体加工方式得到	简单的小双面模板
	装配式	平装式：模样平装在模底板上	一般模样的模板
		嵌入式：模样嵌入模底板上表面	特殊需要时使用

在保证模样强度、刚度及使用寿命的前提下,尽量减轻模样质量。除了小于 50×50 mm^2 或者高度低于 30 mm 的薄小结构以外,模样应当制成空心结构。平均轮廓尺寸大于 150 mm 的模样,还应当在内部空腔中设置加强筋。加强筋的排列取决于模样内腔的形状,可以采用矩形和辐射形两种,依据模样大小和使用要求布置。空心模样壁厚可参照图 8.4 所示进行选择。

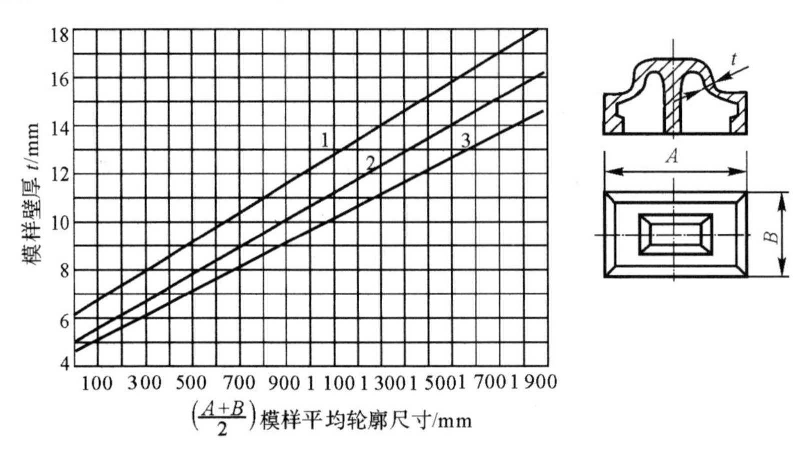

图 8.4 金属空心模样壁厚的选择

1—铝合金;2—铸铁;3—青铜

2. 模样几何尺寸计算

铸件在型腔中完成凝固以后继续冷却到室温的过程中,通常伴随一定的体积和尺寸收缩,因此,形成型腔的模样应当比成品铸件的尺寸略大。为了补偿收缩,模样比铸件图纸尺寸增大的数值称为收缩余量,其数值是根据铸件金属的自由线收缩率和铸件在铸型中收缩受阻的具体情况确定。铸件的收缩余量的数值不仅与铸造合金的线收缩率相关,还与铸件尺寸大小、结构的复杂程度存在关联,常以铸件线收缩率表示为

$$\alpha=\frac{l_{模}-l_{铸件}}{l_{模}}\times100\% \tag{8.1}$$

通常灰铸铁铸件的线收缩率为 0.7%~1.0%,铸钢的线收缩率为 1.6%~2.0%,有色金属的线收缩率为 1.0%~1.5%。对黏土砂铸造而言,线收缩率应靠近高限取值;对树脂砂铸造而言,线收缩率可靠近低限取值。考虑到铸件生产中可能出现尺寸偏差以及表面质量不符合要求等问题,确定模样尺寸时,需要在零件尺寸基础上预留加工余量。为了易于从砂型中取出模样,垂直于分型面的表面应设计 0.5°~ 4°的拔模斜度;铸件上各表面的转折处,应当做成过渡圆角,有利于造型及保证铸件质量。有砂芯的砂型,必须在模样上做出相应的芯头,以便型芯能够稳固地安放在铸型中。

模样上不用于约束零件外形的非关联尺寸按照铸造工艺图上的尺寸设计,不加放收缩率。金属模样(芯盒)工作表面应当标注尺寸偏差、粗糙度,其偏差一般按铸件公差的 1/3~1/4 取值。模样上存在分模面时,为了保证模样分块相对位置准确,不仅须注明分模面平面度,还需要给出模样与模板之间的定位偏差,一般将单面模板定位偏差控制在 0.7 mm 以内,双面模板定位偏差控制在 0.5 mm 以内。模样工作表面的粗糙度不低于 *Ra* 值为

1.6 μm，分模面上 Ra 值一般为 3.2～1.6 μm，定位销孔取 Ra 值为 1.6～0.8μm，固定螺钉孔 Ra 值为 6.3～3.2 μm。

浇冒口模的尺寸偏差应当执行相应的标准。内浇道模对有箱造型的尺寸偏差应当控制在±0.3 mm 以内，对无箱造型应控制在±0.15 mm 以内；浇注系统其余部分对有箱造型的尺寸偏差应当控制在±0.7 mm 以内，对无箱造型应当控制在±0.5 mm 以内。

3. 浇注系统及冒口结构设计

浇注系统是铸型中液态金属进入型腔的通道，同时也是铸造模样的组成部分。浇注系统通常由浇口杯、直浇道、横浇道、内浇道等单元构成。正确设计浇注系统使得金属液平稳、合理地充满型腔，对保证铸件质量十分重要。铝、镁合金铸件生产中，浇注系统的正确设计更为重要，是保证并提高铸件质量的关键工艺之一。

对浇注系统有三个方面的功能性要求，即保证金属液充型的有效性、平稳性和顺序性。首先，浇注系统应当保证金属液能够在一定浇注时间内完整充满铸型，以获得结构完整、轮廓清晰的铸件，避免出现浇不足缺陷；其次，浇注系统应当保证金属液能够比较平稳地进入型腔，防止液流发生剧烈的冲刷、飞溅和漩涡等不良现象，避免铸件出现氧化夹渣、气孔和砂眼等缺陷；再次，浇注系统应当具备控制液流进入型腔的速度和方向的能力，从而调整充型末期型腔内的温度分布，保证铸件具备适当的凝固顺序，抑制铸件缩孔、缩松、裂纹和变形等缺陷。除以上三个功能性要求之外，从生产成本控制的角度考虑，浇注系统应力求简单，从而简化造型工艺和减少金属消耗。

为了进一步抑制铸件内部的疏松缺陷，铸造工艺设计中往往需要考虑使用冒口补偿凝固过程中金属的体积收缩。冒口是铸型内用于储存补缩金属液的空腔，在铸造模样上则体现为铸件本体之外添加的实体结构。冒口的位置、尺寸及形状对其补缩效率起着决定性的作用。冒口应当具备适当体积以提供足够的补缩金属液，其凝固时间应长于待补缩区域的凝固时间，并且尽可能置于铸件最后凝固的部位，在补缩的同时调控、强化铸件的凝固顺序，将疏松区域由铸件本体外移到冒口区域中。

依据冒口上端是否开放且可见，可以将冒口分为明冒口和暗冒口；在重力驱动补缩的情况下，冒口通常置于需补缩位置的上部，根据冒口与铸件本体位置关系的不同，可以将其区分为顶冒口、侧冒口以及贴边冒口三种类型（见图 8.5）。在不同类型冒口的设计中，需要根据冒口位置及结构特点进行优化设计。

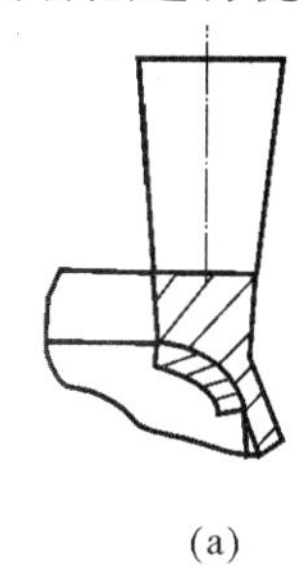
(a)

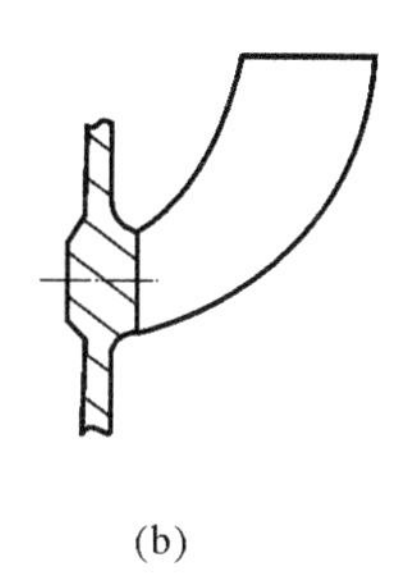
(b)

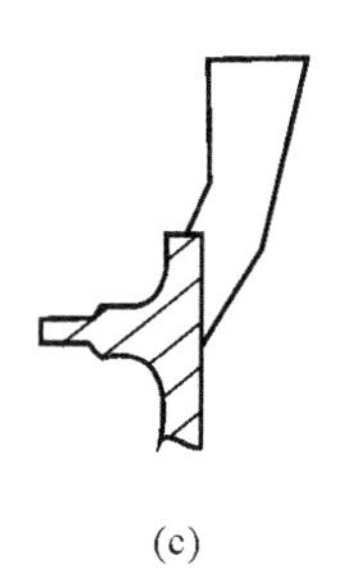
(c)

图 8.5　冒口与铸件的结合形式

(a)顶冒口；(b)侧冒口；(c)贴边冒口

8.2.3 铸造芯盒及其结构

铸造生产中需要使用型芯获得铸件的内腔结构,而将芯砂制成型芯的工艺装备称为铸造芯盒。与模样类似,铸造芯盒可以由木材、塑料、金属或者其他材料制成。设计芯盒时,应当根据型芯的特点、生产批量和生产条件等确定芯盒材料及其结构形式,并进一步对其结构尺寸进行核算。

图 8.6 给出了一个阀体芯盒及其型芯的示意图。由图 8.6 可以看出,该芯盒结构比较简单,适用于手工制芯,型芯的垂直部分由两件活块组合而成,以避免开盒取芯时型芯折断。

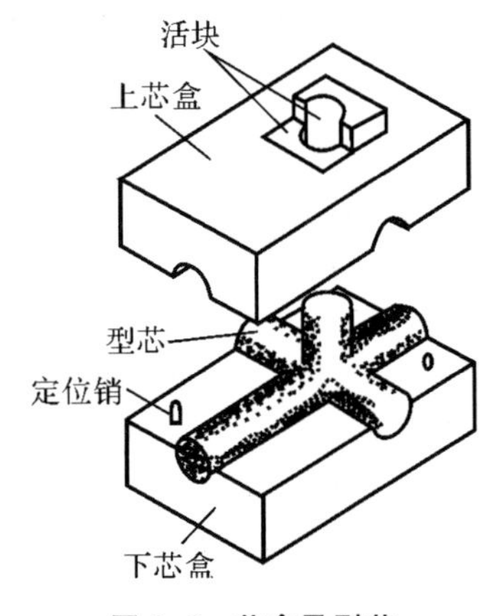

图 8.6 芯盒及型芯

芯盒的结构应当与制芯的方法相适应。在震实式机器上制芯的芯盒,除应当具备和制芯机台面相适应的固定装置外,一般还要配备支撑型芯的托芯板。采用射芯机制芯的芯盒,除与机器配合的部分外,还应当有排放射入气流的排气系统。采用热芯盒法制芯的芯盒,除射砂和排气装置以外,还要有加热芯盒的装置和顶出型芯的装置,由于芯盒温度经常保持在 200℃以上,芯盒材料应当以铸铁制成。冷芯盒法制芯是靠吹入气体的催化作用使型芯硬化,这种芯盒应当有使催化气体均匀散布到芯盒内各部位的排气系统。

与模样设计一致,在铸造芯盒的尺寸设计上,同样需要考虑铸件线收缩率对芯盒尺寸进行核算;为了便于型芯取出,改善铸造工艺性,需要在芯盒内壁面合理设置抽芯斜角和铸造圆角。

8.2.4 铸造模样及芯盒设计流程

如图 8.7 所示,在铸造工艺方案的基础上,应当按照如下步骤完成铸造模样及芯盒设计的 CAD/CAM 流程。

1)依据零件模型生成铸件模型,在铸件上添加浇注系统及冒口,提取铸件及浇冒系统的外部形状,得到模样的外部尺寸参数。

2)根据模样的结构设计方案,沿分模面对模样进行剖分,对其结构进行优化处理后附加模板,模板与模样之间的定位安装遵循既定的设计方案。

3)铸件内部腔体或者表面凹陷不能通过模样实现成型时,应当提取对应部分的铸件曲面并进行放样,获得型芯的表面尺寸参数并设计芯头,进而设计铸造芯盒。

4)铸造模样及铸造芯盒设计完成后,即可以输出工程图,进入制造流程,通过机械加工或者计算机辅助数控加工方法获得铸造模样。

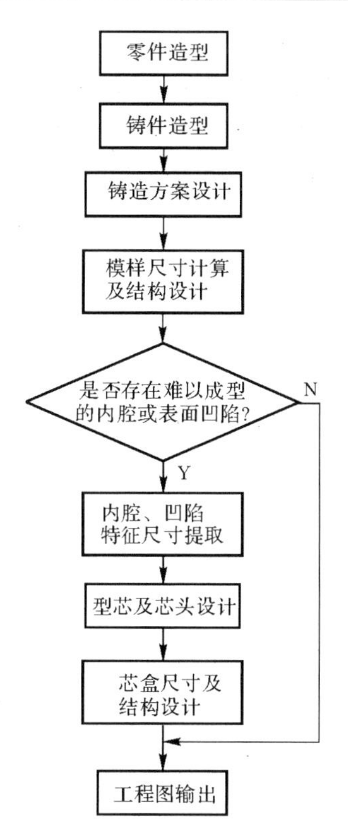

图 8.7　铸造模样及芯盒设计流程

8.3　铸型 CAD/CAM 系统

铸造模样和芯盒的 CAD/CAM 系统通常针对一次型或者一次性使用的型芯，而铸型的 CAD/CAM 系统则主要针对永久型铸型，其具体内容通常包括金属型和压铸型的设计和制造。

8.3.1　金属型结构特征与设计要点

金属型铸造是采用金属制造铸型，并在重力作用下将金属液浇入铸型获得铸件的工艺方法。金属型是实施金属型铸造过程的基本工艺装备，由于金属型属于永久型，其型腔内壁反复承受高温金属液的冲刷和压力作用，开合型时铸型活动部件在较高温度下经受摩擦、挤压，这些应用特点对其材质、结构及性能都提出了比较高的要求。为了提高生产效率，金属型的开合操作往往借助于专用机械实现，因此，设计中需要考虑铸型与辅助机械装置的连接与结合。

金属型的典型结构组成包括型体及活块、浇注系统、冒口补缩系统、型芯结构及抽芯装置、铸型定位及锁紧装置、排气系统等，比较复杂的金属型中还需要设置铸件顶出机构、铸型加热及冷却装置。

金属型 CAD/CAM 设计时,应当遵循以下基本原则。

1)使用金属型生产的铸件应符合铸件图所规定的形状、尺寸及各项技术要求,对尺寸精度及冶金质量要求高的部位应当适当采取强化设计措施。

2)模具设计应当适应金属型铸造生产工艺的要求,同时具备合理的技术经济性,从而降低生产成本。

3)在保证铸件质量和安全的前提下,应当采用合理化设计的简单结构,以尽可能延长模具的使用寿命。

4)在模具零部件设计中,应当尽可能遵循标准化和通用化的规范,以便于部件替换。

8.3.2 金属型 CAD/CAM 流程

1. 铸件结构及尺寸设计

铸件图既是设计、制造金属型和铸件验收的技术依据,也是机械加工、设计制造工装夹具的技术文件之一。与铸造模样设计类似,为了实现零件生产,金属型设计中的第一个步骤仍然是依据零件形状、结构、尺寸精度,通过添加工艺余量和加工余量获得铸件的结构和尺寸。

模具设计中,应当首先分析铸件的基本情况,例如使用场合、关键部位、尺寸精度要求、与其他零件的配合关系、力学性能要求等,然后结合金属型铸造的工艺特点,对零件图样进行考查,就整个模具结构进行构思,对零件上不适宜铸造的部分提出合理改进方案,与用户沟通并达成一致意见,进而采用几何造型系统在计算机中生成铸件的几何模型。

铸件的结构设计应当充分考虑到铸造工艺方法及过程的特点。与一次型铸造相比较,金属型铸造中为了便于开型及抽芯,铸件结构应当尽可能避免出现内大外小的孔洞和阻碍开型的侧凹。由于金属型冷却能力比较强,在常规铸造条件下金属液充型不良,限制了铸件细小结构的成型能力,因此,零件上过小的孔应当考虑采用后期机械加工的方式获得,而不采取直接铸出的方案。例如,一般情况下金属型铸造工艺生产的铝、镁合金铸件,其最小孔径不宜小于 10mm。金属型铸造中,为了充分利用金属型的激冷作用,同时保证铸件各部位冷却速度的相对均匀性,应当尽可能使用薄而均匀的铸件壁厚。

2. 铸型结构方案设计及尺寸计算

铸型结构方案设计应为铸造工艺方案的实施提供条件保障,而铸造工艺方案包括铸件浇注位置选择、分型面选择、浇冒系统设计等内容。

首先根据零件结构特点和不同部位的冶金质量要求确定铸件的浇注位置,然后在此基础上考虑铸型组合方案。金属型通常由多个分块构成,构成型腔的部分铸型可能采用不同的开合方式,这就构成了不同分型面选择的依据。典型的分型方式及其分类如图 8.8 所示。分型面的类型、数量及分布,主要取决于铸件的结构和形状。

金属型内浇注系统及冒口的设计对于冶金质量的控制同样重要。由于金属型铸造冷却速度高、排气条件差,设计浇注系统时应首先保证浇注系统具备足够的浇道尺寸,同时通过浇道结构优化实现金属液的平稳流动和顺序充填,避免气体及熔渣卷入合金液,同时在充型末期形成合理的型腔内热分布条件,实现凝固顺序的控制。蛇形浇道是金属型设计中常采用的浇道形式,有助于获得比较平稳的充型。在保证铸件质量的前提下,为了减小金属液的消耗量,浇注系统结构设计可以适当简化,减小其体积,同时降低铸型制造成本。

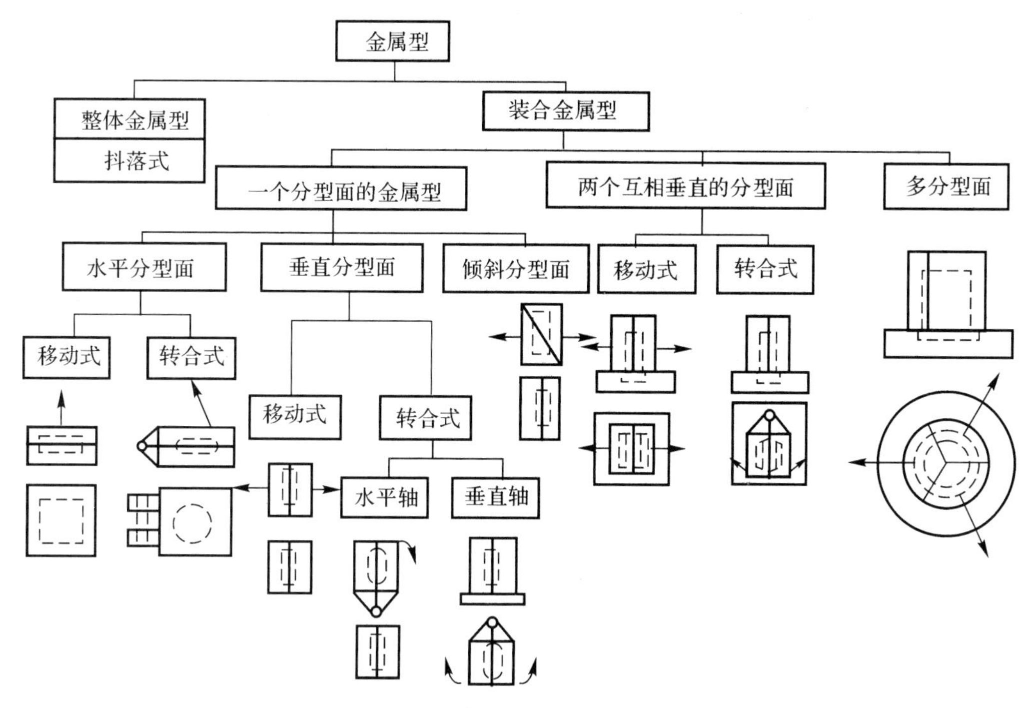

图 8.8　金属型分型面的选择

金属型铸造中,为了改善冒口的补缩效果,可以采用保温冒口(例如电加热保温、石棉板保温、喷涂和加厚保温涂料等方法)降低冒口冷却速度,延长其有效补缩时间。对于轻合金铸件,由于合金密度低,冒口高度所产生的静压力比较小,应当尽量采用直接与大气连通的明冒口进行补缩,同时冒口也可以起到排气的作用;冒口高度通常不超过 60～200 mm 范围,直径以不超过 100 mm 为宜。在保证补缩效果的前提下缩减冒口尺寸,可以提高金属液的利用率,同时避免冒口的富余热量对铸造过程的不良影响。垂直分型的金属型,其冒口结构遵循一般设计规范,即采用上大下小的形状;水平分型的金属型,为了便于脱型,应当考虑采用上小下大的形状,或者考虑在冒口处使用活块,如图 8.9 所示。

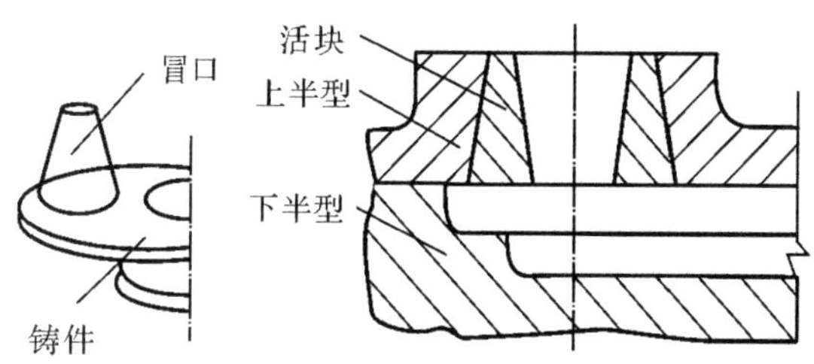

图 8.9　水平分型时的冒口结构

(a)倒圆锥冒口;(b)带两个半圆活动块的冒口

为了保证金属型具有适当的工作温度,在某些情况下需要在金属型上安装加热及冷却装置。对金属型上获取热量比较少且热量散失速度过快的部位需要进行加热,例如铸件薄壁凸起部分对应的铸型局部。在要求不高的情况下可以使用燃气对相应部位直接加热的方式,但是在大批量生产,或者比较大尺寸的铸件生产中,温控要求比较高,此时则需要设计辅助加热装置,以便快速达到良好而稳定的铸型热量平衡条件。常用的辅助加热装置包括电阻丝以及加热管,为了保证加热效果,应当将加热装置安放于离成型面较近的位置。对金属型上易于获得热量且热量散失速度又比较低的部位应当进行冷却,典型的部位包括金属型内部的型芯。铸型内部的冷却装置可以通过设计内部通道并引入冷却介质,例如压缩空气或者冷却水、油等方式解决,而铸型外围的冷却装置可以采用金属型背面散热片或者散热刺的方案。

由于金属型本身不透气,型腔的排气问题也需要在金属型设计中得到重视。除利用浇注系统及冒口实现排气以外,在铸型排气不便的部位,例如大平板结构、远离浇注系统及冒口的部位,均需要设置专门的排气设施。在型腔最后充填的位置通常开设排气孔及排气槽;在不便排气的部分考虑使用排气塞,或者利用镶块与铸型的结合面来实现排气。排气设施的尺寸及间隙应适当,要求既能迅速排出型腔内的气体,又能防止金属液由型腔中漏出。

型腔尺寸是决定铸件尺寸精度的主要因素。金属型型腔尺寸的计算,除根据铸件尺寸和公差外,还需要考虑合金的收缩、涂料厚度、金属型加温后的膨胀以及金属型各部分的间隙等因素产生的影响。考虑涂料厚度的型腔尺寸计算公式为

$$A_x = A_p(1+\alpha) \pm \delta \tag{8.2}$$

式中 A_x—— 型腔尺寸(mm);

A_p—— 铸件尺寸的中间值(mm);

α—— 铸件线收缩率(%);

δ—— 涂料厚度(mm),根据其对铸件尺寸的影响选择。

根据铸件收缩过程中受到铸型阻碍作用大小的不同,铸件线收缩率会存在差异;与砂型铸造相比较,由于金属型退让性比较差,铸件线收缩率 α 应取比较低的值。铝、镁合金的金属型设计中铸件线收缩率可以参照表 8.2 取值,大型薄壁铸件通常取下限,而小型铸件为计算方便,一般按照 1% 计算。

表 8.2 铝合金、镁合金的金属型铸件线收缩率取值

合金种类	无阻收缩率/(%)	部分受阻收缩率/(%)	全受阻收缩率/(%)
铝合金	0.9～1.2	0.7～0.9	0.5～0.7
镁合金	1.0～1.2	0.8～1.0	0.6～0.8

实际生产中影响铸件收缩率的各个因素及其相互之间的影响比较复杂,应当根据生产情况对型腔尺寸进行调整;在必要的情况下,可以在型腔尺寸设计时使用相对宽泛的尺寸,通过试铸进行尺寸校核和调整,最终实现型腔尺寸定型。

适当的金属型壁厚有利于延长铸型寿命。对于常规金属型铸造,金属型壁厚可选择为铸件壁厚的 1～2 倍;而对于大型薄壁铸件,则选择为铸件壁厚的 2.5～3 倍。型腔表面至金

属型外表面的距离不小于 20 mm,一型多件的铸型中,不同铸件型腔壁面之间的距离应当保证,要求小件之间的距离不小于 10 mm,一般铸件之间的距离不小于 30 mm,从而避免各零件之间传热上的过度干扰和对铸型性能的不良影响。为了避免铸件与铸型粘连熔焊而导致开型困难,金属型分型面上需要设计用于撬开金属型的凹槽。

3. 金属型底板设计

除金属型型体外,金属型底板也是金属型的重要构成。底板是金属型型体安装及移动的基板,在某些情况下也构成型腔的一部分,可以用于安装型芯和抽芯机构。

根据对其功能性要求的不同,底板的结构复杂差异比较大。底板各部分的尺寸因半型和铸件的尺寸而异,底板的长度应保证半型拉开后能够方便地由型腔中取出铸件。如果金属型是安装于浇注机上工作,由于半型可以在浇注机工作面上移动,此时底板可小于两个半型宽度之和。底板的厚度应当保证其具备足够的刚性,并且足以安置抽芯和铸件顶出机构。通常底板应当设计为框形,并且设置加强肋。

在具有两个互相垂直分型面的金属型中,底板往往也构成型腔的组成部分,此时应当在设计上保证型体与底板之间的可靠定位。一般在底板上设计圆形或者长方形的凸台以满足定位精度的要求,例如将底板部分的型腔设置于凸台内,使其对称面与金属型垂直分型面准确吻合;凸台和底板可以整体形式设计,也可以采取镶嵌结构。而水平分型和转合式的金属型,其底板只起到支撑型体的作用,一般不设置专门的导向装置。

图 8.10 所示是一个壳体铸件生产用金属型结构的范例,其具有两个互相垂直的分型面,型腔设置在左右半型与底板之间,在开合型时左右半型都需要移动。左右半型之间以横销定位,左右半型与底板之间利用六边形凸台实现定位,部分型腔置于该凸台内。上型芯用螺杆抽芯机构抽出,左右半型可以安装于浇注机上,通过浇注机的开合型机构实现开合型操作。开型后铸件留在底板上,下型芯起中心支撑作用,以避免铸件在开合型时随着左右半型移动。为了便于底板上的型腔加工,底板和凸台之间采用镶块结构,首先在镶块上加工出型腔,然后将其以螺钉固定于底板上成为一体。左右半型合型后,采用锁扣锁紧。这种结构的金属型可以在任一方向上安置型芯,便于采用各种形式的浇注系统和冒口,工艺措施灵活性比较高,适用于各种尺寸有色合金铸件的金属型铸造生产。

4. 铸型材料选择

金属型各部分材料的选择是决定金属型寿命及制造成本的主要因素。由于金属型在高温下反复承受金属液的冲刷,与铸件之间存在周期性反复作用,同时金属型内部也会因温度变化而产生应力,因此,要求金属型材料应当具备比较好的高温及常温力学性能,兼具热稳定性和耐受剧烈温度变化的能力。从生产成本考虑,要求金属型材料具有比较好的加工性能,同时价格比较便宜。常用的金属型材料包括铸铁、铸钢以及铜。

1)铸铁。灰铸铁是制作金属型的主要材料,价格便宜,铸造及机械加工性能好,应用广泛,但是导热性和强度等指标比较低,特别是当温度达到 425 ℃以上时,灰铸铁组织会发生晶粒长大的现象,使得金属型易于损坏开裂。在铸铁中加入铬、铜、钼等合金元素,可以提高灰铸铁的使用性能。球墨铸铁具有良好的耐热和耐蚀性能,与灰铸铁金属型相比,开裂倾向比较小,但是容易变形。球墨铸铁也是良好的金属型材料,在某些场合得到了应用。

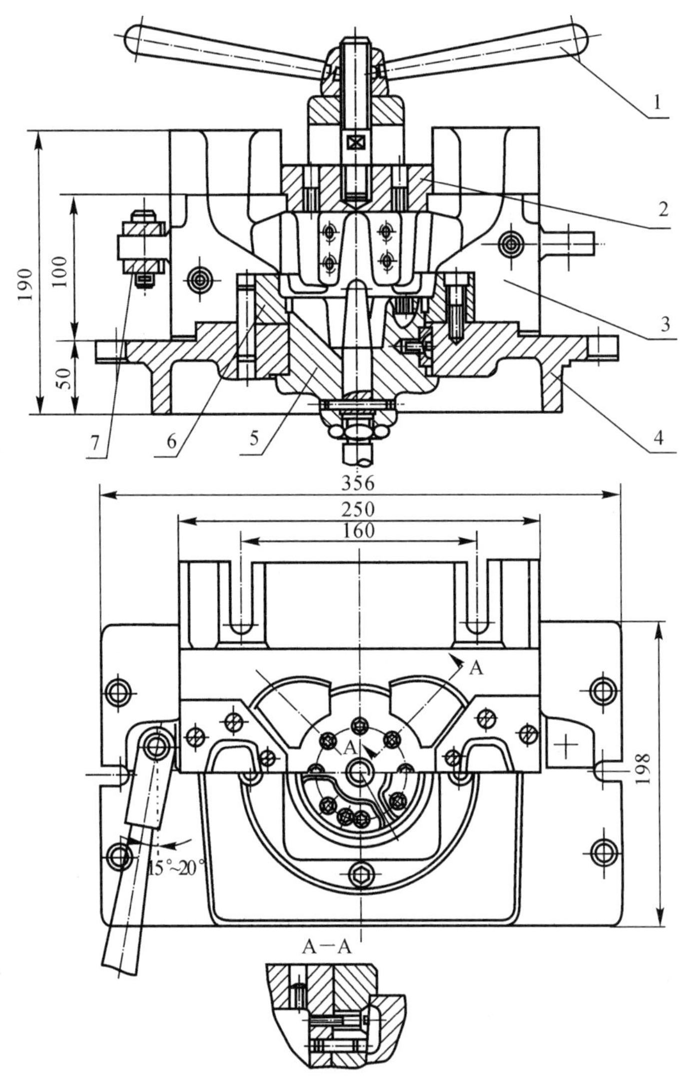

图 8.10 壳体铸件的金属型结构

1—抽芯机构;2—上型芯;3—左右半型;4—底板;5—下型芯;6—镶块;7—锁扣

2)铸钢。与铸铁相比,铸钢材料的优点是抵抗裂纹的能力强,抗翘曲变形的能力比较高,容易焊接以消除缺陷及损伤。缺点是成本高、机械加工费用大,并且容易与铸件本体熔接,因此,一般仅适用于制造形状简单的大型钢铁铸件用金属型。

3)铜。铜具有高的热导率,适合于制作金属型材料,但是应当进行合金化以提高其硬度,改善切削加工性能。使用铜制金属型进行浇注时,合金液散热快,不容易产生黏模现象。为了更充分地利用铜合金的激冷作用,常将铜制金属型设计成为水冷金属型,从而提高生产率,延长金属型使用寿命。

8.3.3　压铸型结构特征与设计要点

压铸型是用于压铸机铸件生产的特种金属型。压铸型通常由两个半型组成，通过压铸机驱动实现半型之间的相互运动，以封闭型腔和取出铸件。压铸生产中，金属液在压铸机压室活塞的挤压作用下，以比较高的流速和压力进入铸型型腔，完成型腔充填和凝固成型。与金属型铸造相比，压铸更适合大批量的铸件生产，在一般生产条件下，8 h 的工作班次内即可以完成多达 7 000 个压铸件的生产。因此，压铸型较金属型承受更高频次的热循环和铸型开合操作；压铸生产条件下金属液对铸型型腔的冲刷也更为严重，因此对铸型结构工艺性及材质可靠性提出了更高要求。

压铸型的典型构成包括定模、动模和模座（动模支撑座）（见图 8.11）。其中，定模固定于压铸机定模安装板上，定模上设置直浇道对应的浇口套，浇口套与压铸机的喷嘴或压室相接；动模固定于压铸机动模安装板上，并且随动模安装板作开合模移动。合模时，动模与定模闭合，在型芯以及外型的配合下金属液经由浇道输入型腔以浇注铸件；开模时，动模与定模分开，推杆、推杆固定板、推板组成的推出机构在压铸机液压顶出器作用下将铸件推出型腔。

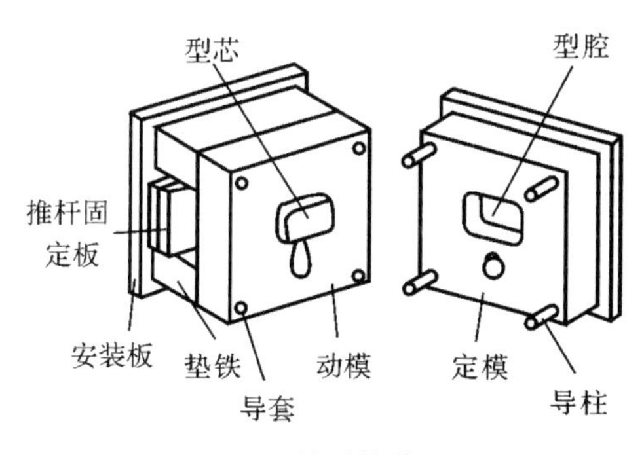

图 8.11　压铸型的典型结构

根据压铸型中各构件实现功能的差异，可以分为成型零件、浇注系统、导向零件、推出机构、抽芯机构、排溢系统、冷却系统以及模体。

压铸型的设计应当遵循以下原则。

1)应当能够保证生产出的压铸件尺寸及性能满足指标要求。

2)应当适应压铸生产工艺的要求，且技术经济性合理。

3)应当保证合理、先进、简单的结构，使动作准确可靠，构件刚性良好，易损件拆换方便，并有利于延长铸型寿命。

4)铸型各部件选材适当，应当具有良好的加工工艺性能，技术要求合理，配合精度选用合理。

5)能够充分发挥压铸机的功能及技术特性，铸型与压铸机的连接安装应当方便可靠。

6)设计、选用铸型部件时应当尽可能遵循标准化、通用化和系列化的要求，以缩短压铸型制造周期，方便管理、替换。

8.3.4 压铸型 CAD/CAM 流程

1. 压铸件设计及型腔尺寸计算

压铸型及压铸工艺设计均以零件图为基础和依据。设计者应当在掌握压铸零件图并全面了解压铸件的使用场合、关键部位、主要尺寸及精度要求后,结合压铸流程及工艺特点,绘制出压铸件毛坯图。在这一环节中,设计者应当深入分析铸件结构是否能够保证生产质量和生产效率,依据压铸件的合金种类或者牌号提出对模具材料的要求以及适用的压铸机规格。如果分析结果表明零件结构不合理,应当与用户协商,形成修改意见并对原零件结构做出调整。

由于在压铸条件下金属液以比较高的速度进入型腔,金属液充型能力比较强,能够保证铸件上孔、槽、螺纹等结构的成型,可以获得比较高的铸件复杂程度。为了充分利用压铸型的激冷作用和压铸机提供的冲击压力,压铸件壁厚应当尽可能均匀,不应当单纯通过增加壁厚提高零件局部强度和刚度,而建议采用壁厚过渡均匀的加强筋对相应结构进行强化,从而避免铸件厚大部位内部产生疏松缺陷。压铸件毛坯上应当具有脱模斜度,以便于压铸件从压铸型中取出,防止铸型划伤铸件表面。

与金属型铸造类似,压铸型的设计需要考虑铸件成形过程中的尺寸变化,即考虑铸件线收缩率、型腔涂料对铸件尺寸的影响,并在型腔尺寸上加以体现。此外,由于压铸件的尺寸精度要求比较高,当型腔尺寸计算时,还需要考虑到比较高的比压作用条件下压铸型分型面上可能出现的缝隙,型腔在多次使用过程中发生的磨损等问题,据此对型腔尺寸进行修正。

常用合金种类对应的压铸铸件线收缩率可以参照表8.3选择,自由收缩的方向上铸件的线收缩率比较大,而当存在对收缩产生阻碍的因素,例如型芯、复杂结构时,铸件的线收缩率应当做减小处理。对于未标注公差或者小于0.5 mm的铸件尺寸,由于压铸件收缩值一般不超过自由公差数值,可以不予计算收缩率。

表8.3 压铸铸件的线收缩率

合金种类	线收缩率/(%)	
	自由收缩方向	受阻收缩方向
铅锡合金	0.4~0.5	0.2~0.4
锌合金	0.5~0.7	0.4~0.6
铝合金	0.5~0.75	0.4~0.65
镁合金	0.6~0.85	0.5~0.75
铜合金	0.8~1.2	0.7~1.0

设计压铸型时应当充分考虑到型腔在一定使用寿命期限内的磨损量并对其尺寸进行调整,同时考虑计算中因线收缩率参数或者其他经验参数不准确而可能导致的偏差,预留铸型

型腔尺寸修整的余地，通过试铸对其进行调整，以获得最佳的型腔尺寸。

2. 压铸工艺方案设计

首先根据压铸件的结构选择适当的分型面。压铸件分型面包括平直分型面、倾斜分型面、阶梯分型面、曲面分型面以及组合分型面等不同形式(见图 8.12)。一般来说，分型面应当选取在压铸件外形轮廓尺寸最大的截面处，以免对开模取件造成阻碍。由于铸件顶出装置常设计在动型上，选择的分型面应当使压铸件在开模后留置于动型，并在顶出装置作用下由动型中脱落取出。分型面可以设置在金属液流动方向的末端，以使型腔具备良好的溢流和排气条件。当铸件尺寸比较大时，应当尽量减小铸件在分型面上的投影面积，以降低对压铸机合模力的要求；铸件上存在强相关尺寸，例如对同轴度有比较高要求的表面时，应当尽量将其放置于压铸型的同一个半型内。

压铸过程中，浇注系统是引导金属液进入型腔的通道，同时也是充型及凝固压力传递的通道。与常规金属型相比较，在压铸型浇注系统的设计中更加强调压力的传递作用，为了降低金属液在充型过程中的压力损耗，应当尽量缩短金属液充型时的流程。典型的压铸型浇注系统由直浇道、横浇道、内浇道组成，同时配合溢流槽、排气槽等进行结构设计(见图 8.13)。

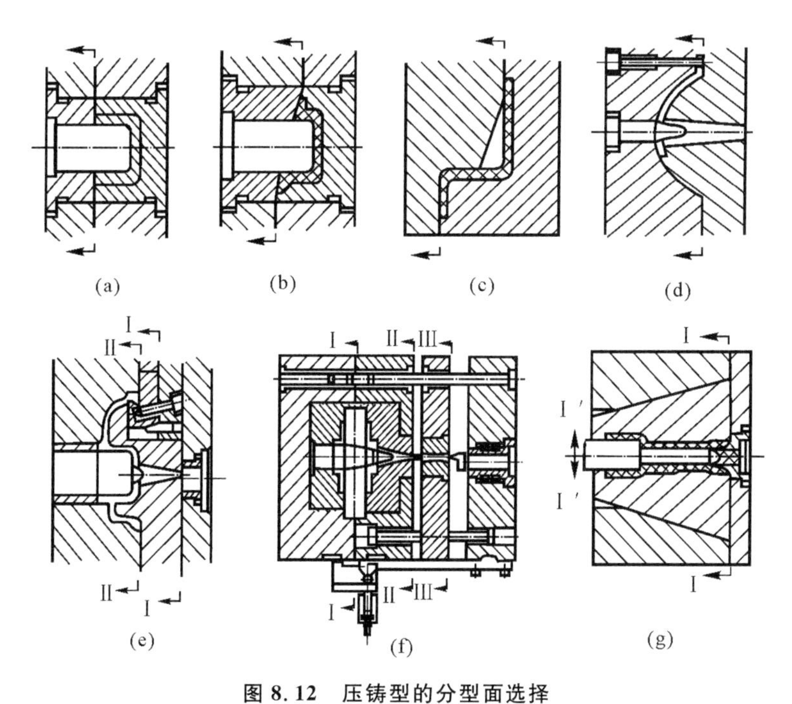

图 8.12　压铸型的分型面选择

(a)平直分型面；(b)倾斜分型面；(c)阶梯分型面；(d)曲面分型面；
(e)双分型面；(f)三分型面；(g)组合分型面

金属液流入型腔时首先经过直浇道，直浇道设计应当以不阻碍金属流动为原则，其直径越大，金属液的热量及压力损失越小，金属液流动速度也能够得到有效保证，从而降低缺陷产生的概率；然而直浇道过大也会导致金属液消耗增加，同时不利于排气，因此，应当综合考虑以选择适当的直浇道尺寸。直浇道一般设计为锥体形状,其锥度向金属液流动方向扩大,以便开型时直浇道内的凝固金属随铸件脱离静型。横浇道是连接直浇道和内浇道的结构,为了避免金属液在浇注系统中产生过于剧烈的喷射现象,同时减小金属液的流动阻力,直浇道和横浇道连接处应设置足够大的圆角。横浇道应当具备足够的截面面积和比较小的长度,以减小金属液压力损失,同时保证铸件朝向横浇道的凝固顺序,以提高铸件质量。横浇道一般设计为梯形或者圆弧形结构,为拔模提供便利。内浇道的作用是将横浇道输送的金属液流动速度进一步提高,形成理想流态以顺序充填型腔,内浇口厚度比较小时金属液流速提高幅度大,有利于充填薄壁型腔并获得外形清晰的铸件。但是内浇口厚度过小时,金属液易分散为雾状高速喷入型腔,容易导致金属液氧化或者在铸件内形成气泡。实际生产中进行压铸件浇注系统设计时,应当根据铸件结构决定内浇口尺寸,铸件越复杂、壁厚越薄、流程越长,应当考虑使用比较小的内浇口厚度,其具体尺寸可以参照表 8.4 选择。

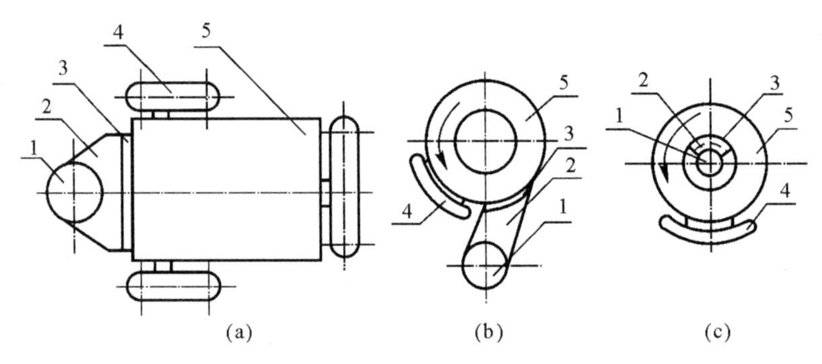

图 8.13　压铸型的浇注系统及溢流槽

1—直浇道;2—横浇道;3—内浇道;4—溢流槽;5—铸件

表 8.4　内浇口厚度的经验数据　　单位:mm

合金种类	铸件壁厚及复杂程度					
	0.6～1.5		1.5～3		3～6	
	复杂	简单	复杂	简单	复杂	简单
	内浇口厚度					
铅锡合金 锌合金	0.4～0.8	0.4～1.0	0.6～1.2	0.8～1.5	1.0～2.0	1.5～2.0
铝合金 镁合金	0.6～1.0	0.6～1.2	0.8～1.5	1.0～1.8	1.5～2.5	1.8～3.0
铜合金		0.8～1.2	1.0～1.8	1.8～2.0	1.8～3.0	2.0～4.0

溢流槽和排气槽设计也是压铸工艺设计的重要环节。溢流槽亦称集渣包,设计于最先进入型腔的金属流程的末端,以容纳最初进入型腔的冷污金属。溢流槽也可以置于受金属液冲击的型芯背面两股金属液汇流的部位。溢流槽的入口截面面积设置为内浇口截面积的 50%～70%,为排气槽截面积的 50%,其总容积应不小于铸件体积的 20%。

当分型面、铸型间隙不足以完成排气功能时,需要额外设计排气槽。排气槽是将金属液充填过程中型腔内气体或者涂料发气排出的通道,一般布置于溢流槽的外侧,与溢流槽配合使用;在某些情况下也需要在型腔内的某些部位单独设置排气槽。排气槽应当尽量设置在分型面上并置于一个半型内,以便于加工成形,同时避免铸件产生毛刺或者飞边,影响出型。应当严格控制排气槽的厚度,当排气量较大时,可以增加排气槽数量或者宽度,但是切忌增加厚度,以免金属液将排气槽堵塞或者导致金属液向外喷溅。排气槽应设计为曲折形状,需要时增加通气塞强化排气能力;排气槽出口不应当朝向操作者一方,防止金属液溅出造成人身伤害。

压铸型中还涉及模架、加热冷却装置、抽芯、推出等机构的设计,可以查阅相关工具书进行设计。

3. 压铸机选择及其对压铸型设计的影响

压铸型设计与压铸机选择有十分密切的联系。除从锁模力、安装尺寸和压射质量等方面考虑之外,还需要考虑压铸机与压铸型之间的压射能量供需关系,对于结构复杂、质量要求高的铸件来说,这一点尤为重要。

锁模力是压铸机选择的首要依据。根据压铸件的质量、压铸件在分型面上的投影面积以及最高比压计算出压铸型所需的锁模力,结合企业具备的生产设备条件,初步选择压铸机型号。为了保证压铸件的质量,需要核算压铸机压射系统的最大金属静压以及流量参数,并且对压铸型和压铸机参数进行校核,确定最终优选的压铸机型号。

压铸机包括立式冷室压铸机、卧式冷室压铸机、全立式冷室压铸机以及热室压铸机 4 种结构类型。不同类型压铸机的工作原理和动作方式存在差异,这就要求压铸型设计与之相吻合。举例来说,卧式冷室压铸机中,压室、压射机构为水平方向放置,开合型机构也以水平方式运动;而在全立式冷室压铸机中,压室、压射机构为垂直方向放置,开合型机构也以垂直方式运动。在不同结构的压铸机上,压铸型分型面的设计就需要与开合型机构相互配合。

不同类型的压铸机对应的浇注系统结构也有差异,表 8.5 给出了几种典型的浇注系统结构。立式冷室压铸机的浇注系统由直浇道 1、横浇道 2、内浇道 3 和余料 4 组成。在开型前,余料需由下冲头先从压室中切断并顶出;卧式冷室压铸机的浇注系统由直浇道 1、横浇道 2 和内浇道 3 组成,余料与直浇道合为一体,开型时整个浇注系统和压铸件随动型一起脱离定型;全立式冷室压铸机的浇注系统与卧式冷室压铸机相同,仅方向存在差别;热压室压铸机的浇注系统由直浇道 1、横浇道 2 和内浇道 3 组成,由于压室和坩埚直接连通,所以没有余料。

表 8.5　不同类型压铸机对应的浇注系统结构

压铸机类型	立式冷室压铸机	卧式冷室压铸机	全立式冷室压铸机	热压室压铸机
浇注系统	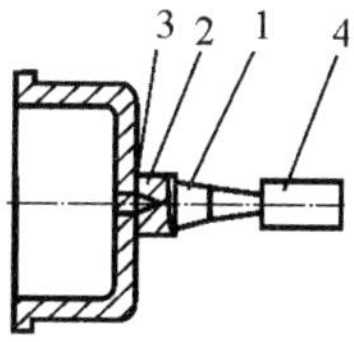 3 2 1 4	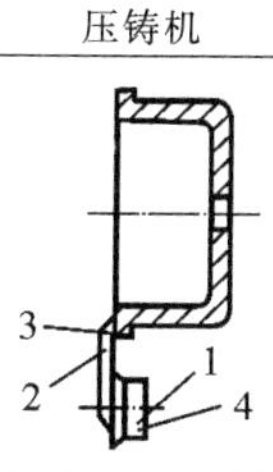 3 2 1 4	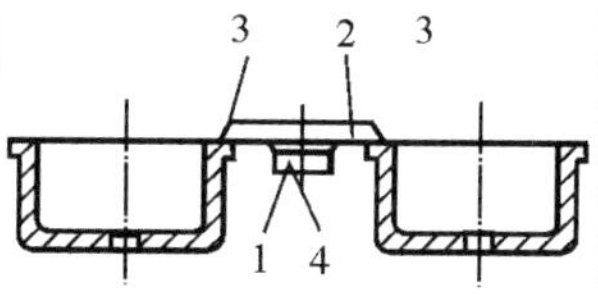 3 2 3 1 4	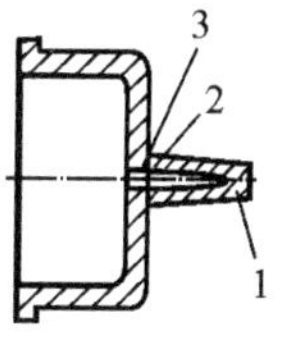 3 2 1

注:1—直浇道;2—横浇道;3—内浇道;4—余料。

压铸型和压铸机选定后，应当进一步对相应结构进行校核，确定压铸型的最大外形尺寸及安装尺寸，推杆及导柱结构和尺寸，小开模行程及推出机构行程等各项参数，确定压铸型各部件的尺寸及公差，从而建立压铸型部件模型及装配模型。

4. 压铸型材料选择

压铸型的不同部件对材料性能的要求各有不同。按照是否与金属液直接接触，以及是否承受滑动摩擦等特性，可以将压铸型部件进行分类并分别提出性能要求。

对于与金属液接触的零件材料，应当提出如下要求：

1)具有良好的可锻性和切削性能，易于加工成型。

2)高温下具有比较高的红硬性、高温强度、高温硬度、抗回火稳定性和冲击韧性。

3)具有良好的导热性和抗疲劳性能。

4)具有足够的高温抗氧化性能。

5)膨胀系数小。

6)具有高的耐磨性和耐腐蚀性。

7)具有良好的淬透性和比较小的热处理变形率。

对于不与金属液直接接触，但是需在比较高温度下承受摩擦的滑动配合零件的材料，要求其具有良好的耐磨性和适当的强度，同时应当具备适当的淬透性和比较小的热处理变形率。对于其他零件(如套板、支承板等模架结构类零件)的材料，则要求其在具有足够的强度和刚度的同时，还应当具有良好的切削加工性能。

实际设计中应当根据上述要求选择不同种类的材料，并对其进行热处理，从而保证压铸型的使用性能及寿命。表 8.6 给出了压铸型各部件常用的材料牌号及热处理要求。

表 8.6　压铸型模体的常用材料及热处理要求

<table>
<tr><td colspan="2" rowspan="2">压铸型零件</td><td colspan="3">压铸件材料</td><td colspan="2">热处理要求</td></tr>
<tr><td>锌合金</td><td>铝、镁合金</td><td>铜合金</td><td>锌合金
铝合金
镁合金</td><td>铜合
金</td></tr>
<tr><td rowspan="2">与金属液
接触的零件</td><td>型腔镶块、型芯、滑块中成型部位等成型零件</td><td>4Cr5MoSiV1
3Cr2W8V
(3Cr2W8)
5CrNiMo
4CrW2Si</td><td>4Cr5MoSiV1
3Cr2W8V
(3Cr2W8)</td><td rowspan="2">3Cr2W8V
(3Cr2W8)
3Cr2W5Co5MoV
4Cr3Mo3W2V
4Cr3Mo3SiV
4Cr5MoV1Si</td><td rowspan="2">HRC
43～47</td><td rowspan="2">HRC
38～42</td></tr>
<tr><td>浇道镶块、浇口套、分流锥等浇注系统</td><td colspan="2">4Cr5MoSiV1
3Cr2W8V(3Cr2W8)</td></tr>
<tr><td rowspan="4">滑动配合
零件</td><td>导柱、导套、斜销、斜弯销等</td><td colspan="3">T8A，T10A</td><td colspan="2">HRC 50～55</td></tr>
<tr><td>推杆</td><td colspan="3">4Cr5MoV1Si、3Cr2W8</td><td colspan="2">HRC 45～50</td></tr>
<tr><td rowspan="2">复位杆</td><td colspan="3">T8A，T10A</td><td colspan="2">HRC 50～55</td></tr>
<tr><td colspan="3">T8A，T10A</td><td colspan="2">HRC 50～55</td></tr>
<tr><td rowspan="2">模架结构
零件</td><td>动静型套板、支撑板等</td><td colspan="3">45 号钢</td><td colspan="2">调质
HB 220～250</td></tr>
<tr><td>模座、垫块、定模座板、推板、推杆固定板等</td><td colspan="3">30～45 号钢、Q235 钢、铸钢、球墨铸铁</td><td colspan="2">回火</td></tr>
</table>

8.4　铸造过程 CAE

8.4.1　铸造 CAE 系统的主要内容

传统的铸造工艺优化流程如图 8.14 所示，工艺效果及产品质量需要经过模具制造以及工艺试制后才能进行校验，属于一种事后判别的方法。如果前期试制质量不能满足要求，需要在工艺改进后重新进行试制和检测，循环往复而获得合格的产品，同时得到最终的合理工艺。这种试制型工艺优化过程会耗费大量的人力、物力，开发周期长，开发成本高，降低了产品的竞争力。

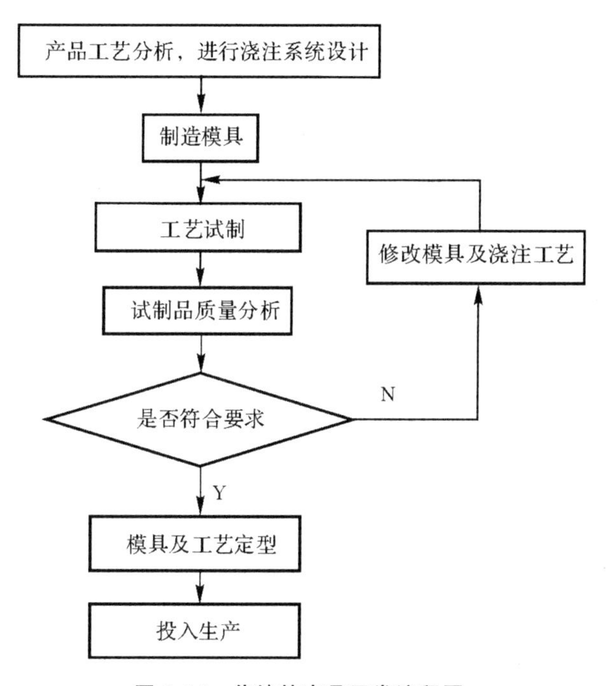

图 8.14　传统的产品开发流程图

20 世纪 80 年代中期以来，随着计算机技术的发展与应用，铸造过程数值模拟技术日益成熟，通过模拟铸件充型及凝固过程，开展计算机辅助工程（Computer Aided Engineering，CAE）分析以考察铸造工艺应用效果，已经成为缩短产品开发周期，降低开发成本的重要途径。目前，铸造模具及工艺设计的 CAE 系统已经进入了工程实用化阶段。通过对铸造过程中流场、温度场、应力场以及微观组织形貌进行模拟，分析铸件在不同时刻的金属流动状态、温度分布、应力分布以及晶粒尺寸形貌等信息，并结合缺陷判据函数预测是否有缩孔、缩松、偏析、夹杂以及热裂等缺陷，从而在实际的铸造生产之前采取相应措施避免缺陷形成，保证铸件质量，可以大大缩短试制周期并降低生产成本。

铸造过程是一个质量传输、热量传输、动量传输与相变过程相互耦合的复杂过程,因而影响铸件质量的因素众多,包括铸造工艺方案、铸造工艺参数、铸造模具等各个方面的多种因素均可能对铸件质量及性能产生不同程度的影响。同时,铸造过程的计算机模拟也属于一个多学科交叉的研究领域,涉及流体力学、传热学、计算机图形学、计算方法、偏微分方程求解以及铸造工艺等多个方面的基础理论。完整的铸造过程计算机模拟包括前处理、计算以及结果分析三个环节。

8.4.2 铸造 CAE 前处理

根据前述的铸造模具设计原则,可以采用各种造型软件实现铸造模具的造型。而这些模具结构是否合理,能否有效地控制整个金属液的充型及凝固过程,则有待于进一步的实验或者分析验证。例如,在完成初步的铸型设计以后,需要对铸型结构的合理性进行验证;浇注系统的结构将影响金属液的充型流动过程,而型腔各部位的腔体厚度与材质的不同,则对金属液的凝固方式和顺序产生重要的影响。因此,考查铸型结构的合理性即属于铸造过程计算机模拟的主要目的之一。

为了实现铸造过程的计算机模拟,首先需要给出流场、温度场、相变的控制方程,以及铸造过程的初始条件和约束条件的描述。本节主要讨论由铸造模具的 CAD 模型获取金属液充型及凝固过程的几何约束条件。

网格剖分是铸造过程计算机模拟中方程离散化处理的前提,而对方程进行离散化处理主要采用有限差分法与有限元法。首先根据初步设计对铸造模具的实体或者曲面参数给出描述,然后按照离散方法的不同要求对铸造模具及铸件进行网格划分。

有限差分法(FDM)通过划分差分网格,将连续的求解域用有限个网格节点代替;通过应用 Taylor 级数展开等方法,把控制方程的导数用网格节点上的函数值的差商代替进行离散,从而建立以网格节点上的值为未知数的代数方程组。有限差分法中的网格形式为具有 8 个顶点的正六面体结构,其剖分过程相对简单,根据模具及铸件的尺寸和结构确定网格尺寸,将 CAD 造型实体剖分为满足计算要求的分块即可;在某些情况下为了减小计算量,需要采用变网格剖分技术,此时获得的网格则为长方体结构。对于差分网格剖分,为了便于在网格中进行控制方程的离散处理,对网格的正交性和光滑性有较高的要求。

有限元法(FEM)的基础是变分原理和加权余量法,其基本求解思想是把计算域划分为有限个互不重叠的单元,在每个单元内选择一些合适的节点作为求解函数的插值点,将微分方程中的变量改写成由各变量或者其导数的节点值与所选用的插值函数组成的线性表达式,借助于变分原理或加权余量法,将微分方程离散求解。采用有限元方法对铸造过程进行模拟时,需要根据求解区域的形状及实际问题的物理特点,将区域剖分为若干相互连接、不重叠的单元,网格剖分的工作量比较大,除了给计算单元和节点进行编号和确定相互之间的关系之外,还要表示节点的位置坐标,同时还需要列出自然边界和本质边界的节点序号和相应的边界值。有限元方法中实体网格为具有 4 个顶点的四面体,在具体剖分过程中一般先剖分模型曲面的三角形面网格，然后依据面网格向模型实体内部延伸为四面体结构，最后获得符合要求的实体网格。

8.4.3　铸造充型和凝固过程的数值模拟

根据已剖分网格获得铸造过程的流动控制方程、热量传输控制方程的离散形式，耦合相变控制方程后即可以对铸造过程进行描述，但是分析一个铸造过程特例还需要给定必要的铸造工艺参数和边界控制条件。

需要给定的铸造工艺参数包括金属液的浇注温度、浇注速度(对于某些外力驱动条件下的浇注过程则需要提供外力作用的相关描述，例如压铸过程的压射压力)，金属液及铸型材料的热物性参数如密度、比热、热导率、黏度等(某些情况下可以通过给定材料类别或合金成分对其热物性参数进行描述)，对于影响铸造过程的其他物理参数也要给出说明，例如不能忽略的重力作用方向、离心铸造中铸型的旋转速度等。铸造过程的边界控制条件则包括合金液的浇注位置、自由液面的分布情况、铸件与铸型之间的换热条件等。

通过在离散网格上应用控制方程和边界条件，可以计算出铸造过程中合金液的流场及温度场演化过程，描述铸件的凝固方式和不同部位的凝固速度，对铸件内部的金属液充型、补缩效率以及凝固组织形成等进行预测，辅助实现铸件的缺陷分析，并对铸造工艺效果进行评估，从而指导设计人员对铸造工艺及模具设计进行改进。

习　题　8

8.1　铸造模具包括哪些具体类别？

8.2　铸造模具的尺寸核算须遵循哪些原则？

8.3　简述铸件线收缩率的定义。铸件线收缩率受哪些因素的影响？

8.4　模样及铸型等不同类型的模具，根据其应用场合及频次的不同，在选材方面有哪些不同的要求？

8.5　在金属型设计中，为什么不考虑细小孔槽结构的铸造成型？

8.6　在金属型结构设计中，可以采取哪些措施减少冒口内金属液的消耗量？

8.7　金属型与压铸型均是以金属材料制成的压铸型，但两者在结构和材料设计上有哪些差异？

8.8　为什么在压铸型设计中往往使用尺寸比较大的直浇道与简单结构的浇注系统？

8.9　压铸机类型及结构对压铸型的结构设计提出了哪些要求？

8.10　简述应用铸造 CAE 系统的主要目的。其对铸造模具设计的意义何在？

第9章 模具CAM

9.1 模具NC加工基础

9.1.1 机床坐标的基本概念

1. 机床坐标系的确定

(1)机床相对运动的规定

在机床上,一般认为工件静止,刀具为运动。对于编程人员在不考虑机床上工件与刀具具体运动的情况下,可以依据零件图样,确定机床的加工过程。

(2)机床坐标系的规定

标准机床坐标系中 X、Y、Z 坐标轴的相互关系用右手笛卡儿直角坐标系规定。对于数控机床,机床的动作由数控装置控制,为了确定数控机床上的成形运动和辅助运动,先确定机床上运动的位移和运动的方向,需要通过坐标系实现,这个坐标系被称为机床坐标系。例如,铣床上有机床的纵向运动、横向运动以及垂直方向运动,如图 9.1 所示。在数控加工中应当采用机床坐标系描述。

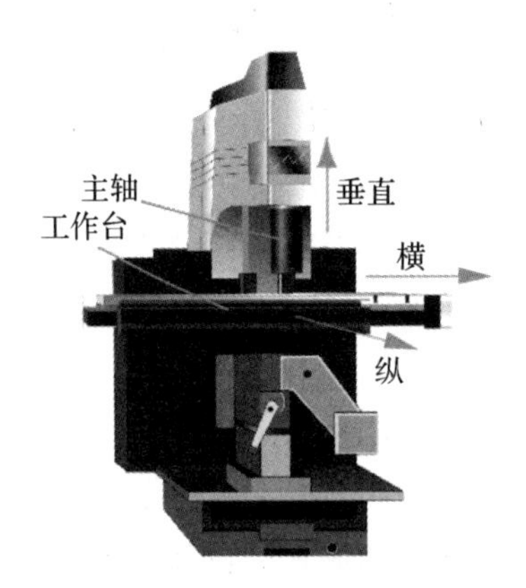

图 9.1 立式数控铣床

标准机床坐标系中 X、Y、Z 坐标轴的相互关系用右手笛卡儿直角坐标系(见图 9.2)决定:①伸出右手的大拇指、食指和中指,并互为 90°,则大拇指代表 X 轴,食指代表 Y 轴,中指代表 Z 轴。②大拇指的指向为 X 轴的正方向,食指的指向为 Y 轴的正方向,中指的指向为 Z 轴的正方向。③围绕 X、Y、Z 轴旋转的轴分别用 A、B、C 表示,根据右手螺旋定则,大拇指的指向为 X、Y、Z 轴中任意轴的正向,则其余四指的旋转方向即为旋转轴 A、B、C 的正向。

(3)运动方向的规定

增大刀具与工件距离的方向即为各坐标轴的正方向。图 9.3 所示为数控车床上两个运动的正方向。

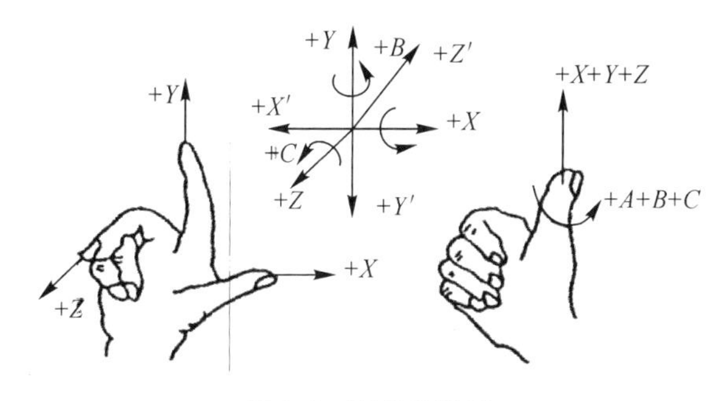

图 9.2　直角坐标系

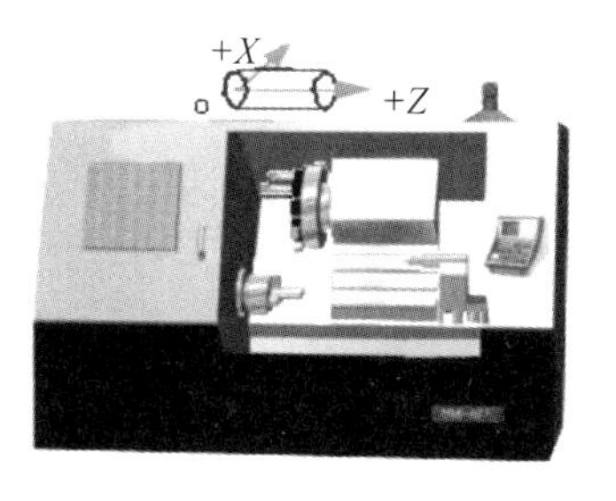

图 9.3　机床运动的方向

2. 坐标轴方向的确定

(1)Z 轴

Z 轴的运动方向由传递切削动力的主轴决定，即平行于主轴轴线的坐标轴为 Z 轴，Z 轴的正向为刀具离开工件的方向。

如果机床上有几个主轴，则选一个垂直于工件装夹平面的主轴方向为 Z 轴方向；如果主轴能够摆动，则选垂直于工件装夹平面的方向为 Z 轴方向；如果机床无主轴，则选垂直于工件装夹平面的方向为 Z 轴方向。图 9.4 所示为数控车床的 Z 轴。

(2)X 轴

X 轴平行于工件的装夹平面，一般在水平面内。确定 X 轴的方向时，要考虑以下两种情况：

1)如果工件做旋转运动，则刀具离开工件的方向为 X 轴的正方向。

2)如果刀具做旋转运动，则分为两种情况：Z 轴水平时，观察者沿刀具主轴向工件看时，$+X$ 运动方向指向右方；Z 轴垂直时，观察者面对刀具主轴向立柱看时，$+X$ 运动方向指向右方。如图 9.5 中数控车床的 X 轴。

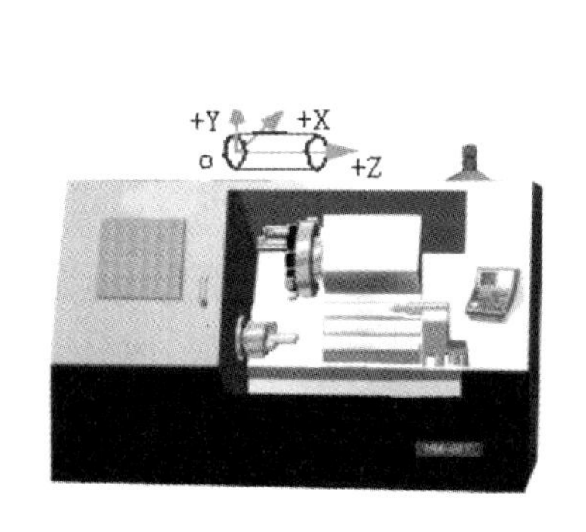

图 9.4　数控车床坐标系

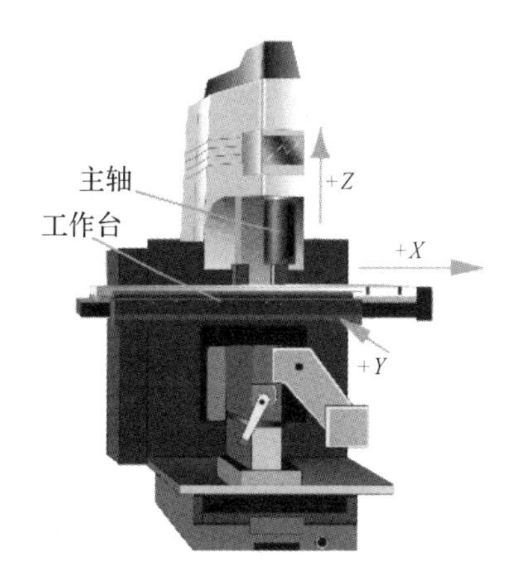

图 9.5　数控立式铣床坐标系

(3)Y 轴

在确定 X,Z 轴的正方向后,根据 X 和 Z 轴的方向,按照右手直角坐标系确定 Y 轴的方向。如图 9.5 中数控铣床的 Y 坐标。

例:根据图 9.5 所示数控立式铣床的结构,试确定其 X,Y,Z 轴。

1)Z 轴:平行于主轴,刀具离开工件的方向为正。

2)X 轴:由于 Z 轴垂直,并且刀具旋转,因此面对刀具主轴向立柱方向看,向右为 X 轴正向。

3. 附加坐标系

为了方便编程和加工,有时需要设置附加坐标系。

对于直线运动,通常建立的附加坐标系如下。

(1)指定平行于 X,Y,Z 的坐标轴

可以采用的附加坐标系:第二组 U,V,W 坐标,第三组 P,Q,R 坐标。

(2)指定不平行于 X,Y,Z 的坐标轴

可以采用的附加坐标系:第二组 U,V,W 坐标,第三组 P,Q,R 坐标。

4. 机床原点与参考点

机床原点是指在机床上设置的一个固定点,即机床坐标系的原点。机床参考点是用于对机床运动进行检测和控制的固定位置点。它在机床装配、调试时已经确定,是数控机床进行加工运动的基准参考点。

(1)数控车床的原点与参考点

对于数控车床,机床原点一般取在卡盘端面与主轴中心线的交点处,如图 9.6 所示。同时,通过设置参数的方法,也可以将机床原点设定在 X,Z 坐标的正方向极限位置上。

(2)数控铣床的原点与参考点

对于数控铣床,机床原点一般取在 X,Y,Z 坐标的正方向极限位置上,如图 9.7 所示。

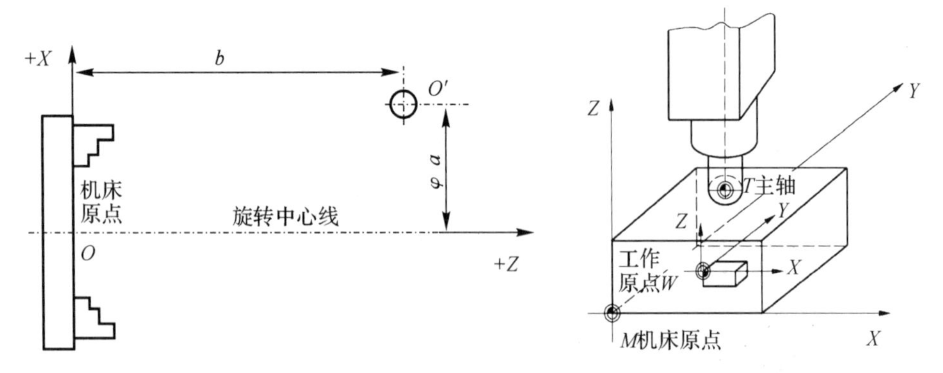

图 9.6 数控车床的机床原点　　**图 9.7 数控铣床的机床原点**

机床参考点的位置由机床制造商家在每个进给轴上用限位开关精确调整好,坐标值已

经输入数控系统中。因此,参考点对机床原点的坐标是一个已知数。

通常,数控铣床上机床原点和机床参考点重合;而数控车床上机床参考点是离机床原点最远的极限点。

数控机床开机时,必须先确定机床原点,而确定机床原点的运动是刀架返回机床参考点的操作,通过确认参考点,就确定了机床原点。只有机床参考点被确认后,刀具(或者工作台)移动才有基准。

5. 工件坐标系、程序原点和对刀点

工件坐标系供编程人员在编程时使用。编程人员选择工件上的某一已知点为原点,也称程序原点。建立一个新的坐标系称为工件坐标系,工件坐标系一旦建立便一直有效,直到被新的工件坐标系所取代。

工件坐标系的原点选择应当满足编程简单、尺寸换算少、引起的加工误差小等条件。一般情况下,以坐标式尺寸标注的零件程序原点应当选在尺寸标注的基准点,对称零件或者以同心圆为主的零件,程序原点应当选在对称中心线或者圆心上,Z 轴的程序原点通常选在工件的上表面。

确定对刀点的原则是:数学处理和程序编制简便;在机床上容易找正;加工过程中便于检查;引起的加工误差小。对刀点可以设置在零件上、夹具上或者机床上,但是必须与零件的定位基准有一定的坐标尺寸关系,这样才能确定机床坐标系与工件坐标系之间的关系。当对刀精度要求比较高时,对刀点应当选在零件的设计基准或工艺基准上。对于以孔定位的零件,选孔的中心作为对刀点。可以通过计算机数控系统(CNC)将相对于程序原点的任意点的坐标转换为相对于机床原点的坐标,加工开始时设置工件坐标系,用 G92 指令建立工件坐标系,G54～G59 指令选择工件坐标系。对刀时应当使对刀点与刀位点重合。刀位点对立铣刀、端铣刀为刀头底面的中心,对球头铣刀为球头中心,对车刀、镗刀为刀尖,对钻头为钻尖。

换刀点应当根据工序内容确定。为了防止换刀时刀具碰伤工件,换刀点应当设在零件或者夹具的外部。

9.1.2　加工工序划分

数控加工工序的划分方法有以下 3 种。

1. 刀具集中分序法

刀具集中分序法是按所用刀具划分工序,用同一把刀具加工完零件上所有可以完成的部位,再用第二把、第三把刀具完成它们各自可以完成的其他部位。这样可以减少换刀次数,压缩空程时间,减少不必要的定位误差。

2. 粗加工、精加工分序法

对单个零件要先粗加工、半精加工,然后精加工。对于一批零件,先全部进行粗加工、半精加工,最后进行精加工。粗加工、精加工之间最好隔一段时间,使得粗加工后零件的变形得到充分恢复,再进行精加工,以提高零件的加工精度。

3. 按加工部位分序法

一般先加工平面、定位面,后加工孔;先加工简单的几何形状,再加工复杂的几何形状;先加工精度比较低的部位,再加工精度比较高的部位。

在数控机床上加工零件,加工工序的划分要视加工零件的具体情况具体分析,许多工序的安排综合使用了上述分序法。

9.1.3 工件装夹方式

零件的定位、夹紧方式应当注意以下 4 个方面:

1)尽量采用组合夹具;当工件批量比较大、精度要求比较高时,可以设计专用夹具。

2)零件定位、夹紧的部位应不妨碍各部位的加工、刀具的更换以及重要部位的测量,尤其应当避免刀具与工件、刀具与夹具相撞的现象。

3)夹紧力应当力求靠近主要支承点或者在支承点所组成的三角形内;应当力求靠近切削部位,并在刚性比较好的地方;尽量不要在被加工孔径的上方,以减少零件变形。

4)零件的装夹、定位要考虑重复安装的一致性,以减少对刀时间,提高同一批零件加工的一致性;一般同一批零件采用同一定位基准、同一装夹方式。

9.1.4 选择走刀路线

选择走刀路线时,应当充分注意下述情况。

1. 铣切外圆与内圆

铣切外圆时要安排刀具从切向进入圆周铣削加工。当外圆加工完毕之后,不要在切点处退刀,安排一段沿切线方向继续运动的距离,这样可以减少接刀处的接刀痕。铣切内圆时也应该遵循从切向切入的方法,最好安排从圆弧过渡到圆弧的加工路线;切出时也应多安排一段过渡圆弧再退刀,以减少接刀处的接刀痕,从而提高孔的加工精度。

2. 铣削轮廓

铣削轮廓时,尽量采用顺铣加工方式,这样可以提高零件的表面质量和加工精度,减少机床“颤振”。选择合理的进、退刀位置,避免沿零件轮廓法向切入和在进给中途停顿;进刀、退刀位置应当选在不太重要的位置;当工件的边界开敞时,为了保证加工的表面质量,应当从工件的边界外进刀和退刀。

3. 内槽加工

内槽指以封闭曲线为边界的平底凹坑。加工内槽一律使用平底铣刀，刀具边缘部分的圆角半径应当符合内槽的图样要求。内槽的切削分两步，第一步切内腔，第二步切轮廓。切轮廓通常又分为粗加工和精加工。

9.1.5　刀具选择

数控机床，特别是加工中心，与普通机床相比，其主轴转速高 1～2 倍，某些特殊用途的数控机床、加工中心的主轴转速高达每分钟数万转，因此数控机床用刀具的强度和耐用度至关重要。目前涂镀刀具、立方氮化硼刀具等已经广泛用于加工中心，陶瓷刀具与金刚石刀具也开始在加工中心上运用。一般来说，数控机床用刀具应当具有比较高的耐用度和刚度，刀具材料抗脆性好，有良好的断屑性能和可调、容易更换等特点。

在数控机床上进行铣削加工，选择刀具时注意以下两点。

(1)平面铣削应当选用不重磨硬质合金面铣刀或者立铣刀。一般采用两次走刀，第一次走刀最好用面铣刀粗铣，沿工件表面连续走刀；选好每次走刀宽度和铣刀直径，使接刀痕不影响精切走刀精度。因此，加工余量大、不均匀时，铣刀直径选取小值；精加工时铣刀直径选取大值，最好能包容加工面的整个宽度。

(2)立铣刀和镶硬质合金刀片的面铣刀主要用于加工凸台、凹槽和箱口面。为了提高槽宽的加工精度，减少铣刀的种类，加工时采用直径比槽宽小的铣刀，先铣槽的中间部分，然后铣槽的两边。铣削平面零件的周边轮廓一般采用立铣刀。刀具的结构参数：刀具半径 R 应当小于零件内轮廓的最小曲率半径 r，一般取 $R=(0.8\sim0.9)\,r$；零件的加工高度 $H\leqslant(1/6\sim1/4)R$，以保证刀具有足够的刚度。

9.1.6　切削用量确定

数控编程人员必须确定每道工序的切削用量，包括主轴转速、进给速度、背吃刀量和侧吃刀量等。确定切削用量时，根据机床说明书的规定和要求，以及刀具的寿命选择和计算，也可以结合实践经验，采用类比法确定。

选择切削用量时，需要保证刀具能加工完一个零件，或者能保证刀具耐用度不低于一个班的作业时间，最少也不能低于半个班的作业时间。切削深度主要受机床、工件和刀具的刚度限制，在刚度允许的情况下，尽量使背吃刀量等于零件的加工余量，这样可以减少走刀次数，提高加工效率。

对于精度和表面粗糙度要求比较高的零件，应当留有足够的加工余量。与普通机床相比，一般数控机床的精加工余量小。

主轴转速 n(r/min)根据允许的切削速度 v(m/min)选择,按照下式计算:

$$n=\frac{1\ 000v}{\pi D} \tag{9.1}$$

式中 D——工件直径(mm)。

进给速度(mm/min)或者进给量(mm/r)是切削用量的主要参数,一定要根据零件加工精度和表面粗糙度的要求,以及刀具和工件材料选取。此外,在轮廓加工中,当零件有突然拐角时,刀具容易产生“超程”,应当在接近拐角前适当降低进给速度,过拐角后再逐渐增速。

9.2 NX 加工模块

数控加工是根据记录在媒体上的数字信息对专用机床实施控制,使得其自动完成规定加工任务的技术,数控加工需要有生产计划、工艺过程、数控编程作为辅助。

数控编程是计算机辅助制造(CAM)的关键,主要包括人工编程与计算机自动编程两种方式,NX 中加工模块可以实现计算机自动编程。

9.2.1 NX 加工基础知识

数控加工分为如下步骤。

(1)建立或者打开零件图

NX 可以在自身环境中建立三维零件图或者平面图,或者通过与其他软件的接口,采用其他作图软件,例如从 Pro/E 等软件中获得三维模型作为加工用模型。

(2)分析与制定加工工艺

通过工艺分析,可以明确在数控加工中应当完成的工作任务。

(3)生成刀具轨迹

通过 NX 编程操作,最后生成刀具轨迹。

(4)进行后置处理

通过 NX 编程操作编出的程序是与特定机床无关的刀具位置源文件,通过特定转换再转换成特定机床能使用的数控程序,即所谓的后置处理。

(5)获得工艺文件

操作过程中,生成刀具轨迹是由 NX 的 CAM 功能完成的,这个过程又需要经过如下几个过程:①创建程序组;②创建刀具组;③创建几何组;④创建加工方法;⑤创建操作。

9.2.2 加工模块的基本操作

1. 打开加工模块

1)打开模型文件 E:\UG10.1\Work\sj01\pump_asm.prt。

2)单击【应用模块】标签。

3)单击【加工环境】图标即可进入加工模块对话框，如图 9.8 所示。打开加工模块后，主菜单及工具栏会发生一些变化，出现某些只在制造模块中才有的菜单选项或者工具按钮，而另外一些在造型模块中的工具按钮不再显示。但是，在加工模块中可以进行简单的建模，例如构建直线、圆弧等。

2. 加工环境设置

依据零件的工艺分析，按照零件加工实际需要进行设置，可以提高工作效率。

当一个零件首次进入加工模块时，系统会弹出【加工环境】对话框，先进行初始化，如图 9.9 所示。CAM 进程设置用于选择加工所使用的机床类别，CAM 设置是在制造方式中指定加工设定的默认值文件，即选择一个加工模板集。选择模板文件将决定加工环境初始化后可以选用的操作类型，也决定在生成程序、刀具、方法、几何时可选择的节点类型。

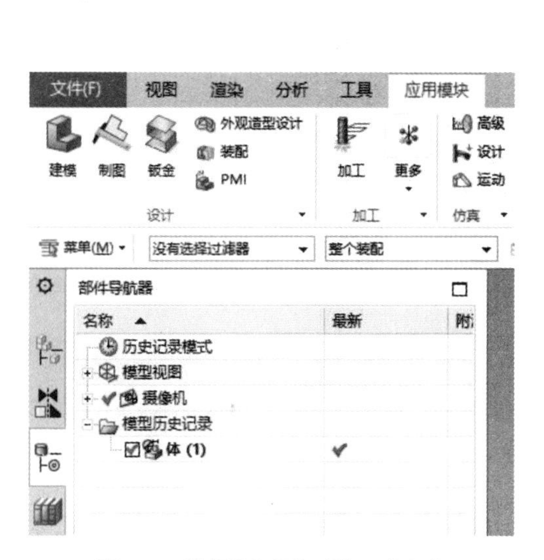

图 9.8　选择【应用】→【加工】命令

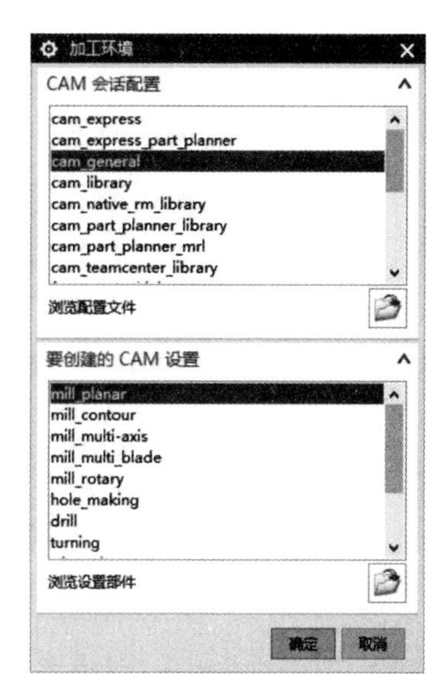

图 9.9　【加工环境】对话框

3. NX 加工编程的步骤

NX 加工编程中，功能创建是一个主要部分，包括创建几何体、创建加工坐标系、创建工具、创建加工方法、创建程序组。培养良好的 NX 编程习惯非常重要，这样可以大大减少操作错误。由于 NX 编程需要设置许多参数，为了不漏设参数，应当按照一定的顺序和步骤进行设置。图 9.10 所示是 NX 编程的流程图。

1)先打开某一待加工零件，然后按＜Ctrl＋Alt＋M＞组合快捷键，弹出【加工环境】对话框，如图 9.9 所示。选择[mill_contour]方式，然后单击【确定】按钮，直接进入编程主界面。在编程主界面左侧单击【工序导航器】按钮 。

2)设置加工坐标和安全高度。双击工序导航器中 MCS_MILL 图标,设置加工坐标为工件坐标,设置安全高度,如图 9.11 所示。

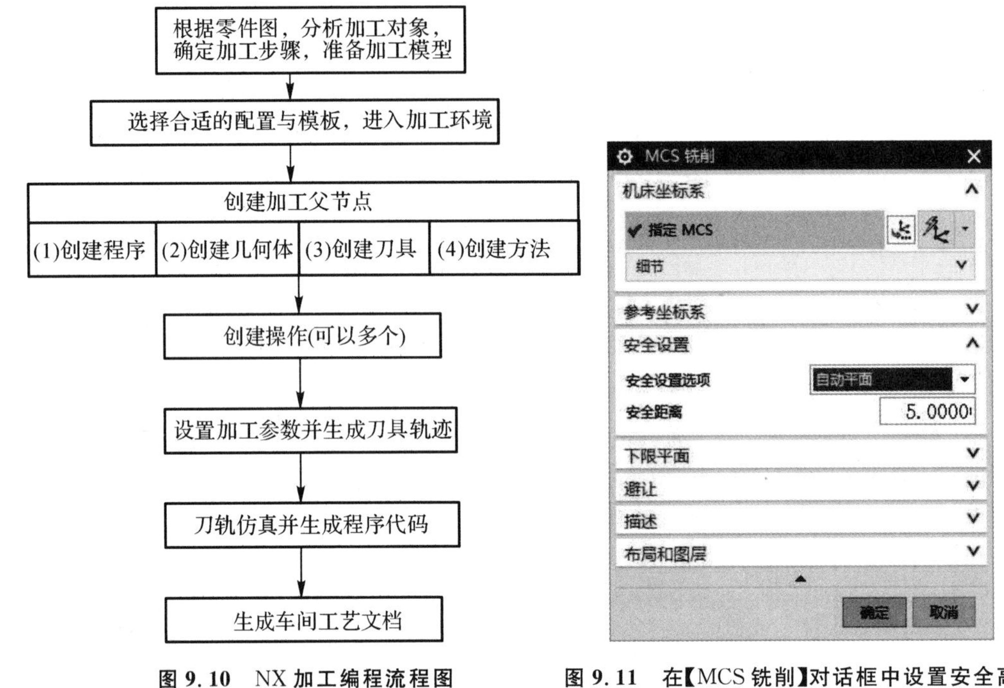

图 9.10　NX 加工编程流程图　　**图 9.11　在【MCS 铣削】对话框中设置安全高度**

3)设置部件。在工序导航器 MCS_MILL 中双击 WORKPIECE 图标,弹出【工件】对话框,如图 9.12(a)所示。单击【指定部件】按钮 ,弹出【部件几何体】对话框,如图 9.12(b)所示。单击【选择对象】栏,选择零件模型,单击【确定】按钮。

4)设置毛坯。在【工件】对话框中单击【指定毛坯】按钮 ,弹出【毛坯几何体】对话框,如图 9.13 所示。单击【选择对象】栏,选择毛坯模型,单击【确定】按钮两次退出。

(5)设置粗加工、半精加工和精加工的公差。在工序导航器中的空白处右击,在弹出的快捷菜单中选择【加工方法视图】命令,双击 MILL_ROUGH 图标,弹出【铣削粗加工】对话框,如图 9.14 所示,设置粗加工公差参数;双击 MILL_SEMI_FINISH 图标,弹出【铣削半精加工】对话框,如图 9.15 所示,设置半精加工参数;双击 MILL_FINISH 图标,弹出【铣削精加工】对话框,如图 9.16 所示,设置精加工参数。

(a)

(b)

图 9.12　设置部件

图 9.13　设置毛坯

图 9.14　设置粗加工公差

6)创建刀具。如果需要创建刀具 D30R5,则在【加工创建】工具条中单击【创建刀具】按钮,弹出【创建刀具】对话框,如图 9.17(a)所示,在【名称】文本框中输入 D30R5,单击【确定】按钮,弹出【铣刀-5 参数】对话框,如图 9.17(b)所示。在【直径】文本框中输入 30,在【下半径】文本框中输入 5,单击【确定】按钮。创建完成一把刀具后,还需要把加工工件所要用的所有刀具都创建完成。

图 9.15　设置半精加工公差

图 9.16　设置精加工公差

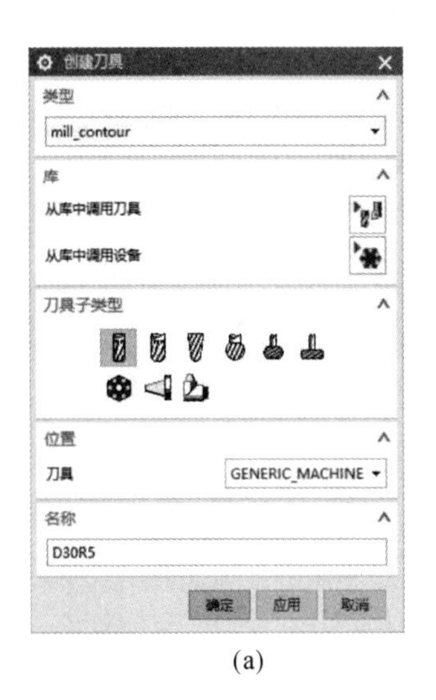

(a)

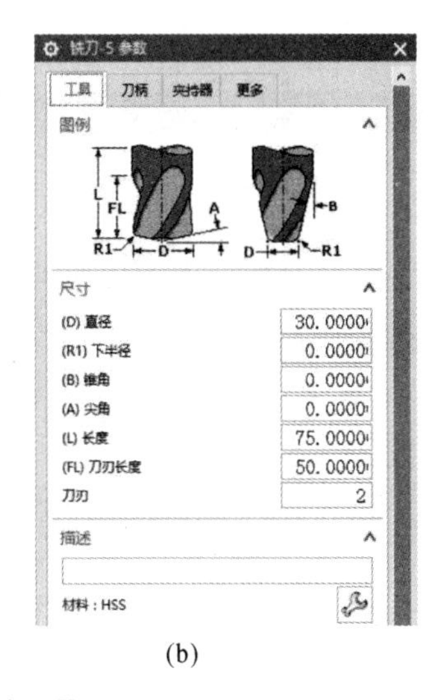

(b)

图 9.17　创建刀具

(7)创建程序组。在工序导航器中的空白处右击,在弹出的快捷菜单中选择【程序顺序视图】命令。在【加工创建】工具条中单击【创建程序】按钮 ,弹出【创建程序】对话框,如图 9.18 所示。在【名称】文本框中输入程序名称,如 PROGRAM_1 等,单击【确定】按钮两次退出。

8)创建操作。在【加工创建】工具条中单击【创建操作】按钮,弹出【创建操作】对话框,在【创建操作】对话框中设置类型、操作子类型、程序、刀具、几何体和加工方法。

9)设置参数。设置参数时应当按照顺序从上往下进行,如图 9.19 所示,在【型腔铣】对话框中,首先应当指定切削区域(选择加工面)和指定修剪边界,接着选择切削模式,设置步进的百分比、全局每刀深度，然后设置切削参数、进给和速度等。

图 9.18　创建程序

图 9.19　【型腔铣】对话框

10)生成刀具轨迹。

11)检查刀具轨迹。这一步骤至关重要,检查刀路轨迹时,如果发现问题需要立即修改,保证刀具轨迹流畅且效率高。

9.3 模具 NX 加工

9.3.1 手机壳成型模具的数控加工编程

以手机壳成型模具为例,如图 9.20 所示。从设计完成的模具文件夹中复制出原始的零件文件,并改名为【cavity_cam.prt】,在 NX 中打开。

1.加工工艺过程分析

图 9.20 手机壳成型模具

生产过程中,操作者需要了解工艺过程,并清楚加工任务,加工工艺卡是加工操作的必要文件。加工工艺卡由技术部门制订,以文件形式下发给加工部门。加工工艺卡包括加工步骤、每一加工步骤所用的工装夹具、定位方法、使用机床、机床刀具、本步骤加工图等诸多内容,由于零件加工工艺卡制作比较麻烦,因此,一般不太复杂的加工可以使用加工过程卡。加工过程卡比较简单,主要包括加工顺序、加工内容、加工方式、机床、刀具、留余量等项目。因此,加工过程卡不能少。

制定工艺的原则是尽可能少换刀具,即同一把刀具的加工内容一起完成并参照先粗后精加工、先平面后孔的原则。另外在切削用量的选择时应当根据所选刀具的材料、所使用的加工设备以及工件材料决定,这里所选择的切削用量仅供参考,但是主要原则是粗加工选取比较低的切削速度、比较高的进给量、比较大的背吃刀量,而精加工则选取比较高的切削速度、比较小的进给量、比较小的背吃刀量。通常使用的工件材料为中碳钢、低碳钢,而铣刀材料为硬质合金或者高速钢,两种刀具材料的切削用量差别很大,以下设定刀具材料为硬质合金,工件为中碳钢。

手机壳成型模具的型腔零件加工制订的加工步骤见表 9.1。

表 9.1 手机壳成型模具的加工步骤

工 序	刀 具	留余量/mm	备 注
粗铣型腔及平面	平铣刀 D12	0.5	
半精铣型腔及平面	平铣刀 D12	0.1	空间范围使用 3D
精铣两平面	平铣刀 D12	0	
半精铣型腔	平铣刀 D5	0.1	参考刀具铣刀 D12
精铣所有的曲面	球铣刀 D10R5	0	固定轮廓铣(边界驱动)
精铣型腔曲面	球铣刀 D5R2.5	0	固定轮廓铣(区域铣削)
清根	球铣刀 D2R1	0	
电火花加工清根	电极		该步骤省略

2. 进入 NX 加工模块

在 NX 操作视窗左上角位置单击 开始 →【应用模块】→【加工 】，弹出【加工环境】对话框，在【加工环境】对话框的【CAM 会话配置】列表中选择【cam_general】选项，在【要创建的 CAM 设置】列表框中选择【mill planar】选项，单击【确定】按钮，进入 NX 加工模块。

3. 创建几何体

将原建模坐标移至工件中间并旋转坐标使得 Z 轴朝上，如图 9.21 所示。

单击导航器工具条中的【几何视图】小图标，使之高亮显示，然后单击左边竖直资源条中的【工序导航器】小图标 MCS MILL，出现图 9.22 所示【工序导航器-几何】框。

双击【工序导航器-几何】框中的 MCS_MILL 图标，弹出图 9.23 所示对话框，在安全设置选项中，选择【刨】，弹出图 9.24 所示对话框，在类型里选择【点和方向】，在指定点中，点选工件的上平面，在工件的安全距离文本框中输入 20，如图 9.25 所示，然后单击【确定】，即完成加工件的安全平面设置。

图 9.21　旋转坐标

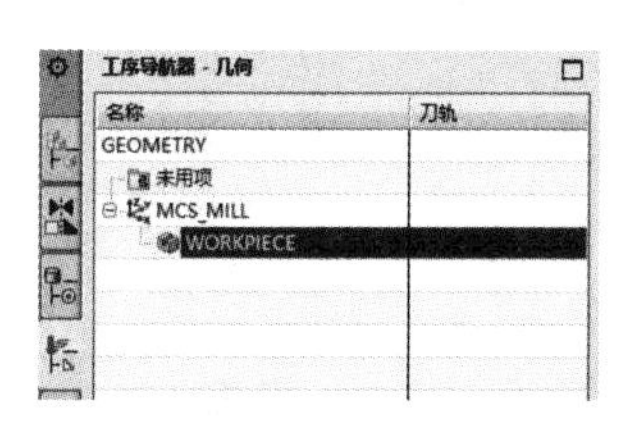

图 9.22　【工序导航器-几何】框

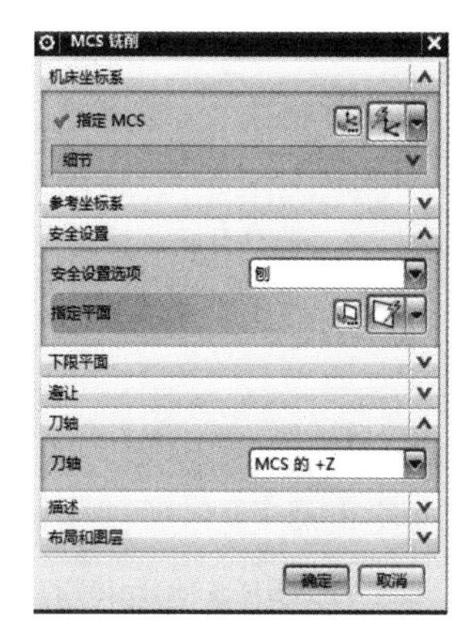

图 9.23　【MCS 铣削】对话框

图 9.24　类型选择

双击图 9.26 所示【工序导航器-几何】框中的 WORKPIECE 图标，弹出图 9.27 所示【工件】对话框，单击对话框中的指定部件图标，然后点选视窗工件图形，弹出图 9.28 所示的【部件几何体】对话框，单击【确定】，完成工件几何体的指定；单击指定毛坯图标，弹出【毛坯几何体】对话框，单击【选择对象】栏，选择毛坯模型，单击【确定】两次退出。

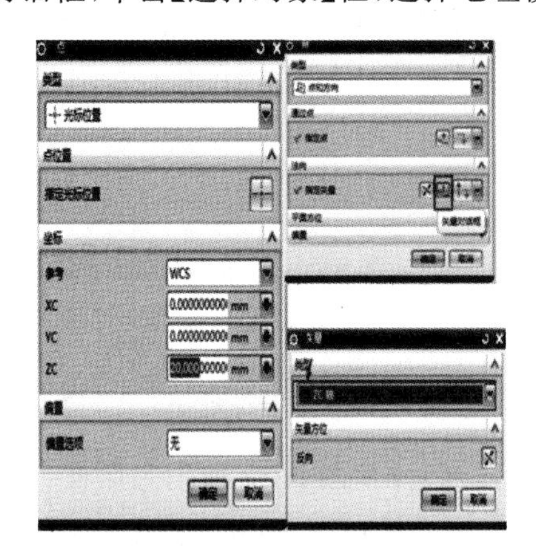

图 9.25　安全距离设置

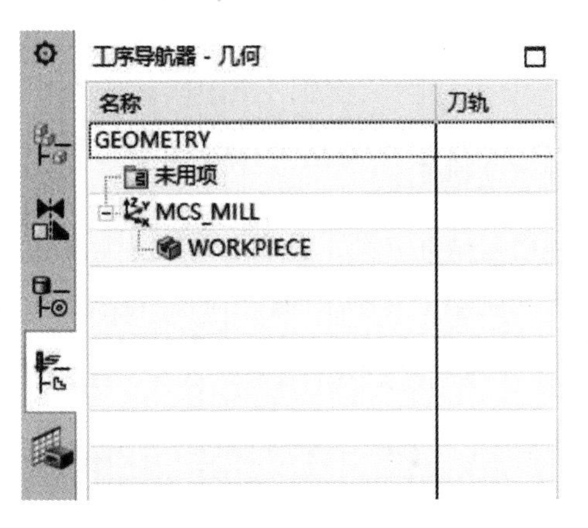

图 9.26　【工序导航器-几何】框

图 9.27　工件设置

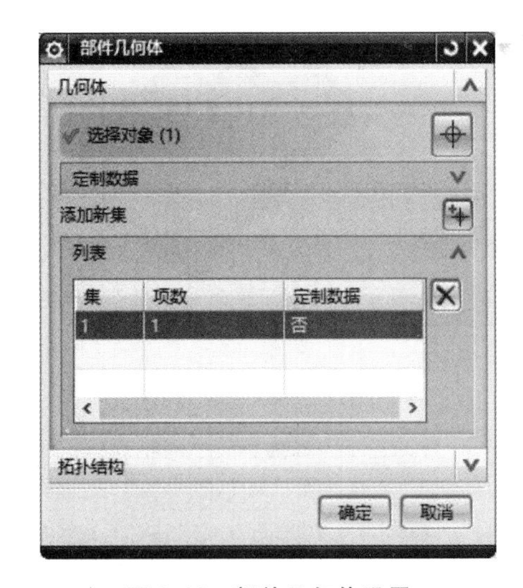

图 9.28　部件几何体设置

4. 创建刀具

单击刀具工具条上的【创建刀具】小图标，弹出【创建刀具】对话框，如图 9.29 所示设置选项，单击【应用】，弹出【铣刀-5 参数】对话框，粗加工工序使用 $\phi 10$ mm 的刀具，如图 9.30 所示，单击【确定】，完成直径 $\phi 10$ mm 锐角面铣刀创建。

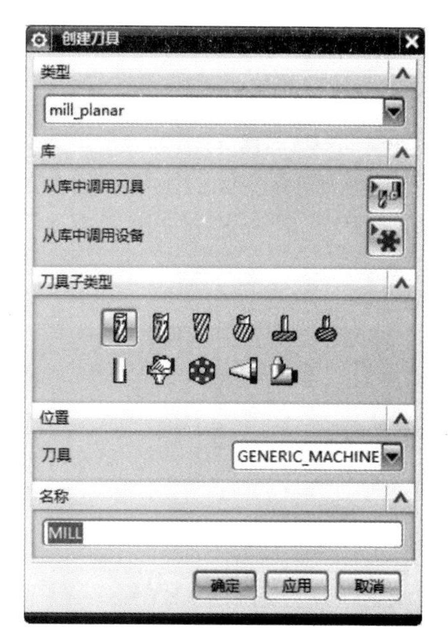

图 9.29　创建刀具

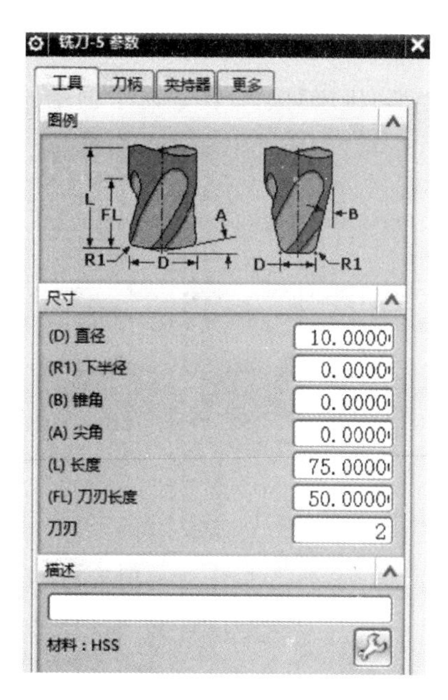

图 9.30　设置铣刀参数

返回【创建刀具】对话框，选项设置如图 9.31 所示，单击【应用】，弹出【铣刀-5 参数】对话框，输入数据如图 9.32 所示，然后单击【应用】，完成直径 D10R5 的球铣刀创建。采用同样的方法完成 D12、D5 锐角平铣刀和 D5R2.5、D2R1 的球铣刀的创建，最后单击对话框中的【取消】，退出创建刀具。

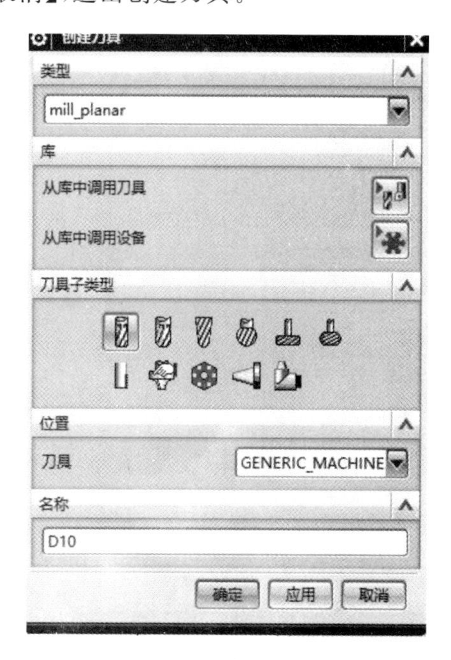

图 9.31　创建刀具

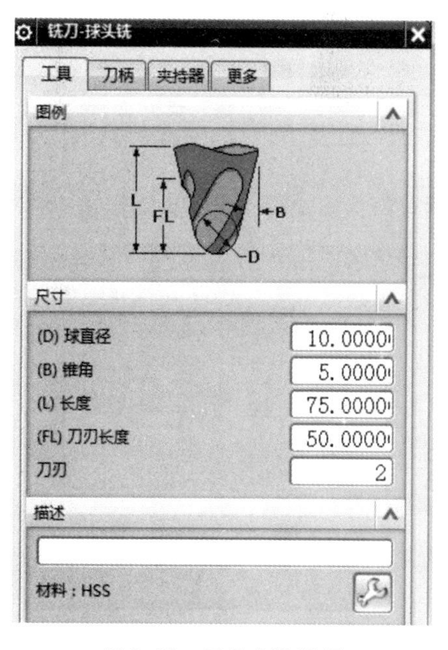

图 9.32　刀具参数设置

单击导航器工具条中的【机床视图】小图标 ，使之高亮显示，出现图 9.33 所示的【工序导航器-机床】框，框中显示了创建的刀具。

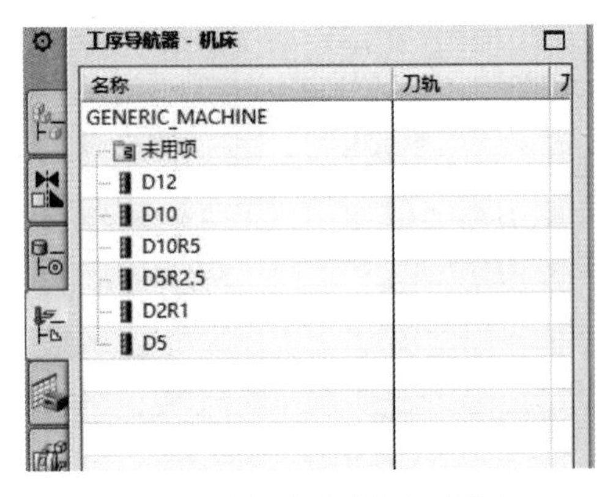

图 9.33 【工序导航器-机床】框

5. 创建工序

(1) 粗铣型腔及平面

单击刀具工具条上的创建工序图标 ，弹出【创建工序】对话框，选项如图 9.34 所示，然后单击【应用】，弹出【型腔铣】对话框，将对话框中【刀轴设置】中【最大距离】改为 0.5，如图 9.35 所示，然后单击【切削参数】 ，弹出图 9.36 所示【切削参数】对话框，设置完成后单击【确定】。

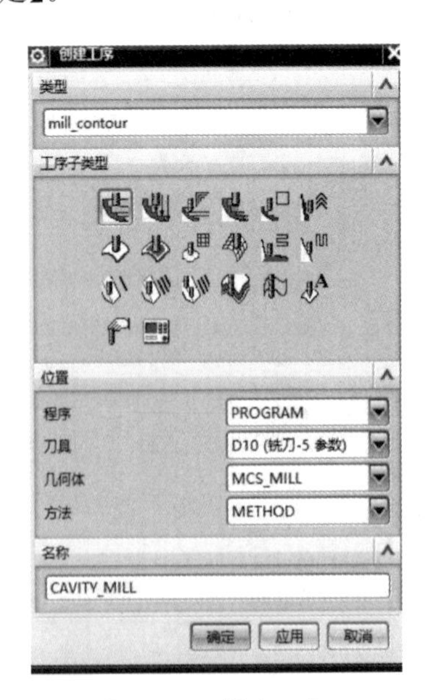

图 9.34 创建工序

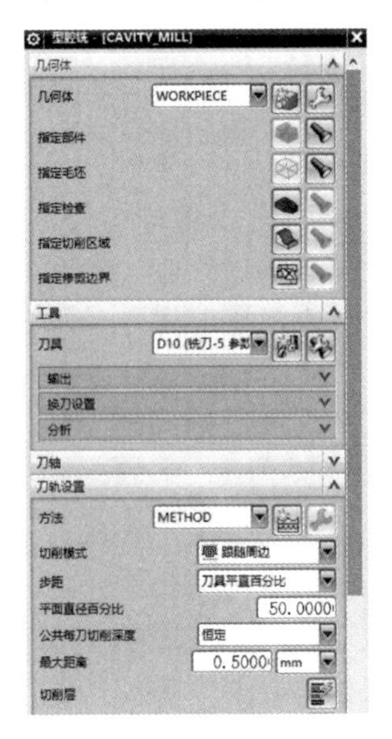

图 9.35 型腔铣设置

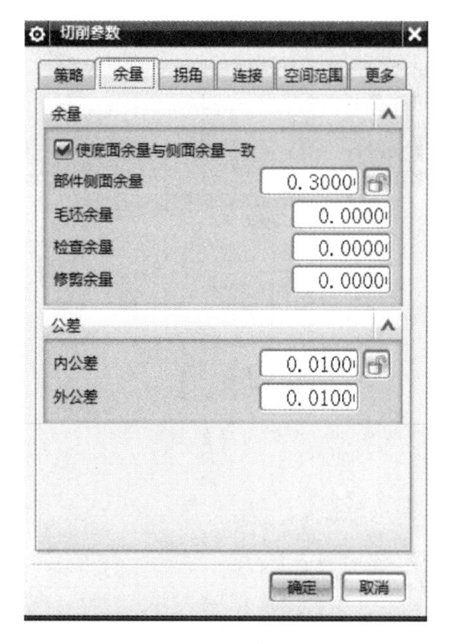

图 9.36　切削参数设置

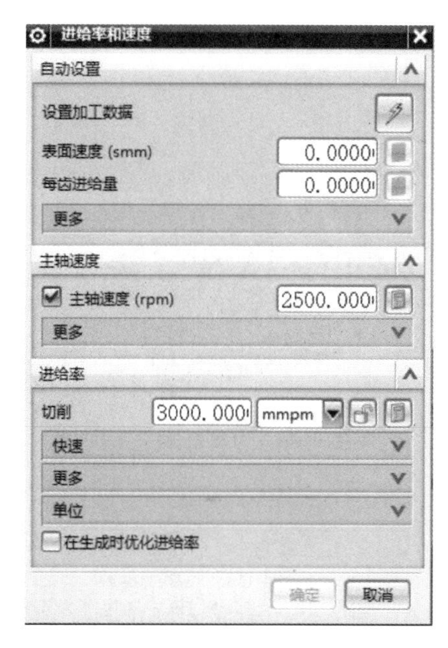

图 9.37　进给率和速度设置

单击【进给率和速度】按钮，弹出【进给率和速度】对话框，输入数据如图 9.37 所示，输入数据后按＜Enter＞键，再单击右边的计算按钮，即计算出表面切削速度和每齿进给量，然后单击【确定】，回到【型腔铣】对话框后再单击【生成刀轨】按钮，生成刀具轨迹如图 9.38 所示，然后单击【确定】，完成型腔粗铣工序的创建。假如想动画演示加工状态，则单击对话框中的【确认】→ 2D 动态 → ，可以在视窗中看到粗切顶面的动画演示。

(2)半精铣型腔及平面

复制上面"(1) 粗铣型腔及平面"的程序，如图 9.39 所示。然后在刀具【D10】项目下右击选择【内部粘贴】命令，如图 9.40 所示，双击【CAVITY - MILL - COPY】，如图 9.41 所示，弹出图 9.42 的对话框，输入数据如图 9.42 所示。单击【切削参数】按钮后，【余量】选项卡中的数据如图 9.43 所示，在【空间范围】选项卡中设置数据如图 9.44 所示，然后单击【确定】。单击【进给率和速度】按钮，弹出【进给率和速度】对话框，输入数据如图 9.45 所示，输入数据后按＜Enter＞键，再单击右边的计算按钮，即计算出表面切削速度和每齿进给量，然后单击【确定】，回到【型腔铣】对话框后再单击【生成刀轨】按钮，生成刀具轨迹如图 9.46 所示，然后单击【确定】，完成半精铣型腔及平面铣工序的创建。

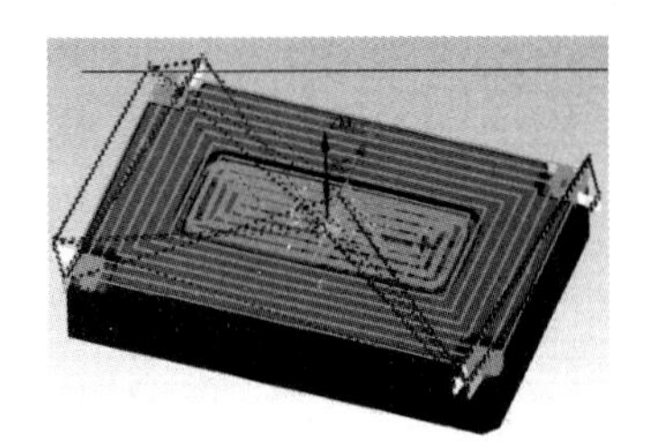

图 9.38　刀具轨迹

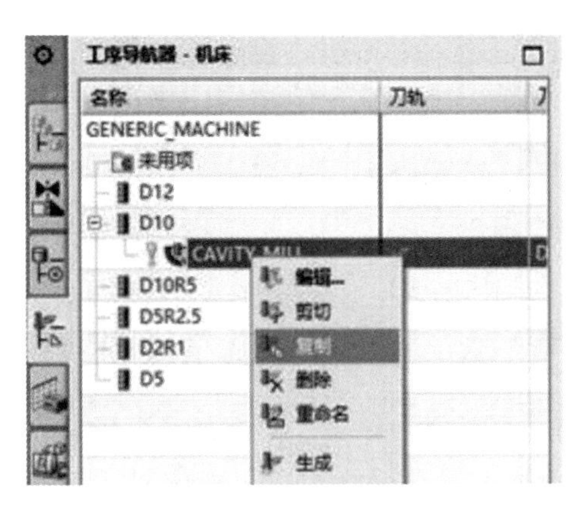

图 9.39　粗铣程序的复制

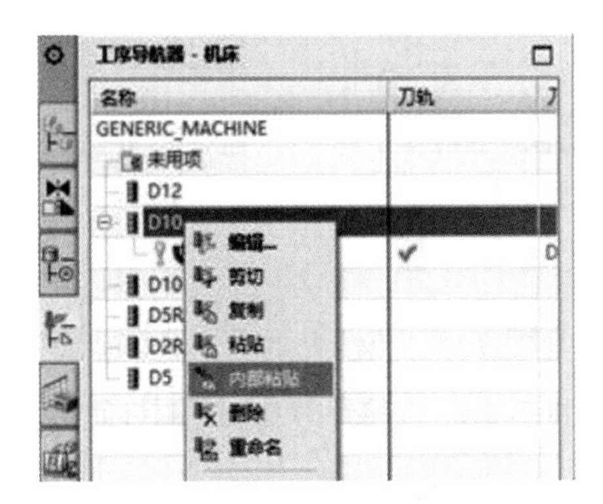

图 9.40　在 D10 项目下内部粘贴

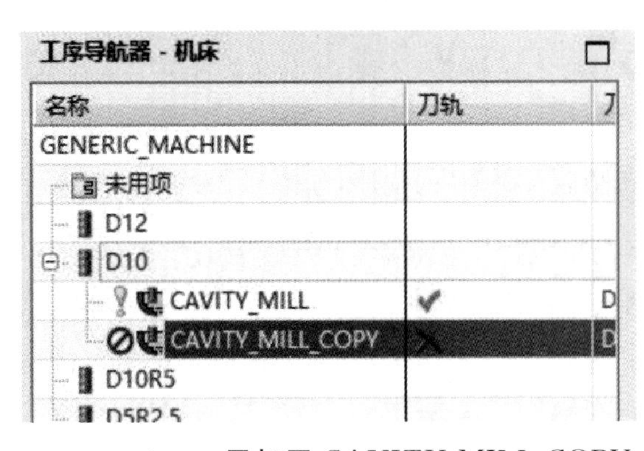

图 9.41　在 D10 里打开 CAVITY-MILL-COPY

(3)精铣平面

单击刀具工具条上的创建工序图标，弹出【创建工序】对话框，选项设置如图 9.47 所示，然后单击【确定】，弹出【面铣】对话框，参数设置如图 9.48 所示。单击【指定面边界】的按钮，选取两个平面后单击【确定】，如图 9.49 所示。

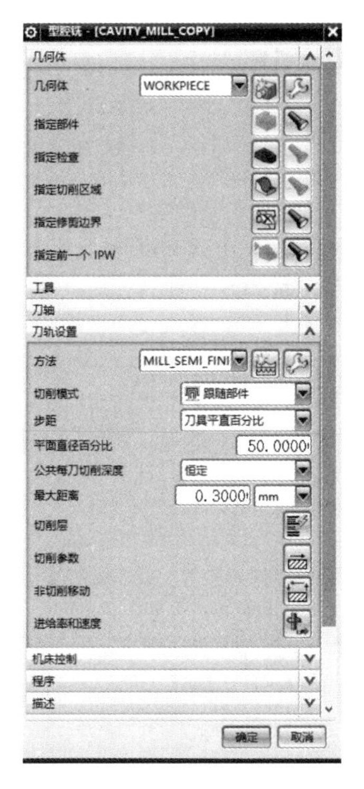

图 9.42　设置型腔铣参数

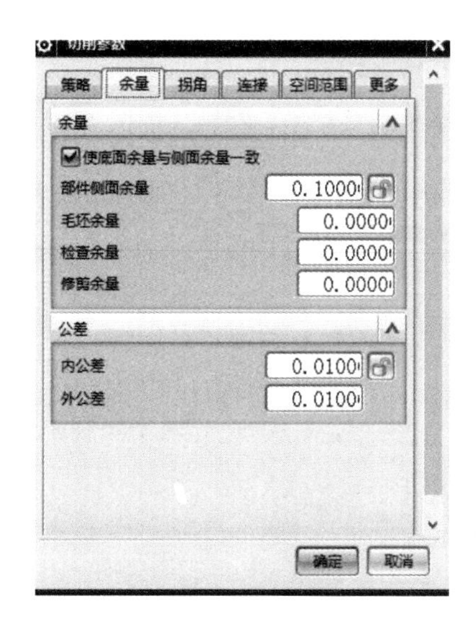

图 9.43　余量设置

图 9.44　空间范围设置

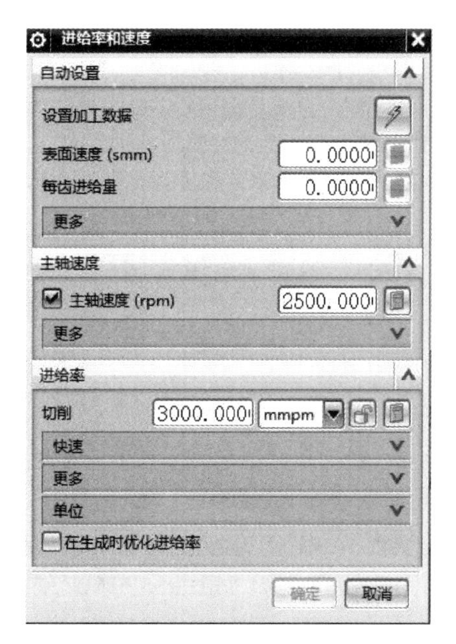

图 9.45　进给率和速度设置

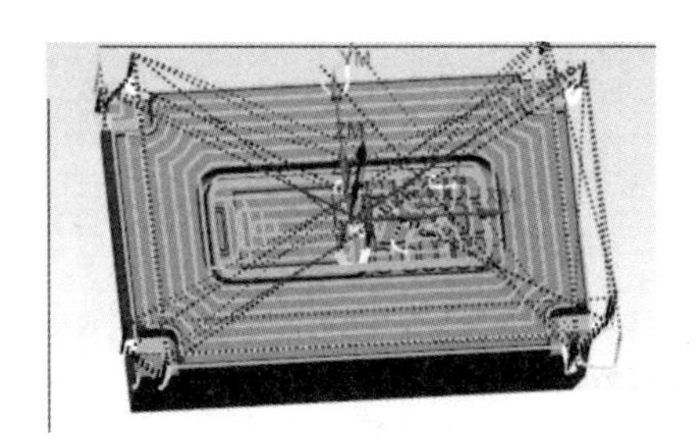

图 9.46　刀具轨迹图

图 9.47　创建工序

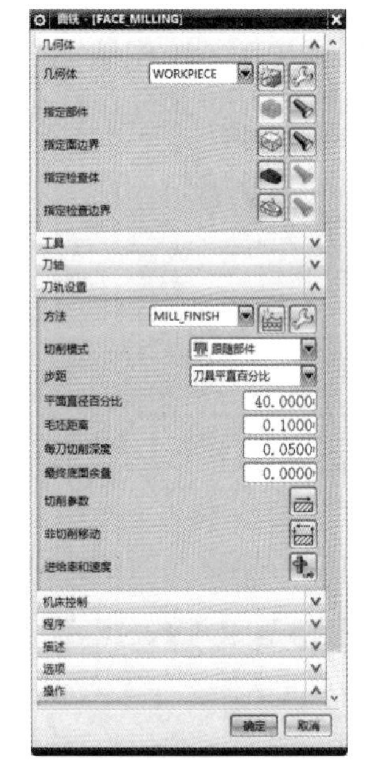

图 9.48　面铣设置

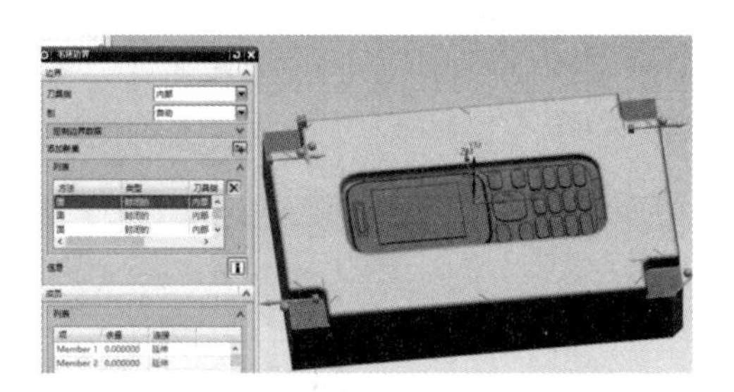

图 9.49　面铣削参数及效果

单击【进给率和速度】按钮，弹出【进给率和速度】对话框，输入数据如图 9.50 所示，输入数据后按<Enter>键，再单击右边的计算按钮，即计算出表面切削速度和每齿进给量，然后单击【确定】，回到【面铣】对话框，再单击【生成刀轨】按钮，生成刀具轨迹如图 9.51 所示，然后单击【确定】，完成精铣两平面工序的创建。

(4)半精铣型腔

复制前面“(1)粗铣型腔及平面”的程序，如图 9.52 所示，然后在刀具【D5】项目下右击选择【内部粘贴】命令，如图 9.53 所示，双击【CAVITY-MILL-COPY-1】，如图 9.54 所示，弹出对话框，输入数据如图 9.55 所示。单击【切削参数】按钮，在【余量】选项卡中设置数据如图 9.56 所示，在【空间范围】选项卡中设置数据选如图 9.57 所示，然后单击【确定】。

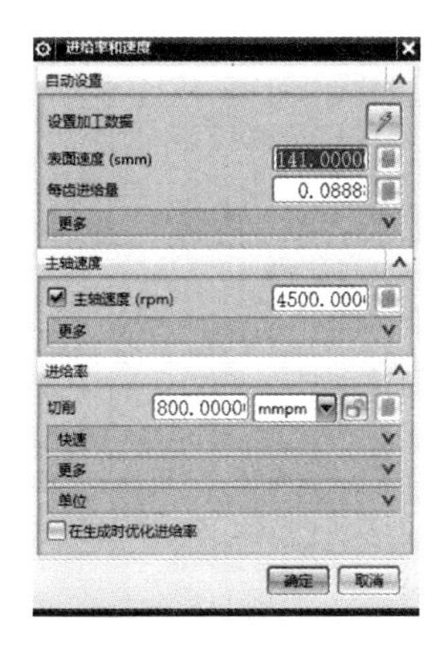

图 9.50　进给率和速度设置

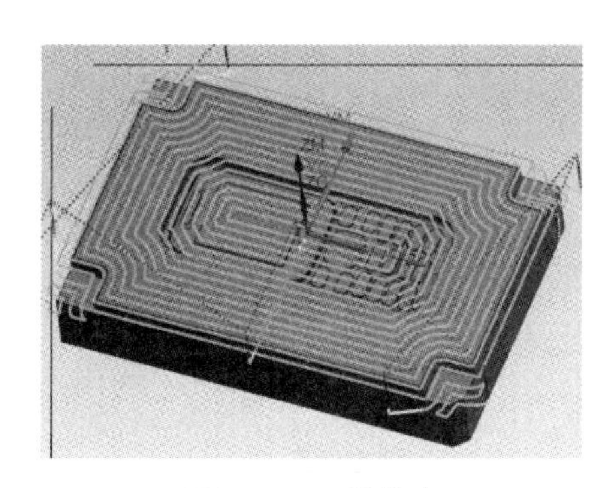

图 9.51　刀具轨迹

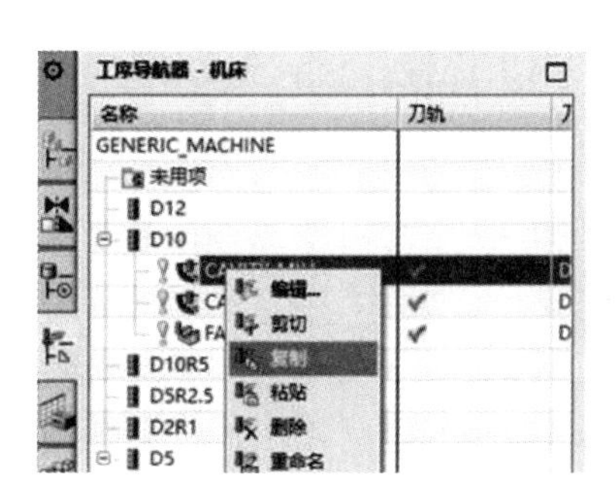

图 9.52　复制程序

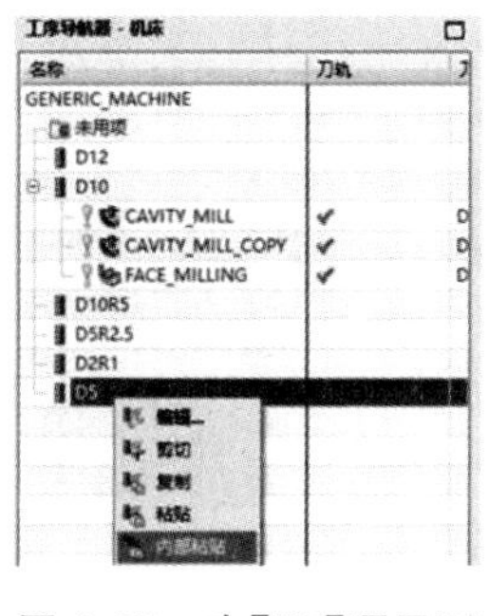

图 9.53　在【D5】项目下【内部粘贴】

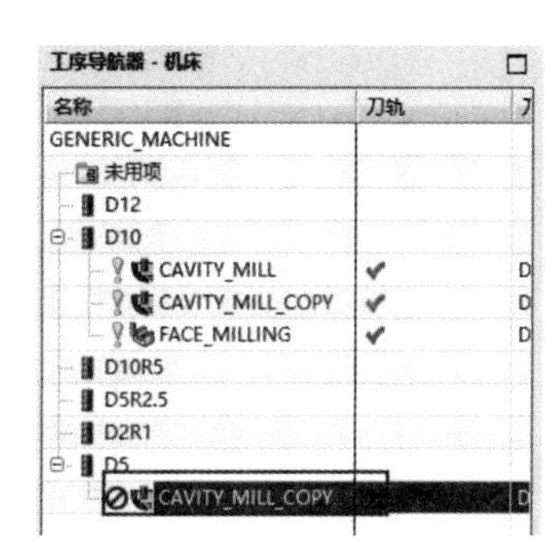

图 9.54　打开 CAVITY－MILL－COPY－1

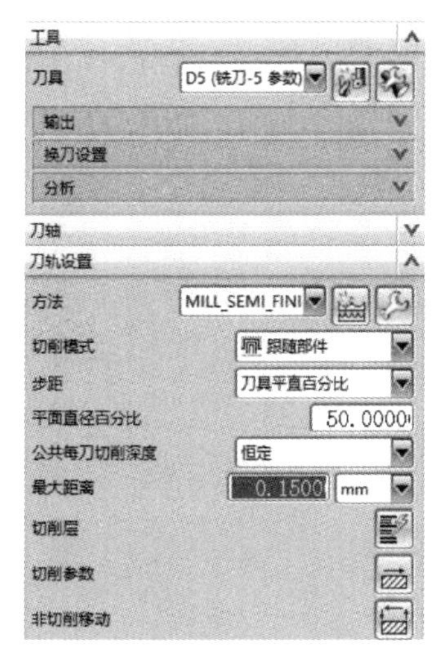

图 9.55　参数设置

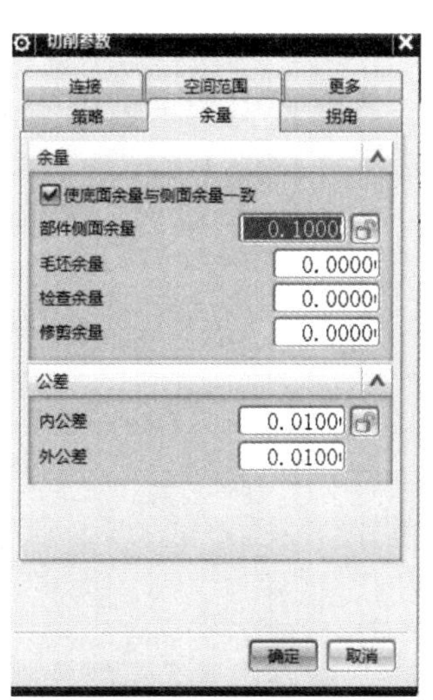

图 9.56　余量设置

图 9.57　空间范围设置

单击【进给率和速度】按钮，弹出【进给率和速度】对话框，输入数据如图 9.58 所示，输入数据后按<Enter>键，再单击右边的计算按钮，即计算出表面切削速度和每齿进给量，然后单击【确定】，回到【型腔铣】对话框后再单击【生成刀轨】按钮，生成刀具轨迹如图 9.59 所示，然后单击【确定】，完成半精铣型腔工序的创建。

采用以上方法自行创建使用 D2 刀具完成【半精铣型腔】的工序，以及使用 D5 刀具完成型腔内部的小平面【半精铣平面】工序的创建。

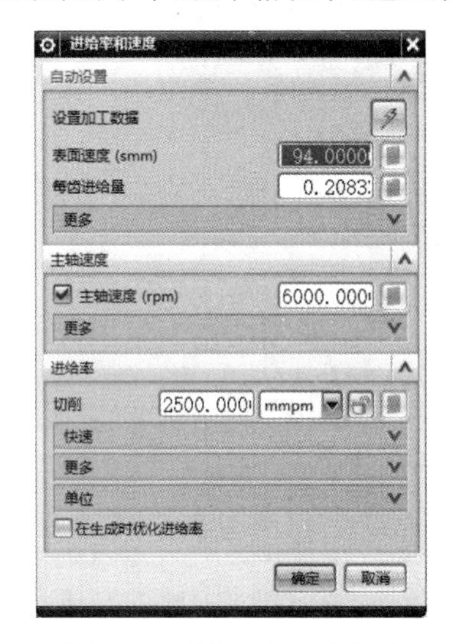

图 9.58　进给率和速度设置

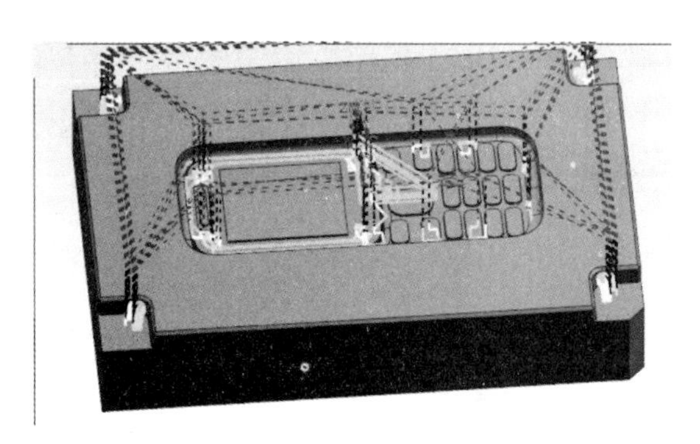

图 9.59　刀具轨迹

(5)精铣所有的曲面

单击刀具工具条上的创建工序图标，弹出【创建工序】对话框，然后单击【确定】，弹出【区域轮廓铣】对话框如图 9.60 所示，【驱动方法】设为【边界】。单击【边界】旁边的按钮，弹出【边界驱动方法】对话框，选项如图 9.61 所示，然后单击【指定驱动几何体】按钮，弹出【创建边界】对话框，选项如图 9.62 所示。

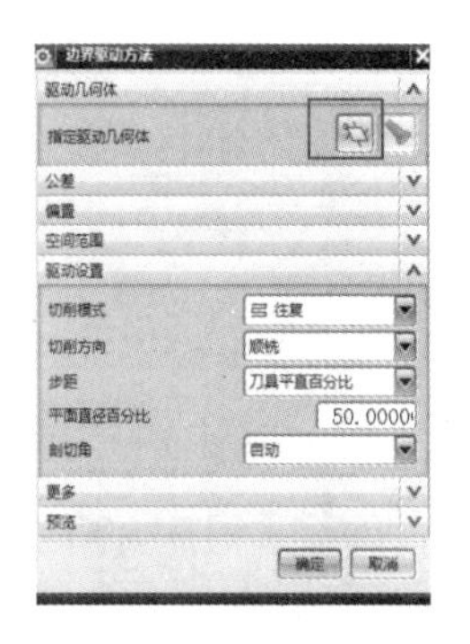

图 9.61　【边界驱动方法】对话框

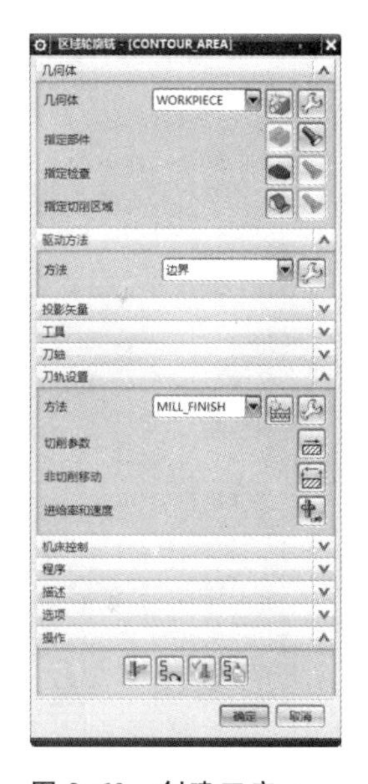

图 9.60　创建工序→区域轮廓铣

单击【进给率和速度】按钮，弹出【进给率和速度】对话框，输入数据如图 9.63 所示，输入数据后按<Enter>键，再单击右边的计算按钮，即计算出表面切削速度和每齿进给量，然后单击【确定】，回到【固定轮廓铣】对话框后再单击【生成刀轨】按钮，生成刀具轨迹如图 9.64 所示，然后单击【确定】，完成精铣所有曲面工序的创建。

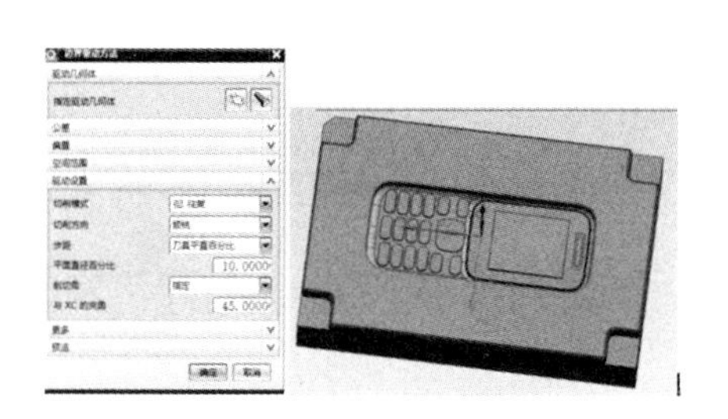

图 9.62　创建边界

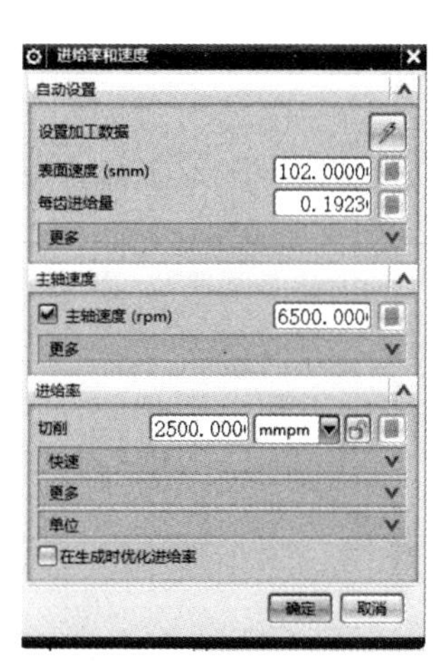

图 9.63　进给率和速度

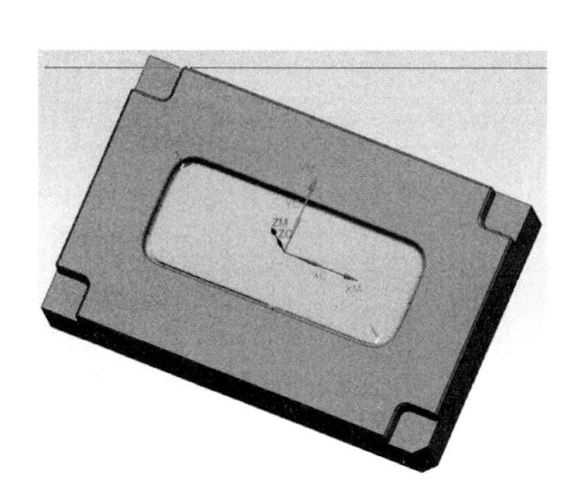

图 9.64　刀具轨迹

图 9.65　创建工序

(6)精铣型腔曲面

单击刀具工具条上的创建工序图标，弹出【创建工序】对话框，如图 9.65 所示。然后单击【确定】，弹出【区域轮廓铣】对话框，如图 9.66 所示，在【驱动方法】中选择“区域铣削”，此时弹出【驱动方法重置】对话框，单击【确定】，与此同时弹出【区域铣削驱动方法】对话框，如图 9.67 所示，然后单击【确定】，重新回到【区域轮廓铣】对话框。单击【指定切削区域】

按钮，弹出【切削区域】对话框，选择曲面，如图 9.68 所示。

图 9.66　区域轮廓铣设置

图 9.67　区域铣削驱动方法设置

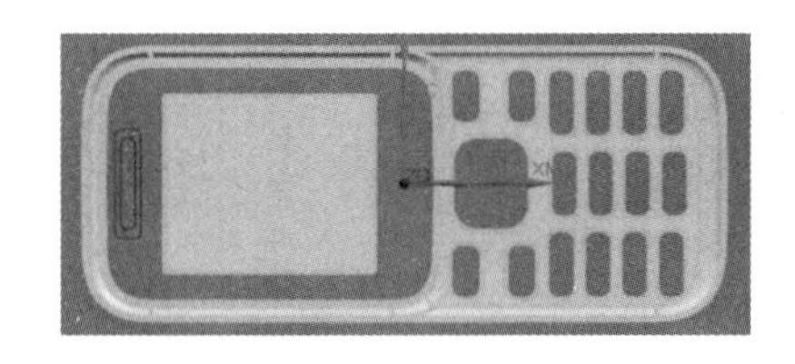

图 9.68　指定切削区域和选择曲面

单击【进给率和速度】按钮，弹出【进给率和速度】对话框，输入数据如图 9.69 所示，输入数据后按＜Enter＞键，再单击右边的计算按钮，即计算出表面切削速度和每齿进给量，然后单击【确定】，回到【固定轮廓铣】对话框后再单击【生成刀轨】按钮，生成刀具轨迹如图 9.70 所示，然后单击【确定】，完成精铣型腔曲面工序的创建。

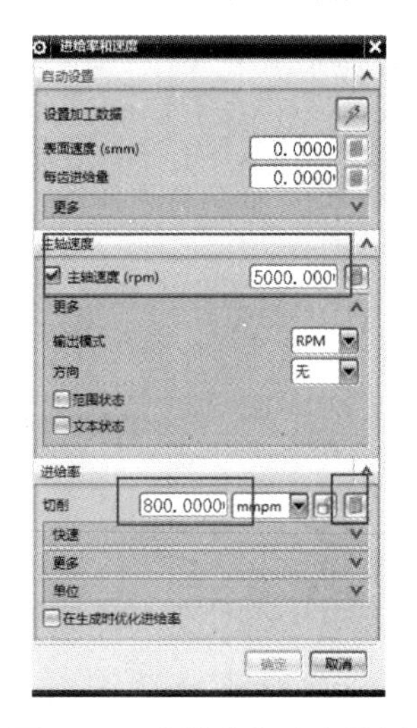

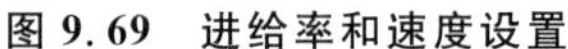

图 9.69　进给率和速度设置

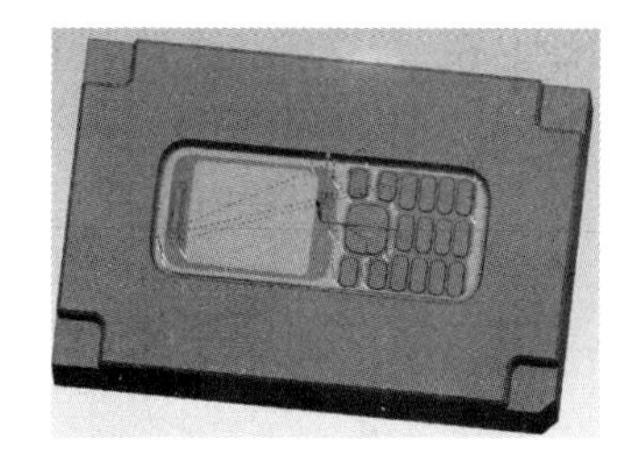

图 9.70　刀具轨迹

(7)清根

单击刀具工具条上的创建工序图标，弹出【创建工序】对话框，选项设置如图 9.71 所示。然后单击【确定】，弹出【多路刀清根】对话框，选项如图 9.72 所示。

单击【进给率和速度】按钮，弹出【进给率和速度】对话框，输入数据如图 9.73 所示，注意输入数据后按<Enter>键再单击右边的计算按钮，即可计算出表面切削速度和每齿进给量，然后单击【确定】，回到【多路刀清根】对话框后再单击【生成刀轨】按钮，生成清根刀具轨迹如图 9.74 所示，然后【确定】，完成清根工序的创建。

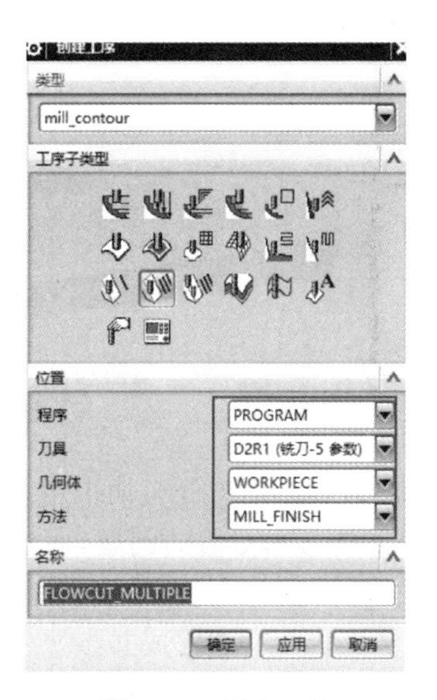

图 9.71　创建刀具

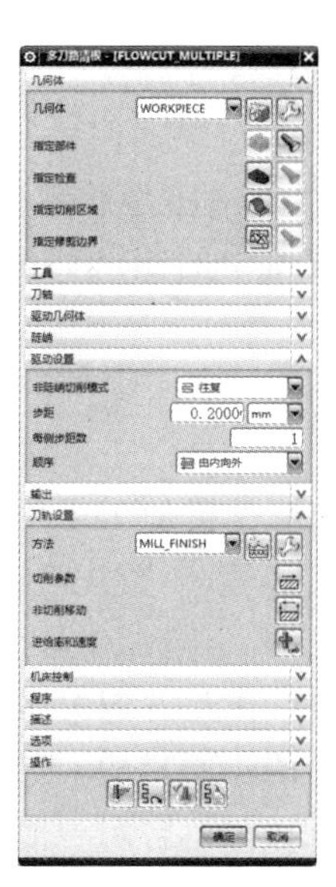

图 9.72　多刀路清根设置

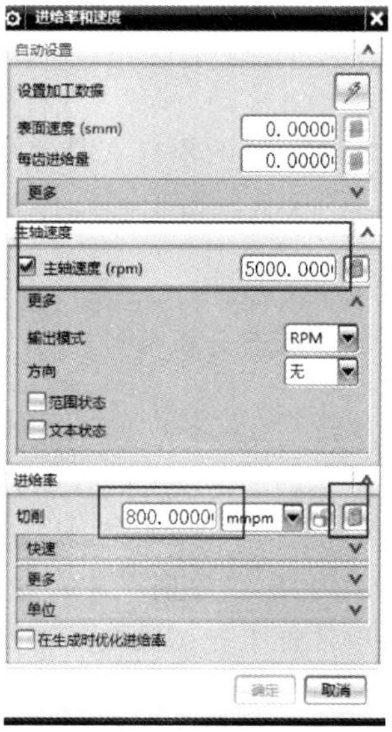

图 9.73　进给率和速度设置

完成所有的加工创建后，可以动画演示整个加工的过程。单击导航器工具条上的【程序顺序视图】，然后单击视窗左边资源工具条上的【工序导航器】，然后右击【PROGRAM】→选择【刀轨】→【确认】，如图 9.75 所示，弹出【刀轨可视化】对话框，单击按钮 2D动态 → ，即在视窗上看到工件全部工序的切削加工动画演示。

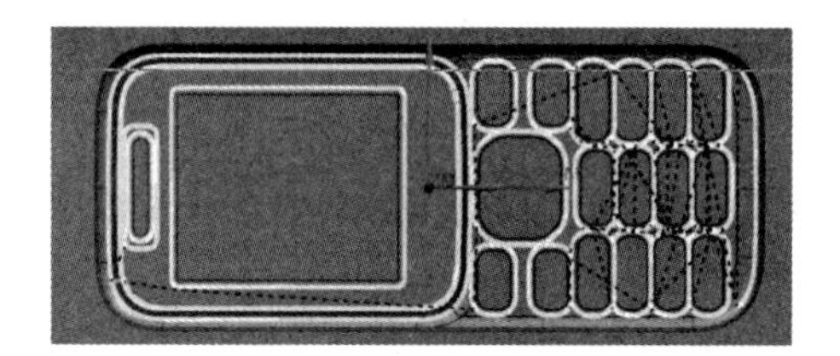

图 9.74　清根刀具轨迹

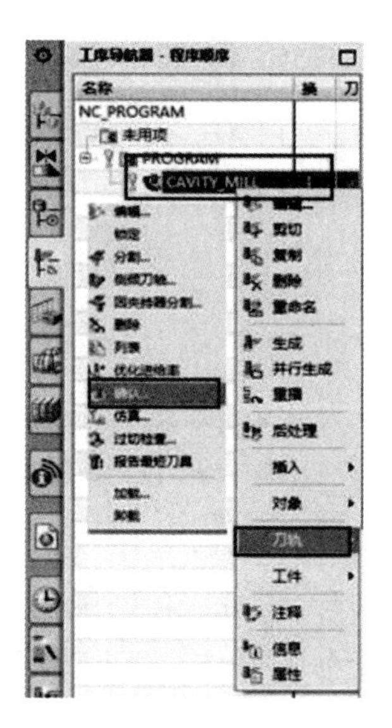

图 9.75　加工演示路径

9.3.2　型腔零件的数控加工编程

针对模具零件中与成型产品型腔面进行数控加工编程，忽略冷却水道及紧固螺钉孔的加工。

由设计完成的模具文件夹中复制出机座型腔零件并改名为 base_cavity_cam. prt，打开后视窗中的图形如图 9.76 所示。

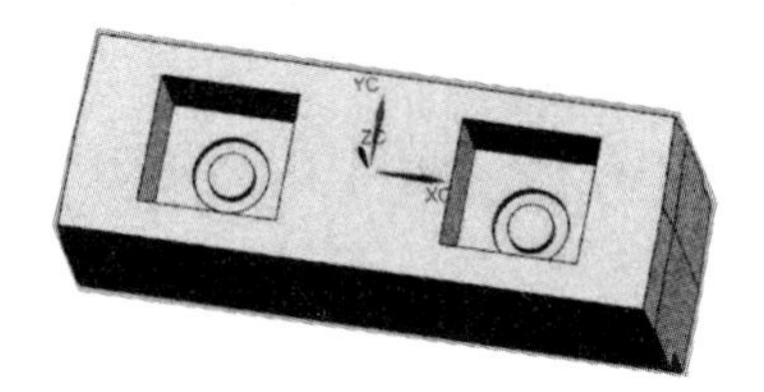

图 9.76　型腔模具

1. 加工工艺分析

实际生产中，大批量生产通常根据先粗加工后精加工、先平面后孔的加工原则。在制订工艺步骤时，首先全部粗加工各表面(包括平面、沟槽、孔的粗加工)，再精加工各个表面，且同样的刀分粗加工用刀具和精加工用刀具，以保证产品的加工精度，但是这同时带来频繁换刀和对刀的问题，而学生实训都是单件加工且加工精度不是实训的主要目的，主要目的是熟悉 NX 数控加工编程的应用过程，所以制订工艺原则尽可能少换刀具，即同一把刀的加工内容一起完成并参照先粗加工后精加工、先平面后孔的原则。另外在切削用量的选择时应当根据所选刀具的材料、所使用的加工设备以及工件材料决定，所选择的切削用量仅供参考，但是主要原则是粗加工选比较低的切削速度、比较高的进给量、比较大的背吃刀量，而精加工则选比较高的切削速度、比较小的进给量、比较小的背吃刀量。通常使用工件材料为中碳钢、低碳钢，而铣刀材料为硬质合金或者高速钢，这两种刀具材料的切削用量差别很大。针对机座型腔加工制订如表 9.2 所示的加工步骤。

表 9.2　机座型腔加工步骤

工序	刀具	留余量/mm	备注
粗铣工件顶面	铣刀 D10R1	0.3	
精铣工件顶面	铣刀 D10	0	
型腔铣开粗	铣刀 D10	0.20	空间范围使用 3D
精铣型腔	铣刀 D6R0.5	0	空间范围使用 3D
铣圆角	铣刀 D6	0	
粗铣加强筋沟槽及型腔的尖角位置	铣刀 D2	0.05	空间范围使用 3D
电火花精加工加强筋沟槽及尖角位置	电极		

2. 进入 NX 加工模块

在 NX 操作视窗左上角位置点击 开始▾→【所有应用模块】→【加工】，弹出【加工环境】对话框，单击对话框中的【确定】，进入 NX 加工模块。

在视窗上部工具条区域空白处右击，出现工具条选择的竖直菜单栏，勾选菜单栏中的工具条如图 9.77 所示。

图 9.77　打开工具条

对应菜单栏的“主页”，将在视窗上部工具条区域出现图 9.78 所示的工具条。

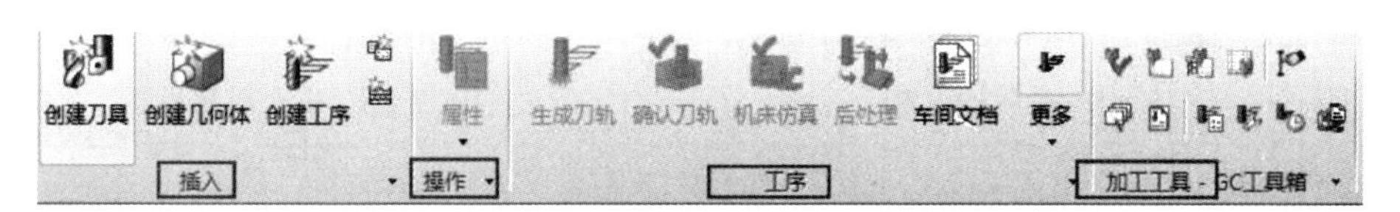

图 9.78　工具条图标

3. 创建几何体

单击【格式】→【WCS】→【显示】命令，显示原建模坐标系。

单击【格式】→【WCS】→【旋转】命令，将原建模坐标系绕＋Y 轴旋转 180°，此时坐标如图 9.79 所示。

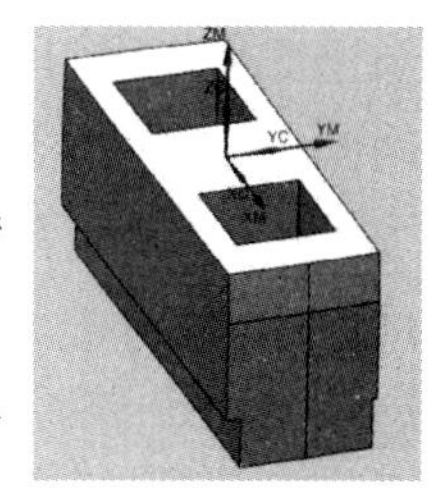

图 9.79　旋转坐标

单击导航器工具条中的【几何视图】小图标，使之高亮显示，然后单击左边竖直资源条中的【工序导航器】小图标，出现图 9.80 所示【工序导航器-几何】框。

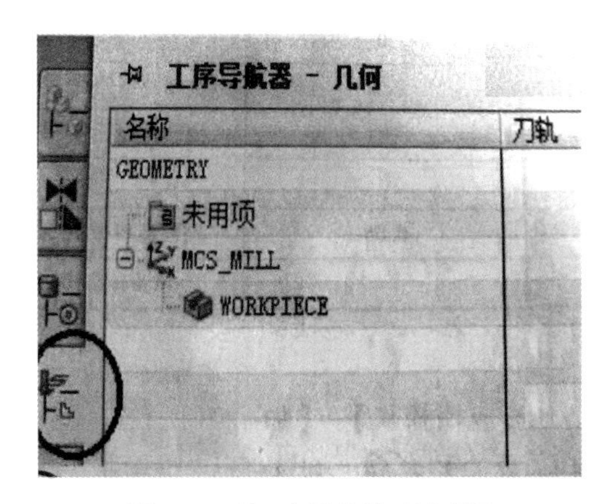

图 9.80 【工序导航器-几何】框

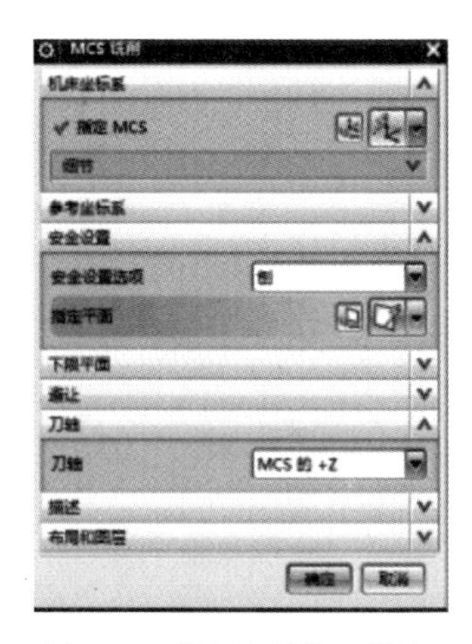

图 9.81 【MCS 铣削】对话框

图 9.82 类型的设定

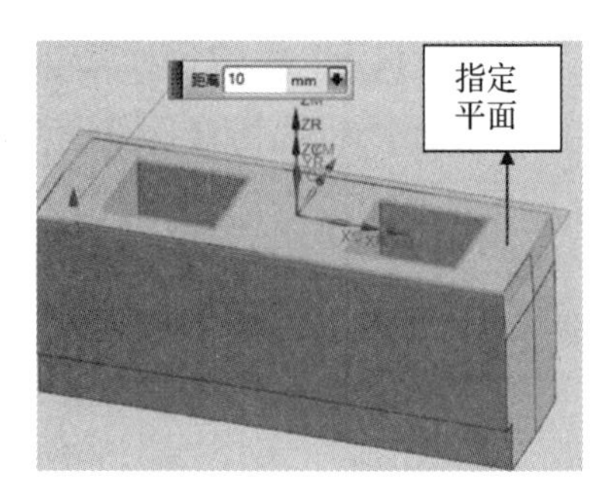

图 9.83 安全距离设置

双击【工序导航器-几何】框中的 MCS_MILL 图标，弹出图 9.81 所示【MCS 铣削】对话框，单击【指定 MCS】右侧第一个图标，弹出图 9.82 所示对话框，【类型】选择“自动判断”，然后单击【确定】，将建模坐标系设置为机床坐标系，此时又回到【MCS 铣削】对话框，在【安全设置】选项中下拉选择【平面】，然后点选工件的上平面，在工件的距离文本框中输入 10，如图 9.83 所示，然后单击【MCS 铣削】对话框中的【确定】，完成加工件的安全平面设置。

双击图 9.80 所示【工序导航器-几何】框中的 WORKPIECE 图标，弹出图 9.84 所示【工件】对话框，单击对话框中的指定部件图标，然后点选视窗工件图形，在弹出的对话框中单击【确定】，完成工件几何体指定；再单击指定毛坯图标，弹出【毛坯几何体】对话框，选项如图 9.85 所示，然后单击【确定】，完成工件毛坯几何体的确定。

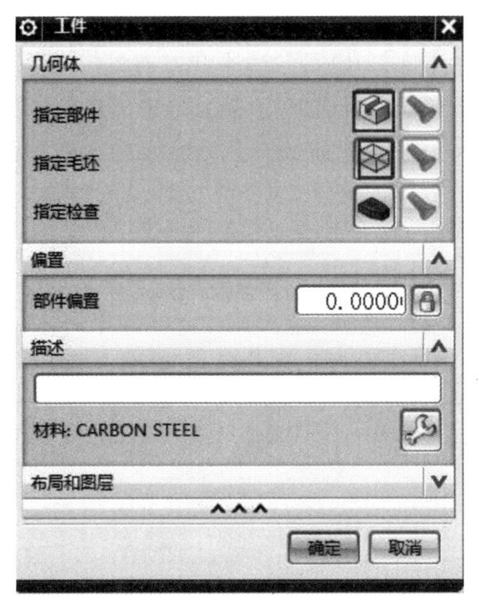

图 9.84　工件设置

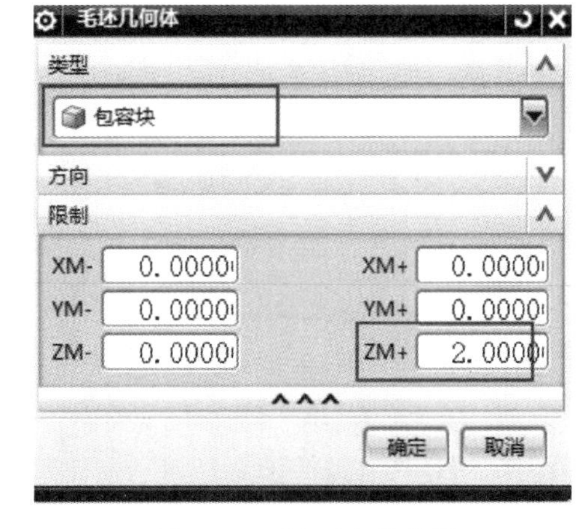

图 9.85　毛坯几何体设置

4. 创建刀具

单击刀具工具条上的创建刀具小图标 ，弹出【创建刀具】对话框，选项如图 9.86 所示，单击【应用】，弹出【铣刀-5 参数】对话框，考虑到刀具的使用寿命，所以粗加工工序使用带小圆角的平铣刀 D20R1，如图 9.87 所示，然后单击【应用】，完成直径 ϕ10 mm 带有 R1 mm 圆角的平铣刀创建。

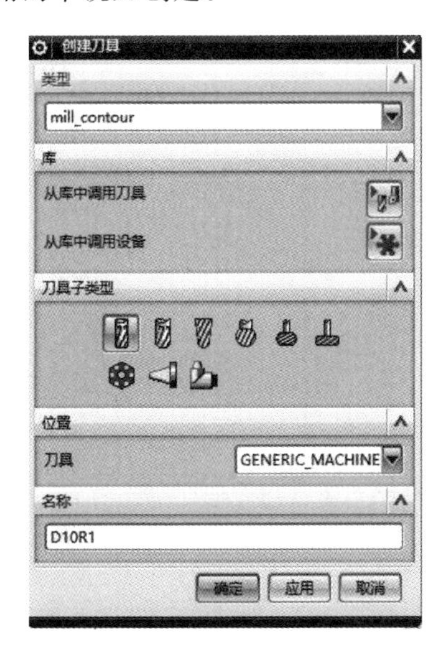

图 9.86　创建刀具

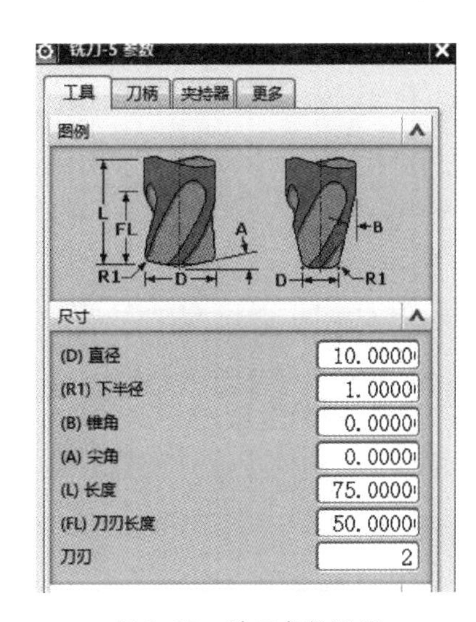

图 9.87　铣刀参数设置

回到【创建刀具】对话框，选项如图 9.88 所示，单击【应用】，弹出【铣刀-5 参数】对话框，输入数据如图 9.89 所示，然后单击【应用】，完成直径 D12R0 的锐角平铣刀创建。再以同样的方法完成 D8R0.5、D2R0 的锐角平铣刀创建，最后单击对话框【取消】，退出创建刀具。

单击导航器工具条中的【机床视图】小图标，使之高亮显示，然后单击左边竖直资源条中的【工序导航器】小图标，出现图 9.90 所示【工序导航器-机床】框，框中显示了创建的刀具。

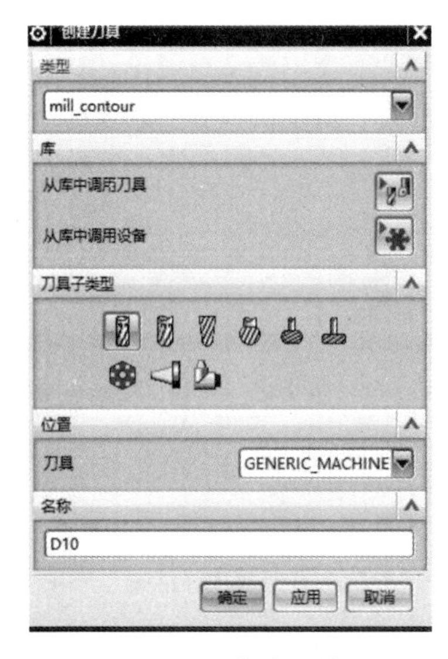

图 9.88　创建刀具

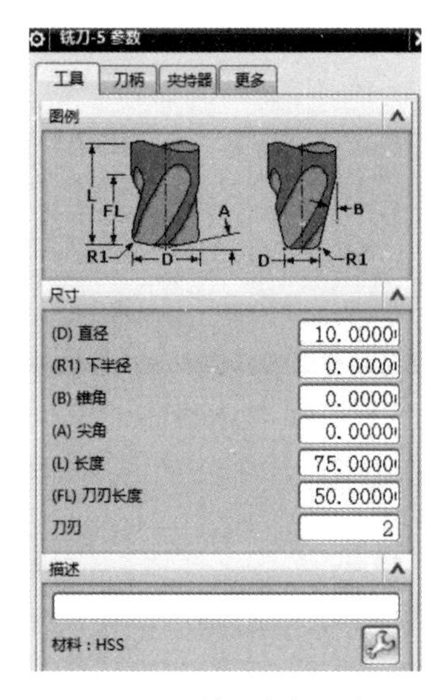

图 9.89　铣刀参数设定

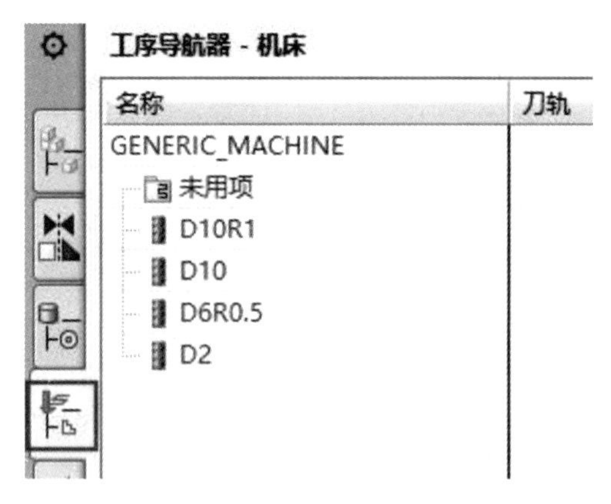

图 9.90　显示创建的刀具

5. 创建工序

(1) 粗铣工件顶面

单击刀具工具条上的创建工序图标，弹出【创建工序】对话框，选项如图 9.91 所示，然后单击【应用】，弹出【面铣】对话框，选项设置如图 9.92 所示，单击对话框中的【指定面边界】按钮，弹出图 9.93 所示对话框，选择 面 选项，然后单击【选择面】，弹出【平面】对话框，点选工件上平面，并修正距离如图 9.94 所示，然后单击【确定】，回到【面铣】对话框，然后单击对话框【确定】，完成工件指定面边界的确定。

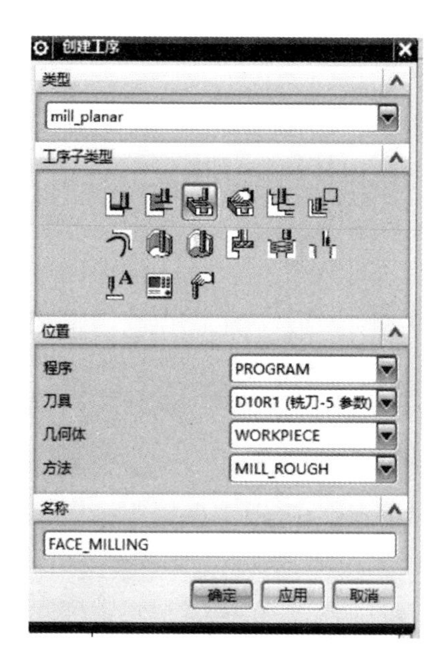

图 9.91　创建工序

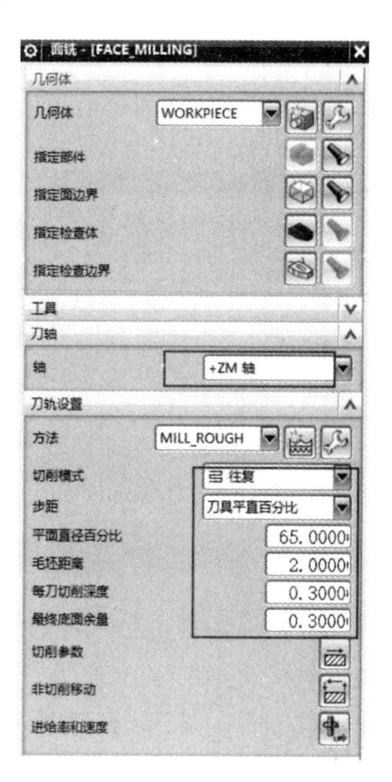

图 9.92　面铣设置

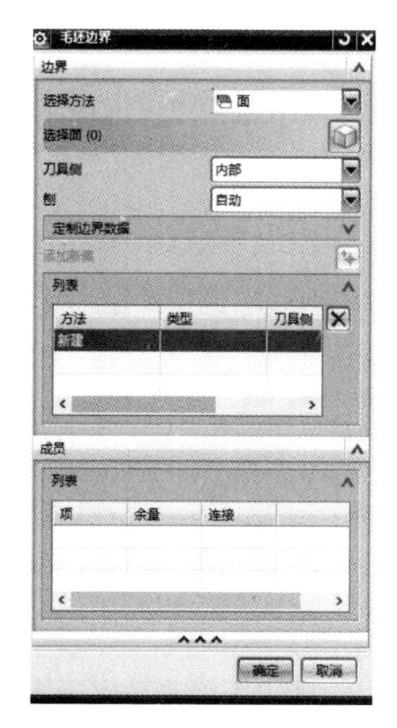

图 9.93　指定面边界设置

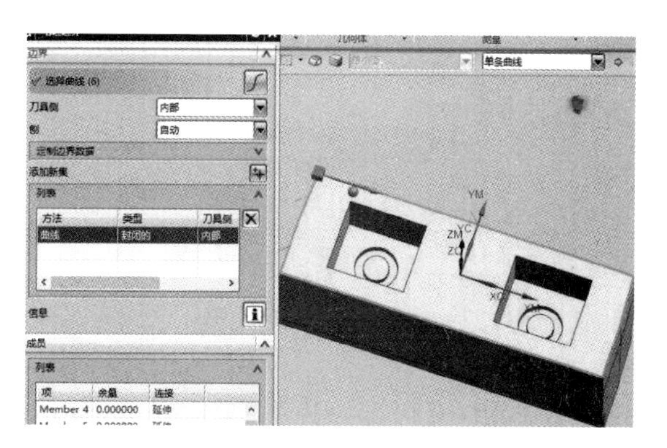

图 9.94　【平面】对话框和边界的设定

单击【进给率和速度】按钮，弹出【进给率和速度】对话框，输入数据如图 9.95 所示，注意输入数据后按<Enter>键，再单击右边的计算钮，即可计算出表面切削速度和每齿进给量，然后单击【确定】，回到【面铣】对话框后再单击【生成刀轨】按钮，生成刀具轨迹如图 9.96 所示，然后【确定】，完成顶面铣削工序的创建。

如果需要动画演示加工状态，单击图 9.97 对话框中的【确认】，即可以在视窗中看到粗细顶面的动画演示。

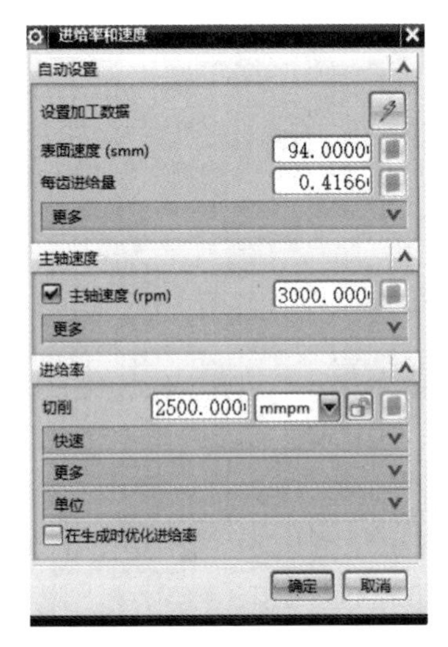

图 9.95 进给率和速度

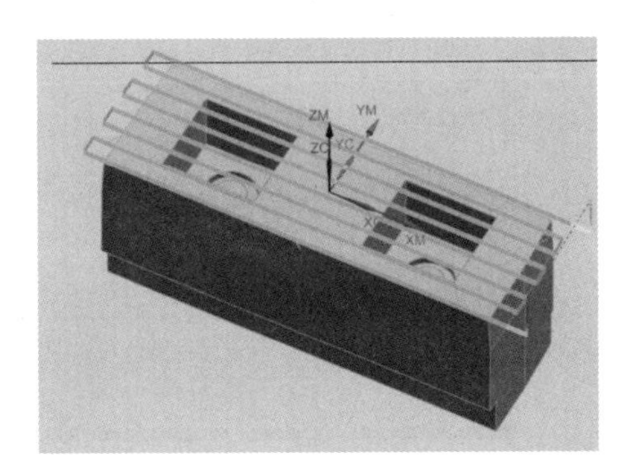

图 9.96 平面刀具轨迹

(2)精铣工件顶面

单击左边资源条的工序导航器按钮，出现工序导航器栏目框，右击【FACE_MILLING】→【复制】，如图 9.98 所示。

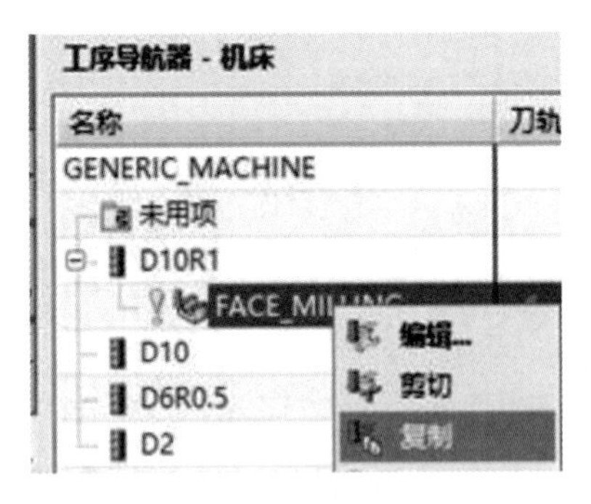

图 9.97 复制 FACE_MILLING

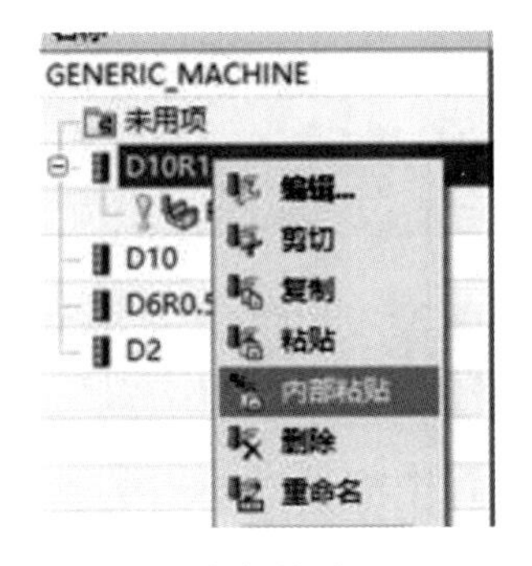

图 9.98 内部粘贴至 D10R1

右击【D10R1】→【内部粘贴】，如图 9.98 所示，完成后在 D10R1 刀具节点下多了个 FACE_MILLING_COPY 工序，如图 9.99 所示。双击该拷贝项，弹出【面铣】对话框，参数如图 9.100 所示，再单击【进给率和速度】按钮，弹出【进给率和速度】对话框，输入数据主轴速度 1200，进给率 200，注意输入数据后按＜Enter＞键，再单击右边的计算按钮，即计算出表面切削速度和每齿进给量，然后单击【确定】，回到【面铣】对话框后再单击【生成刀轨】按钮，生成刀具轨迹，然后单击【确定】，完成该工序的创建。

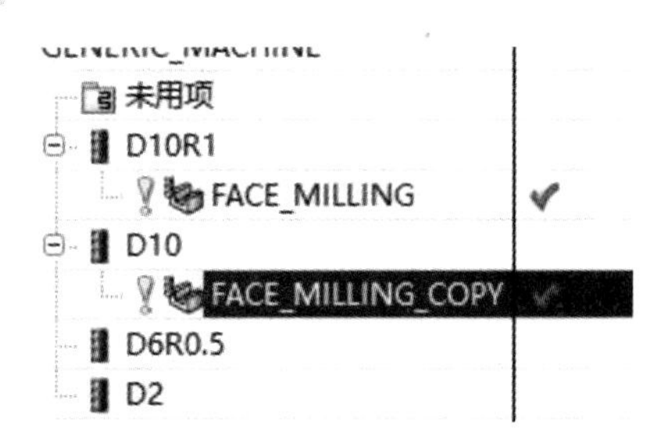

图 9.99　FACE_MILLING_COPY 工序

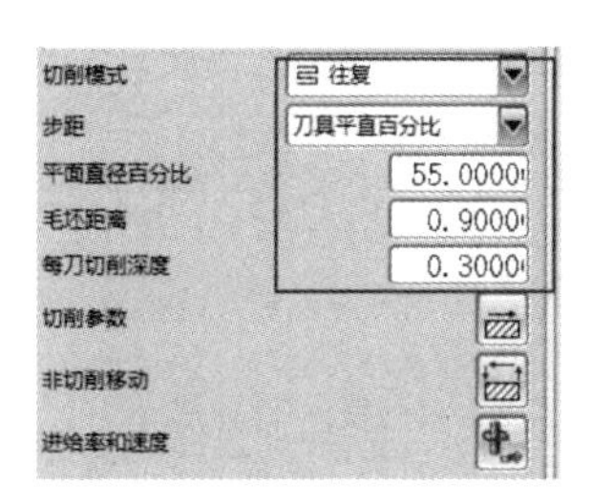

图 9.100　面铣参数设置

(3)型腔开粗

单击刀具工具条上的创建工序图标，弹出【创建工序】对话框，选项如图 9.101 所示，单击【应用】后弹出【型腔铣】对话框，输入数据如图 9.102 所示，再单击【切削参数】，弹出【切削参数】对话框，策略选项如图 9.103 所示，余量选项如图 9.105 所示，空间范围选项如图 9.105 所示。

图 9.101　创建工序

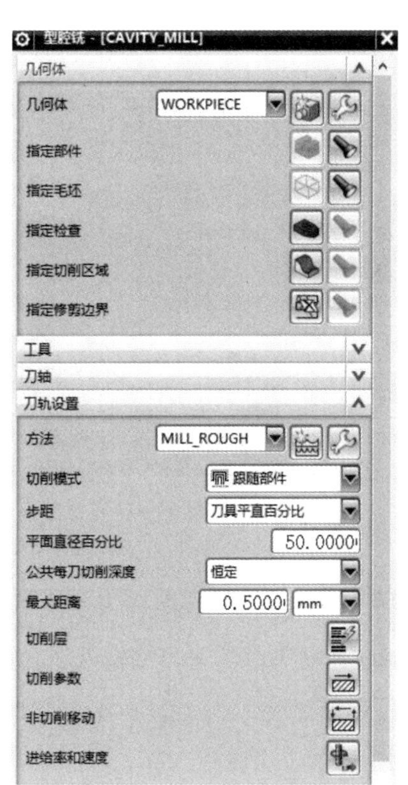

图 9.102　型腔铣设置

图 9.103 切削参数→策略设置

图 9.104 切削参数→余量设置

图 9.105 切削参数→空间范围设置

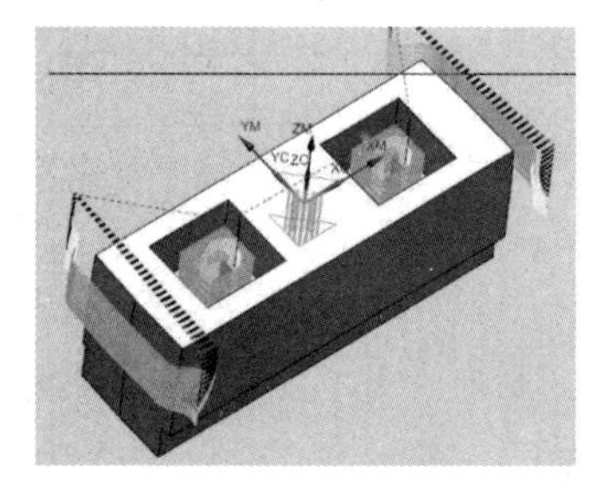

图 9.106 刀具轨迹

单击【确定】按钮后回到图 9.102 所示【型腔铣】对话框，再单击【进给率和速度】按钮，主轴转速输入 800，进给率输入 250，单击【确定】，再单击【生成刀轨】按钮，产生的刀具轨迹如图 9.106 所示，然后单击【确定】，完成型腔开粗工序的创建。

(4)二次粗加工型腔

在工序导航器中的 D10R1 节点下将型腔开粗工序复制并内部粘贴在 D6 节点下，然后双击该复制项，弹出【型腔铣】对话框，选项设置如图 9.107 所示；单击【切削参数】，在弹出的

【切削参数】对话框中，修改余量；单击【进给率和速度】按钮，在弹出的对话框中输入主轴速度 6000，进给率速度 2200。生成刀具轨迹如图 9.108 所示。

图 9.107　型腔铣参数设置

(5)平面底面和精加工槽侧壁

使用 FACE_MILLING 精加工底面，使用 ZLEVEL_PROFILE 精加工侧面。为了保证加工精度，精加工的公差控制：内公差为 0.002，外公差为 0.005。生成的刀具轨迹如图 9.109 所示。

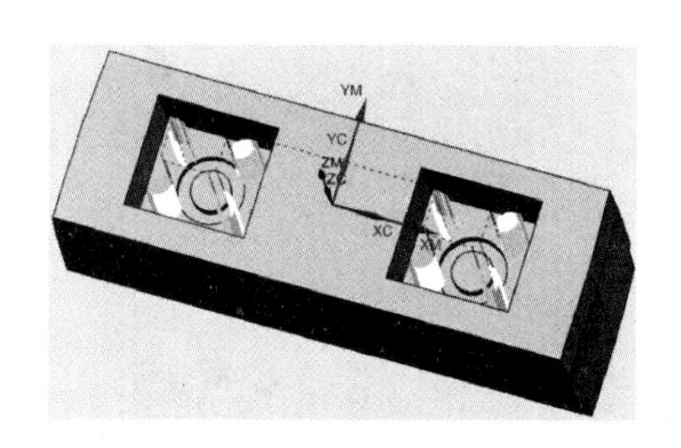

图 9.108　型腔铣刀具轨迹

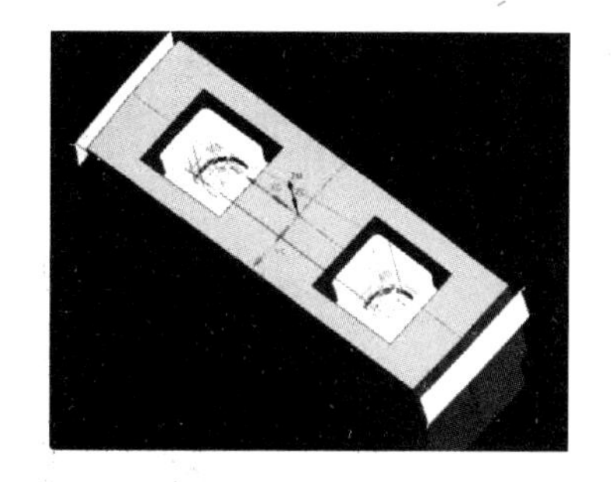

图 9.109　底面和槽侧壁精加工轨迹

(6)清根部圆角

在工序导航器中的 D6R0.5 节点下 LEVEL_PROFILE 精铣工序复制并内部粘贴在 D6 节点下，然后双击该复制项，弹出【深度加工轮廓】对话框，单击【切削层】，弹出【切削层】对话框，单击【选择对象】，顶面选型腔底面，在范围深度文本框中输入−0.6mm，在每刀的深度文本框中输入 0.06mm，单击【确定】，回到设置主页面，单击【生成刀轨】，如图 9.110 所示。

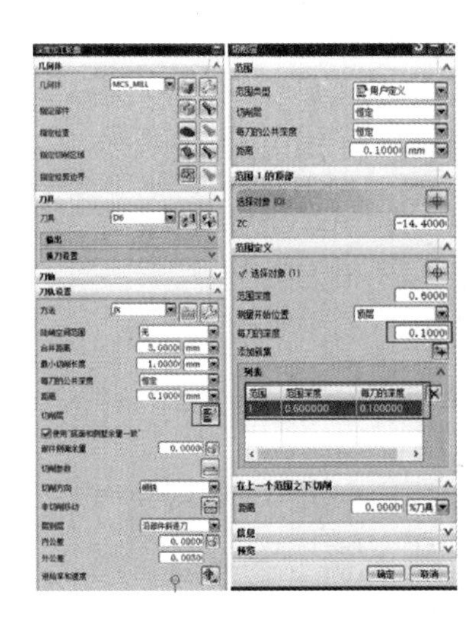

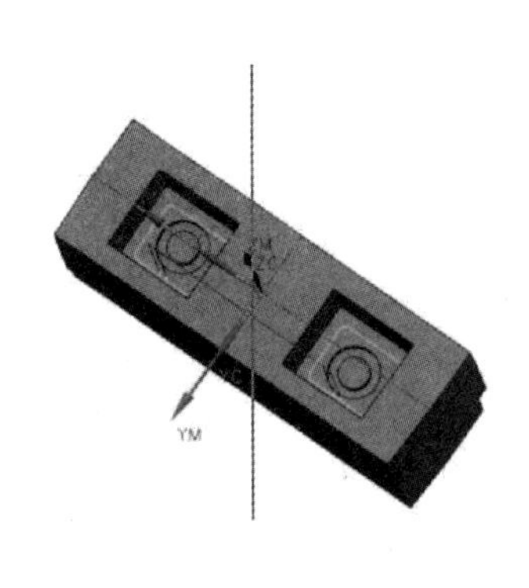

图 9.110　清根部圆角设置和刀具轨迹图

图 9.111　创建工序

(7)铣沟槽及半圆尖角

单击刀具工具条上的创建工序图标，弹出【创建工序】对话框，选项如图 9.111 所示，单击【应用】后弹出【型腔铣】对话框，输入数据如图 9.112 所示，再单击【切削参数】，弹出【切削参数】对话框，余量选项卡设置如图 9.113 所示，空间范围选项如图 9.114 所示。

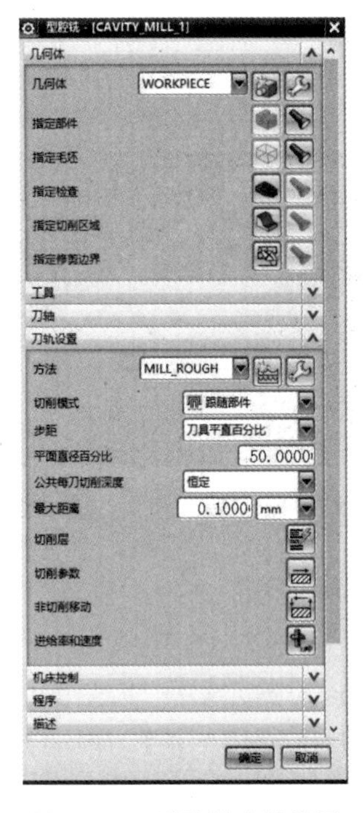

图 9.112　型腔铣参数设置

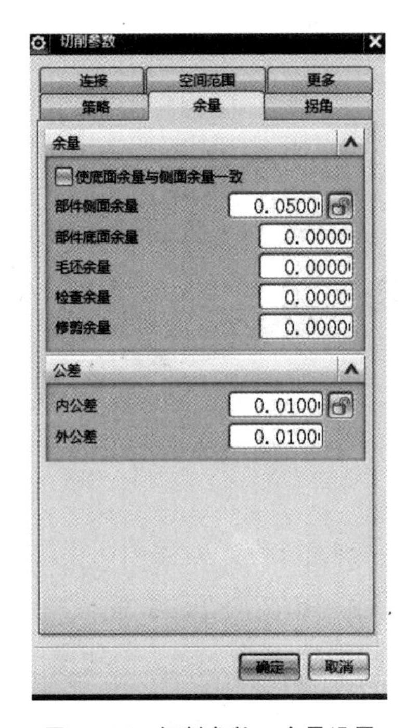

图 9.113　切削参数→余量设置

单击【进给率和速度】，在弹出的对话框中输入主轴速度 4000，进给率速度 1000。

回到【型腔铣】对话框，单击【生成刀轨】按钮，生成的刀具轨迹如图 9.115 所示；最后【确定】，完成粗铣沟槽及半圆尖角工序的创建。

图 9.114　切削参数→空间范围设置

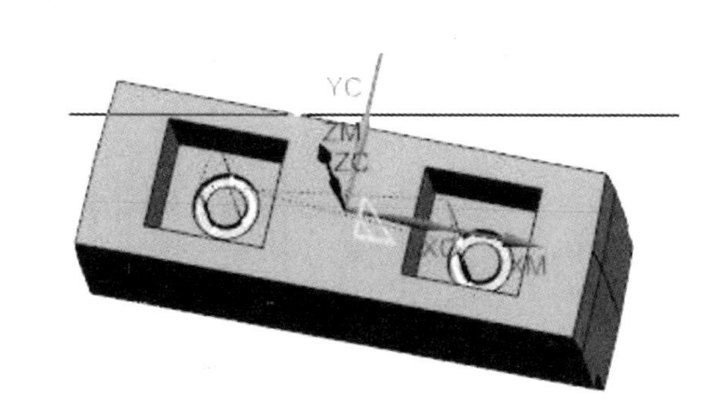

图 9.115　沟槽粗铣加工轨迹

完成所有加工创建后，可以采用动画演示整个加工的过程，单击导航器工具条上的【程序顺序视图】，然后单击视窗左边资源工具条上的【工序导航器】，然后右击【PROGRAM】→选择【刀轨】→【确认】，如图 9.116 所示，弹出【刀轨可视化】对话框，单击按钮 2D 动态 → ，即在视窗上看到工件全部工序的切削加工动画演示。

(8)输出 NC 程序

为了减少换刀和对刀次数，可以将同一把刀的操作放在同一程序组里。

单击操作工具条的【机床视图】按钮，然后单击视窗左边资源工具条的工序导航器按钮，此时可见工序导航器栏里创建的刀具及刀具下的工序，如图 9.117 所示。

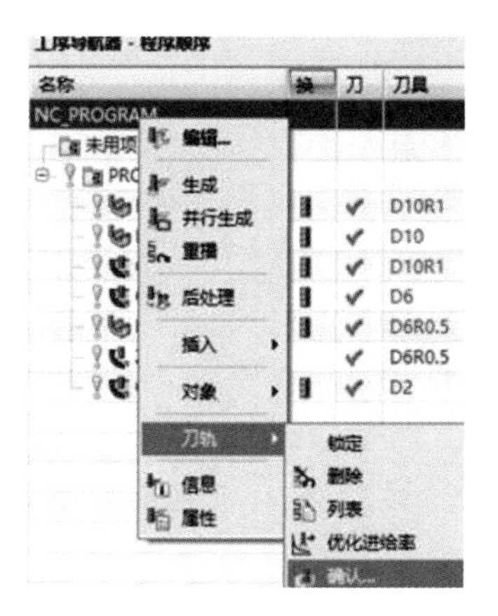

图 9.116　刀具轨迹演示路径

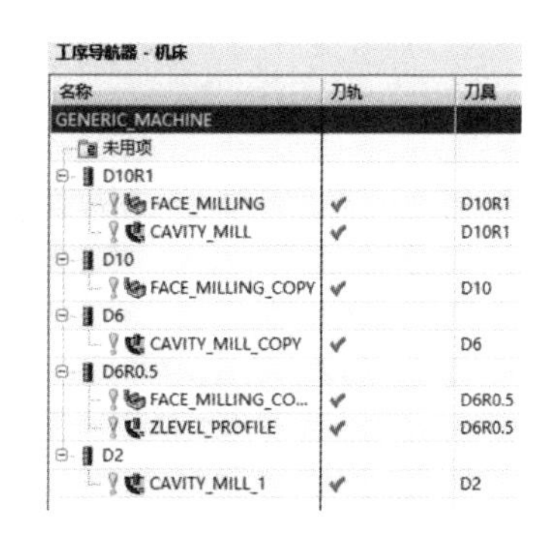

图 9.117　工序选取

右击工序导航器栏目里的刀具【D10R1】节点→选择【后处理】命令,如图 9.118 所示,弹出【后处理】对话框,选项设置如图 9.119 所示,单击【确定】,完成 D10R1 刀具所有的工序操作程序组的 NC 程序的输出,根据所使用的数控设备的操作系统不同,需要对生成的 NC 程序进行编辑才能用于加工。

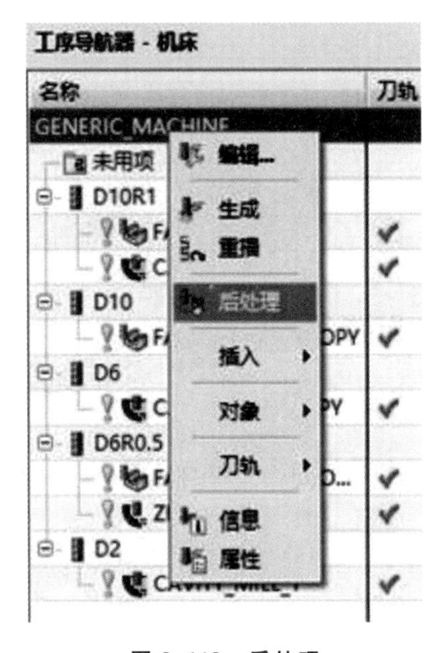

图 9.118　后处理

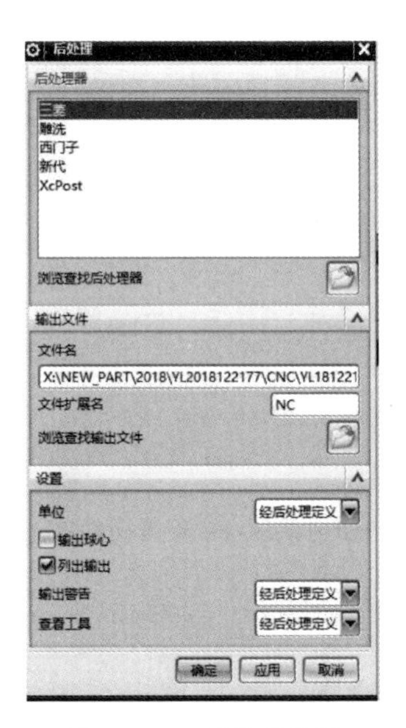

图 9.119　后处理设置

采用同样的方法生成该型腔零件其他刀具的工序操作的 NC 程序。

习　题　9

按照本章介绍的方法和工艺步骤完成图 9.120 所示电极零件的数控加工编程。

图 9.120　电极零件

采用的铣刀材料为硬质合金,工件材料为纯铜。

针对电极加工制订的加工步骤见表 9.3。

表 9.3　电极加工加工步骤

工　序	刀　具	留余量/mm	备　注
粗铣轮廓	平铣刀 D8R1	0.2	
精铣轮廓	平铣刀 D8R0	0	
精铣斜面	球铣刀 D8	0	

参考文献

［1］ 童秉枢，李学志，吴志军，等. 机械 CAD 技术基础［M］. 北京：清华大学出版社，2014.

［2］ 李志刚. 模具 CAD/CAM［M］. 北京：机械工业出版社，2005.

［3］ 肖祥芷，王义林，董湘怀，等. 模具 CAD/CAE/CAM［M］. 北京：电子工业出版社，2004.

［4］ 方新. 机械 CAD/CAM. 北京：高等教育出版社，2002.

［5］ 陈立亮. 材料加工 CAD/CAM 基础［M］. 北京：机械工业出版社，2000.

［6］ 王高潮. 奚建胜，荣伟，等. 模具 CAD/CAM：UG NX 应用［M］. 北京：机械工业出版社，2020.

［7］ 屈华昌. 吴梦陵，史安娜，等. 塑料成型工艺及模具设计. 北京：高等教育出版社，2018.

［8］ 陈立亮. 材料加工 CAD/CAE/CAM 技术基础［M］. 北京：机械工业出版社，2010.

［9］ 易建军，刘军. 模具 CAD/CAM 实体造型的方法及应用［J］. 水利电力机械，1997(6)：26－30.

［10］ 赵遵成. 基于 UGⅡ的叶片精锻模 CAD 系统研究［D］. 西安：西北工业大学，2001.

［11］ 田庆. 支持结构设计的叶片 CAD 造型方法研究与系统实现［D］. 西安：西北工业大学，2005.

［12］ 李晓丽. 航空发动机叶片锻模 CAD 系统研究［D］. 西安：西北工业大学，2002.

［13］ 万东. 基于 NURBS 的叶片设计 CAD 系统软件的开发研究［D］. 西安：西北工业大学，2003.

［14］ 吴方林. 面向精锻叶片的锻模 CAD 系统研究［D］. 西安：西北工业大学，2005.

［15］ 吴诗惇，李淼泉. 冲压工艺及模具设计［M］. 西安：西北工业大学出版社，2002.

［16］ 李淼泉，吴诗惇. 冲压成形理论及技术［M］. 西安：西北工业大学出版社，2021.

［17］ 谭杰巍，许日泽，刘侠夫. 叶片精锻［M］. 北京：国防工业出版社，1984.

［18］ 吴崇峰. 模具 CAD/CAE/CAM 教程［M］. 北京：中国轻工业出版社，2002.

［19］ 李名尧. 模具 CAD/ CAM［M］. 北京：机械工业出版社，2019.

［20］ 郭启全. CAD/CAM 基础教程［M］. 北京：电子工业出版社，1996.

［21］ 潘宪曾，黄乃瑜. 模具工程大典：第 7 卷　压力铸造与金属型铸造模具设计［M］. 北京：电子工业出版社，2007.

［22］ 李传栻. 铸造工程师手册. 2 版. 北京：机械工业出版社，2002.

［23］ 潘宪曾. 压铸模设计手册［M］. 3 版. 北京：机械工业出版社，2006.

［24］ 骆桐生，许琳. 金属压铸工艺与模具设计［M］. 北京：清华大学出版社，2006.

[25] 曲卫涛.铸造工艺学[M].西安:西北工业大学出版社,1996.
[26] 葛友华.CAD/CAM技术[M].北京:机械工业出版社,2004.
[27] 石连升,陈永秋.模具CAD基础[M].北京:高等教育出版社,2006.
[28] 任秉银.模具CAD/CAE/CAM[M].哈尔滨:哈尔滨工业大学出版社,2006.
[29] 何涛.模具CAD/ CAM[M].北京:北京大学出版社,2006.
[31] 郑家贤.冲压工艺与模具设计实用技术[M].北京:机械工业出版社,2005.
[32] 任仲贵.CAD/CAM原理[M].北京:清华大学出版社,1991.
[33] 张志文.锻造工艺学[M].北京:机械工业出版社,1988.
[34] 周天瑞.模具CAD/CAM[M].北京:机械工业出版社,2004.
[35] 锻压手册编委会.锻压手册:第1卷 锻造[M].4版.北京:机械工业出版社,2021.
[36] 杨岳,罗意平.CAD/CAM原理与实践[M].北京:中国铁道出版社,2002.
[37] 李淼泉,吴方林.叶片榫头和凸台数据库系统:2009SR018654[P].2009-05-20.
[38] 李淼泉,吴方林.叶片锻模CAD系统:2009SR018651[P].2009-05-20.
[39] 齐卫东.压铸工艺与模具设计[M].北京:北京理工大学出版社,2008.
[40] 北京兆迪科技有限公司. UG NX 10.0模具设计教程[M]. 北京:机械工业出版社,2015.
[41] 北京兆迪科技有限公司. UG NX 10.0数控加工实例教程[M]. 北京:机械工业出版社,2015.
[42] 北京兆迪科技有限公司. UG NX 10.0钣金设计教程[M]. 北京:机械工业出版社,2015.
[43] 李志刚. 模具CAD/CAM[M]. 北京:机械工业出版社,1994.
[44] 赵梅,廖希亮. 模具CAD/CAM[M]. 北京:清华大学出版社,2011.